UI 設計

UI DESIGN

張劍、李曼丹 編著

崧燁文化

UI 設計

目錄

序 PREFACE

前言 FOREWORD

緒論
- 一、時代背景 13
- 二、藝術專業 UI 設計課程現狀及問題分析 14
- 三、藝術專業 UI 設計課程及設計人才培養目標分析 15
- 四、UI 藝術設計人才培養模式的設計 15
- 五、藝術專業 UI 設計課程的教學方法探討 17
- 六、本書中 UI 設計的內容和範圍界定 18

第一章 UI 設計概述
- 1.1 UI 設計相關概念 20
  - 1.1.2 GUI 21
  - 1.1.3 HCI 21
  - 1.1.4 IxD 21
  - 1.1.5 IA 22
  - 1.1.6 UE、UED 22
  - 1.1.7 UCD 22
- 1.2 UI 設計 22
  - 1.2.1 UI 設計的設計流程 22
  - 1.2.2 UI 設計師 23
- 1.3 UI 的發展 25
  - 1.3.1 UI 發展概述 25
  - 1.3.2 UI 的發展趨勢概述 26

第二章 UI 設計理論
- 2.1 目標導向設計 30
  - 2.1.1 使用者經驗、UCD 與可用性 30
  - 2.1.2 使用者研究 33
  - 2.1.3 使用者細分 35
  - 2.1.4 使用者模型 36

    2.1.5 使用者研究的途徑 ... 38

    2.1.6 使用者研究的方法 ... 39

2.2 UI 設計流程 ... 43

    2.2.1 產品定位 ... 43

    2.2.2 設計需求核心功能確認 ... 44

    2.2.3 架構設計 ... 45

    2.2.4 原型設計 ... 45

    2.2.5 視覺設計的實施 ... 48

    2.2.6 測試與疊代設計 ... 49

2.3 蘋果公司有關介面設計的原則與方法 ... 49

    2.3.1 善用隱喻 ... 49

    2.3.2 直接操控 ... 49

    2.3.3 能見能點 ... 50

    2.3.4 一致性 ... 50

    2.3.5 所見即所得 ... 50

    2.3.6 使用者控制 ... 50

    2.3.7 回饋與溝通 ... 50

    2.3.8 容錯性 ... 50

    2.3.9 介面感受的恆常性 ... 51

    2.3.10 視覺藝術完美性 ... 51

第三章 UI 視覺設計原理

3.1 UI 視覺設計的設計藝術學原理 ... 54

    3.1.1 設計美學原理 ... 54

    3.1.2 產品語義學、符號學原理 ... 54

    3.1.3 設計色彩學原理 ... 56

    3.1.4 認知心理學原理——UI 視覺設計的三個層面 ... 57

    3.1.5 格式塔視知覺原理 ... 58

3.2 UI 的可用性與視覺設計 ... 62

    3.2.1 提高可用性的 UI 視覺設計原則 ... 62

    3.2.2 介面美感對可用性的提升 ... 66

3.3 UI 視覺設計與情感 ... 66

    3.3.1 介面的美感 ... 67

- 3.3.2 介面的趣味化 ... 67
- 3.3.3 介面的擬人化 ... 68
- 3.3.4 介面的個性化 ... 68
- 3.4 UI 視覺設計的風格 ... 70
  - 3.4.1 擬物化設計 ... 70
  - 3.4.2 扁平化設計 ... 73
  - 3.4.3 小結 ... 76

第四章 UI 視覺設計的藝術規律

- 4.1 UI 設計中的平面構成 ... 80
  - 4.1.1 UI 中的基本造型元素 ... 80
  - 4.1.2 UI 中形式美的規律和共性 ... 89
- 4.2 UI 設計中的色彩構成 ... 95
  - 4.2.1 UI 中色彩設計的基本理論 ... 95
  - 4.2.2 UI 設計中的色彩感知 ... 101
  - 4.2.3 UI 設計中的色彩心理 ... 103
  - 4.2.4 UI 設計中色彩的採集和重構 ... 112
  - 4.2.5 UI 中色彩設計的配色原則 ... 112
  - 4.2.6 UI 設計中色彩的風格定位 ... 115
  - 4.2.7 UI 設計中的色彩禁忌和色彩引導 ... 116
- 4.3 UI 設計中的視覺要素 ... 116
  - 4.3.1 圖像與文字 ... 116
  - 4.3.2 圖標 ... 120
  - 4.3.3 動畫和影片 ... 120
  - 4.3.4 空間 ... 122
  - 4.3.5 質感 ... 124
  - 4.3.6 視覺流程 ... 127

第五章 UI 圖像設計

- 5.1 圖標設計 ... 132
  - 5.1.1 圖標設計概述 ... 132
  - 5.1.2 圖標設計的創意 ... 134
  - 5.1.3 圖標設計的原則 ... 138
  - 5.1.4 圖標設計的方法和流程 ... 140

    5.1.5 圖像聯想與訓練 143
    5.1.6 圖標細節設計和表現 144
    5.1.7 圖標系統化設計 149
  5.2 像素圖像設計 158
    5.2.1 像素圖像設計基礎 158
    5.2.2 像素圖標設計 166
    5.2.3 像素介面設計 168
  5.3 向量圖形設計 171
    5.3.1 向量插圖設計 173
    5.3.2 向量圖標設計 175
    5.3.3 向量介面設計 176
  5.4 資訊圖像設計 178
    5.4.1 資訊圖像的概念 178
    5.4.2 UI 中資訊圖像設計的表現要素 181
    5.4.3 UI 資訊圖像設計技巧 182
  5.5 UI 動態圖像設計 185
    5.5.1 介面動態圖像的屬性 185
    5.5.2 介面動態圖像的類型 186
    5.5.3 介面動效的作用 189

第六章 非行動裝置 UI 設計的應用

  6.1 網站 UI 設計 192
    6.1.1 概述 192
    6.1.2 網站 UI 設計及其架構技術的沿革 194
    6.1.3 網站 UI 的視覺構成要素 200
    6.1.4 網站 UI 中文字的設計 200
    6.1.5 網站 UI 中的圖像設計 206
    6.1.6 網站 UI 的圖文版式設計 208
    6.1.7 網站 UI 設計流程和規範 211
    6.1.8 網站 UI 設計（案例及作業）..................................... 212
  6.2 應用軟體 UI 設計 217
    6.2.1 網站介面與軟體介面的區別和聯繫 217
    6.2.2 教育軟體 UI 設計（案例及作業）............................. 218

6.2.3 家電產品 UI 設計 ... 219

第七章 行動裝置 UI 設計的應用

7.1 手機 UI 主題化設計（案例及作業） ... 224
　　7.1.1 手機主題設計的構成要素 ... 224
　　7.1.2 手機主題的設計原則 ... 226
　　7.1.3 手機主題的設計流程（以學生作業為案例） ... 227
　　7.1.4 作業與練習 ... 229

7.2 手機遊戲 UI 設計（案例及作業） ... 231
　　7.2.1 手機遊戲的特點 ... 231
　　7.2.2 手機遊戲 UI 設計原則 ... 232
　　7.2.3 手機遊戲 UI 設計流程 ... 233
　　7.2.4 手機遊戲 UI 設計案例（學生作品） ... 234
　　7.2.5 作業與練習 ... 240

7.3 行動 APP UI 設計 ... 244
　　7.3.1 行動 APP 的分類 ... 244
　　7.3.2 行動 APP 的設計流程 ... 246
　　7.3.3 行動 APP 介面常見導航互動模式（圖 7-38） ... 247
　　7.3.4 行動的手勢應用 ... 249
　　7.3.5 作業與練習 ... 251

7.4 車上型 UI 設計 ... 254
　　7.4.1 概述 ... 254
　　7.4.2 車上型 UI 資訊組織和視覺設計 ... 255
　　7.4.3 車上型 HUD 介面 ... 257
　　7.4.4 車上型 UI 設計作業與練習 ... 259

第八章 科幻主題 UI 設計賞析

8.1 FUI 設計師及作品介紹 ... 264
　　8.1.1 Mark Coleran ... 264
　　8.1.2 John Likens ... 264

8.2 FUI 的設計思路和原則 ... 267
　　8.2.1 直觀易懂 ... 267
　　8.2.2 帶入感 ... 268
　　8.2.3 可用性和心理真實 ... 268

- 8.2.4 大數據與資訊可視化 ... 270
- 8.2.5 動態圖像 ... 270
- 8.2.6 視覺風格 ... 270

8.3 科幻電影中的互動介面和未來的發展趨勢 ... 271
- 8.3.1 語音識別和語音控制 ... 272
- 8.3.2 指紋識別 ... 274
- 8.3.3 身分識別 ... 274
- 8.3.4 手勢和體感 ... 274
- 8.3.5 眼動追蹤 ... 275
- 8.3.6 透明顯示 ... 275
- 8.3.7 3D 立體投影影像 ... 275
- 8.3.8 虛擬實境 ... 276
- 8.3.9 擴增實境 ... 277
- 8.3.10 自然互動介面 ... 277

8.4 小結 ... 277

序 PREFACE

　　從某種意義上講，動畫不僅僅是一門集藝術與技術於一體的學科，它還是當代文化藝術的集合點——文學、影視、美術、音樂、軟體技術等盡匯其中。動畫也是一個產業——已成為世界創意產業中非常重要的組成部分，這必然涉及產品和產業的系統策劃、衍生產品開發、市場行銷等。由此，動畫必然成為一個內容龐雜、體系龐大的學科。

　　動畫創作從編劇到技術製作，再到配音，要跨越幾個專業，因此，沒有團隊的協作很難完成。這使動畫教學自然還要涉及團隊合作精神和工程規劃、流程管理等方面。

　　怎麼去實施這些複雜的內容教學呢？

　　首先，一套優秀的教材對於學校教學和學生學習都是十分重要的，不敢說它就是動畫教學機構和動畫學子的「錦囊妙計」，但透過教材規劃出知識結構的框架和邏輯，使教學有規範，使學生的思考有路徑，是十分必要的。但什麼是優秀教材？在我看來，「系統性」十分重要。按課程名稱撰寫教材不是一件難事，將各種動畫知識堆砌成一堆所謂的「教材」也不是難事，但要真正使其形成一套系統性的教材是十分困難的。因此，我們從多所大學物色在相關課程教學中經驗豐富，而且主持過教學管理、項目管理的專業教師組成編寫團隊，並經多次研討、論證、磨合，才完成了本書的規劃。

　　其次，動畫藝術是一門技術性、實作性很強的藝術。因此，動畫教材的編寫，要求編寫者有豐富的動畫藝術理論知識和教學經驗，還要有動畫專案的實戰經驗。使教材超越「常識」層面，才能對學生實踐有引領作用，才能以此為垂範去引導學生。

UI 設計

前言 FOREWORD

　　隨著行動網路的高速發展，人與人之間、人與物之間、物與物之間的聯繫變得更加緊密。網路已滲透到人們生活的方方面面。人們在任何時間、任何地點都可以連上網路，保持連線狀態成為身處資訊時代人們的基本需求。資訊科技的民間化被投資家熱捧，透過各種線上平臺所承載的無以計數的網站、APP、遊戲，滿足了人們娛樂、工作、交流、生活等需求，將不同時間和空間的人們聚合到一起，並最終實現網路世界、物連萬物的理想。

　　現在，介面變得像空氣一樣自然，它時時刻刻都與我們發生著聯繫。透過介面，將人機交互中晦澀的數據和功能變得更加親切自然，更容易被人們所認知並接受，它是承載網路世界的橋樑。一些具有創造性思維的優秀設計師開始轉向產品及其介面的開發和設計，並將其作為一種新的表達形式和顛覆傳統行業的手段。面對市場的導向和教學的需求，很多大學都開設了相關的專業課程，並攜手網路企業進行學生培養和專案開發，形成產學研一體化的教學模式，這種對行業標準的引入值得借鑑。

　　本書基於實踐和練習，強調視覺表現的設計而非強調編程技術，更符合藝術專業的認知規律和學習特點。本書注重培養綜合素質，著重培養基本的造型能力和手繪功底。

　　在編纂本書的過程中，筆者針對藝術專業，對介面設計基本理論和標準流程進行深入淺出的講解，參閱了相關文獻資料，從介面設計行業的一線設計師手中獲取相關素材，並結合筆者近年的教學和實踐經驗，嘗試在理論與實踐結合的基礎上編撰此書。希望本書能為 UI 設計愛好者或 UI 設計方向的同學和朋友提供參考和幫助。

張劍

緒論

一、時代背景

任何一個行業和學科的發展與定位，都離不開其所處的時代背景，設計也是如此。

1980年代以來，隨著電腦與網路技術的飛速發展和廣泛應用，以此為代表的科技革命使我們的生活發生了本質的變化。在資訊化浪潮下，人類社會正經歷從工業社會向資訊和智慧型社會轉變，從物質文明向非物質文明轉變。未來的關鍵科技將是人與電腦之間的互動能力。

經歷了電腦時代、網路時代，我們正迎來大數據時代的偉大變革。科學技術的發展使藝術與設計一次次突破原有的界限，從簡單的交互到涵蓋全球的社會化網路，從圖形化介面到智慧化空間，大數據時代資訊無所不在，與資訊相關的設計也會無所不在。

「大數據的典型特徵是：見其所不可見，即可視化設計，將數據呈現在感官面前。在大數據時代，設計將走向更前端，因為設計的重要性越來越凸顯，設計將更具有話語權，有更多的可能性。我們正處於一個新的臨界點，在資訊社會，交互設計已經從軟體擴展到全部的領域。設計生態正在發生變化，設計需求、設計內容、設計方式、設計行業型態都在發生變化。大數據時代的創新，直覺、想像力會更為重要，因為邏輯的、常識性的設計透過電腦大數據已經可以完成，數據的洞察力和價值要從技術層面的思考轉向人文層面的思考，尤其是藝術層面的思考，尋求理性與情感、精確與模糊的臨界點。」——魯曉波：《大數據時代設計的再思考》2013年ICID會議演講。

資訊時代的設計是什麼？工業和資訊化融合時代的設計應該怎樣去做？以互動和體驗為主的時代設計應該怎麼來做？這也正是在新的時代每一個設計師都需要面對和思考的問題。

什麼是設計？不同的時代有不同的含義。隨著社會政治、經濟、文化的發展，設計也在不斷建構內涵和向外延伸，從而產生了不同的設計觀。今天，設計的面貌已經發生了以下變化。

第一，大量以非物質、資訊化為基礎的數位產品和新興產業不斷增長，為設計師提供了新的設計對象。

第二，科技的進步大幅降低設計所需的資金、設備成本，使設計能著重於專業知識和人的創意。

第三，設計對象的發展變化使設計需要分化出更為專業的門類，同時又與其他設計和學科擁有更多的交集。

第四，設計師的工作方式將隨設備和軟體的開發而發生改變。

第五，模式化的設計和標準化的物質生產成為過去，取而代之的是柔性化的生產。

第六，設計的生產和傳播趨於分散，但是人們透過網路而建立的藝術聯繫將大大加強。

當代設計隨著大數據時代的來臨，進入了一個前所未有的新階段：首先，它不再侷限於對象的物理設計，而越來越強調對「非物質」，諸如系統、組織結構、智慧化、互動、介面、資訊及體驗的設計；其次，無時無處不在的互動應用使互動對象的多樣性和複雜性遠超出學科所能涵蓋的範圍，需要在交叉學科的領域中尋找突破，實現下一個質的飛躍。在此背景下，作為設計新領域的UI設計也面臨諸多改變、機遇與挑戰。（表1）

其實，介面早已在日常生活中普遍存在，如家用電器、行動網路設備、ATM、交通工具、公共展示和諮詢系統、電腦系統、軟體、網頁等。對數位化產品而言，由於功能的執行不再是傳統的可感知方式，而是程式的無形運作，造成產品外觀形式無法解釋，其內部功能及使用狀態無法表達。於是需要透過視覺呈現的方式在使用者與產品之間構築人機交互作用的平臺，以實現人機之間的交流和溝通。

UI 設計

對於使用者而言，介面就是產品所呈現的全部，因此，它不但要關聯產品的結構和功能，又要符合設計的審美原則，更要遵循使用者的認知心理和行為方式。透過視覺設計，將功能合理地呈現給使用者，並將資訊準確無誤地傳達給使用者，同時介面也不再是機械、冷漠的，而是讓使用者愉悅和感動的，從而有助於實現人機之間無障礙的資訊和情感互動，讓使用者擁有良好的互動體驗。（圖2）

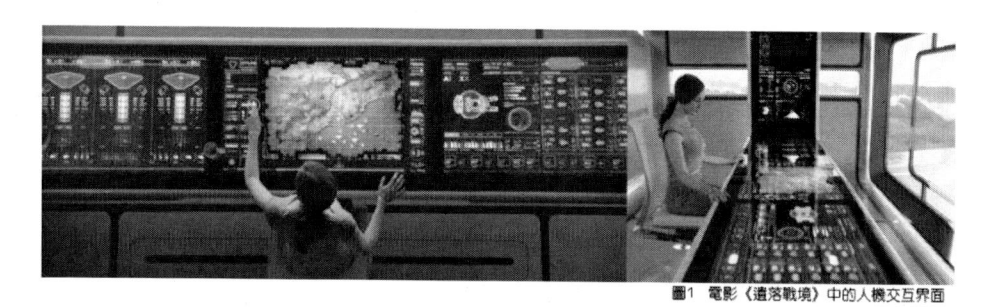

圖1 電影《遺落戰境》中的人機交互界面

表1 設計形態的時代分布

時代	設計對象	設計方式	物質形態
手工業時代	物質設計	手工造物方式	手工產品形態
機器時代	物質設計	機器生產方式	機器產品型態
資訊時代	物質設計與非物質設計共存	機器生產方式與數位化生產方式共存	工業產品與資訊產品共存

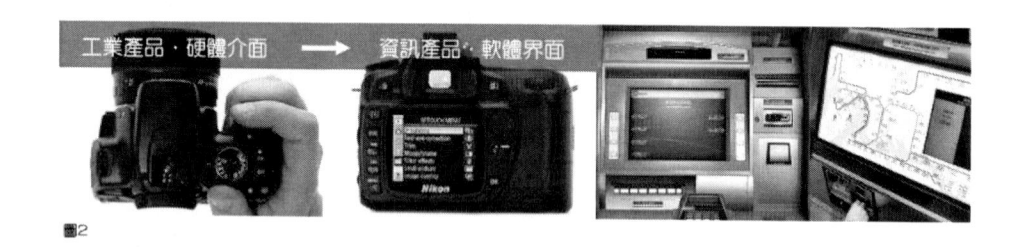

圖2

隨著網路和資訊科技的高速發展，資訊產品必將更深入影響人們生活的各個層面。本書著重於數位產品介面視覺設計的相關知識講解，以介面的概念切入，從其整體構架、特徵和基本構成元素開始分析和講解，並配合實例及解析，以期從基礎教學的角度，對介面設計提供具有參照價值的設計思路與方法。

二、藝術專業 UI 設計課程現狀及問題分析

（註：下文及後續章節中，「UI」即指「介面」，只是根據語境和表述的習慣選擇其一）

從物質到非物質設計對象的變化，不僅對藝術設計的理念與方法提出了挑戰，也向藝術設計教育提出了人才培養的新要求。UI 設計是科學與藝術的融合，如果缺少了藝術人才，將很難開發出優秀的產品。

早期，UI 設計師主要是從平面設計和工業設計轉型而來，普遍對介面設計沒有系統的理論認識，全憑個人的摸索和積累，導致介面設計一度被等同為美術設計和介面裝飾。由於產業對介面視覺設計的重視不足和定位錯誤，數位產品在介面的視覺設計上普遍存在粗糙、缺乏美感、功能表達不清晰等現象，會對產品的易用性和推廣造成負面的影響。

此後，UI 設計逐漸引起了業界和各大院校的重視，湧現出一批優秀的 UI 設計師，從微軟到蘋果的產品介面都有中國年輕設計師的身影。隨著行動網路的崛起，以騰訊為代表的網路企業正改變著中國網路產品

的面貌，國產智慧型手機的快速更新換代也催生了一批基於安卓平臺，擁有良好視覺設計和體驗的原創系統介面。

現在 UI 視覺設計人才需求旺盛，相關研究和課程的建設有助於培養更具專業素質的介面設計人才，提高數位產品的品質，增強產品競爭力，為使用者提供更好的服務與體驗，也為藝術與設計專業的學生拓寬專業知識領域和就業面。很多院校陸續開設相關課程，但 UI 設計與製作作為一門新興學科與課程，在全國範圍內的大學課程建設與設置中，尚處於起步階段，缺乏足夠的經驗。UI 設計課程教學狀況，主要存在以下五方面的問題。

第一，缺乏對 UI 設計整體構架與視覺設計關係的系統講解。缺乏對 IU 藝術規律及基本視覺元素的分解研究和引導性、系統性的分析應用。

第二，教學資料缺乏整合。作為新興學科，UI 設計教材還沒有形成科學、系統的體系。現有教學資料基本分為軟體技術和互動理論兩類，缺乏循序漸進指導學生進行 UI 設計與製作的系統性教學資料。

第三，缺乏專業的針對性。缺乏針對藝術類專業自身特點、符合其知識背景和學習方式的教學設計。

第四，藝術專業的 UI 設計課程，在強調視覺設計能力的同時，要重視前期策劃、原型設計等，互動性和使用者經驗概念的導入也有待加強。

第五，課程內容與實踐和應用脫節，缺乏行業標準的引入，教學成果難以轉化為產品。

三、藝術專業 UI 設計課程及設計人才培養目標分析

要培養介面視覺表現的藝術設計人才，不但需要培養他們的專業技術能力，還需培養他們的人文藝術素養、創造性思維能力，以及強化心理學等綜合知識和能力的積累。介面藝術設計人才需具備的綜合能力，體現在介面設計行業的實踐與就業能力。

1. UI 設計師的工作職能

（1）視覺設計。包括資訊產品介面的靜態和動態圖形設計、資訊可視化設計等。

（2）互動設計。包括產品的資訊構架、互動原型、操作規範等。

（3）使用者經驗設計。包括使用者研究、使用者測試和互動的合理性、易用性，以及圖形設計的審美體驗等。

2. UI 設計師的職業能力

UI 設計師的職業能力大致包括：紮實的美術功底和良好的視覺表現力；能熟練使用相關軟體，如 Photoshop、Flash、Dreamweaver、Illustrator、After Effects、3dsMax 等；初步瞭解後臺和程式開發之間的邏輯關係；對使用者經驗有深入理解，具有社會學、心理學等人文學科的知識儲備；有豐富的想像力和創造力。

3. 課程目標和人才培養目標

基於藝術設計相關學科背景專業定位及培養方案的具體情況，根據教學主體的特點，尋求差別化的課程計劃和有針對性的教學內容，揚長避短、因材施教，著重發揮其自身在視覺審美、藝術素養和動手實踐等方面的專業優勢，著重開發學生的創造性思維能力以及設計策劃、藝術表現與互動設計方面的潛力。

UI 設計課程目標可定為：培養具有創新理念和實際動手能力的設計人才，透過基礎知識及技能的模組化教學、專業能力的專案實踐教學，使學生掌握介面設計的核心理論、基本準則規範、設計流程和方法，並能夠熟練運用相關軟體，完成幾種類型的系統化設計方案。課程的核心任務是培養學生 UI 視覺表現的設計能力，並使其具備更符合行業需求的專業素養。

四、UI 藝術設計人才培養模式的設計

確定人才培養目標後，需要為實現目標設計具體途徑和方法。UI 藝術設計人才培養模式的設計分

UI 設計

為四個層次：綜合素質培養、專業技能培養、課程體系優化與完善。透過對教學內容的優化重組，培養學生的綜合素質、專業技能，提高其創意與創新能力。

1. 綜合素質培養

（1）造型能力。主要是對藝術表現能力的培養，與素描、速寫、色彩、立體造型等專業課程結合，進行有專業針對性的訓練。

（2）審美修養。培養對現有介面設計作品的分析和判斷能力。可以透過對不同類型的介面進行賞析、比較，並廣泛吸收其他藝術、設計領域優秀作品的表現形式，積累視覺經驗。

（3）想像力和創造力。想像力是藝術設計和創新的源泉。可以在圖標專題設計中進行圖形創意及聯想專項訓練；在團隊設計中進行頭腦風暴和眼力激盪的訓練，激發學生的想像力和創造力。

（4）溝通和表達能力。介面設計過程中時時需要溝通表達能力，使用者研究需要溝通、團隊成員間需要溝通，設計師需要向客戶和團隊成員清晰地表達設計思路和創意。可以在課程中設置專案團隊分組，並以小組討論、方案闡述、作品互評等方式培養學生的溝通表達能力。

（5）觀察感悟能力。培養學生對事物特徵和細節的敏感性，以及情感的感悟能力。引導學生在設計實踐中模仿、體驗、領悟、掌握，強調悟性、直觀體驗，而非單純注重知識和理論分析。

（6）自主學習能力。UI 設計師面臨設計工具、設計對象和表現形式的不斷變化，需要具備持續自主學習的能力。可以讓學生從模仿設計開始，依託網路的大量學習資源進行自主學習。

2. 專業技能培養

（1）文檔撰寫能力。UI 設計師需要具備良好的溝通和理解能力，並能撰寫產品市場和使用者研究報告，以及設計指導性原則和規範，為後續視覺設計、程式設計、測試等內容的展開提供依據。教師可在教學中讓學生進行 UI 設計文檔的寫作，提高學生的文字表達能力。

（2）技術能力。UI 設計師要瞭解主流的表現層開發技術，對主流的設計模式、技術路線以及開源框架有足夠的瞭解。課程中需要有編寫腳本代碼和物件導向程式設計的入門教學。即使不會編寫代碼，也要知道它能夠實現什麼。完全不懂技術的 UI 設計師，既做不出合理的設計，也不可能和開發人員做到有效溝通。

（3）草圖繪製和原型開發。GUI 設計師的主要工作就是視覺定位以及創作，因此 UI 設計師必須具備圖形設計能力，這是每一名 UI 設計師最基礎的能力，也是最能夠衡量一名 UI 設計師能力的部分。課程中，不論是草圖還是原型的設計，均要求繪製完整精細的手稿，呈現清晰的步驟和設計思路。課程中要進行設計風格和細節表現的分析、鑑賞和專項訓練。

（4）平面、立體、動態圖形設計能力。這涉及軟體應用能力，它是 UI 設計師的必備技能，UI 設計師需要熟練運用軟體，進行介面視覺元素的設計製作。

（5）人體工學理論和認知心理學。這是 UI 設計師在事業穩固後，畢生都要努力去探索的領域。可以說，設計的根本就是「人」，做人本的介面自然需要瞭解人，瞭解人的行為。在課程中，將 UI 設計與設計心理學相結合，強調並引導學生關注使用者研究、使用者經驗的設計。

3. 課程體系優化與完善

建立專業技能模組化教學（專業基礎知識和技能的培養）與引入任務驅動教學模式（職業能力和素養的訓練）相結合的教學模式。

（1）建立專業技能模組化教學

①專業基礎。在造型基礎課程和設計基礎課程中，針對 UI 設計展開教學。比如在素描基礎教學中，可以更注重對空間構成和光影、材質紋理的訓練。在三大構成訓練中，可以加入時間元素，訓練學生

對動態構成的思維能力。可以將「資訊圖形設計」「互動動畫設計」「動態圖形設計」等設置為UI設計的前驅專業課程。

②專業理論。課程包括UI的含義、分類，UI設計的特徵，GUI的發展歷程；認知與設計的關係以及UI設計中的人體工學；UI設計準則背後的心理及生理依據，深入理解使用者經驗；UI整體設計中的分析與實施，如使用者與任務分析、市場與目標分析，資訊架構、UI原型設計；UI視覺設計中隱喻、視覺原理與視覺流程、UI設計的藝術語言，UI視覺元素的設計；等等。

③軟體技能。技能演練模組主要透過典型的案例教學，使學生掌握與UI設計相關的圖形設計軟體的使用，這一模組貫穿於課程教學及實踐教學環節。整體思路是以設計理念及創意思維方式為主，教授軟體技法為輔。學生對設計軟體的精通、操作技巧的提升，更多的要依靠課後的自主學習，而非依賴有限的課堂教學時間。

④UI專題設計模組。專題設計模組包括圖標設計、Web UI設計、軟體UI設計、遊戲UI設計和行動設備UI設計等。

⑤UI系統化設計。以學生團隊模式進行小型UI系統化設計方案的演練。

（2）引入任務驅動教學模式

強調學生學習的自主性並更有效地發揮教師的指導作用。在這種實踐性為主的教學模式下，形成以設計實踐為主線，以教師為主導、學生為主體的基本特徵。其優點是：

①符合藝術專業學生的認知規律

現有教材沒有針對藝術學科專業特點，從理論到實踐都缺乏系統性和完整性，無法顧及藝術設計專業學生學習的特點和思維過程。教師應以實踐為主線，從學生學習的實際情況出發，將所學的知識精心設計成一個或幾個任務模組，透過任務的完成，讓學生實現對所學知識的意義建構，同時也掌握相應的技能。

②符合藝術專業學生的特點

在創作過程中，學生更有效地從原有知識中獲得啟發；在團隊協作中，相互學習和影響；透過提出問題、解決問題獲得新的知識和技能，在一定範圍內有組織地進行自主性學習。

③符合藝術專業學科特點

藝術專業課程具有明顯的實驗性特點，強調「實踐創新為主，面嚮應用」。任務驅動教學一方面突出創作的方法步驟，為以後的創作實踐做充分準備；另一方面在實踐創作的環節可以避免「紙上談兵」帶來的副作用。

4. 任務驅動教學模式的教學流程

（1）呈現任務：結合動畫及藝術設計專業學生專業特點，精心設計方案。

（2）確定目標：使學生確定自己的學習和創作目標，引導學生分析方案、提出問題和合理化建議，並反覆討論修改設計方案。

（3）針對性講授：對提出的問題及創作中遇到的問題進行及時補充，講授新知識。

（4）創作小結和總結：在創作方案實施的各個階段進行小結，分析具體問題、提出新問題和思路、改良設計方案，方案完成後總結設計方法、流程，以及教、學、創作的經驗，並將其轉化為文字資料。

五、藝術專業UI設計課程的教學方法探討

1. 因材施教

針對不同專業的學生，以及不同學生的特長及愛好，建立多層次、有側重、有個性的UI設計教學方案。例如：在數位媒體專業的教學中，注重UI設計在遊戲領域和行動APP領域的應用；在視覺傳達設計專業的教學中，注重UI設計在商業設計領域和網站設計中的應用；在工業設計專業的教學中，偏向於UI設計在車上型數位產品和網路產品領域的應

用；在影視動畫專業教學中，側重於 UI 中動態元素的表現和影視相關產品的 UI 設計；對於美術教育專業學生，傾向於 UI 設計在文化傳播和教育軟體領域的應用。此外針對不同設計專業學生進行作業的設置，結合學生的個人興趣，發揮每個學生的優勢。

2. 分組協作

UI 設計是資訊產品開發的重要一環，需要團隊協作來設計並進行反覆的測試與疊代。一個完整的產品不是幾個單獨的介面，學生除了完成專項的練習之外，可以根據某一類型的應用，設置一項規模完整的 UI 設計課題，這就需要幾個同學共同努力來完成。在課題的推進中，設置小組負責人，負責計劃和控制課題的進程和總體表述，確定了主題和內容之後，小組成員可以展開腦力激盪進行 UI 視覺、互動設計的創意；創作展開後，小組成員根據自己的特長，分別負責某一部分的設計。實踐證明，分組課題能夠激發同學們的創作熱情，培養團隊精神及相互協作的能力，同時也保證了設計作品的質量與效率。

3. 關注行業動態

在教學內容上，關注行業發展趨勢和動態。非物質的設計對象形式和內容始終處於變化發展中，應基於行業的需求和動態，不斷改進專業課程體系和課程教學的內容、方法，並借鑑行業經典案例進行分析和模仿，進而進行自主的創造性的設計。

4. 專案實戰

當課程進入較深入的階段，學生掌握較完整的相關知識，具備一定的設計能力後，可以引入與行業接軌的實踐專案。這樣能夠讓學生進一步瞭解產品開發環節 UI 設計的特點和限制，如特定的使用者人群、確立有限的設計時間、質量的把控、與客戶的溝通協調等。

六、本書中 UI 設計的內容和範圍界定

UI 設計課題的衍生範圍較廣，UI 即存在於人和物資訊交流的介面。甚至可以說，存在人和物資訊交流的一切領域都屬於介面，它的內涵要素是極為廣泛的，而電腦系統中的 UI 設計同樣是一個複雜的、有不同學科參與的系統工程，電腦科學、人體工學、認知心理學、社會學與人類學、設計美學、符號學、傳播學等在此都扮演著重要的角色。UI 設計在工作流程上又可分為結構設計、互動設計、視覺設計三個部分。本書以數位圖形使用者介面中的視覺設計作為主要對象，從其對功能呈現、資訊傳達、審美、情感等方面的影響及使用者認知心理、使用者經驗的角度進行分析和講解，融合其他學科的專業知識，透過對相關交叉學科的探討，幫助學生循序漸進地學習 UI 設計的理論、原理、方法和流程，並掌握相關的實踐應用技能。

第一章 UI 設計概述

UI 設計

> **重點：**
> 1. 釐清 UI 設計的相關概念，瞭解 UI 設計對於產品和整體設計的價值。
> 2. 清楚 UI 設計師的職業特徵和所需要具備的專業素養。
> 3. 瞭解 UI 設計的發展脈絡及趨勢。
>
> **難點：**
> 能明晰 UI 設計相關的概念，並理解其意義和相互間的關係。

1.1 UI 設計相關概念

許多剛剛接觸 UI 設計的同學，分不清很多英文縮寫的意思，也不理解各個概念代表著什麼含義，這裡先對這些英文做一些簡單的介紹。

UI（User Interface）：使用者介面。

GUI（Graphical User Interface）：圖像使用介面。

HCI（Human-Computer Interaction）：人機交互作用。

IxD（Interaction Design）：互動設計。

IA（Information Architecture）：資訊架構。

UE 或 UX（User Experience）：使用者經驗，中國通常稱為 UE，其他國家稱為 UX。

UED（User-Experience Design）：使用者經驗設計。

UCD（User-Centered Design）：使用者導向設計。

1.1.1 UI

UI 其實是一個廣義的概念，《現代漢語詞典》將「介面」定義為：物體與物體之間的接觸面，泛指人和物（人造物、工具、機器）互動過程中的介面（接口）。以車為例，方向盤、儀表板、中控都屬於使用者介面。從字面上看由使用者與介面兩個部分組成，但實際上還包括使用者與介面之間的互動關係，所以可分為三個方向：使用者研究、互動設計、介面設計。

通常意義上，UI 是 User Interface 的縮寫。其中，「Interface」前綴「Inter」的意思是「在一起、互動」，而翻譯成中文「介面」之後，「互動」的概念沒能得到體現。

我們透過以下三個層面來理解 UI 的概念。

首先，UI 是指人與資訊互動的媒介，它是資訊產品的功能載體和典型特徵。UI 作為系統的可用形式而存在，比如以視覺為主體的介面，強調的是視覺元素的組織和呈現。這是物理表現層的設計，每一款產品或者互動形式都以這種形態出現，包括圖形、圖標（Icon）、色彩、文字設計等，使用者透過它們使用系統。在這一層面，UI 可以理解為 User Interface，即使用者介面，這是 UI 作為人機交互作用的基礎層面。

其次，UI 是指資訊的採集與回饋、輸入與輸出，這是基於介面而產生的人與產品之間的互動行為。在這一層面，UI 可以理解為 User Interaction，即使用者互動，這是介面產生和存在的意義所在。人與非物質產品的互動更多依賴程式的無形運作來實現，這種與介面匹配的內部運行機制，需要透過介面對功能的隱喻和引導來完成。因此，UI 不僅要有精美的視覺表現，也要有方便快捷的操作，以符合使用者的認知和行為習慣。

最後，UI 的高級形態可以理解為 User Invisible。對使用者而言，在這一層面 UI 是「不可見的」，這並非是指視覺上的不可見，而是讓使用者在介面之下與系統自然地互動，沉浸在他們喜歡的內容和操作中，忘記了介面的存在（糟糕的設計則迫讓使用者注意介面，而非內容）。這需要更多

地研究使用者心理和使用者行為，從使用者的角度來進行介面結構、行為、視覺等層面的設計。大數據的背景下，在資訊空間中，互動會變得更加自由、自然並無處不在，科學技術、設計理念及多通道介面的發展，直至普及計算介面的出現，使用者經驗到的互動是下意識甚至是無意識的。

1.1.2 GUI

GUI 的全稱是人機交互作用圖像化使用者介面，是一種可視化的使用者介面，其顯著特點是以圖像資訊為主體。GUI 的概念最早是施樂公司在 1970 年代針對電腦操作系統的研發提出。此後，隨著新技術、新產品的不斷湧現，圖像使用介面設計向更多應用領域發展。當前在電腦系統及軟體 UI 中，GUI 佔據了絕對的主流。GUI 的概念是相對於其他非圖像 UI 的，如早期的 DOS 系統是字符介面，也有基於語音識別的語音介面，以及現在比較高端的腦波介面，等等。

由於 UI 設計跨學科的特性，其概念比較難被一般人理解，所以現在一般所說的 UI 設計師都是指 GUI 設計師，也就是圖像介面設計師，主要負責產品或者網站的視覺設計。

GUI 的應用類型包括了各種面向新使用者、間歇使用者以及頻繁使用者的應用，如電腦操作平臺，包括網站的頁面設計、網路互動服務、網路應用程式等。GUI 的具體產品包括：軟體產品、手持行動網路設備的系統產品、數位產品、車上型系統產品、智慧型家電產品、遊戲產品……

1.1.3 HCI

HCI 首先可以理解為 Human-Computer Interaction 的縮寫，譯為「人機介面」，與 User Interface 概念近似，專指人與電腦之間傳遞、交換資訊的媒介和對話接口，是電腦系統的重要組成部分。

在實際應用中，HCI 多指 Human-Computer Interaction，即「人機交互作用」，類似於前面對 User Interaction 的描述，是研究系統與使用者之間的互動方式的學問。系統可以是各種機器硬體，也可以是電腦化的系統和軟體。人機交互作用透過使用者可見的部分（即介面）來實現。使用者透過介面與系統交流，並進行操作。

人機介面與人機交互作用是兩個有緊密聯繫又不盡相同的概念，人機交互作用涉及的範圍更廣，我們不能把圖像使用介面設計看成是人機交互作用設計的全部。

人機交互作用是一門跨學科的研究，它的研究內容很廣，包括心理學領域的認知科學、心理學；軟體工程領域的系統架構技術；資訊處理領域的語音處理技術和圖像處理技術；人工智慧領域的智慧控制技術等。

總的來說，人機交互作用本質上是一個認知過程。人機交互作用理論以認知科學為理論基礎；同時，人機交互作用透過資訊系統的建模、形式化描述、整合算法、評估方法以及軟體框架等資訊科技，最終才得以實現和應用。

1.1.4 IxD

IxD（互動設計）這個英文縮寫讓人費解，原來英文 ac 和 x 的發音類似，語境裡 Ix 本身就是 Interaction 的意思。很多參考資料將互動設計的英文縮寫為 ID，其實不準確，網路技術領域裡 ID 通常指資訊設計（Information Design）。而在最傳統的工業技術領域，ID 指工業設計（Industry Design）。另外，互動設計也叫互動設計，但很多公司把「互動設計」概念進行了包裝，其實就是曾經的「多媒體設計」，多指 Flash Design。互動設計的主要對像是人機介面（UI），但不僅限於圖像介面（GUI）。

互動設計是定義、設計人造系統行為的設計領域。人造物，即人工製成物品，例如軟體、行動裝置、人造環境、服務、可佩戴裝置以及系統的組織結構。互動設計在於定義人造物的行為方式，即人工製品在特定情境下的相關介面。它專注於需求、任務和

UI 設計

目標三者的有效實現，讓使用者與產品在特定任務情景下的互動操作更有效、有用、有趣。這可能會涉及對啟發式理論、控制論、人體工學、規劃理論等的具體應用，甚至在更多不同領域中將聲音、視覺或空間等多媒體綜合運用，比如聲音識別互動、手勢互動、觸摸互動等。在歐洲的一些學校已經把 IxD 從工業設計中脫離了出來，成為一個獨立的專業。

1.1.5 IA

IA（資訊架構）即資訊的組織結構。它的主體對像是資訊，是在資訊與使用者認知之間建立一個通道，讓使用者能夠獲取想要的資訊。一個有效的資訊架構方式，會根據使用者完成任務時的實際需求，指引使用者一步步獲得他們需要的資訊。通俗地講，資訊架構就是合理的組織資訊的展現形式，例如一個網站，註冊的時候需要體現單個頁面、一個版塊、整個網站的內容以及它們之間是怎樣的關係。

在 UI 設計中，採用怎樣的資訊架構方式，是由使用者完成某個任務或行為時的實際需求決定的。比如我們在飯店點菜、商場購物，要完成這類日常生活中常見的任務，使用者最希望的就是過程簡短、不用過多地思考。所以根據使用者的實際需求，這類任務要採取比較順暢的架構方式。相反，一個大型的網路遊戲，為了滿足使用者在遊戲過程中的情感體驗，需要把遊戲設計得頗有難度，這時就要採取帶有障礙的架構方式，否則，遊戲會變得毫無挑戰，也就失去了樂趣。

1.1.6 UE、UED

UE（使用者經驗）是指使用者在使用產品過程中建立起來的純主觀個人感受。它包括了使用者用前、使用過程中、使用後的整體感受。雖然是個人的主觀感受，但對於一個界定明確的使用族群體來講，其共性的體驗是可以透過良好的設計提升的。

UED（使用者經驗）設計旨在提高使用者使用產品的體驗。資訊架構與使用者經驗兩者之間有很多交集，維基百科對資訊架構有這樣的描述：「組織與管理資訊的藝術與科學……為了支撐產品的可用性」；對使用者經驗的解釋是：「使用者在使用產品、系統與服務時的個人感受，其中包括使用者在實際使用中的實用性、易用性與系統的效率方面的個人認知」。可以看到，資訊架構更關注結構，使用者經驗更關注情感。依據兩者之間的定義，使用者經驗便是在資訊架構基礎上的進一步的昇華。

網路企業中，一般將介面視覺設計、互動設計、資訊架構都歸為使用者經驗設計。但實際上使用者經驗設計必然貫穿於整個產品設計流程，只是企業重視與否。

1.1.7 UCD

UCD 是一種設計模式、思維。它強調在產品設計的過程中，從使用者角度出發來進行設計，使用者優先。

產品設計有個 BTU（Business、Technique、User）三圈圖，即一個好的產品，應該兼顧商業盈利、技術實現和使用者需求。UCD 則更為強調使用者優先。現在中國網路公司中使用者經驗部門都以 UCD（使用者導向）這個設計思想來作為基本理論指導，具體的工作包括使用者研究、互動設計、視覺設計，有的還包含前端開發。

1.2 UI 設計

1.2.1 UI 設計的設計流程

UID（User Interface Design）：使用者介面設計。

UI 設計是指對軟體的人機交互作用、操作邏輯、介面美觀的整體設計。

好的 UI 設計不僅要讓軟體變得有個性、有品位，還要讓軟體的操作變得舒適、簡單、自由，充分體現軟體的定位和特點。

UI 設計是一個跨學科快速發展的研究課題，電腦技術的不斷發展使互動介面更趨友好，人和電腦之間的互動已顯得日益重要。人們對 UI 設計穩定增長的興趣，跨越了不同的群體。對於個人來說，友好的使用者介面改變了許多人的生活：醫生能進行更精確的診斷；學生能提高學習效率；設計人員能嘗試更有創造性的設計方案；飛行員能更安全地駕駛飛機。在商務環境中，使用者介面可以更好地進行資訊檢索、呈現、比較，以幫助商務人士訊速進行判斷和決策。而在生活環境中，個人資訊平臺、社交通訊和資源共享的使用者介面可以增進人際關係。網站上存在著大量的教育和文化遺產資源、電子政務服務資源，而 PDA 產品、車上型系統產品、智慧型家電產品、軟體產品，產品的線上推廣等如潮水般湧來，UI 設計無處不在，我們正生活在一個令 UI 設計師無比激動的時代。

目前，UI 設計流程大致包括結構設計（Structure Design）、互動設計（Interactive Design）、視覺設計（Visual Design）三部分。

1. 結構設計

結構設計也稱概念設計，是介面設計的骨架，透過對使用者的研究和任務進行分析，制定出產品的整體構架。在結構設計中，目錄體系的邏輯分類和詞語定義是使用者易於理解和操作的重要前提。

2. 互動設計

互動設計是定義、設計人造系統的行為方式。人造物，即人工製成物品，例如軟體、行動裝置、人造環境、服務、可佩戴裝置以及系統的組織結構。

現在形式追隨功能的設計思維已不能完全適應當前的環境，「形式」的非物質化和「功能」的超級化使設計重心轉移到一系列抽象的關係中，其中最基本的關係是人與機器的互動關係，任何軟體產品功能的實現都是透過人和機器的互動而完成。因此，人的因素作為設計核心體現出來，互動設計的目的就是讓使用者能簡單操作軟體產品。

3. 視覺設計

視覺設計是在前兩個設計的基礎上，參照使用人群的心理和審美觀而完成，主要包括色彩、字體、頁面等。視覺設計的目的是讓使用者在使用過程中愉悅、減少視覺疲勞。視覺設計是資訊產品設計中最直觀的層面，是直接面向使用者的最前端，透過視覺設計建立的圖像介面，提供使用者與程式之間的互動載體，並以此實現產品的資訊架構和互動設計。透過視覺設計，將無形的程式、抽象的代碼變為構成 GUI 的窗口、選單、按鈕、圖標等，使用者可以進行直接的操作，從而使資訊產品變得直觀易用。

簡單地說，UI 設計就是螢幕產品的視覺體驗和互動操作部分，是使用者與應用軟體之間相互作用和相互影響的區域。在此區域中，兩者之間發生各種資訊交流和控制活動。UI 設計是電腦科學、認知心理學以及設計學相結合的產物，同時也涉及語言學、人工智慧和社會學等多種學科。介面設計不是單純的美術繪畫，它需要定位使用者、使用環境、使用方式並且為最終使用者而設計，是純粹的、科學性的藝術設計。

檢驗一個介面的標準既不是某個專案開發組領導的意見，也不是專案成員投票的結果，而是最終使用者的感受。所以介面設計要和使用者研究緊密結合，是一個不斷為最終使用者設計滿意視覺效果的過程。

1.2.2 UI 設計師

2000 年中國的 UI 設計剛開始萌芽，UI 設計幾乎等同於平面設計，基本也體現在網頁設計上。後來隨著 Flash 的流行，一部分美術設計師開始去思考網頁的互動性。而後，一些企業開始意識到 UI 設計的重要性，紛紛把 UI 部門從軟體編碼團隊裡獨立出來，從而開始有了專門針對軟體產品的圖像設計師和互動設計師。現在隨著智慧型手機、行動網路的發展，互動設計和 UI 的聯繫越來越緊密，UI 設計也開始被提升到一個新的高度。

UI 設計

今天，我們對 UI 設計師這一職業已經不再陌生，對 UI 設計師的需求越來越多，設立 UI 部門的企業越來越普遍，網路上使用搜尋引擎搜尋「UI 設計師」能得到約 600 萬條相關結果，UI 設計的組織和網站更是層出不窮。按照之前描述的 UI 設計流程，UI 設計從工作內容上分為三個方向：研究使用者、研究使用者與介面的關係、研究介面表現。UI 設計師需要全程參與產品開發，而不是只參與某一個部分。

1. 研究使用者

使用者經驗工程師（User Experience Engineer）——結構設計。

使用者研究包含兩個方面：一是可用性研究，研究如何提高產品的可用性，使得網站介面的設計更容易被人所接受、使用和記憶；二是透過可用性的研究，發掘使用者的潛在需求，在介面設計的前期能夠把使用者對產品功能的期望、對設計和外觀方面的要求融入產品開發與設計中去。使用者研究是站在人文科學的角度來研究產品，研究使用者的需要，同時，站在使用者的角度，介入產品的開發和設計中。對於設計師來說就是研究如何使自己的介面更受使用者歡迎。此外，UI 設計的好壞不能只憑藉設計師的經驗或者領導的審美來評判，任何一個產品為了保證質量都需要測試，UI 設計也是如此。測試方法一般都是採用焦點小組，用目標使用者問卷的形式來衡量 UI 設計的合理性。

使用者經驗工程師一般具有心理學、社會學等人文科學背景。

2. 研究人與介面的關係

互動設計師（Interaction Designer）——互動設計。

在圖像介面產生之前，UI 設計師就是指互動設計師。互動設計師的工作內容就是設計軟體的操作流程、樹狀結構、軟體的結構與操作規範（Spec）等。一個軟體產品在編碼之前需要做的就是互動設計，並且確立互動模型、互動規範。

互動設計師需要具備憑空想像複雜行為的能力，互動設計應當在所有代碼編寫之前進行。互動設計師必須能夠在代碼被寫出來之前，想像它的用途。互動設計師一般具有軟體工程師背景。

3. 研究介面表現

圖像設計師（Graphic UI Designer）——視覺設計。

視覺設計是將思想和概念轉變為視覺符號形式的過程，即概念視覺化的過程；對軟體的使用者來說，則是相反的過程，即視覺概念化的過程，貫穿和連結兩個過程的是介面中所蘊含的視覺資訊。軟體介面作為人機之間資訊互動的媒介，直接關係到系統的性能能否充分發揮，能否讓使用者準確、高效、輕鬆、愉快地工作。因此，在介面設計中合理地體現視覺文化對軟體介面的視覺感知具有重要的作用。軟體介面設計不僅要遵循視覺文化的一般規律，還應力求正確參照視覺文化對學習者認知心理等方面的影響，從最終需求目標出發，參照目標群體的心理模型和任務達成，進行合理的視覺設計，達到使用者愉悅使用的目的，進而實現最優化的目標任務。

軟體產品外形設計師大多是畢業於美術類院校，其中大部分具有美術設計教育背景，例如工業設計、視覺傳達設計、數位媒體設計等。

概括地說，UI 設計師的工作內容主要包括：

（1）根據各種相關產品的使用族群，提出構思新穎、有高度吸引力的創意。

（2）負責產品介面的視覺設計和製作。

（3）收集和分析使用者對於 GUI 的需求。

（4）對介面互動進行優化，讓使用者操作更趨於人性化。

從上面的描述可以看出，UI 設計師這一職業的真正含義：UI 設計師絕不僅僅是做表面美化的「美工」，或者編寫代碼的程式員，UI 設計師應該同時具備以下四方面的能力。

一是溝通和文檔撰寫能力：如果說 UI 是人與機器互動的橋樑和紐帶，那麼 UI 設計師就是軟體設計開發人員和最終使用者之間互動的橋樑和紐帶。如果 UI 設計師不具備良好的溝通和理解能力，不能撰寫優秀的指導性原則和規範，那麼他將無法體現自己對於開發人員和客戶的雙重價值，也無法完成他的本職工作。

二是技術能力：不用編寫代碼，但要知道它能夠實現什麼。完全不懂技術的 UI 設計師，既做不出合理的設計，也不可能做到和開發人員進行有效的溝通。簡言之，UI 設計師起碼要瞭解主流的表現層開發技術（如 Web 表現層，需要瞭解 HTML、CSS、JavaScript、XML 技術），對於市面主流的設計模式、技術路線以及開源框架要有足夠的瞭解。

三是圖像設計和原型開發能力：UI 設計師一生中從事最多的工作應該就是圖像和原型設計，那麼，首先說說什麼是原型設計。原型法是疊代式開發設計階段常用的手段，原型設計應該貫穿需求、概要設計和詳細設計這三個階段。開發原型的目的是，把設計轉為使用者可以看懂的「介面語言」，同時也對開發人員造成一定的指導作用（甚至可以作為開發的一部分）。使用者介面原型更明顯的價值體現在可以幫助軟體設計人員，提早發現設計各個階段的缺陷，在開發前解決這些潛在的問題，大幅度降低軟體開發的風險和成本。人們通常理解的 UI 設計師，其實是 GUI 設計師，GUI 設計師的主要工作就是視覺定位以及創作。因此，UI 設計師必須具備圖像設計能力，這是每一名 UI 設計師應具備的最基礎的能力，也是最能夠衡量一名 UI 設計師能力水準的部分。

四是人體工學理論和認知心理學：這兩個概念雖然有些廣，卻是每一名 UI 設計師在事業穩固後，畢生都要努力探索的領域。可以說，設計的根本就是「人」，做人本的介面，自然需要瞭解人，瞭解人的行為。

此外，UI 設計師在各大網路公司的職位體系中是比較高的技術職位，相當於高級軟體工程師，一般需要有 3 年以上工作經驗方能勝任，而資深 UI 設計師與軟體設計師是平級的，他們共同的上層職位是架構師。這跟某些公司所招聘的「美工」是有很大區別的。

1.3 UI 的發展

1.3.1 UI 發展概述

介面的發展路徑是從人適應電腦到電腦不斷地適應人。從介面的發展史及介面被圖像化的原因來看，是因為用圖像和視覺的語言來表現互動更容易被使用和理解。但互動設計的真正的目的在於，為使用者提供可以人機交流的方式，而不僅僅是為了介面的互動。

1. 字符介面

這一階段的特點是：電腦的主要使用者——程式員可採用大量處理作業語言或互動命令語言的方式，和電腦進行互動，使用的是機器的語言，這要求程式員要記憶大量的命令，對一般使用者而言就無法透過介面進行良好的互動，電腦很難真正進入家庭，為普通使用者所掌握。介面視覺化呈現的僅僅是一些代碼。（圖 1-1）

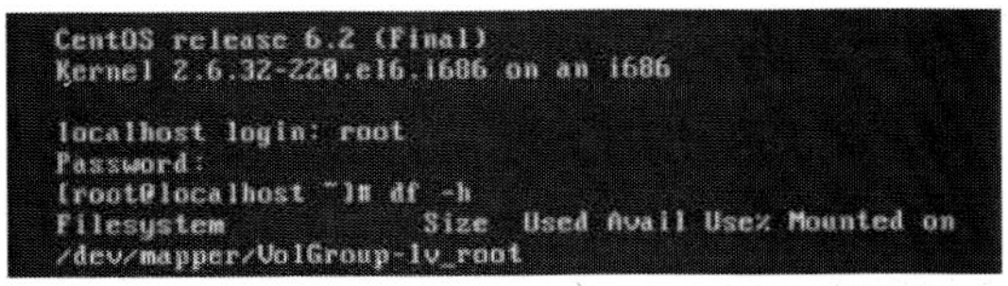

圖 1-1 字符界面

圖 1-2 圖形介面

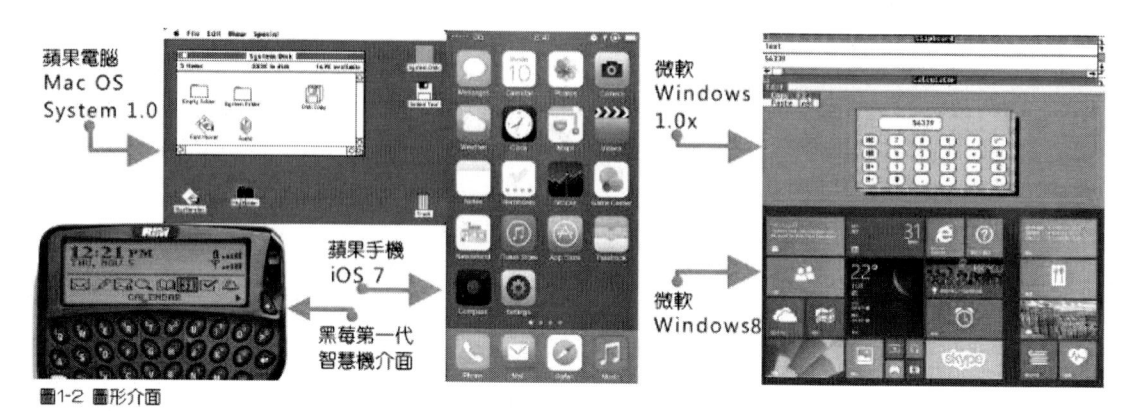

2. 圖像介面

隨著硬體技術的發展以及電腦圖像學、軟體工程、視窗系統等軟體技術的進步，視覺設計正式介入了 UI 設計，透過圖像實現使用者與系統之間的介面互動。其主要特點是桌面隱喻、WIMP 系統（窗口——Window、圖標——Icons、選單——Menus、指針——Pointing Device 四位一體）、直接操縱和所見即所得（What You See Is，What You Get）。視覺設計和電腦技術結合，圖像使用介面畫面生動、操作簡單，省去了命令語言的記憶負擔，使不懂電腦的普通使用者也可以很快學習並熟練地使用，拓寬了使用者人群並使其得到廣泛的應用，成為人機介面的主流。在 1990 年代中期，圖像介面開始真正取代字符介面成為電腦操作系統的標準，這其中又以微軟的 Windows 95 為典型代表，而圖像介面也不滿足於簡陋的設計，朝向更注重視覺體驗的方向發展。此後微軟推出了 Vista 系統，以全新的架構和出色的視覺美化效果讓使用者有了更好的體驗，達到了更好的互動效果，如圖 1-2。其中，Windows Flip 3D 以 3D 輪換的效果，開始讓使用者經驗 3D 介面的特性。當時，DGP 實驗室推出的 Bump Top：Physical Desktop Interface（物理桌面互動介面），在全 3D 視覺效果的介面方面做出了嘗試。

隨著網路的出現和發展，特別是行動網路的崛起，圖像介面的視覺設計走向更為人性化和個性化的時代，所有終端使用者都可以參與其中，訂製個人專屬介面，視覺設計成為使用者經驗中的重要部分。由於視覺設計本身的美學特徵，透過圖像圖案與色彩等視覺元素的構造，介面本身也就具有一定的文化和語言獨立性，具有相應的審美價值與人文價值，這對於字符介面而言是不可想像的。

此外，隨著硬體和媒體技術的發展，在原來只有靜態媒體的使用者介面中引入了動畫、聲音、影片等動態視覺元素，以及聲音媒體。聲音的加入不僅沒有削弱視覺呈現，反而更加豐富、優化了介面的視覺呈現。同時，多媒體技術的引入，使得介面的視覺設計由靜態轉向動態，提高了人對資訊表現形式的選擇和控制能力，增強了資訊表現與人的邏輯、創造能力的結合，擴展了人的資訊處理能力。藉助多媒體，使用者能提高接受資訊的效率，多媒體資訊比單一媒體資訊具有更大的吸引力，更有利於人對資訊的主動探索。此外，互動的方式也從單一的滑鼠、鍵盤的互動發展到多點觸控、手勢、語音、體感、眼動、腦波等更為直接自然的互動方式。

具體的操作系統介面的演進過程，可以搜尋並參考《80 年代以來的操作系統 GUI 設計進化史》。

1.3.2 UI 的發展趨勢概述

未來使用者介面的發展趨勢離不開使用者的需求和技術的進步這兩個原動力，它們在很大程度上決定了介面發展的趨勢。以此為基本的思路，可以探討使用者介面的未來發展趨勢。

1. 多通道將是未來使用者介面的技術特徵

多通道使用者介面（Multimodal User Interface）的研究是為了消除當前圖像、多媒體使

用者介面輸入輸出的不平衡而興起，這方面的研究更多的是人機交互作用中輸入能力的增強。在多通道使用者介面中，綜合採用視線、語音、手勢、體感、腦波等新的互動通道、設備和技術，讓使用者利用多個通道以自然、並行、協作的方式進行人機交互作用。今天所研究的多通道人機介面所要達到的目標可歸納為：讓使用者儘可能多地利用已有的日常技能與電腦互動；使人機通訊資訊吞吐量更大、形式更豐富，發揮人機彼此不同的認知潛力；運用現有的人機交互技術，與傳統的使用者介面兼容，使老使用者、專家使用者的知識和技能得以沿用。

現在已經湧現出越來越多的智慧穿戴設備，而未來電腦更會向微型和隨身的趨勢發展，這使得介面不一定要和螢幕聯繫，新興互動方式將逐漸取代傳統互動手段。如行動裝置中語音、手勢取代了傳統的滑鼠。

2. 靈活、高效將是未來使用者介面的感知特徵

使用者介面在電腦軟硬體技術、網路技術進步的推動下，將使更多不同技術背景的使用者更加方便、靈活地實現人機交互作用。

3. 個性化訂製將是未來使用者介面的功能特徵之一

未來使用者介面將逐步做到「電腦適應人」，從追求「容易實現」到「容易學習和容易使用」，將明顯突出使用者本身的興趣和愛好，也能更好地基於大數據系統瞭解使用者的習慣和愛好，從而推送訂製的服務。

4. 表現形式的多樣化將是未來使用者介面的特徵

由於硬體設備和網路技術的發展，人類已經進入大數據時代的新紀元，使用者範圍更加廣泛，使用要求也更多樣化，使用者介面的發展正體現出了上述特徵。

5. 自然的互動是終極目標

人們希望更自然地進入環境空間中去，形成人機「直接對話」，獲得身臨其境的體驗，為此，出現了虛擬實境人機介面。虛擬實境（Virtual Reality）目的是為使用者提供身臨其境的體驗。該理論認為，人與電腦間的互動關係不應是人與人之間的對話關係，應該由人去探索另一個世界，而設計師的工作便是去創造一個可供探索、遊歷的世界。因此，未來的人機交互作用模式，會突破螢幕的限制，讓使用者直接進入電腦的虛擬空間，直接與 3D 物體互動，這就是虛擬實境人機介面理論發展的起點。

與虛擬實境不同的是，擴增實境是在現實中引入虛擬的介面，比如在頭盔護目鏡上投射出一些文字和圖表，以達到對實景資訊的增強。目前，相關的理論和實現技術都在不斷地發展，並已初步應用到實際產品的開發中。

語音識別和手勢控制的結合仍是當前行動介面的主要形式。此外，更加自然和便捷的體感和腦波這兩項介面技術日趨成熟，並將會被更廣泛地應用到介面互動中。

6. 小結

在未來的人機介面中，視覺感知都是不能忽視的、最為重要的方面。因此，無論是在多通道介面中，還是擴增實境介面中，視覺設計都有著更大的發揮的空間。而且可以肯定的是，在未來的使用者介面中，圖像使用介面會得到增強。

教學導引

小結：

本章主要介紹了 UI 設計相關概念及其相互關係，UI 設計的研究內容、整體構架、主要流程，成為 UI 設計師的基本素養，以及 UI 設計的發展脈絡和方向。

課後練習：

1．結合本專業分析與討論其在 UI 設計領域職業拓展的可能性，以及未來的發展前景。

2．分析與討論 UI 設計的發展前景與趨勢。

第二章 UI 設計理論

UI 設計

> **重點：**
> 1. 理解目標導向設計的概念、要素和流程。
> 2. 理解 UCD 的設計思想和使用者經驗設計。
> 3. 掌握使用者研究的方法和途徑。
> 4. 掌握紙上原型的設計和測試方法。
> 5. 瞭解蘋果公司有關介面設計的原則與方法。
>
> **難點：**
> 能夠掌握使用者研究的方法和途徑，在創建使用者模型時能充分考慮其使用場景；能快速地進行紙上原型的設計和測試。

2.1 目標導向設計

在早期的數位產品 UI 開發模式中，互動設計由程式員或者是視覺設計師完成。通常，邏輯、流程由程式員設計，但程式員的思維往往與使用者思維差別較大；介面佈局、介面元素的可視化由視覺設計師完成，視覺設計往往側重於介面是否美觀，而不注重介面是否符合使用者操作習慣。這樣僅僅針對設計對象本身而進行的設計，割裂了設計對象和使用者之間的聯繫，設計只是設計師頭腦中的想法和意圖，最終強加給使用者。現在，這樣的 UI 難以被使用者接受，且不具備競爭力。

目標導向的設計方法關注使用者的目標，理解使用者的期望、需要、動機和環境因素。目標導向設計的三要素就是使用者目標、人物角色和常用場景。

目標是期望系統能夠完成一件什麼樣的事情，為了完成這件事情需要考慮不同的人物角色在不同場景的實際操作任務和路線。目標不等於任務，目標是需求的終點，任務只是有助於達到目標的中間步驟。目標激發人們去執行任務，分清任務和目標非常重要，受動機驅使，隨著時間的推移可能不變化，或者緩慢變化；任務是暫時的，基於當前可用的技術，非常容易變化。例如，使用者需要瞭解某個歷史事件，這是目標，而任務隨著技術和環境的改變會發生變化：請教學者，到圖書館查閱資料，在相關的資料庫中透過網路進行檢索獲取資料。

人物角色不是真實的人物，但是在設計過程中代表著真實的人物。在研究產品實際使用者和潛在使用者的基礎上，定義出具體的原型使用者（使用者建模），使用人物角色作為腳本提綱的主要人物，把人物角色作為定義產品功能、行為和形式的主要工具，在設計過程中遵循行為設計的原理。

目標導向的設計方法，將設計重心從 UI 的表面設計轉移到背後對人的更多考慮與關懷，如對最表象的審美關係的關注。更多地關注人的情感、人的使用體驗，對人的生命、人的理想，以及人的生存與發展意義之投射，是「以人為本」思想的直接體現。

目標導向的設計方法為設計師提供了一個獨特的過程和框架，藉助它可以設計產品和產品的行為，而這些行為真正地解決了使用者核心的需求和意願。換句話說，UI 設計不同於傳統的設計，行為和形式都是設計的關鍵因素，形式必須支持行為。

2.1.1 使用者經驗、UCD 與可用性

1. UCD 的設計思想

UI 設計師無論是在互動設計還是視覺設計過程中，都會不自覺或下意識地考慮與使用者相關的問題。但是最終的設計仍然存在使用者接受度的問題，直接導致了產品在競爭中的失敗，比如：產品類型市場需求低或沒有需求；功能與使用者需求不符合；

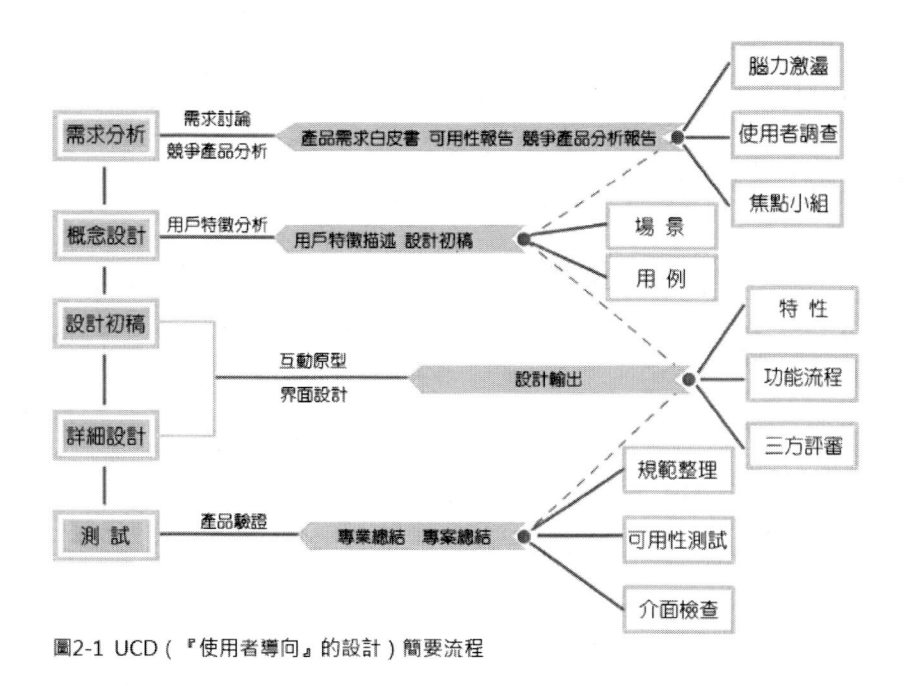

圖2-1 UCD（『使用者導向』的設計）簡要流程

外觀同質化嚴重、缺乏吸引力；難以學習和使用；可靠性、安全性存在設計問題；等等。

事實上，設計師常常忽視使用者研究的重要性，忽略了在設計的不同階段需要與使用者進行有效溝通，沒有將設計建立在深入、細緻、準確瞭解使用者情況和需求的基礎上。最常見的錯誤觀點是：將自己假想為使用者，以自己的期望代替使用者的目標；假定自己能夠使用的產品其他人也能夠使用，自己喜歡的功能他人也喜歡。

然而，使用者才是產品成功與否的最終評判者，使用者導向設計（User-Centered Design，UCD），其思想的核心是基於使用者經驗而設計，這種思想要貫穿在設計的每一個環節。（圖 2-1）

2. 使用者經驗的三個層次

使用者經驗的概念最早興起於 1940 年代的人機交互作用設計領域，以「可用性」和「使用者導向設計」為基礎。在 ISO 9241-11 可用性指南中，「可用性」被定義為：「產品在特定使用情境下，被特定使用者用於特定用途時所具有的有效性、效率和使用者主觀滿意度」。但是可用性概念本身的模糊性和情境依存性依然存在，為了產品的可用性目標，UCD 是目前業界常採用的方法。UCD 方法的主要特徵是使用者的積極參與，在設計中可以邀請使用者對即將發佈或已經發佈的產品以及設計原型進行評估，並透過對評估數據的分析進行疊代式設計直至達到可用性目標。

使用者經驗反映使用者在操作或使用一項產品或服務時所做、所想、所感，涉及透過產品和服務提供給使用者的理性價值和感性體驗。結合數位產品 UI 的特點，可將使用者經驗分為三個層次：

（1）感官體驗——本能層面

好看，系統或產品能給使用者帶來視覺享受的屬性；好聽，系統或產品能給使用者帶來聽覺享受的屬性；感官體驗是訴諸視覺、聽覺、觸覺、味覺和嗅覺的體驗，如 UI 的時尚感、炫酷、清新、懷舊、視覺衝擊力等。

（2）行為體驗——行為層面

可用，系統或產品可供使用者獲取和使用的屬性；高效，系統或產品能讓使用者快速完成任務的屬性；易用，系統或產品對使用者來說操作簡單的屬性；行為體驗是影響身體體驗、生活方式並與消費者產生互動的體驗，使用者透過 UI 達到目標的易用、快捷，獲取資訊的直觀、準確等目標。

（3）情感體驗——反思層面

好感，系統或產品能滿足使用者心理需求的屬性；情感體驗是使用者內心的感覺和情感創造，如產品對品味和身份的象徵、個性化的需求，理想的成就和自我價值的實現，等等。

3. 使用者經驗的要素

J.J.Garrett 將使用者經驗設計分為五層要素，即由下而上的五個層面：策略層、範圍層、結構層、框架層、表現層。

在如何改善使用者經驗方面提供了比較清晰的思路，使技術的轉變更可能讓使用者經驗提升。這一觀點已經得到了廣泛認可，也成為當前講述使用者經驗的各種書籍中或明或暗的一條主線。（圖 2-2）

（1）策略層

策略層包括使用者需求和產品目標，分別透過使用者需求分析和市場分析得出結論。一般由產品經理、公司高層與市場部共同負責，產出物為使用者需求文檔。可能用到的文檔：專案分析文檔、使用者研究報告、可用性測試計劃及報告、競爭對手分析報告等。

（2）範圍層

範圍層包括產品概念和產品功能，分別透過內容需求分析和功能需求分析得出結論。可能用到的文檔：概念模型、內容詳表等。

（3）結構層

結構層包括互動設計和資訊架構，分別透過業務流程分析和數據流向分析得出結論。一般由產品經理、專案經理、互動設計師負責，產出物為低仿真產品原型，設計如何將內容合理地傳遞給目標使用者，規劃製作資訊分區、功能分區、資訊架構、互動流程等。可能用到的文檔：架構圖、流程圖等。

（4）架構層

架構層包括資訊設計、介面設計和導航設計，將抽象的架構圖轉化為詳細的線框圖，確定介面外觀、導航資訊及資訊要素的佈局，一般由產品經理、互動設計師負責，產出物為高仿真產品原型。可能用到的文檔：線框圖。

（5）表現層

表現層是指 UI 的視覺設計，是內容、功能、美學的集中體現，是使用者經驗要素中最外延、最細節的一個部分，由視覺設計師負責，產出物為最終產品介面。可能用到的文檔：產品設計圖、介面效果圖等。

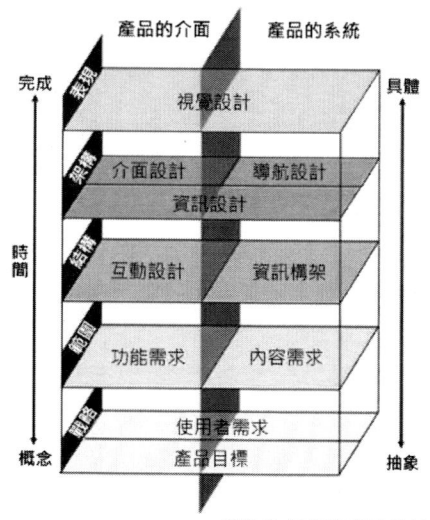

圖 2-2 使用者經驗設計

使用者經驗即是在這五個層次上進行思考與提高的。

4. 可用性

通俗地講，可用性是指產品可使用的程度，或者說是產品滿足使用者需求的程度。可用性良好的產品一定是使用者可以輕鬆使用的產品，最大限度地滿足使用者使用需求的產品。可用性是產品的一個基本屬性，體現在產品和使用者的相互關係中，是 UI 設計的基本而且重要的指標，是對產品可用程度的總體評價。它是從使用者的角度去感受產品是否易學、高效、容錯、易記和令人舒適滿意。例如：具有同樣功能的產品並不等於好用，差別就在於它們的可用性質量。所以，可用性是決定產品競爭力的關鍵因素。對於可用性的定義的理解有以下五個方面。

（1）易學：易於學習，使用者可以快速地開始應用某些操作而無須藉助於系統幫助。

（2）高效：使用者使用產品是高效的。

（3）易記：產品的設計應該符合使用者的思維和操作習慣，使用者再次使用該產品的時候不需要重新學習。

（4）容錯：產品應該能夠阻止使用者的錯誤或者允許使用者改正錯誤，並且避免毀滅性錯誤的發生。

（5）滿意：使用者在使用產品的時候得到輕鬆、愉悅的體驗。

對 UI 視覺設計而言：首先，保證有用性和有效性，即透過視覺設計介面能否有效支持產品功能；其次，透過良好的視覺設計保證互動效率，即使用者透過介面完成具體任務的效率，包括互動過程的安全性、易學性和易記性、出錯頻率和容錯能力等因素；最後，透過視覺設計提升使用者對產品整體使用的滿意度。

5. 使用者經驗、可用性和以使用者為導向之間的關係

使用者經驗、可用性和以使用者為導向之間的關係簡單來說就是：使用者經驗是目標，可用性是手段（指標），以使用者為導向是思路（思想）。

使用者經驗，作為更為感性的一面，是基於可用性的基本屬性與以使用者為導向的指導思想基礎上，能夠在情感體驗上更進一層的產品，它不僅僅包括產品本身，還包括品牌、行銷、服務等與其相關的各個方面；而可用性則是維護以使用者為導向所需要的基本要求，透過可用性測試及可用性五個基本屬性來衡量是否達到可用性的標準，進而檢測產品是否符合以人為中心這條準則；使用者導向更多層面上是一種思想，它的使命和責任是在進行產品的整個開發流程中，始終將使用者放在中心的一種態度。（圖 2-3）

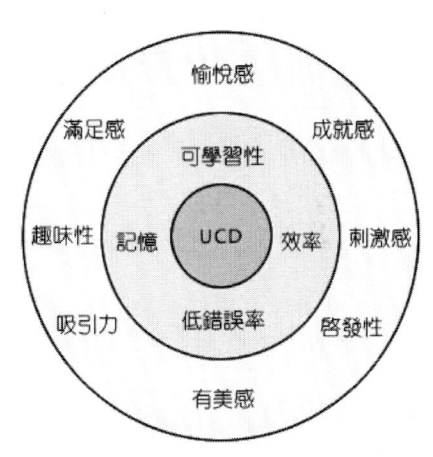

圖 2-3 使用者經驗、可用性、UCD 之間的關係

2.1.2 使用者研究

1. 為什麼 UI 設計師要直接參與使用者研究

目標導向設計的方法需要改變 UI 設計師在開發過程中所扮演的角色。用新的方式思考設計，UI 設計師要承擔更為廣泛的角色，特別是設計對像是具有互動性，系統複雜的介面。

當前開發過程中角色過於細分：使用者研究人員進行調研，然後 UI 設計師進行設計。使用者研究

結果與最終呈現的設計方案之間的偏離,是由於設計過程中沒有將使用者與最終產品相聯而導致。解決這個問題的方法就是讓 UI 設計師學習並參與使用者研究。讓 UI 設計師參與使用者研究過程的目的是讓設計師融入使用者的世界,瞭解使用者的想法,並在準備設計方案前思考使用者的需求。在產品開發中要避免設計者和使用者隔離,因為這將限制設計師代入使用者的感受。(圖 2-4)

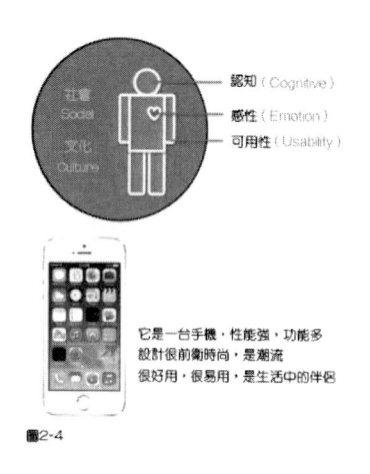

圖 2-4

2. 使用者的定義

使用者,即使用產品或服務的人。這一概念包含兩層含義。

(1) 使用者作為人的共性特徵。人的行為不僅受到視覺和聽覺等感知能力、分析能力、解決問題能力、記憶力和對刺激的反應能力等的影響,同時也受到心理和性格取向、物理和文化環境、教育程度及閱歷等因素的制約。

(2) 作為產品的使用者的特徵。使用者可能是產品當前的使用者,也可能是未來潛在的使用者。他們在使用產品的過程中,行為也會與產品特徵緊密相關。例如,對產品的認識、需求、使用產品所需的基本技能,將要使用產品的時間、頻率,等等。(表 2-1)

3. 使用者研究的定義

使用者研究是使用者導向設計流程中的第一步。它是一種理解使用者,將使用者的目標、需求與設計目標相匹配的理想方法。使用者研究的首要目的是幫助定義產品的目標使用族群,確立、細化產品概念,並透過對使用者任務操作特性、知覺特徵、認知心理特徵的研究,讓使用者的實際需求成為產品設計的目標導向,使產品更符合使用者的習慣、經驗和期待。

4. 使用者研究的價值

產品是交由使用者選擇的,市場是由使用者數量決定的,使用者的需求將直接決定產品的生命週期。使用者研究不僅對設計產品有幫助,且讓產品的使用者受益,是對兩者互利的。對公司設計開發來說,使用者研究可以節約開發的時間、成本和資源,創造更好、更成功的產品;對使用者來說,使用者研究使得產品更加貼近他們的真實需求。透過對使用者的理解,我們可以將使用者需要的功能設計得有用、易用並且強大,能解決實際問題。

5. 使用者研究在 UCD 專案中的開展時間和作用

(1) 在新概念產品的專案開發中:使用者研究可以幫助完善產品概念;定義產品功能架構。

(2) 在功能框架已被定義完整的專案開發過程中:使用者研究可以幫助定義目標使用族群,確定使用者策略;幫助細化功能,使功能與使用者需求相符合;提供 UI(GUI)設計的依據;幫助開發者進行可用性測試:選擇被試,具有針對性地制定測試計劃,支持數據分析。

表2-1 產品使用者的特徵

類別	個體	需求
內部用戶	產品開發管理人員、市場、客服等	用於向他人介紹、推銷
目標用戶	潛在用戶、註冊用戶、付費用戶、專家用戶	滿足用戶使用的需求
第三方用戶	訪客、其他關連方(投資人)	滿足了解的需求

6. 確定研究的目的和對象

在研究之前，必須要確立研究要達到的目標（即需求點、調查的內容），調查的目標人群和渠道。

（1）確定研究要達到的目標背景：使用者的背景資訊，如年齡、職業、喜好、地區等。

動機：什麼因素驅讓使用者來使用產品。

需求：使用者內心較普遍和穩定的需求（需求是更深層的心理驅動力）。

特性：使用者關心產品的哪些特性。

場景：使用者與目標產品發生接觸的典型情形（使用者在什麼環境、情況下操作和使用產品）。

行為：使用者如何與產品發生互動，操作軌跡，使用習慣等。

目標：使用者最終的目的，最終想獲得什麼。

習慣：使用者通常的操作習慣，如左手或右手操作、文字、大小、佈局等。

期望：對產品有哪些期望，使用者的期望包含了比較多的臆想成分，不能過多以此為依據來進行功能設計，而更應從對使用者現有行為的分析中挖掘機會點。

（2）確立對象

產品不同，使用族群體就不同。在使用者調查之前，還必須明白我們研究的目標群體，針對實際的研究，要確立使用族群的分類與定義，最好能用客觀的指標來區分。

①新使用者、流失使用者、連續使用者。

②不同類型產品的使用者。

③不同活躍程度的使用者。

2.1.3 使用者細分

使用族群體中，既有受過高等教育的學者，也有教育程度較低的人；既有專業使用者，也有一般使用者。只有充分掌握使用者的特徵，才能有針對性地為使用者提供滿意的服務。對設計師而言，不僅需要掌握使用者的性別、年齡、教育背景、職業、職位等公共特徵，還要瞭解他們不同於其他人的個性化特徵，比如是否帶有某種殘疾、是否色盲等。在設計前，首先應該透過市場調查收集使用者的背景資料，並依據公共特徵對使用者進行細分，以確定目標使用族群，並將大量的使用者需求劃分成幾個可以管理的部分。但僅做到這一點還不夠，這只是滿足了使用者的一般需求，基於使用者經驗的設計還應該將使用者的個性化特徵反映到系統之中，以滿足他們的特殊需求。

1. 在開發產品時，我們要明白：使用者是誰？我們為誰設計？他們需要什麼？

使用者行為是複雜的，受背景、動機、特性、情境、行為、目標、習慣、期望等因素的影響，使用者和使用者是不一樣的，或者說，每個使用者都不一樣。一款成功的產品往往並不能滿足所有使用者的需求，而是準確定位了某一類使用者並且很好地滿足了那類使用者的需求，該類使用者就是該產品的主要使用族群。到底定位哪一類使用者為主要使用族群是我們需要考慮的，所以就需要進行使用者分類。按照不同的體系標準，不同研究者對使用者有不同的分類方法。例如：學生使用者和社會使用者；大城市使用者和小城市使用者；活躍使用者和沉默使用者；時尚使用者與保守使用者；會員使用者與非會員使用者；專業使用者和非專業使用者；正常使用者和殘障使用者；兒童使用者、青少年使用者和中老年使用者；初級使用者、普通使用者、高級使用者等，從一個或者兩個方面對使用者進行劃分，是這些使用者分類的共同特徵。外向型和內向型：外向型使用者注重外部刺激、喜歡變化和行動；內向型使用者喜歡採取熟悉的工作方式工作。感知型和直覺型：感知型使用者善於做精細的工作，喜歡使用熟悉的技巧；直覺型使用者則思維奔放，喜歡解決新問題。理解型和理智型：理解型使用者喜歡瞭解新的形式，但對於做出決策可能有困難；理智型使用者喜歡制定周密的計劃。

「互動設計之父」阿蘭庫珀的《互動設計精髓》一書中提到使用者分類的兩個指標：電腦技能水準和業務領域水準，又進一步把使用者劃分為三種：初級使用者、普通使用者和高級使用者。簡單地說，這種使用者分類模式就是基於對產品的操作頻率。根據使用電腦系統的頻率和熟練程度，可以將使用者分為偶然型使用者、生疏型使用者、熟練型使用者和專家型使用者，目前這一種分類方法比較流行。但是，由於使用者具有知識、視聽能力、可學習性、動機、受訓練程度、易遺忘和易出錯等特性，這使得對使用者的分類、分析以及考慮以上人文因素後的系統設計變得更加複雜化。為設計友好的使用者經驗，也必須考慮不同類型使用者的人文因素。

使用者研究（尤其是定性研究）中甄選使用者的一般原則應是：尋找那些（在目標產品、相同領域產品或共通領域產品）有豐富體驗的使用者（高級使用者）。不過有三種情況比較特殊：

(1) 如果目標產品還沒有面市，不可能存在有使用經驗的使用者，那麼就應該找有同類產品使用經驗的使用者。

(2) 如果我們研究的目的是為什麼使用者不用某個（類）產品，那麼我們應該找那些不使用該產品的使用者。

(3) 如果是可用性測試、眼動研究之類的情況，選取新手使用者往往更有價值。

2. 使用者分類標準和方法

從準確性和精確性角度判斷某一款產品的使用者分類效果，前者指的是使用者分類的類別是否能準確對應該使用者，後者指的是使用者分類的類別和實際使用者的全部屬性是否完全吻合。這兩個分類效果在實際情況下不能達到完美，一般情況下，準確性和精確性不能兼而得之，當要求準確性的時候，精確性很可能下降；當要求精確性的時候，準確性很可能下降。所以，找到兩者中的一個平衡點即可。

上面所說的三種使用者劃分法：初級使用者、普通使用者和高級使用者，就是準確度高，但精度不夠的分法。這種分法太籠統，實際情況中，使用者是很龐雜、廣泛的，使用者的特徵也有很多種，比如年齡、經驗、技能、職業、環境，等等，因此這三種劃分方法不能代表大部分使用者的分類標準。個體特徵的差異，比如年齡、性別、學識、電腦水準、經驗、職業等，這些都會產生不同的體驗需求。所以在分類上要從多個方面來思考使用者的劃分，儘量做到既準確又精確。具體方法如下：

首先進行一個籠統的分類，即考慮該產品的大類從哪幾個方面來分。一般可以這樣考慮：使用者的性別與心理年齡段；使用者的職業、受教育程度；資訊科技使用水準；使用者現在使用的產品與生活的地域、環境及使用者對現在使用的產品的個人情感；使用者對新產品的敏感度與學習能力；使用者的時間利用方式（或稱時間觀念）；使用者在生活中普遍存在，並且意識到卻難以改變的習慣……

然後細化，把大類產品中的某一種產品分出來，單獨進行研究，把對於該產品的使用者屬性列舉出來；然後進行使用者訪談，得到使用者的相同點與差異，再進行總結分析，做出調查問卷，進一步進行抽樣調查，得出數據；最後對這些數據進行聚類分析。

使用者分類要細化到何種程度？要依據不同情況進行不同的分析，沒有一個共通的方法。當涉及實際產品的使用者分類時，首先瞭解產品特徵，分出主要使用族群。一般來說，如果可以從使用者分類中判定主要產品使用族群和產品定位，就說明這種分類方法是合適的。

2.1.4 使用者模型

1. 什麼是使用者模型

使用者模型（也可稱作人物角色）是在使用者細分的基礎上研究目標受眾後得到的結果，取決於使用者調研。它是針對產品目標群體真實特徵勾勒的真實使用者的綜合原型，簡單地說，就是虛構出

一個使用者來代表一個使用族群。使用者模型是所有後續目標導向設計的基礎，在基於場景的設計方法中起著重要的作用，能精確地表達使用者的需求和期望。在框架定義階段它可以疊代產生設計概念，同時也能在後續的優化中不斷提供回饋，以保證設計上的正確性和一致性。

使用者模型不是真實的人物，但是在設計過程中代表真實人物。使用者模型不等同於使用者細分，使用者模型更加關注的是使用者如何看待和使用產品，如何與產品互動，是什麼決定了使用者之間的差別（目標和行為模式）。使用者模型是為了更好地解讀使用者需求，以及不同使用族群體之間的差異。

透過建立使用者模型，輔助決策和設計。將使用者研究結果（使用者的目標、行為、觀點）形成人物角色文檔，以一種簡單、直觀但又非常有效的方式使設計團隊成員（決策人員、產品經理、互動設計師、視覺設計師等）對大家所面臨的客戶群形成一致的瞭解，成員之間也容易達成對設計目標的共識，並有利於設計師在後續的設計工作中更好地理解使用者需求。

在建模階段，設計者要使用多種方法對人物角色進行綜合、區分和排序，探索不同類型的目標。從人物角色列表中選擇明確的設計目標，確定不同類別人物角色在最終設計的外觀和行為中影響的程度。

2. 創建使用者模型（使用者建模）

透過在使用者研究資料中提取數據資料進行分析，並創建使用者模型的步驟。

（1）發現使用者

目標：誰是使用者？有多少？怎樣使用產品？使用者之間的差異都有什麼？

文檔：分析報告，大致描繪出目標人群。

（2）人物角色的優先級別

目標：是否有更多的使用族群？重要的特徵是什麼？是否同等重要？首要的人物角色是什麼？

文檔：分類描述，關注首要人物角色的特點。

使用人物角色進行設計時，如果在某個功能或者內容要求上有衝突，我們需要確定他們的優先級別，對他們進行排序。一般有以下四種人物角色：

首要人物角色：代表介面設計的主要目標，是最有價值的人物角色，他的需求凌駕於其他角色之上。

次要人物角色：產品的目標就是竭力滿足他們的需要，與首要角色需求不衝突。

補充人物角色：值得考慮但對於決策的制定而言並不重要。

排斥人物角色：創建這些人物角色的目的是說明哪些人不是設計的對象，不用過多關注。

（3）人物角色驗證

目標：關於人物角色（喜歡、不喜歡，內在需求，價值）。

文檔：分析報告。

關於場景（工作地環境、工作條件）。

關於任務和目標（工作任務和目標、資訊任務和目標）。

（4）構造虛擬角色

目標：基本資訊（姓名、性別、照片）。

文檔：典型人物角色屬性描述。（圖 2-5）

心理（外向、內向）。

背景（職業）。

對待技術的情緒與態度。

審美取向。

其他需要瞭解的方面。

圖2-5 人物角色

個人特質等。

（5）定義場景

目標：這種人物角色的需求適應哪種場景？

場景是人物角色與產品進行互動的理想化情景。它描述的是某個人物角色如何與產品進行互動。每個人物角色都將對應一個場景，甚至更多的場景，以求涵蓋使用者使用產品的各種情形，譬如主要人物角色，我們會對其撰寫一個最主要的場景，並配合後續設計加入一些必要的場景。

文檔：需求和場景的分類。

（6）場景和行為

目標：在設定的場景中，既定的目標下，當人物角色使用產品時會發生什麼？

針對每個人物角色，設計合理的場景後，集合相關的工作人員（不僅僅是互動設計師和視覺設計師）一起展開腦力激盪，在此階段每個人要有深度的同理心，並在每個關節點將所能想到的可能性完全說出來並記錄，腦力激盪的過程中不加約束且不加評判，對每個人物角色經過一個或多個場景的挖掘後，對其所涉及的功能進行羅列，並根據每個人物角色的重要性定義每個功能的權重，最終形成文檔。

文檔：場景、使用者行為描述、產品需求功能列表。

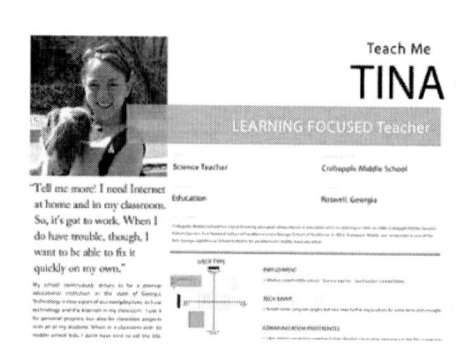

3. 使用使用者模型

建立使用者模型文檔，以使用者模型（人物角色）清晰揭示使用者目標，幫助我們把握關鍵需求、關鍵任務、關鍵流程，看到產品必須做的事，也知道產品不該做什麼。但人物角色不是精確的度量標準，它更重要的作用是作為一種決策、設計、溝通的可視化交流工具。持續使用和更新使用者模型，將核心使用者的形象融入每個成員開發、設計思維中，才是人物角色的使命。設計過程中需要不斷地完善、展示、解釋和使用它。

2.1.5 使用者研究的途徑

1. 態度和行為

這個方面的區別可以被歸納為人們說什麼和人們做什麼（經常是不同的）。

態度研究的目的通常是理解或獲知使用者使用產品的目標和觀點。使用者使用產品的目標揭示了使用者使用產品的原因，以及使用者想透過產品實現的價值；使用者使用產品的觀點透露了使用者使用產品後的感受。常用的使用者態度研究方法有深度訪談、焦點小組、卡片分類、參與式設計、問卷調查等。

行為研究的目的通常是透過追蹤、收集使用者的產品使用數據來瞭解使用者實際使用行為，並發現問題。與使用者的態度相比，使用者的實際行為能顯示出更多與使用者有關的資訊，是使用者真實使用情況的表現，同時也顯示使用者在使用產品時的普遍傾向。常用的使用者行為研究方法包括現場

觀察研究方法、實驗室可用性測試方法、數據挖掘方法（例如興趣偏好挖掘、行為軌跡挖掘、行為趨勢預測等）。

2. 定量和定性

定量研究是用大量樣本來測試和證明觀點的方法，透過分析大量數據，找出具有統計學意義的趨勢，從而映射出全部使用者的真實情況。定量研究可幫助驗證透過定性研究發現的假設。常見的定量研究方法是前面提到的問卷調查方法和數據挖掘方法。定量研究有樣本量大、用理性數位說話等方面的特點，容易被人們所接受，特別是網路企業的定量數據通常具有很好的說服力，基於大數據定量研究將更為準確、高效。

定性研究是從小規模的樣本量中發現新事物的方法，透過與少數使用者（10～20個）的互動來得到新想法或揭示以前未知的問題。主要目的是確定「選項」和挖掘深度，比如要瞭解使用者使用某產品的場景，定性階段解決的問題是：使用者都在哪些場景使用該產品，使用者為什麼在這些場景下使用該產品，在每個場景中使用者的需求是什麼。定性研究幫助設計者把握使用者目標、歸納使用者需求，識別使用者的行為模式，解釋使用者行為的原因，發掘使用者的新見解。常見的定性研究方法包括深度訪談、焦點小組、卡片分類、參與式設計、現場觀察研究方法和實驗室可用性測試方法等。

就使用者研究而言，定性與定量研究應該是相輔相成的。這兩者基本的差別在於：在定量研究中，數據是被間接收集的，而在定性研究中數據經常被直接收集；定量研究適合回答有多少數量和有多少種問題，而定性研究方法適合回答關於為什麼或是如何解決一個問題。普遍的做法是：透過定量研究發現某個現象，採用定性研究去探尋該現象背後隱藏的原因。使用者研究在於全面瞭解使用者的行為、目標和動機，其中行為可以透過定量研究獲得，目標和動機更多需要透過定性研究來獲得。現象容易觀察，要瞭解目標和動機則需要對設計研究方案。當然，定量研究也可以獲得一些關於使用者目標和動機的資訊。從一個開發週期來看，定性研究一般出現在探索階段和快速疊代階段，定量研究一般出現在產品發佈以後。

定性研究能夠為使用者研究階段提出的問題尋找答案，如使用者使用產品的基本目標是什麼？使用者基本目標的實現需要完成哪些基本任務？經歷哪些基本流程？在哪些生活場景中使用者能夠很好地使用產品？使用者在使用目前方法實現預期功能時遇到哪些問題？產品與使用者經驗的關係是什麼？等等。（圖2-6）

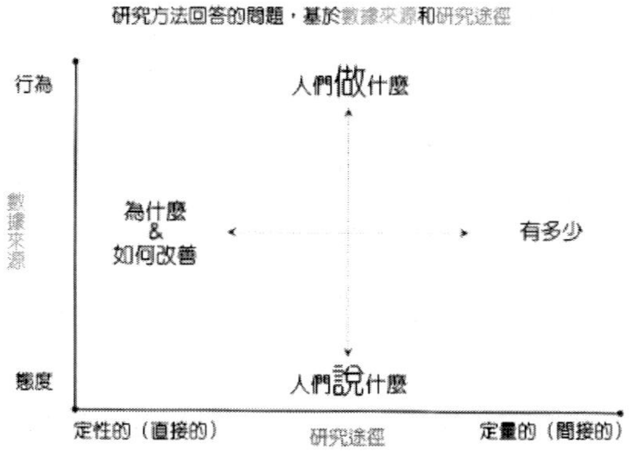

圖2-6

3. 使用者研究的顯意識和潛意識

前面提到的使用者研究大多屬於顯意識的研究。而現在開始有學者發展潛意識的使用者研究，其基本觀點是使用者的行為只有5%是由顯意識決定的，剩下的95%是由潛意識決定的（可能有些誇張）。潛意識研究方法包括隱喻引誘技術、圖片投射技術、內隱測量方法等。比如將蘋果同「酷」「革新」「驚喜」等詞進行關聯，測試消費者大腦皮層的活躍程度，就可以獲取消費者的品牌感受，在此基礎上，能更好地引導使用者對產品品牌的認知。目前，潛意識的研究方法更多見於學術論文，在產品設計開發中的應用比較少。

2.1.6 使用者研究的方法

使用者研究的方法類型豐富、相互補充，在不同的場景、環境下都能使用。（表2-2）

表2-2 用戶研究的方法

階段	方法	目的
前期用戶調查	文獻研究，訪談（專家訪談、深度訪談），背景資料問卷。	目標用戶定義；用戶特徵及設計客體特徵的背景知識積累。
情景實驗	驗前問卷、焦點小組、現場觀察（典型任務操作）影子觀察（一般在不方便與用戶交流或不希望打擾用戶的情形下觀察，如手術、駕駛、ATM操作等）、視覺卡片、紙上原型、音像紀錄、驗後回顧。	用戶細分：用戶特徵描述（需求、觀點、使用習慣和行為）；了解用戶的審美觀、價值觀；定性研究；問卷設計基礎。
問卷調查	單層問卷、多層問卷；紙質問卷、網頁問卷；驗後問卷；開放型、封閉型問卷。	獲得量化數據，支持定性和定量數據分析。
數據分析	描述統計、集群分析、相關分析等；另外，主觀經驗（常見於可用性測試的分析）；競爭商品分析。	用戶模型建立依據；提出設計建議和解決方法。
建立用戶模型	任務模型；思維模型（知覺、認知特性）；競爭商品分析。	分析結果整合，指導可用性測試和介面方案設計。

1. 文獻研究

透過在已完成的不同專案的調研結果或者公開出版、發佈的資料中獲得數據、樣本進行研究，抽取所需要的資料，一般用於專案前期研究的假設和後期結果的解釋。

其優點是：成本低、效率高、涉及領域廣；缺點是：針對性和可信度較差。

文獻研究步驟：分析現成資料──收集二手資料──資料篩選與資訊挖掘──撰寫報告。

2. 人物角色分析

人物角色分析是目前國際最流行的分析方法，它是整合定性、定量研究的結果，導出目標人群的不同的人物角色。人物角色的構成元素有：使用者概況、產品的需求、購買動機、決策、使用狀況、遇到的問題以及期望等。人物角色可以清晰地對使用族群體進行全方位的描述。

3. 訪談

和被訪對象採取一對一的方式，依據事先準備好的訪談提綱進行交談，以檢驗行為和態度之間的關係，探討原因、評價和回饋意見。

通常訪談結構設計為：從最簡單的問題開始，從高開放性問題慢慢收斂，控制問題的數量，準備問題模組。

提問方式的設計：基於使用者現有的經驗提問（避免對未知事物臆想）；在問題的明確性和開放性（避免引導使用者、心理暗示）之間找到平衡；避免排比式提問，透過變換提問的方式，使受訪者感覺採訪不是那麼枯燥和單調；對使用者的初步回答反覆追問「為什麼」，引導使用者從表面的行為開始思索，清理出行為背後的動機、需求乃至價值和文化觀念。

4. 問卷調查

以書面形式向採訪者提出問題，並要求受訪者以書面或口頭形式回答，來進行資料蒐集的一種方法。它具有簡明、通俗、客觀、真實、回饋快、保密性好等特點，可以在較大範圍內同時使用於眾多受訪者，因此能在較短時間內蒐集到大量的數據。與傳統問卷調查方式相比，網路問卷調查在組織實施、資訊採集、資訊處理、調查效果等方面具有明顯的優勢。

5. 場景觀察

在真實的環境裡，對使用者使用產品完成真正的任務進行觀察，瞭解使用者的產品使用習慣，發現問題。在觀察過程中，最重要的是獲取使用者行為更多的重要細節：文字記錄、草圖、拍攝關鍵操作的照片或影片、聲音記錄等。場景觀察法通常和訪談法一起使用。（圖 2-7）

6. 卡片分類

卡片分類是用來對資訊模組進行分類的一種方法，從而可以創建一種結構，以最大限度地滿足使用者查找資訊的可能性。它常用於定義網站的結構。

卡片分類是將眾多的功能任務寫在卡片上，隨機排列，由專業人員和使用者按照語詞定義，以及邏輯學的內涵和外延的原則，對這些卡片進行分類，從而構築使用者介面的結構設計。既可以事先提供

圖2-7 場景觀察

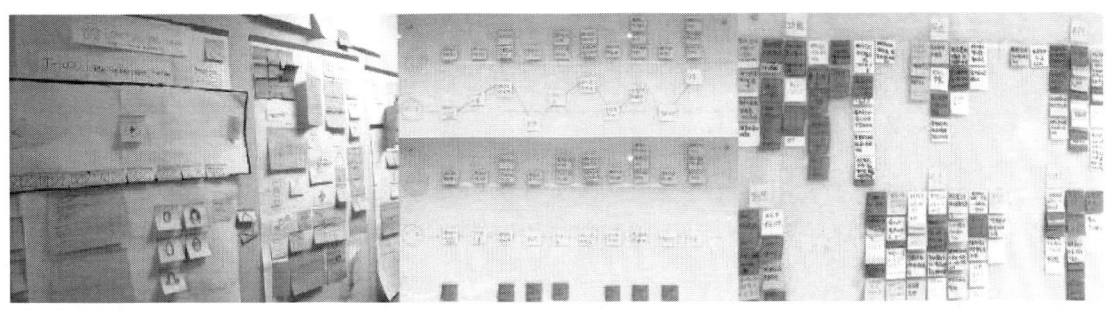

圖2-8 卡片分類

圖2-9 焦點小組

2.1 目標導向設計　41

固定的分類，也可以由使用者自己創建分類。透過卡片分類，可以瞭解使用者所想，然後更好地完成介面、導航、內容的組織和資訊架構的設計。

卡片分類的使用場景：

資訊架構設計：根據使用者搜尋行為，對網站進行資訊分組和梳理導航結構。

導航設計：用於網站導航的重構，測試使用者心理模型和設計之間的差異。

驗證命名：驗證命名是否符合使用者的心理預期和認知習慣，避免誤解。

需求探索：將需求類素材進行比較和分類，利於從整體上理解使用者需求。（圖 2-8）

在以下情況下也可以使用卡片分類：當有很多諮詢和資訊需要分類整理及展示的時候；資訊架構需要被修改的時候；需要瞭解使用者對分類的想法的時候。

7. 焦點小組

焦點小組是一種定性的研究方法。8～12 個使用者，在主持人的引導下對某個主題或者概念進行深入的討論，說出他們與主題相關的感受、態度以及意見。焦點小組通常用於產品功能的討論、工作流程的模擬、使用者需求的發現、使用者介面的結構設計和互動設計、產品原型的接受度測試、使用者模型的建立等。焦點小組的組織是一項比較細緻的工作，需要組織者考慮諸多可能影響數據結果的因素，如使用者的選取、過程設計及主持技巧等。（圖 2-9）

特點：相對於單個訪問同等數量的被訪者，焦點小組討論更加節約費用和時間，對目標市場的情況更加瞭解，知道他們在想什麼，他們想要什麼；只能收集到使用者對概念和創意的想法，並不知道他們是否使用得好。

小組間的交流是一把雙刃劍。一方面，想法會在小組裡交流碰撞並深入發展，從而激發新的想法；另一方面，這些想法和意見不會太可信，小組裡較為強勢的人會影響其他人發表他們的意見。

焦點小組應該在下列情況下使用：專案著手較早，對目標市場幾乎一無所知，想深化新創意卻不確定反響會如何。

8. 紙上原型

原型是指一個仿製品或者工作模型，通常是指不存在的系統。它能夠體現產品功能和互動的某些特點，並能夠實現部分或全部功能的設計實體。原型製作的分類可以分為：低保真、中保真和高保真三種。

紙上原型是設計低保真原型經常使用的方法。原型設計貫穿於產品設計的全部過程。由使用者參與的產品原型設計製作，可以降低開發費用，高效評價各種設計概念。

9. 接受性測試

使用者產品原型接受性測試，是指在產品設計前期對功能、介面結構、互動模式等進行快捷評估，瞭解使用者對設計的回饋並進行修正。

10. 可用性測試

可用性測試是一種產品原型的評估方法，是測試產品原型、瞭解產品易用程度和使用者可接受度方面最常用的檢測手段。試驗的參與者是產品的真正使用者，他們在模擬場景中根據指令進行操作，他們的回饋代表了這一類消費群體對產品的意見和看法。其目的是發現使用者在使用產品時的需求、偏好、路徑、習慣等，可以在產品開發的早期階段及時發現產品問題並加以修正，為進一步設計提供思路，節約開發成本。

在特定的實驗環境中，使用者或潛在使用者被邀請到實驗室，按照腳本設計操作產品的每一個功能。指導者要和被試一起完成核心任務，並瞭解他們操作得怎樣，在整個體驗過程中感受如何。這一方法關注人和網站或系統間的互動過程（瞭解人們能否很好地完成任務以及設計可以怎樣改進、在哪些地方改進）。

特點：可用性測試比起焦點小組，成本更高，因而被試的數量就會相對較少。對於每一個被試以及他們的想法或意見，得到的回饋會更詳細，結果更可信（他們不會受其他人的干擾）。所以能從中得知確切的資訊，比如他們是如何使用網站或系統的，他們會在哪裡出錯，為什麼會出錯。

11. 工作流程分析

工作流程分析是針對任務的操作進行細分的研究方法。

透過對任務過程進行描述和梳理，找出便捷的途徑，提高使用效率。為使用者介面的互動設計提供方案。

12. 眼動分析

眼動追蹤是產品原型測試中最先進的方法，基於眼動理論和精密視線追蹤裝置，可以將使用者觀察產品時的眼動軌跡記錄下來。透過數據分析，可以瞭解使用者對設計的關注點，分析其偏好，從而對產品原型提出改進建議。

眼動儀基於角膜反射追蹤原理，透過圖像傳感技術，測量使用者的注視點。眼動實際上包括注視與眼跳兩種最基本的運動，雖然人們自我感覺視線是連續的，但從眼動記錄當中可以明顯看到，視線的活動是跳躍式的。某些時候，短暫的停頓被稱為「注視」；某些時候快速地移動被稱為「眼跳」。因此，眼動測量指標有注視時間、注視次數、視覺掃描路徑長度和時間、眼跳數目和眼跳幅度、回溯性眼跳比和瞳孔尺寸的變化等。注視次數少、注視時間短、掃描路徑和時間短則表明原型設計合理，使用者容易使用且很少出錯。其餘指標有助於對介面進行深入分析，如回溯性眼跳比等。另外，瞳孔的尺寸與使用者的興趣值有重要關係，當對觀察的產品部位感興趣時，瞳孔會變大。眼動測試結果是透過圓圈與線段來表示眼動軌跡圖，軌跡圖反映使用者的注視點和視覺流程，熱區圖則再現注視點的關注次數和時間長度，如圖2-10。

眼動分析是使用者研究的常用方法，但是數據比較單一，需要結合其他數據進行解釋。

除了眼動之外，現在也開始使用腦波分析來對使用者進行研究，透過腦電波記錄儀記錄大腦的活動，將其中隱含的心理資訊以不同的波形反映出來，並透過數據分析來解讀使用者的「真實想法」。

2.2 UI 設計流程

目標導向設計流程將使用者研究與產品設計無縫結合，進而定義使用者模型，確認設計需求，並把這些內容轉換為一個高層次的互動框架。

其主要流程為：研究、建模、需求定義、互動原型、介面設計以及設計驗證。這些階段同互動設計中的五個活動是一致的，即理解、抽象、組織、表示、細化。（表2-3）

2.2.1 產品定位

產品是為誰而設計的？他們在什麼時候、什麼環境下使用產品？產品的功能是什麼？設計這個產品的依據是什麼？要達到什麼目的、形成什麼樣的影響？

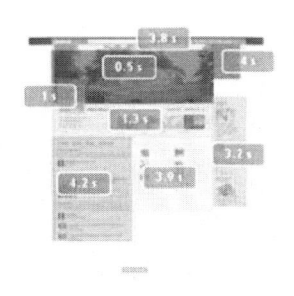

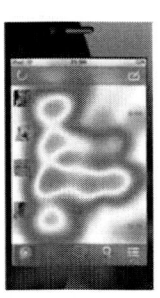

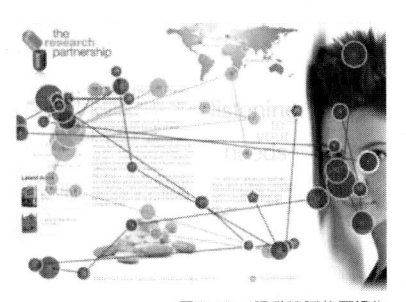

圖2-10 眼動追蹤的可視化

UI 設計

表2-3 目標導向設計流程

階段		工作內容	關注問題
前期	研究	需求分析 產品定位 產品分析	需要、為誰設計、要做什麼、品牌策略、市場研究、產品規劃、競爭產品、相關科技和設計理念發展
		用戶研究 (具體內容見2.1.5)	目標用戶、潛在用戶 目標、行為、態度、能力、動機、環境、工具、困難、環境
	建模	人物角色 (具體內容見2.1.4)	目標、行為、態度、能力、動機、環境、工具、困難、環境
	需求定義	情境場景劇本 (講述關於理想的使用者經驗故事)	產品在人物角色生活或工作環境中，並幫助他們實現目標
		需求 (描述產品必須具備的功能)	功能需求、數據需求、用戶心理模型、設計需求、產品前景、商業需求、技術需求
設計環節	交互原型	元素 (定義訊息和功能如何表現)	訊息、功能、動作、交互對象、交互事件
		框架、流程 (設計使用者體驗的整體架構)	結構、布局、對象關係、概念分組、導航序列、原則與模式、介面交互流程、草圖
		原型和驗證 (描述任務角色和產品的交互)	產品如何適應用戶理想的行為序列 功能與交互的關係、交互與事件的關係、用戶與產品的關聯
	介面設計	細化設計 (將設計細化並具體化)	介面、行為、語言、風格、細節、視覺設計稿
	設計驗證	設計驗證與可用性測試	效率、合理性、可用性

　　產品 UI 設計採用的形式語言及最終風格的形成，也取決於該產品的定位。根據產品的功能、目標使用者和商業價值等產品定位的內容，有不同的風格需求。以目標人群為例：面向兒童的風格多是活潑清新、可愛、絢麗多彩的；面向年輕人的大多是時尚、炫酷、節奏明快或具有強烈的科技感；面向商務人士則多是簡潔、沉穩、厚重、大氣的。以產品的功能為例：娛樂類型的應用程式多為華麗、具有視覺衝擊力的擬物化風格，如遊戲；工具類型的應用程式則多為簡潔實用、明快的扁平化風格，如辦公類的軟體。

　　產品定位為介面設計提供依據。可以使用定位指南圖來呈現產品的定位，明確的定位更容易把握產品風格。借用《iOS 人機介面指南》中的四象限定位指南圖，可以直觀清晰地界定產品目標與使用者需求，在設計中更好地把握設計方向，避免因定位不明確而造成風格不符的問題。當然在實際的設計案例中，設計師不一定侷限於圖例中定位的參考指標，還可以根據實際情況來靈活規劃和更改參考指標。（圖 2-11）

2.2.2 設計需求核心功能確認

　　產品的核心功能透過使用者研究與分析而得出。使用者研究是非常重要的（具體內容見 2.1），UI 設計師應該找到合適的方法來完成此環節，可以自己收集相關資料來分析目標使用者的使用特徵、情感、習慣、心理、需求等，提出使用者研究報告和可用性設計建議，更多時候需要團隊配合完成，正如前面講到的，在時間與專案需求允許的情況下，透過多種方法來進行真實場景的使用者研究和使用者分析。

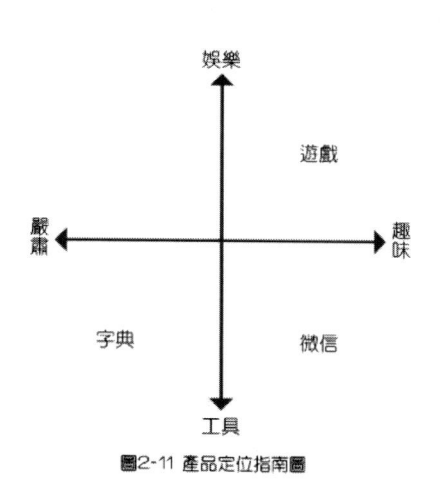

圖2-11 產品定位指南圖

2.2.3 架構設計

這裡涉及比較多的介面互動與流程的設計，根據可用性分析結果制定互動方式、操作與跳轉流程、結構、佈局、資訊和其他元素，生成架構設計文檔（如有需要可以參考類似產品架構）。（圖 2-12）

1. 介面流程圖（UI FLOW）繪製

介面流程圖描述的是介面的資訊架構和互動流程，它著重於設計組織分類和導航的結構。（圖 2-13）

2. 線框圖繪製

線框圖描述的是介面功能佈局及具體的互動對象之間的關係。

（1）線框圖（Wireframe）繪製

①內容大綱（有什麼：資訊、功能模組、互動對象）。

②資訊結構（在哪：佈局、對象關係、概念分組、導航序列）。

③使用者的互動行為描述（怎麼操作：動作、互動事件結構、介面互動流程）。

線框圖可以生成低保真原型。線框圖一眼看去像是無意義的線和框的集合，但線框圖實際上是設計圖的骨幹與核心，它承載最終產品所有重要的部分。它清晰明了地表達設計創意，在團隊成員中傳達設計思想。

線框圖可以幫助提高平衡保真度與速度。繪圖時不用在意細枝末節，但必須表達出設計思想，不能漏掉任何重要部分。它為專案以及一起協作的團隊成員（開發工程師、視覺設計師、文案和產品經理）開闢了一條輔助理解設計的通道。簡單地說，它就像繪製地圖的草圖，能展現出每一條街道，只不過做了簡化，能看出城市的框架，但無法看到城市的細節和質感。

線框圖的畫圖軟體有很多種，可以用 Word 畫，也可以用 Photoshop 畫，也有專門的線框繪製工具。當然線框圖也可以在紙上手繪，只要有筆和紙就能做到，紙上手繪也能更好地抓住設計靈感，第一時間還原設計師的設計思路，而且更為快捷和低成本。工具只是為設計思想服務的，能清楚地表達想法就可以了。產品是疊代的，在這個階段，功能的優先級會擺在重要的位置。

繪製線框圖，重點是快。大多數時候需要和團隊成員進行溝通，多思考。審美上的視覺效果則應當儘可能簡化，繪製黑白效果就可以了，也可以用彩色進行互動事件的標示，如用藍色來代表超連結。沒有必要在線框圖的繪製上消耗大量時間，圖框中的內容和互動元素也可以儘量簡化（如使用占位符：一個畫 × 的圖框，再加上合適的描述文字，來代替圖片和圖標等元素）。（圖 2-14）

（2）使用線框圖

線框圖常常用來做專案說明，也是後續設計的基礎。由於線框圖是靜態設計，一次只能透過一張介面演示互動，因此，需要附上說明（簡短描述或附在複雜的技術文檔裡都可以）。線框圖因為繪製起來快速、簡單，它也經常用於非正式場合，比如團隊內部交流。線框圖在整個設計過程中發揮著重要作用，在專案的初始階段必不可少。

如果將影印或者繪製在紙上的線框圖分解成各個互動模組，可以在紙上進行原型測試，這樣能收集一些使用者意見。

紙上原型具有快速構建、輕鬆修改、容易操作、關注流程的特點。如果紙上原型設計得當，與使用者測試相結合，原型是物超所值的。

2.2.4 原型設計

1. 什麼是原型

原型（Prototypes）是把系統的主要功能和介面透過快速開發製作為「模型」，以可視化的形式展現給使用者，用以徵求意見、確定需求。同時也

圖2-12 架構設計

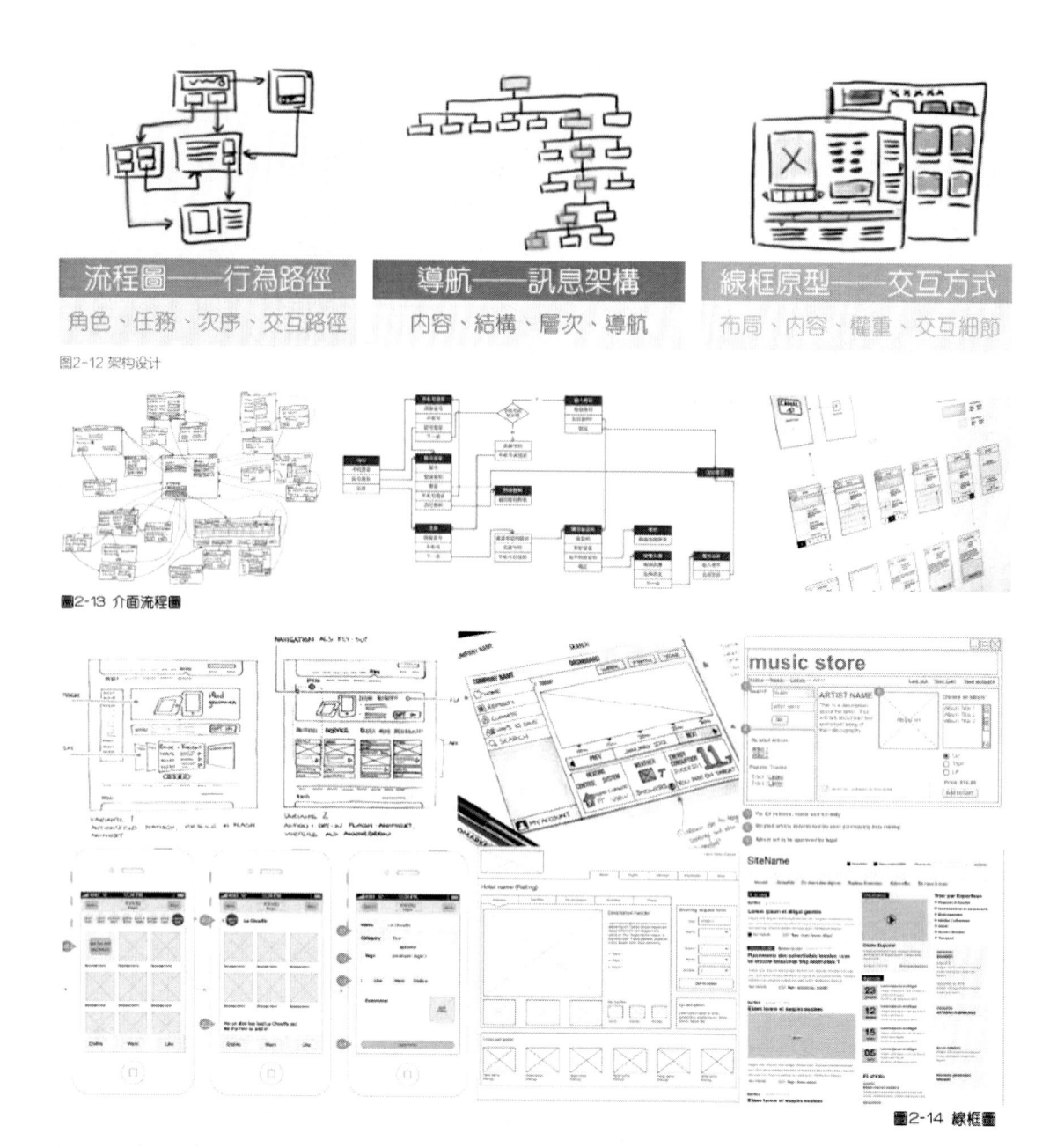

圖2-13 介面流程圖

圖2-14 線框圖

應用於開發團隊內部，作為討論的對象和分析、設計的基礎。原型的根本目的不是為了交付，而是為了溝通、測試、修改，解決不確定因素。

依據專案大小、時間週期等，往往會按需求進行低保真、中等保真、高保真等不同質量的原型設計。具體來講可以將原型劃分為三類。（表2-4）

低保真原型，基於紙上手繪或電腦繪製的黑白線框圖而生成的紙上原型，由人模擬互動，便於修改和繪製，簡單、直觀。

中等保真原型，通常是基於現有的介面或系統，透過電腦進行一定的加工後的設計稿，示意更加明確，能夠包含設計的互動和回饋，美觀性、效果等欠佳。

高保真原型，視覺設計稿完成後生成的原型。視覺效果與實際產品一致，體驗上也與真實產品接近。

2. 紙上原型

（1）紙上原型概念

紙上原型（低保真原型）不等同於手繪或電腦繪製的線框圖。前者是指原型的精度，線框圖或手繪草圖只是一種設計表現形式。紙上原型可以採用手繪草圖作為一種表現形式，但手繪的草圖並不一定都是紙上原型。比如介面已經繪製了線框甚至已基本成型了，就可以將圖整理影印，然後製作紙上原型進行測試。（表 2-5）

紙上原型的優點：更早、更容易發現問題；構建快速，節約時間和成本；可塑性強，容易更改和重建；忽略與主題無關的細節，更關注互動流程；推翻或更改設計方案的成本低。

紙上原型的缺點：紙本不便保存（可以拍照或用影像記錄）；必須由人來模擬互動，復用成本較大；由於精度低，無法體現產品的品質和一些互動細節；不能代替設計階段各環節銜接的交付物（精度不夠）。因此，受測對象的理解和想像會與真實介面發生偏離。如果介面裡有動態元素（動畫、影片）和聲音，用紙本就很難展現了。

因此，當需要快速解決不確定問題的時候，可以使用紙上原型。例如，需要快速確定一個基本流程或者一個框架方案時。（圖 2-15）

（2）紙上原型測試

材料：紙、彩色影印機（如果是手繪原型，那麼需要的是筆）、透明塑料膜、透明膠帶、彩色標籤貼紙。

工具：剪刀／刀片、尺、筆。

紙上原型互動測試的基本原理，就是將互動時介面發生的變化，手動用紙演示出來。通常在多張紙和卡片上手繪或影印並裁剪成模組，用以顯示不同的互動對象，然後將按鈕、對話框和窗體等元素組合拼湊，黏貼到背景板上，構建成模擬真實產品介面的原型。使用時，紙上原型的設計者代替電腦對使用者（受測試者）的點擊和按鍵操作給出反應，重組紙片，書寫訂製的回饋，當某些效果（如動畫）很難在紙上顯示時可以進行口頭描述，以達到仿真產品互動的目的，比如彈出對話框、某區域有相應變化等。因此，首先是把介面的各個區域、元素的各個狀態都影印剪裁好，基本上一張初始介面加各種變化元素就可以了。測試時，哪個介面變化，就把相應的那片紙拿來蓋上，展現大致的效果。

這種簡易的操作模式使紙上原型相對於其他電腦圖像化的介面原型方法而言，應用更廣、構建更快、修改更方便。但由於其精度較低（低保真），它更適用於流程、框架和基本功能的設計決策。（圖 2-16）

3. 原型

（1）中等保真原型

原型，通常都指中等保真原型，可以模擬互動設計，能夠代表產品介面。

表2-4 原型的類型

低保真原型	簡單、快速	直觀	不方便保存
中等保真原型	耗費一定的時間	清晰、完整	可與計算機簡單交互
高保真原型	需要較多投入	完整表達設計理念和體驗	需要融入視覺設計稿

表2-5 低保真原型

原型設計的方法	設計表現形式	原型精度
紙上原型、其他原型設計方法	文檔描述、手繪、電腦繪製	低保真、中等保真、高保真

圖2-15 紙上原型

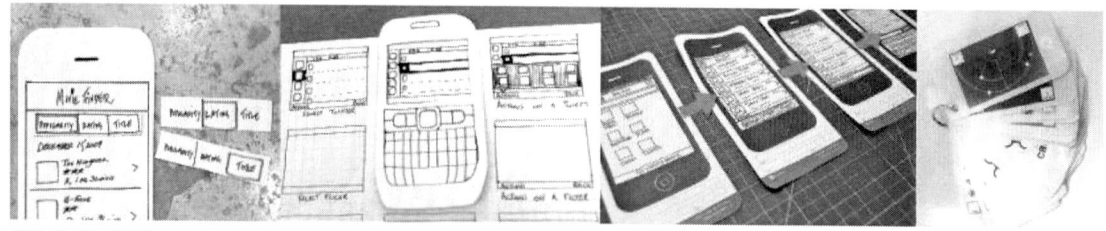

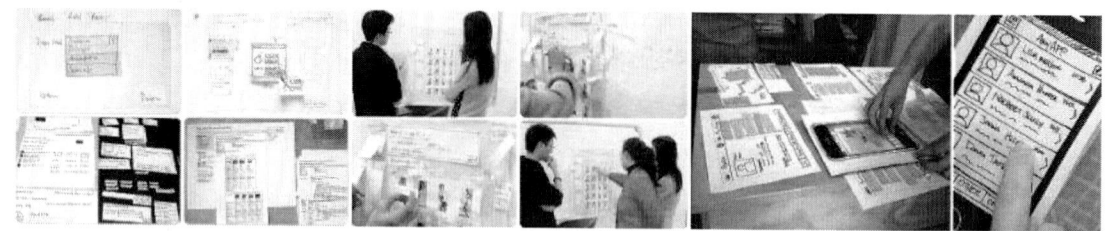

圖2-16 紙上原型測試（左：阿里巴巴中國站UED應用紙上原型進行討論）

原型讓使用者從介面視覺感受、體驗內容與互動向最終產品接近。測試主要互動原型應該儘可能模擬最終產品，互動則應該精心模組化，儘量在體驗上和最終產品保持一致。

原型背後的邏輯不要依賴互動形式。減少製作原型的成本，加快開發速度。

原型常用於做潛在使用者測試。在正式介入開發階段前，以最接近最終產品的形式考量產品的可用性。作為介面，原型的直觀和易懂使它成為最高效的設計文檔。相對其他交流媒介，原型成本高、費時。

（2）高保真原型

確定了產品的整體思路後，製作高保真原型就勢在必行。高保真原型的用途有以下幾個方面。

①開發人員需要參與到高保真原型的設計當中，能大概對產品的交付期做出判斷，產品經理再據此對產品的週期進行監控。

②高保真原型圖還能夠讓管理層和客戶知道真實產品的樣子。

③用於產品原型測試，將產品創意、介面真正呈現在使用者眼前。

在製作產品高保真原型的時候，需要密切與產品互動設計師進行合作，以將產品設計得儘量簡單和易用。

在完成高保真原型的製作後，需要做的就是可用性測試，也就是確定設計方案能滿足使用者一看就懂的基本需求。原型的測試方式很多，如果某些產品已經擁有自己的使用族群，可以直接在該使用族群中進行測試；如果新的產品沒有使用族群，可以在同事、朋友當中找出目標使用者，將他們作為測試使用者。產品開發前的使用者測試會讓後續設計思路更加清晰。

（3）原型做到什麼精度

原型精度是一個多方面的概念，它包括資訊量、廣度、深度、互動、表現、感覺、仿真度等多個指標。原型設計過度或者不夠，對設計都是不利的。原型應該做到什麼程度？

簡單地說，要根據設計的不同階段，使用不同程度的原型。不同的團隊、不同的環境、不同的針對性，使用不同程度的原型。

2.2.5 視覺設計的實施

需要再次說明的是，UI設計師不僅僅是做介面美化的工作，也不僅僅是對原型進行描邊畫皮，而要全程參與產品的設計開發流程，包括使用者經驗、

互動設計部分。在大公司，開發流程裡面的每一個環節都有專職的細分，大家共同參與；而在多數小公司，除了產品定位外，如使用者經驗、互動設計都由 UI 設計師（或者就是 UI 視覺設計師）、產品經理和程式員共同來完成。UI 設計師有了前期的參與，才能在視覺設計時精確地把握設計理念和表現方式。

在原型設計的基礎上，參照目標群體的心理模型和任務進行視覺設計，多數產品要求遵循一個整體的 VI 設計標準（參見平面設計中 VIS 設計），需要按照一個確定的整體風格來進行 UI 視覺設計，以求與產品或公司的形像一致，達到使用者愉悅使用的目的。

在這個階段，UI 設計師已經瞭解了軟體產品的功能需求，並得到了產品設計的說明文檔，應該更多地考慮介面的整體風格和視覺元素的組織和表現，可以進行多種風格的嘗試並繪製草圖。如果是系列的產品介面，就要遵循一個整體的 UI 設計標準，按照一個已定的整體風格去設計介面，要與產品的品牌形象相吻合。

當 UI 設計師確定了最適合的介面風格，具體設計出一個介面中的元素和佈局、文字字體等資訊後，在 UI 視覺設計深入階段，UI 設計師就可以發揮其藝術專長，用藝術手段來塑造介面了，包括色彩的設計和視覺元素的細節表現等。這部分要將介面的視覺表現力淋漓盡致地展現，相關的內容會在後面的章節進行深入的探討。

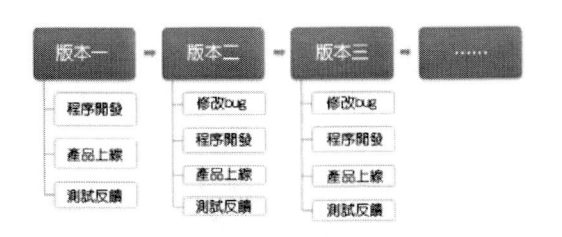

2.2.6 測試與疊代設計

這一階段不同於紙上原型的驗證與測試，而是真實的產品介面和真實使用者在真實場景中的使用。UI 設計是一個疊代的過程，直至與使用者模型和系統互動目標一致為止，透過測試能夠梳理出當前產品 UI 設計的互動行為和視覺表現的問題（在原型設計階段也可以使用疊代的方式），並不斷地完善細化，透過多次的疊代設計，不斷地完善和升級產品 UI。（圖 2-17）

2.3 蘋果公司有關介面設計的原則與方法

蘋果公司的《人機介面指南》提出了介面設計的原則和方法，其核心是「以使用者為導向」，對介面設計具有指導性的意義。

2.3.1 善用隱喻

從使用者的角度出發，使用使用者的語言，而不是機器的語言；從認知的觀點來看，人們在進行認知的時候會從已有的經驗背景中尋求、瞭解新事物的線索進而產生聯想。因此，做設計時掌握這樣的認知流程，善用隱喻來傳達介面設計所需表達的要領及事物，如擬物化的設計，用垃圾桶來表示回收檔案的功能。

2.3.2 直接操控

直接操控讓使用者產生「操作」的感覺。為了滿足這個原則，當使用者操作某個對象時，必須讓使用者能始終在螢幕上看見該對象，執行動作對該

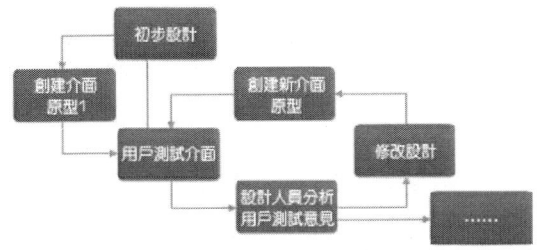

圖2-17 左圖：產品UI測試與疊代設計　右圖：UI原型測試與疊代設計

對象產生的影響必須能實時呈現。此外，操作過程中要儘量減少達到目標的步驟。

2.3.3 能見能點

在軟體的使用者介面中，使用者透過使用滑鼠等設備，點取螢幕上所見的對象與介面產生互動。使用者點選一個對象，然後選擇要對該對象執行的動作，所有該對象可以執行的動作皆顯示在選單中，使用者無須記憶動作指令，只需在選單中點選即可，可以理解為「對象搭配動作」。

2.3.4 一致性

這是設計中通用的重要原則之一，介面的目的是讓使用者專注於完成他們的任務，而不是思考如何使用介面。保持介面視覺的一致性，可以讓使用者將對介面的認知與操作技能轉移到其他介面上，這大大降低了使用者的學習成本和長期記憶、使用的負擔。

利用系統標準組件建構介面，除了能讓產品介面產生一致性，還能獲得不同產品間介面一致性的好處，如 Adobe 公司旗下的系列圖像軟體，從介面佈局、圖標、快捷鍵等都具有高度相似性和延續性。所以，介面一致性越高，使用者形成使用習慣的速度就越快。

一致性塑造了介面產品的風格，它包括了：互動方式的一致性、介面佈局及表現形式的一致性、名詞術語的一致性等。探討介面一致性時需要面對的問題有：

第一，產品內部介面是否達成一致？

第二，新產品與舊版產品之間介面是否保持一致？

第三，與標準操作系統介面規範是否達成一致？

第四，產品在隱喻的使用上是否達成一致？

第五，與使用者的預期是否一致？

2.3.5 所見即所得

比如影印預覽，使用者在螢幕上所看見的應與影印結果儘可能相同，使用者在檔案上所做的變更亦應實時呈現。而不應在使用者影印出來或在心中揣測後才知道結果如何。

使用者應可以在介面中找到想要找的東西，無須透過難以理解的指令來找尋。

2.3.6 使用者控制

允許使用者起始及掌控動作的執行，而非由電腦全盤掌控。在「讓使用者保有操作的彈性空間」與「避免使用者造成無法挽回的錯誤」之間取得平衡。比方說，在使用者可能不小心刪除數據前先提出警告，但依然允許使用者在瞭解狀況後執行想要執行的動作。

2.3.7 回饋與溝通

適時呈現介面當前的狀態，當後台運行長進程時，保持櫃台的互動性（如命令執行中，或無法執行的原因）。當使用者在使用介面時，隨時讓使用者知道介面現在所處的狀態。當使用者執行了一個動作後，應提供指示讓使用者知道他的動作已經被接收到，並正在執行中。提供的回饋必須是直接、簡單且能讓使用者瞭解的。以錯誤資訊為例，要直接標示錯誤產生的原因（連結失效，無法下載），並且建議使用者排除錯誤的方法（請嘗試其他地址打開）是基本要求。

2.3.8 容錯性

可以將許多執行動作賦予可回覆功能、透過允許犯錯的機制，鼓勵使用者勇於嘗試。使用者必須知道可以透過嘗試來瞭解介面而不會造成無法挽回的後果，如此才能在舒適的情境下學習和使用產品。當使用者在執行無法恢復且會造成損毀的動作前，應發出警告資訊。

2.3.9 介面感受的恆常性

蘋果公司在介面設計上為使用者提供一個可瞭解、熟悉並且可預測的操作環境，包括視覺感受、概念認知的恆常性。

在視覺感受恆常性的思考上，針對許多介面的圖像元素做一致性的規範，諸如功能列表、視窗控制等。使用者可以在熟悉的環境中瞭解每個圖像元素的功能是什麼，以及如何操作。

在概念認知恆常性的思考上，介面提供一系列清楚且有限的對象，以及可以運用於這些對象上的動作。例如當按鈕無法執行命令時，以灰色低對比度顯示。

2.3.10 視覺藝術完美性

完美性指的是介面應堅守視覺設計原則，妥善組織介面資訊。這意味畫面元素要有較好的螢幕展示效果，顯示技術具有較高的質量。因為使用者在工作中要長時間看著螢幕，所以要使產品外觀設計能緩解使用者的疲勞感，這個工作必須由圖像設計師完成。

保持圖像的單純性，除非圖像的運用有助於提升介面使用性，否則應避免濫用。作為介面基本組成的圖標、窗口、對話框等都要嚴守在此後面。不要在螢幕中堆砌太多的窗口、添加過於複雜的圖標或在對話框中放置太多的按鈕，不要使用隨意的圖像指代某一概念。

教學導引

小結：

本章主要介紹了目標導向設計的概念、要素和主要流程；闡述了使用者研究的方法和途徑，架構設計、原型設計、測試和疊代設計的方法；簡要介紹了蘋果公司介面設計的原則和方法。

課後練習：

1. 以一個現有 APP 為例，分析討論其某一功能的使用者需求目標、人物及使用場景，嘗試挖掘出新的使用者需求或改進其功能介面。

2. 以同一個 APP 為例，選擇其某一功能介面繪製紙上原型，並進行模擬測試。

第三章 UI 視覺設計原理

UI 設計

> **重點：**
> 1. 認識 UI 設計跨學科的特徵，瞭解與 UI 設計相關的視覺設計原理，並將其應用到設計中。
> 2. 確立視覺設計與可用性的關係以及提高可用性的視覺設計方法。
> 3. 理解介面人性化設計中的情感因素以及為介面注入情感的方法。
> 4. 理解扁平化和擬物化設計的特徵、區別與聯繫，對介面互動的影響，及其應用範圍和場景。
>
> **難點：**
> 能夠理解並掌握格式塔視覺原理，並能將其靈活應用到介面設計中。
> UI 視覺設計是用視覺語言去解決邏輯問題。

3.1 UI 視覺設計的設計藝術學原理

正如前文所講，UI 設計是跨學科的產物，涉及電腦科學、人體工學、認知心理學、社會學與人類學、設計美學、符號學、傳播學等。因此，在介面設計的過程中，應該多角度去考慮跟設計相關的因素。這裡簡單介紹與 UI 視覺設計相關的設計藝術學原理，如設計美學原理、設計色彩學原理、產品語義學、符號學和格式塔視知覺原理，設計師可以透過對這些原理進行深入研究和在設計實踐中靈活運用，讓 UI 從可用變得易用，同時有更好的審美和情感體驗。

3.1.1 設計美學原理

介面的視覺設計需要運用美學原理，探索介面領域的審美規律和美學問題。

設計美學的研究對象包括藝術設計的全部範圍，一般來說，它大致可以分為以下三個方面：設計產品的美學性質，其中包括設計美的性質、構成、類型、風格，設計的文化意蘊、形式美及創造性，等等；設計過程的美學問題，其中包括設計師在產品開發生產中的地位，設計師的修養、審美理想、藝術個性、設計思維，設計與社會審美趣味、科學技術、市場資訊、生產製作及形式法則，等等；產品的美學問題，其中包括使用者的個人心理、文化背景、時代風尚、民族心理及資訊回饋，等等。

在 UI 視覺設計中設計美學的中心問題主要有以下三個方面。

1. 人與介面的關係

美學非常重視人的主體地位，在介面設計中要強調人性化的設計，將「以使用者為導向」作為設計的基本原則。美學雖然重視人的主體地位，但美學不把這種主體性絕對化，美學所追求的最高境界是人與自然的和諧，在介面設計中體現為人機交互作用的自然和諧。

2. 介面功能與形式的關係

功能是人機介面的本質特性，介面必須是以功能性為前提，而不是只供欣賞的藝術品。功能是重要的，但介面形式也不能忽視，忽視了形式就等於忽視了人們對產品精神上的需求。

3. UI 視覺設計的主觀創造性與客觀約束性的關係

UI 視覺設計不同於藝術創作，設計師的工作受更多客觀因素制約。設計師在工作中需要運用美學原理，在設計目標、使用者、技術條件、藝術個性之間求得平衡與取捨。

3.1.2 產品語義學、符號學原理

產品語義學（Product Semantics）研究形態的感情色彩；研究形態、圖像、色彩、文字等在產品上的含義，及其不同組合所表達的不同含義；研

究不同的地域、不同的民族對特定的形態、圖像、色彩等的固定理解和使用習慣，以及他們對形態、色彩的使用禁忌；研究各種形態語義的設計規律、組合規律和搭配方法；研究在設計中如何使用形態語義創造出人們喜愛的、簡明易懂的產品。

產品語義學是產品進入電子化時代後提出的一個新的概念，其基本理論源於符號學中的語義理論。

一方面，由於電子產品的「黑箱化」使產品失去了機械時代的外形結構對操作的指示性。因此，以視覺符號系統構築了可視化的人機交互介面，但是介面中不適當的符號和象徵會使人對其所代表的功能產生誤解，導致錯誤操作，降低互動效率，甚至引發嚴重後果。介面視覺設計不應僅從產品的功能出發，而應更多地從使用者的需要出發，瞭解人們的認知過程和實際操作行為特性，瞭解使用者的實際知識和經驗水準，並由此來決定介面的視覺設計，簡化學習過程，減少操作錯誤。

另一方面，隨著社會的發展與進步、物質的極大豐富和消費層次進一步細化，人們對產品精神功能的需求不斷提高，這些都給介面視覺設計提出新的要求。產品語義學提出新的設計思想，它的設計超越人們對產品的物理性需求，上升到滿足使用者的心理需求。

產品語義學的研究對像是符號，主要是視覺圖像與形態。介面本身也就是一系列視覺符號的表達，它綜合了圖像、色彩、材質、肌理等視覺要素，用象徵的手法來表達介面的功能、說明介面的特徵，並透過隱喻、借喻、聯想等多種方式向使用者傳達理念。透過對產品語義學和符號學的研究，以解決介面視覺設計中圖像符號的構建、資訊識別和理念傳達。

UI 視覺設計的過程是一個將概念視覺化、符號化的過程，根據設計意象對視覺元素進行挑選、變換、組合，將視覺元素進行有機的關聯、編碼，使之形成特定的符號系統。同時也透過對這些要素進行有機地組合，使其按照一定的法則形成介面的節奏與韻律，產生美感、傳遞情感。

視覺符號是抽象概念，它往往是透過視覺刺激而產生的視覺經驗和視覺聯想，或透過其他的感知方式來傳達形態所包含的內容。介面中的符號是資訊的載體，是用形象表示概念的，如介面中圖像、文字、色彩、動畫等一切具有形象並用以表示概念的元素都可以歸為視覺符號，它也是資訊或情感的形式構成成分。

介面中視覺符號複雜眾多，可以將其分為相似性和圖像性、指示性和圖像性、象徵性和隱喻性三類（圖 3-1）。

圖 3-1

1. 圖像符號

圖像符號是透過模擬對象的相似性傳遞特定資訊的視覺符號。如肖像就是某人的圖像符號，人們對它具有直覺的感知，透過形象的相似就可以辨認。如 Windows 介面中用「電腦」的形象表示「我的電腦」（即整個電腦系統）。

2. 指示符號

指示符號與指涉對象之間具有因果或是時空上的關聯。如現實中門是建築物出口的指示符號，在圖像介面中向左的箭頭表示程式操作步驟的退後，向右則表示前進。

3. 象徵符號

象徵符號與指涉對象間無必然或是內在的聯繫，它是約定俗成的結果。它所指涉的對象以及有關意義的獲得，是由長時間多個人的感受所產生的聯想集合而來。比如紅色代表革命，桃子在中國人的眼中是長壽的象徵。「放大鏡」圖標就是介面中「搜尋」的象徵符號。

介面視覺設計是設計者將功能、結構轉變為視覺符號的過程，即概念視覺化的過程；對使用者來說，則是相反的過程，即視覺概念化的過程。所以在設計者與接受者之間符號必須存在共同的符號認

知性。在介面視覺設計中很好地運用符號學、語義學原理，以及這三類視覺符號，使介面不但具有廣泛的認知性，還具有深刻的象徵意義。

3.1.3 設計色彩學原理

在介面視覺設計中，色彩較之形態往往有先聲奪人的作用，同一種介面由於色彩的差異可以給人截然不同的感受和印象。如何才能最大限度地發揮色彩的美學功能和視覺效益，創造良好的介面效果，透過研究設計色彩學原理，使介面色彩設計一方面達到色彩的指示功能，另一方面可以讓使用者感到愉悅。

1. 色彩心理效應

色彩的直接心理效應來自色彩的物理光刺激對人生理產生的直接影響。色彩能影響腦電波，腦電波對紅色的反應是警覺，對藍色的反應是放鬆。如處於紅色的環境中，人的脈搏會加快，血壓會有所升高，情緒會興奮衝動。而處在藍色環境中，人的脈搏會減緩，情緒也較沉靜。不少色彩理論都對此做過專門介紹，這些經驗向我們肯定色彩對人心理的影響。色彩的色相、明度與純度會引起人對色彩物理印象產生錯覺，如冷暖、重量、濕度、遠近、硬度等。

2. 色彩情感

色彩本身是沒有靈魂的，它只是一種物理現象，但人們卻能感受到色彩的情感，這是因為人們長期生活在一個色彩的世界中，積累著許多視覺經驗。一旦知覺經驗與外來色彩刺激發生一定的呼應，就會使人的心理產生某種情緒。每一種色彩，都有自己的表情特徵。

典型性的顏色對人引起的情緒變化，顏色特性及觀看者存在著某種共同的心理狀態，使其具有一般性的傾向。由於色彩聯想被社會固定化，所以色彩具備了象徵性。（表3-1）

表3-1 色彩的功能性

色彩	表示意義	運用效果
紅	自由、血、火、勝利	刺激、興奮、強烈煽動效果
橙	陽光、美食	活潑、愉快、有朝氣
黃	陽光、黃金、收穫	華麗、富麗堂皇
綠	和平、春天、青年	友善、舒適
藍	天空、海洋、信念	冷靜、智慧、開闊
紫	懺悔、女性	神秘感、女性化
白	貞潔、光明	純潔、清爽
灰	質樸、陰天	普通、平易
黑	夜、高雅、死亡	氣魄、高貴、男性化

在介面視覺設計中，色彩的表情在更多的情況下是透過對比來表達的。在色相對比上，有時色彩的對比五彩斑斕、耀眼奪目，顯得華麗；在純度對比上，有時色彩的對比含蓄；在明度上，有時色彩對比穩重又顯得樸實無華。創造什麼樣的色彩才能表達所需要的感情，則更多依賴於設計師的感覺、經驗以及想像力，沒有什麼固定的格式。色彩是UI視覺設計中重要的情感要素和工具。

3. 色彩的功能性

利用色彩的心理和情感效應，在視覺設計中色彩具有一些特殊的功能。

（1）識別性：同時使用多種色彩時，利用色彩象徵等賦予各色不同的含義，透過色彩對比區別不同的東西。

（2）指示性：利用色彩的心理效應和象徵，使顏色具有明確的指示含義。如紅色具有危險、警示等指示意義；灰色具有禁止等指示意義；綠色有正常、通行等指示意義。

（3）注目性：包含了情感的因素，如明度純度高的、稀有的、大眾喜好的色彩都能引起人的注意力。

（4）記憶性：色彩是可以記憶的符號，單純的色彩比豐富的色彩更容易記憶。

介面視覺設計中充分合理地利用色彩的功能，能夠更好地實現介面的可用性。關於色彩在UI設計中的應用及其相關原理，在4.2中有詳細講解。

3.1.4 認知心理學原理——UI 視覺設計的三個層面

介面視覺設計涉及心理過程的全部範圍——從感覺到認知，模式識別，注意、學習、記憶、概念的形成，思維、表象、回憶、語言；情緒和發展過程，它貫穿於互動行為的各個領域。

認知心理學的發展，為介面設計提供了科學的理論依據，也為電腦介面的發展提供前進的方向，從最初的機器語言、字符介面到高級語言、圖像使用介面，互動方式逐步向人的思維、處理習慣邁進。在介面視覺設計中，心理學層面的內容正逐步走上主流，審美情感越發成為視覺設計的訴求重點。今後的介面視覺設計將與心理學的深層次研究緊密結合。透過研究認知心理學，使介面的視覺設計產生審美愉悅性，運用心理學的研究成果，進一步發展藝術美學底蘊，使科學技術能更人性化地為人類服務。

根據認知心理學的原理，視覺感知對人的情感作用分為本能（Visceral）、行為（Behavioral）和反思（Reflective）三個層面，這三種水準的 UI 視覺設計有不同的方式方法和風格。這部分可以對應到第二章所講的使用者經驗的三個層次，這裡討論的就是 UI 視覺設計如何來滿足這三個層次的體驗。

1. 本能（感官）層面

UI 視覺設計中，本能（感官）層面是介面外觀，即介面的樣式與風格。它涉及的是感受直覺的作用，在本能水準上，視覺處於支配地位，所以形態、色彩和質感都是非常重要的。本能層面的設計給人帶來感官上的刺激，這也是視覺設計的美學因素如此重要的原因。

2. 行為（效能）層面

行為（效能）層面是指功能，講究的是效用，注重的是性能。介面不但要能使用，還要讓人覺得它在自己的掌控中，不好的介面視覺設計總是難以使用，而好的介面視覺設計更具有易用性，能完全實現使用者的意圖。

3. 反思（情感）層面

反思（情感）層面與個人的感受和想法有關，是人們對自我行為的思考以及對他人看法的關注。反思水準的介面視覺設計注重的是資訊、文化以及功能背後的意義，如「美麗」來自反思水準，來自有意識的反思和經歷，受知識、教育和文化的影響。對使用者來說，反思層的設計與互動引起的個人回憶有關。同時，介面形態還代表使用者的自我標識，象徵使用者的品位和形象，解釋、理解和推理都來自反思水準。這就能解釋為什麼 Swatch（瑞士手錶的商標名）的設計雖然常常產生一些時間讀取上的困難，卻依然受到人們的喜愛。因為人們因此而標榜自己的品位和個性，如圖 3-2 中的手錶和蜻蜓形狀的播放器介面。

總的來說，視覺設計對三種層面的情感都有影響，在三種不同的情感水準上，三種不同的視覺設計都有各自不同的特點。透過結合認知心理學的研究，使介面視覺設計能夠從這三個層面激發使用者的興趣，滿足使用者的需要。

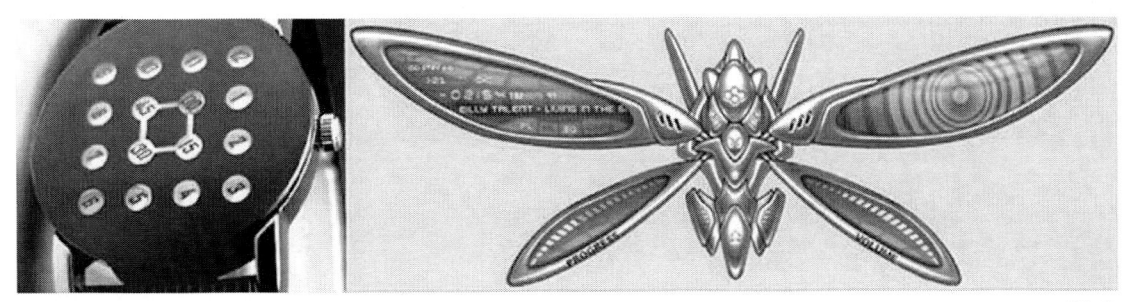

圖 3-2

UI 設計

3.1.5 格式塔視知覺原理

1. 什麼是格式塔

格式塔是德文 Gestalt 的譯音，意思是「模式、形狀、形式」。格式塔是一個著名的心理學派，基於這個學派的格式塔視覺原理又被稱為「完形心理學」。諸多視覺設計相關課程中都有關於格式塔視覺原理的闡述。如果深入研究格式塔原理，可能需要相當長的時間，作為 UI 設計師，主要理解格式塔幾個原理的含義和使用方法，就可以對自己的設計做出指導和支撐。

格式塔視知覺原理可以這樣理解：人在視覺感知對象時是眼腦共同作用，並不是一開始就區分一個形象的各個單一組成部分，而是將各個部分組合起來，使之成為一個更易於理解的統一體。當一個格式塔（即一個單一視場或單一的參照系）中包含了太多互不相干的單位，眼腦就會試圖將其簡化，把各個單位加以組合，使之成為知覺上易於理解的整體。感知的效果取決於這些整體單位的不同與相似，以及它們之間的相關位置。

簡單地說，可以這樣理解：人們總是先看到整體，然後再去關注局部；人們對事物的整體感受不等於局部感受的加法；視覺系統總是不斷試圖將感官上的圖像閉合。

2. 格式塔中的視覺關係

在一個格式塔中，通常存在以下視覺關係。

和諧（Harmony），組成整體的每個局部，它們的形狀、大小、顏色趨於一致，並且排列有序，這時產生的整體視覺感官就是「和諧」。

變化（Changes），在「和諧」的基礎上，局部產生了形狀、大小、顏色的變化，但這種變化沒有改變所有局部的同一性質，這就是「變化」。

衝突（Conflict），在「和諧」的基礎上，局部不僅產生了形狀、大小、顏色的變化，而且產生了性質上的改變，與整體中的其他局部衝突。

混亂（Confusion），整體當中包含太多性質不相關的局部，視覺系統很難判斷出整體到底是什麼，這個時候就產生了混亂。

格式塔視覺流程：眼腦作用是一個不斷組織、簡化、統一的過程，正是透過這一過程，才產生易於理解、協調的整體。

3. 格式塔視知覺原理的應用

可以運用對格式塔視知覺原理的理解，來指導 UI 視覺設計。

（1）接近性。強調位置，畫面內有同質分散的形體時，距離相近的元素被感知為有內聚力的整體。

如圖 3-3，視覺更傾向於把它看成左右兩個整體來感知。在 UI 設計中，接近性原理與軟體佈局相關，設計者經常使用分組框或分隔線將螢幕上的工具和數據顯示分開，如圖 3-4。

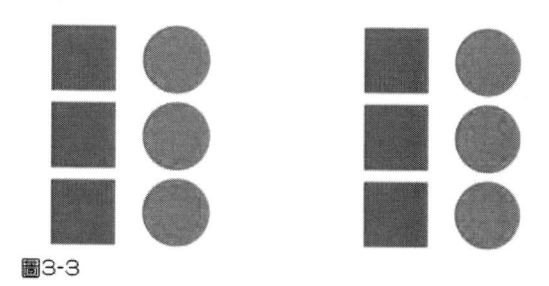

圖3-3

圖3-4

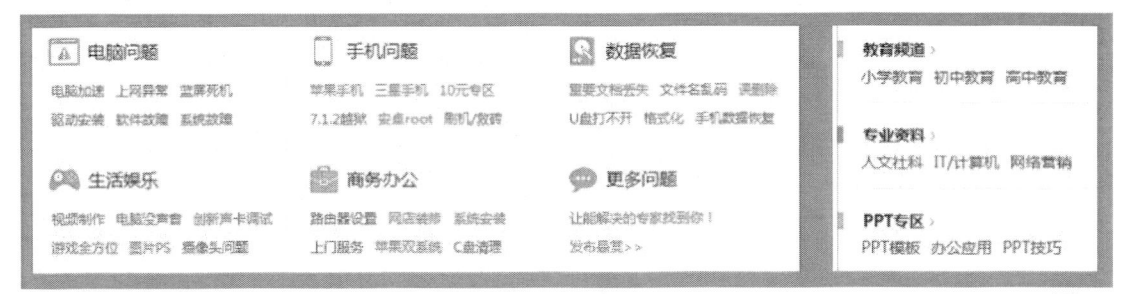

圖3-5

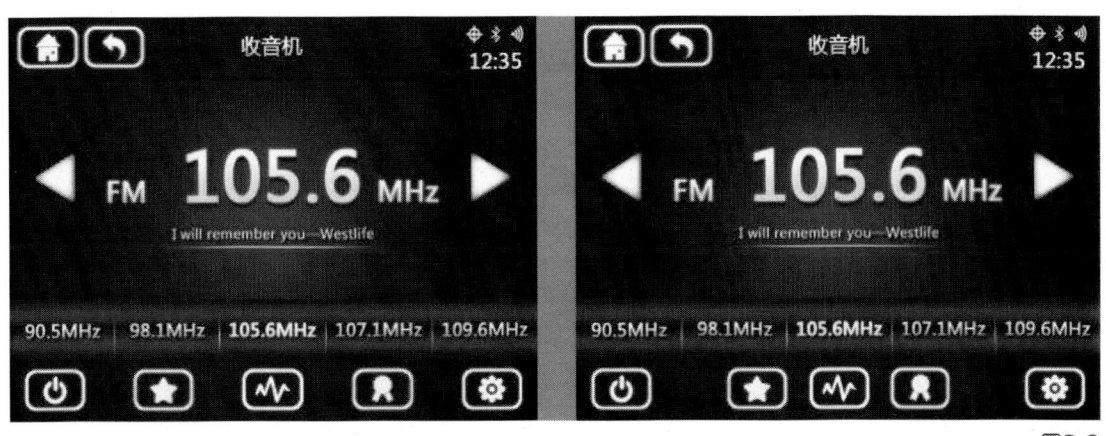

圖3-6

利用接近性原理，我們可以不用分組框或分隔線拉近或拉遠某些對象之間的距離，使它們在視覺上成為一組。這樣可以減少視覺上的凌亂感和代碼的數量。透過接近原則對同類內容進行分組，同時留下間距，給使用者帶來良好的秩序感。（圖3-5）

如圖3-6是一個車上型收音機的UI，將右圖的底部圖標與左圖的排列方式進行比較，透過改變收藏（第二）和排名（第四）圖標的位置關係，使開關和設置圖標功能與中間的功能組分離，使其功能分佈更為清晰。

（2）相似性。強調內容，彼此相似的元素易被感知為整體。相似性可再細分為形的相似和色彩、明度或色相的相似。

圖3-7左圖，論形狀我們可將其看成是圓形和方形的集合；論大小，我們又可將方形分成上下兩組；透過顏色，我們可以將圓形看成紅色和綠色兩組，我們很容易透過形狀、大小、色彩來為對象進行分組。在具體的設計中使用近似的文本、顏色、圖像和留白等，可以更好地區分各個模組。

圖3-7右圖，網頁中的各級導航按鈕，透過相似原則我們可以很容易將其區分開來。又比如郵箱的收件箱中，將未讀郵件文字加粗，與已讀郵件進行區分，也是充分利用了相似原則。

圖3-8左圖，利用色彩來區分不同功能的圖標組（上面一行彩色，下面一行同一色），右圖兩行圖標則是透過相似的形態來進行區分。

（3）封閉性。人們傾向於識別出完整的圖像，對於不完整或尚未閉合的圖像，我們的知覺會自動將其看成完整封閉的圖像。或者說瀏覽者傾向於從視覺上封閉那些開放或未完成的輪廓。如圖3-9中，沒有三角形和圓，但是可以在我們的心理模型中填充缺失的資訊，創建我們熟知的形狀和圖像。UI設計中利用不完整圖像的心理閉合，可以使介面更具有構成美感並吸引使用者關注，如圖3-10。

如圖3-11，UI設計中常用形狀疊加的形式表示對象的集合，例如相冊、文檔或者消息。僅僅顯示一個完整的對象和其「背後」對象的一角就足以讓使用者感知到由一疊對象構成的整體。

3.1 UI 視覺設計的設計藝術學原理　59

UI 設計

（4）連續性。和閉合原則有些類似。人們傾向於感知連續的形式而不是離散的碎片，按一定規律排列的同種元素易被感知為整體，使它們看起來是相繼的、連續的圖像。

如圖 3-12 左圖，通常被視覺認知為是綠色和藍色相交的兩條線，而不是四條線段和一個紅點。UI 設計中的滑塊就正是利用了這種視覺感知的連續性。

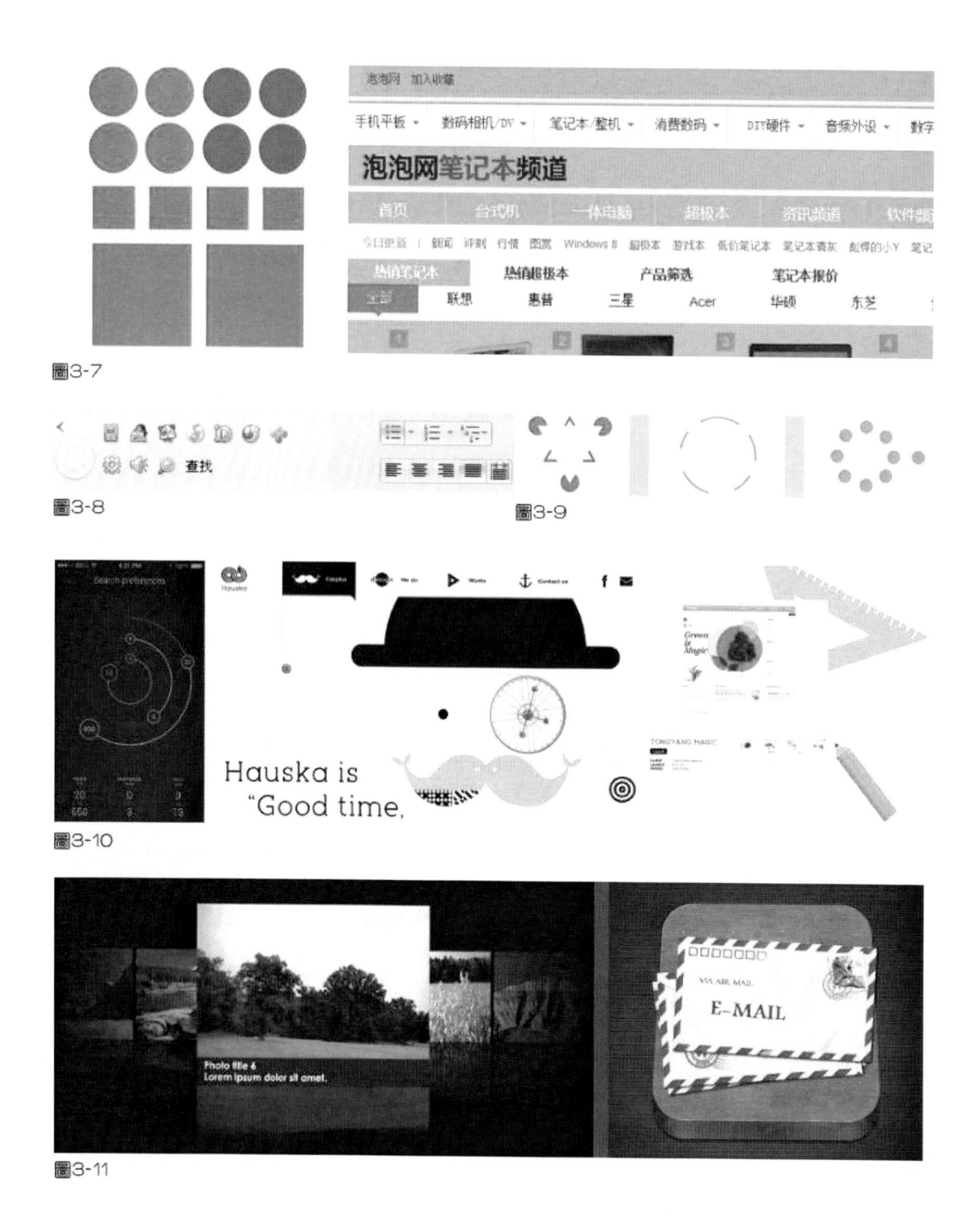

圖3-7

圖3-8

圖3-9

圖3-10

圖3-11

60　第三章 UI 視覺設計原理

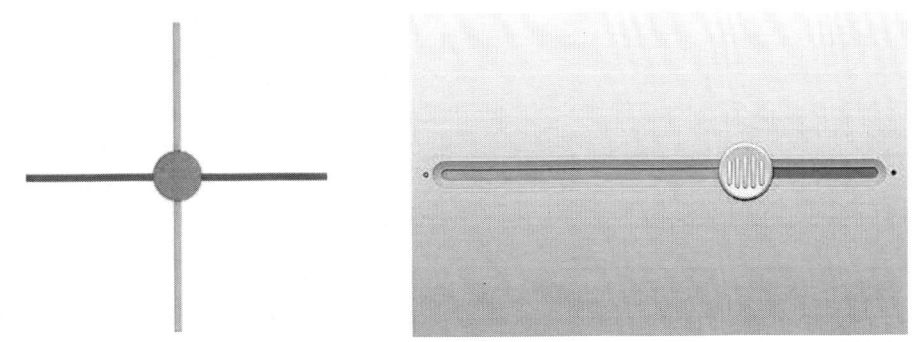

圖3-12

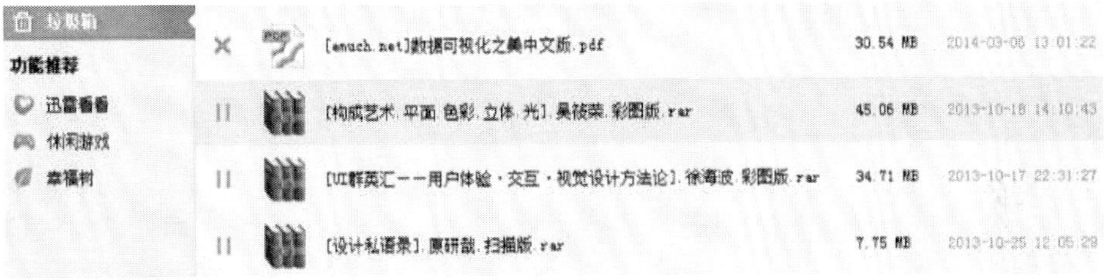

圖3-13

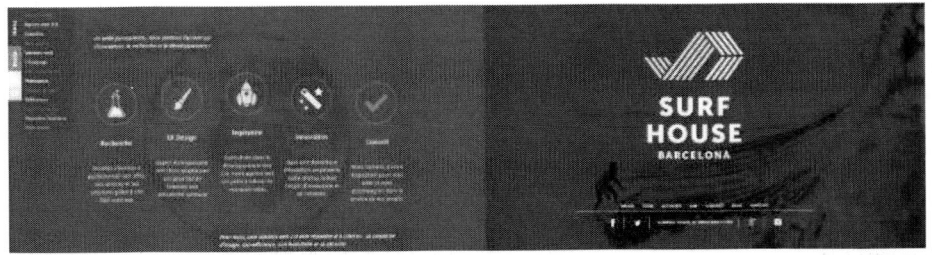

圖3-14

圖3-15

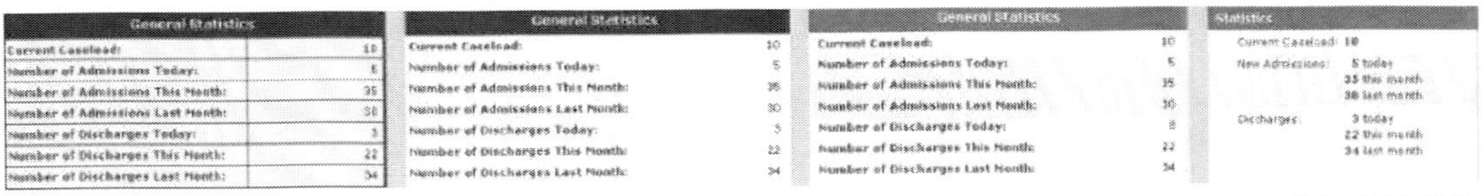

圖3-16 簡潔性

3.1 UI 視覺設計的設計藝術學原理　61

有時候 UI 設計中會去掉表格的分隔線，以簡化 UI，導致「連續感」弱化，「接近感」增強。如圖 3-13，在視覺感知上「列」的感覺強於「行」的感覺，這時候通常會建立一個橫向的具有「連續感」的背景色來進行引導，以增強所選項橫向資訊的連續性。

（5）主體與背景（圖底關係）。人們傾向於將視覺區域分為主體和背景。主體是指一個場景中吸引主要注意力的所有元素，其餘的則是背景。

主體與背景的關係也說明場景的特點會影響視覺系統對場景中的主體和背景的解析。例如當一個小物體或者色塊與更大的物體或者色塊重疊時，我們傾向於認為小的物體是主體而大的物體是背景。

在使用者介面設計和網頁設計中，背景可以傳遞資訊，暗示一個主題、品牌，或者營造氛圍、表達情緒。如圖 3-14，導航圖標和 Logo 等視覺元素作為 UI 的主體部分，網頁的頁面背景用類似水印的圖片來暗示這個網站的主題。

在遊戲或軟體 UI 中，基於當前介面打開新的對話框後，後面被遮擋的部分介面模糊顯示，或降低明度和飽和度，但依然可見，這樣能夠幫助使用者理解他們在互動中所處的環境，如圖 3-15。

（6）簡潔性。在 UI 設計中做到簡潔，可以透過做減法、重構、隱藏來實現。如圖 3-16，一個充滿數據的表格，逐步將其簡化。

依據格式塔心理學，能夠瞭解視覺認知的偏好及習慣：

①偏向於整體並且和諧的視覺感受。

②對形象的認知遵循先整體後局部的規律。

③習慣將觀察到的事物進行組織和簡化。

將格式塔視知覺原理引入 UI 視覺設計，目的是希望 UI 視覺設計向理性化的方向發展。透過以上例子可以發現，這些原理和法則並不是孤立應用的，在 UI 設計實踐中要靈活應用，而不應禁錮於某一種理論。

3.2 UI 的可用性與視覺設計

對於數位化、網路產品，必須依靠介面視覺設計實現其功能呈現，視覺設計的好壞也直接影響互動效率和使用者滿意度。介面視覺設計首先要滿足功能，然後才是表現，因為它直接關係到功能能否實現和充分發揮，能否讓使用者準確、高效、輕鬆、愉快地工作。良好的介面視覺設計能帶來良好的人機交互作用效果，這不僅要遵循視覺設計的一般規律，還應參照使用者心理認知等方面的因素。從目標需求出發，參照目標群體的心理模型和任務，進行合理的視覺設計，以達到讓使用者愉悅使用的目的，進而實現可用性目標。

介面視覺設計的可用性目標包含三方面內容：首先，有用性和有效性，即透過視覺設計介面能否有效支持產品功能；其次，互動效率，即使用者透過介面完成具體任務的效率，包括互動過程的安全性、出錯頻率、易學性和易記性等因素；最後，使用者對互動的滿意度。

3.2.1 提高可用性的 UI 視覺設計原則

不同用途和類型的介面有不同的視覺表現風格。設計良好的介面並沒有一個固定的公式可以套用，不只一種視覺形式能夠實現相同功能，不同形式的視覺設計方案，都能夠實現可用性目標。但是它們都需要遵循一定的設計原則。

1. 研究目標使用者

使用者滿意是介面可用性的最高目標，因此，介面視覺設計必須圍繞使用者的需要和特點展開，而不僅是實現使用功能。所以，首先要確定使用者目標人群的類型。劃分類型可以從不同的角度，視實際情況而定。確定類型後要針對其特點預測他們對不同介面視覺效果的反應，需要多方面分析。如目標使用者的技能和知識如何？他們喜歡的工作方式是什麼？

如圖 3-17，左圖是針對老年使用者開發的智慧型手機，UI 設計主要力求對功能進行簡潔明確的表

達，螢幕顯示內容較少，字體和圖標相對較大，特別是圖標都有明確的文字說明，這有利於老年使用者對其功能進行理解，操作簡單，減輕記憶負擔，降低出錯頻率；右圖是針對兒童開發的手機，符合兒童心理的可愛造型，功能更為簡單化。

對目標使用者除了可以透過年齡層次進行劃分，還可以透過工作性質、產品用途等來劃分，只有對目標使用者定位準確，才能進一步研究和分析使用者的特徵（具體內容參看第二章使用者研究部分的內容）。

保證介面處在使用者的掌控之中，讓使用者自己決定系統狀態，對使用者稍加引導。

2. 介面視覺設計的一致性

介面視覺設計的一致性主要是指，視覺元素應該呈現相應的穩定性和整體性，所使用的一系列視覺符號從屬於相應的符號系統，並保持其內在的同步性。介面視覺上的高度一致可以讓各個部分的資訊安排得井然有序，既是視覺構成整體性的要求，又有利於提高介面可用性。

（1）同一級、同一類視覺元素，或者產生相同互動效果的視覺元素，採用相似、一致風格的外觀，使人們容易認知和記憶。如圖 3-18 中不同類型的兩組圖標既有明顯區別，各自風格又保持了高度的一致性。

（2）有利於讓使用者建立精確的心理模型。使用者在熟悉一個介面後，切換到另一個介面時，將能夠輕鬆推測出視覺符號的功能指向，不需要花時間思考，提高了互動效率。

（3）給使用者以清晰感和整體感，降低視覺、審美疲勞，增加對功能的支持度。

因此，除特殊情況外，圖像使用介面的視覺風格都應保持高度的一致性，一致性是介面視覺設計能否成功的重要因素之一。保證一致性的有效方法是撰寫正式的《設計風格標準》文件。《設計風格標準》文件規定的設計準則應當非常具體，其中包括所使用的圖標、尺寸、字體等內容和格式的例子。它可以有效運用於介面視覺設計的管理和調整，是設計大型、系列、複雜圖像使用介面或多人多部門共同協作的設計工作必不可少的，如表 3-2 是一個系列網路課程某批次機械類課程的色彩標準文檔，圖 3-19 是色彩標準在介面中的應用示例。

表3-2 色彩標準文檔

類型	色值
四級標題顏色	#5A4A06
五級標題顏色	#0E5A06
六級標題顏色	#AB931D
「◆」顏色	#134D71
重點顏色	#FF3C00
鏈接／懸停顏色	#0336B7
圖片／表格／公式／動畫顏色	#FF7800
滾動條顏色	三角形箭頭：#FFFFFF 背景：#DDDBCD 滾動條實體：#7A7D3C 滾動條邊線：#B2AE8B

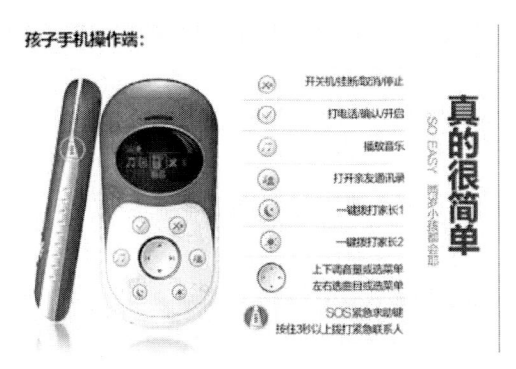

圖3-17

圖3-18

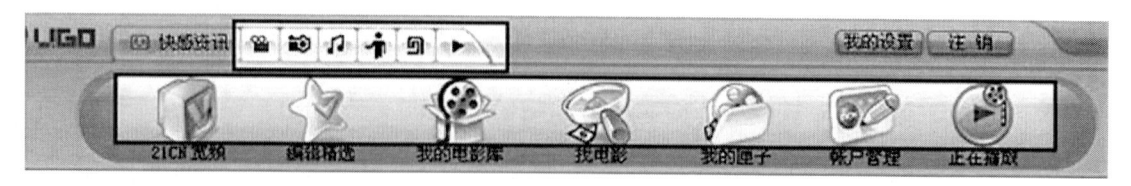

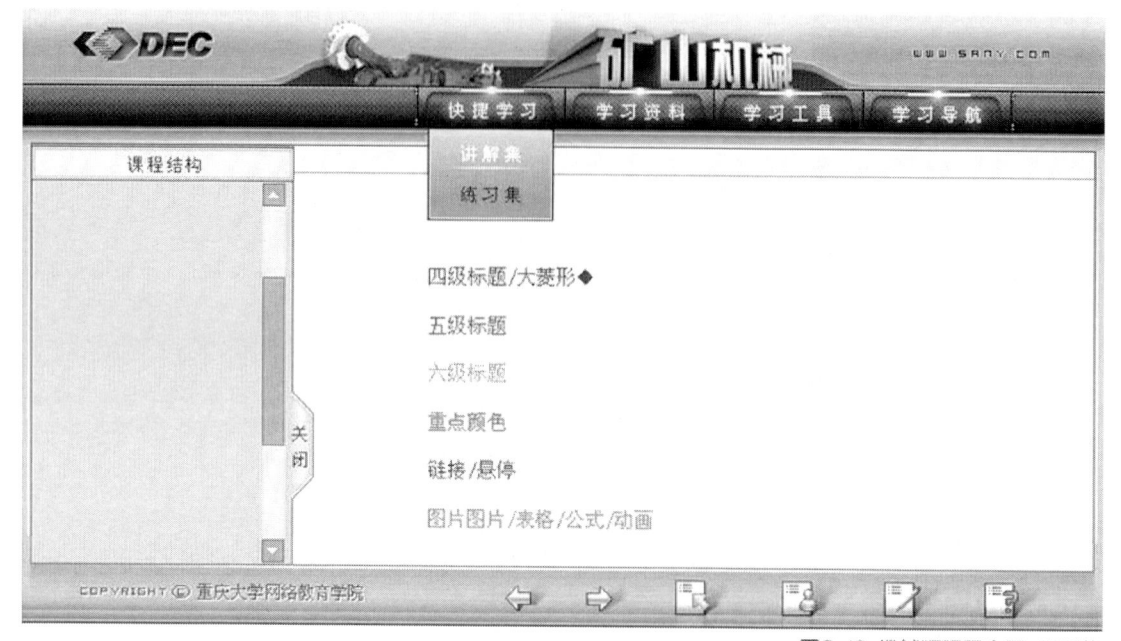

圖3-19 機械類課程介面（張劍）

3. 習慣遵從

介面視覺設計應當體現使用頻率，以及使用者操作時的一般順序。圖像介面的佈局應當符合人們的習慣，這非常有助於提高介面的互動效率。

例如，人們通常的閱讀順序是從左至右、由上而下，而有些國家和民族的主流閱讀習慣有所不同，如阿拉伯文、希伯來文是從右至左、由上而下的閱讀順序，因此圖像介面的佈局會隨著地域文化的差異進行相應的修改。使用者經常使用的圖像介面元素應當放在突出的位置，讓使用者可以輕鬆注意到。相反，一些不常用的元素可以放在不顯眼的位置，甚至可以將它們隱藏起來，以便擴大螢幕的可用區域，如圖 3-19 中左邊的課程結構導航面板。對於那些需要具備一定條件才可以使用的元素，應當把它們顯示成灰色狀態，當具備使用條件時才改變成正常狀態。特定的元素應放置在它所要控制數據的鄰近位置，以幫助使用者確立元素和數據之間的關係。

對介面視覺元素進行分組，關係緊密的元素應有組織地放置在同一個區域，如圖 3-19 中各組圖標和導航按鈕。

4. 善用隱喻

藉助語義學原理，介面視覺隱喻可以對應介面功能和顯示參照系統之間的關係，透過喚起使用者的感知經驗或生活體驗來達到圖像語言的預期，可以讓使用者知道介面上的視覺符號的功能指向，這有助於提高介面的有效性。

例如不同形狀的門把手分別暗示「推」「拉」或「旋轉」。介面中的視覺元素（如按鈕、圖標、滾動條、窗口和連結等）同樣可以暗示它們所代表的功能或啟發使用者如何使用它們。圖標是圖像使用介面中最重要的元素之一，其功用在於建立電腦世界與真實世界的一種隱喻或映射關係。如圖 3-20，左圖是具有明顯指代含義的圖標，「房子」在網路

介面中一般代表主頁面。使用者透過這種隱喻，自動地理解圖標背後的意義，跨越了語言的界限，使其代表的功能不言而喻。如今，隨著顯示設備和電腦系統的升級，越來越多的圖標採用寫實的設計風格，不再侷限於簡單的幾何型圖像元素或像素化的表現，這不僅讓使用者介面更具有視覺藝術性，更重要的是它可以幫助使用者理解介面。

但是，由於時間、地域、文化等因素可能影響隱喻的效果，所以隱喻也具有不確定性。同時人們對隱喻的視覺符號感受和把握並不相同，對它的理解不具有唯一性。因此，隱喻在國際化領域會帶來一些潛在問題，不是任何隱喻都適應所有文化。如圖 3-20 右圖，當蘇格蘭最初使用國際通行的代表男、女洗手間的符號時，當地人卻無法理解這些圖標：穿著裙子的女士和穿著西褲的男士。因此在介面視覺設計中要合理地運用隱喻。

5. 視覺回饋

視覺回饋是介面透過視覺元素的變化返回與使用者操作相關的資訊（如能夠實現什麼樣的操作，正在或已經執行了什麼動作，完成了什麼操作等），以便使用者能夠根據回饋的資訊進行操作，這直接關係到介面的有用性和有效性。

使用者的每個操作行為都應該有相應的視覺回饋，比如有沒有選中，操作有沒有成功，按鈕是否可用，程式執行的進度等，準確的回饋可以讓使用者流暢操作，如圖 3-21。

6. 自然的過渡

介面的互動必須是層次清晰並相互關聯的。設計時，要深思熟慮將要進行的互動，並且透過設計將其實現。對介面內容而言，就好比人們之間的日常談話，要為深入交談提供自然轉換的話題。當使用者已經完成某操作後，要給他們繼續操作的提示，以達成目標。對介面視覺的呈現而言，則要考慮到介面之間相互轉換和過渡的互動方式與視覺表現，是透過點擊還是使用手勢？是動態的轉換還是漸隱漸出？不論是哪種方式都要使介面的轉換自然並具有連續性。

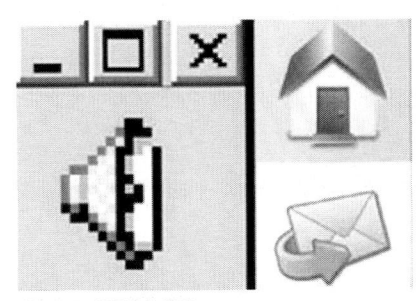

圖 3-20 介面中的隱喻

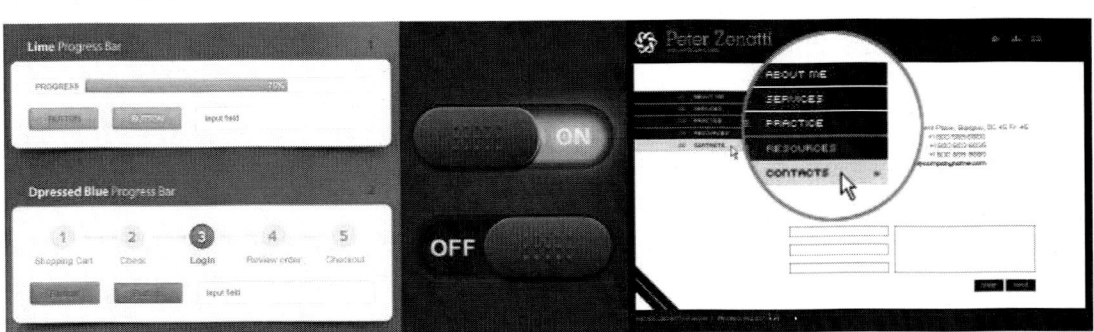

圖 3-21 UI中的視覺反饋

3.2.2 介面美感對可用性的提升

好看的介面更好用。視覺化的圖像介面，需要運用形式美的法則對其視覺要素進行合理設計，使視覺美感促進功能更好地實現。

1990 年代初期，日本研究者透過嚴格的心理學實驗論證了具有美感的產品更易於使用。以色列科學家 Noam Tractinsky 對 ATM 介面的實驗結果顯示：可用性評價與介面視覺美感評價相關。美國心理學家唐納德‧A‧諾曼認為這與人的正面情緒和負面情緒有關，並且兩類情緒同樣重要——正面情感對於理解力、好奇心和創造性思維具有重要作用；當人處於焦慮中，他們注意力相對會更加集中，思維會變得狹隘，會僅關注與問題直接相關的方面，這樣能有效地幫助人們逃離危險，但是不利於提出解決問題的新方法。

心理學中關於情緒功能的另一重要理論——耶克斯‧多德森定律，這一定律從神經喚醒的角度驗證，正面情緒對某些類型的工作有正面作用。喚醒程度是指人們的神經系統的興奮程度，它決定了人對資訊加工處理工作的準備程度，強烈的正面、負面情緒都具有比較高的喚醒度，而放鬆的狀態下具有比較低的喚醒度。從這個理論出發，那些設計協調統一、富有韻律的迷人物品類似於優美的抒情音樂，使人愉悅並降低喚醒程度，從而提高使用者進行複雜工作的能力。因此，具有美感的、能使人情緒放鬆的介面視覺設計可以幫助人更好地進行互動，相應地能提高介面的可用性。

可見，美感對於介面可用性的貢獻在於：富有美感的介面使人放鬆，使人產生正面情緒，可以提高人的創造能力、想像力和思維能力，更易於讓人們找到解決問題的方法。負面情緒導致人們更執著於某些互動細節，不斷重複嘗試同一個錯誤的使用方式，反覆幾次後使用者會更加焦慮、緊張，更加關注問題的細節。並且緊張、焦慮的人更易於抱怨困難，而放鬆、快樂的人則可能忘記困難。處於正面情緒的人，遇到同樣的問題時會較為放鬆，積極搜尋其他備選方案。總之，那些富有美感、能激發人們正面情緒的介面視覺設計使人放鬆，能更有效實現人機交互作用，並且對小困難有更強的容忍度。「好看的介面更好用」具有生物學、神經學和心理學方面的科學依據。

介面的首要價值在於可用性，遵循一定的介面視覺設計原則有利於提高介面的可用性，在介面視覺設計中重視美感的表現，可以增加使用者對介面的認同感，激發正面情緒，更好地實現可用性。

3.3 UI 視覺設計與情感

人性化設計是一種最高設計追求，體現「以人為本」的設計核心，是人與產品、人與自然完美和諧的設計，人性化設計真正體現出對人的尊重和關心，同時也是最高端的潮流與趨勢，是一種人文精神的體現，是人與產品和諧完美的結合。

人性化設計的核心要素是「情感」，介面視覺設計不僅要滿足使用者對產品功能和形式上的要求，更要給介面注入情感，給使用者更多精神上的安慰和愉悅，滿足使用者透過產品建立自我形象和社會地位的需求。透過視覺設計，介面的情感作用應在三個不同的層面上對使用者產生影響：本能（感官）、行為（效能）、反思（情感），最終達到三個層次的融合。在人性化的介面中，三個層次上的融合使介面視覺設計更加關注使用者的需求、快樂、審美，將設計建立在使用者的情感之上，體現設計對人的關愛。

唐納德‧A‧諾曼提出「情感化設計」的理念，他認為：「產品具有好的功能是重要的；產品讓人易學易會是重要的；但更重要的是，這個產品要能使人感到愉悅。」非物質社會對美的追求已經上升到情感與精神的層面，僅具有美麗外表或僅在功能上突出的介面已經不能滿足使用者的審美要求。設計要滿足本能、行為、反思三個層次的需要，才能稱為成功的設計。首先，使用者出於本能反應喜歡介面的視覺效果；其次，能很好地使用介面；最後，介面能夠給使用者留下美好的回憶，甚至深層次的

啟發。因此，介面視覺設計不僅要考慮功能及技術因素，還要考慮其本身給使用者帶來的情感價值。

3.3.1 介面的美感

介面的使用者是人，人使用介面的行為必將和人的心理狀態相聯繫。因此，在使用介面的同時，透過對介面的認知，使用者會產生心理上的波動，而這一結果的產生，表明了一個情感資訊的表達過程。

情緒會改變人腦解決問題的方式，情感系統會改變認知系統的運行過程，而美恰恰可以左右人的情緒。美好的事物使人感覺良好，這種感覺反過來會使他們進行更具創造性的思考。換句話說，愉快的情緒使人容易發現解決問題的方法。就像前面說到「好看的介面更好用」，當使用者遇到問題時本身的情緒是緊張的，而視覺設計可以製造美好的介面，給使用者帶來輕鬆愉快的心情。

「美」具有極其豐富的含義。在不同時期、不同領域有不同定義。對介面來說，什麼是美呢？很多研究者認為互動式產品的「美」主要反映在愉快的使用者經驗上，使用者對產品美觀的判斷可能主要根據感官的刺激（如視覺、聽覺、觸覺，主要是視覺），也就是說「美」主要表現在產品物理外觀的吸引力上。

大量研究發現，介面的美觀程度對使用者總體滿意度有重要的作用。與容易使用但不太美觀的產品相比，人們對美觀但不太好用的產品更為滿意。美觀性以主觀可用性、易用性和愉快感為變量，影響使用者對介面產品的忠誠度。因此，在整體把握產品的使用者經驗時，應當把介面美觀性納入考量範圍。運用美觀性彌補產品的不足，提升產品整體的使用者經驗水準。

介面的美需要長時間的互動和體驗。形式之美、功能之美、操作之美等所帶來的是許多心理感受的交融，包含我們過去使用同類用品的複雜體驗。

在本能層面上，介面的形態是結構的承擔者，也是功能的傳達者。不同的形態、質感、色彩都會給人不同的審美體驗。視覺美感的產生是一個生理到心理的過程。外界視覺刺激（形、光、色）對人的視覺器官進行刺激，在知覺產生的同時，會產生某種積極的、消極的或中性的情感體驗。假如是積極的，也就是對知覺的對象產生某種喜悅、情感，對它的形式條件構成的整個形象覺得悅目，產生審美知覺，並進一步提高已被引起的情感體驗使之成為「美的情感」體驗，即產生美感。

在行為層面上，美的介面表現為功能上合乎人的目的性及實用性，新技術的應用，視覺設計使介面功能的和諧及完美表現都給人以美的感受。

在反思層面上，美具有更深層的含義，如訂製的介面（個人網站和QQ空間的個性設置、個性化的操作系統介面、部落格的風格化等）在網路中代表著使用者的自我形象，反映他們的品位和地位。此時，美是發自內心的，這種美是持久、深入的。

使用者基於對產品的整體視覺印象而形成對美的知覺。與可用性不同，產品的美學特徵是外顯的，更容易被觀察到，使用者在極短的時間內即可形成對產品美觀度的評價。

3.3.2 介面的趣味化

對「情感交流」的追求使人們越來越強調對介面的感覺與知覺。在這種情況下，有的介面視覺設計已超出了功能以及行為方式設計的範疇，更為注重視覺體驗和情感表達，甚至不帶適用功能。

圖3-22 手錶

如圖3-22中的手錶，從單純作為「看時間的工具」層面（第二層面）來看，它很難稱得上是優秀的設計，因為它並不能明確、有效地顯示時間。

它們的存在價值正反映於第三個層面上，它以獨特、有趣、藝術化的方式展示時間。這種設計能給人們提供操作的樂趣——這既是物提供給人多種可能性的樂趣，同時也是人透過對外部世界（包括物品以及物的使用）新的認知、新的體驗而產生的樂趣。

　　介面本來就是為了人機交互作用而設計出來的，能最直接、簡便地完成這一任務是評價介面可用性的重要指標——前面論述過的可用性指標。但是人在情感上卻不總是如此，有時他們希望能在互動的過程中體會探索和自我實現的樂趣，即需要層次理論中的最高層次需求的滿足。特別是某些網站介面，如電影、服裝、設計公司等主題性的網站，它們的資訊量並不大，體現其價值的遠不僅是為了完成那些基本的實用功能，提供多樣性的視覺體驗和趣味才是這些網站更重要的設計內容。如圖3-23以插畫的形式虛擬不同年代的場景來介紹城市變遷的主題網站。

　　增加介面視覺設計的趣味，能夠活躍人機交互作用過程。可愛而具有親和力的介面視覺設計能促進人機之間的溝通，帶給人一種愉悅感，使介面營造出輕鬆、活潑、休閒的氣氛。

3.3.3 介面的擬人化

　　人們喜歡給自己的寵物或玩具穿上衣服，把它們裝扮成人的模樣。同樣，人們也接受被賦予人類特徵的卡通人物、機器人、玩具和其他無生命物體。於是出現了針對兒童的介面視覺設計，介面中無生命的視覺元素被賦予人類的特性，如它們能走路、說話，有個性、有感情，這樣的介面更受兒童的喜愛。

　　擬人化的介面視覺元素用於表達情感狀態和引起使用者的情感反應，如輕鬆、舒適、開心。這些表達感情的視覺元素非常具有創造性，有時使用者也樂於參與創造，比較有代表性的就是為數較多的「表情符號」，從最初的以各種字符組合的方式來模擬面部表情（如笑臉、皺眉等）到如今各種精彩的圖像化表情符號，極大地豐富了介面中情感和情緒的表達。對大多數介面互動而言，使用者在使用具備人類特性的介面時，會感到更愉快、更有趣，與冷淡、嚴肅的介面相比，擬人化的介面視覺設計更能激發人們互動的興趣，與介面的虛擬人物進行互動要比與死板的介面互動愉快得多，因此使用者會表現得更積極，更樂於參與互動。

　　如圖3-24，Ask Jeeves搜尋引擎（Jeeves是一部著名小說中的男管家）允許使用者以口語化的方式提問，這樣的互動方式更為自然和簡單，同時，擬人化的視覺設計還增加了介面的趣味性。

3.3.4 介面的個性化

　　人本主義極為強調人的個性，這種強調非常適合現代社會，在介面視覺設計中，應重視個性。這裡指的不僅是設計者本人的個性，還要在設計前仔細考察使用者的個性，一群人或一類人的個性，力求在產品中張揚個性，體現一定的風格。如圖3-25NIKE鞋的顏色搭配，使用者可以根據自己的名字來訂製個性化的運動鞋。

　　個性的強烈突顯必然產生風格，風格是視覺設計的靈魂。從某種角度來說，張揚個性即愛護人、體貼人，使人的本質在生命空間自由暢快地流動，這樣的個性介面設計是成功的。當然，要使一個設計能滿足每個人的愛好是很困難的，因為人的地域、文化背景、職業、愛好、年齡、性別結構、生活習慣都不盡相同，每個人的需求都有一定的差異，我們只能儘可能地設計多種風格樣式，以滿足人們的各種需求。這樣，介面視覺風格的多樣性反映了使用者的多樣性，換句話說，就是在同一個產品中設計融合設計者和使用者個性的多個介面，以便不同的設計者選用和訂製。例如，智慧型手機允許個性化的主題訂製，很多軟體和個人空間都允許更換外觀的風格樣式，提供「外觀選擇」選項，使用者可以在多種風格的視覺介面中進行選擇。更有一些系統和網路運營商給使用者提供更大的自定義權限，讓使用者完全可以自己進行介面視覺設計，如圖3-26。

圖3-24 網站UI的擬人化設計

圖3-25 NIKE的個性訂製

3.3 UI 視覺設計與情感　69

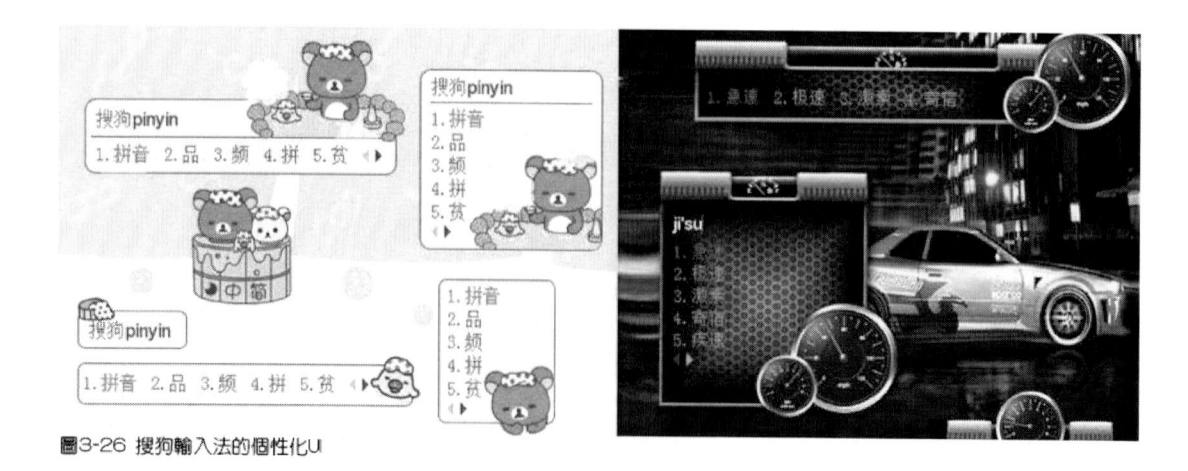

圖3-26 搜狗輸入法的個性化UI

介面視覺設計的情感表達主要是能夠引起使用者的積極反應，讓使用者感到輕鬆、舒適，提高互動效率，使用者透過情感的互動獲得好的體驗，從而提升滿意度。

3.4 UI 視覺設計的風格

從細節來看，UI 視覺設計風格就像繪畫藝術一樣表現形式多樣。但從宏觀角度來看，當今的 UI 設計師偏向將 UI 設計風格分為扁平化設計（Flat Design）與擬物化設計（Skeuomorphism Design）兩大類型，這是 UI 視覺設計中兩種截然不同的表現形式。

以蘋果為例，它的 UI 是伴隨擬物化設計而誕生的，在過去的很長一段時間內，其 UI 風格都在擬物的框架內循序漸進地改變，也引領著 UI 視覺設計的主流，特別是行動端的 UI 設計。但隨著 2013 年 6 月蘋果操作系統 iOS7 的發佈，「扁平化」設計風格再次成為焦點。這也是自 iPhone 問世以來 iOS 介面最大的變化，它拋棄了主介面圖標複雜的光影效果和體積感，這種設計理念使整個系統看上去更加簡潔，扁平化設計風格是擬物化設計的反面極致。從圖 3-27 iOS6 和 iOS7 介面對比來看，無論是程式圖標還是計算機或者指南針，兩個系統介面其實都模仿了實物照相機、計算機或者指南針的佈局與形象特徵，儘管 iOS6 更寫實，嚴格地說它們都屬於形象化的擬物設計。當然，擬物設計和寫實設計兩者

聯繫得更為緊密。擬物設計傾向於寫實設計，因為它要看起來和已有的實物相似，iOS7 的扁平化只是去除了紋理和材質。

在 iOS7 之前，微軟以 Metro UI 最大化地呈現了「扁平化」設計理念，這是真正意義上拋棄了擬物化的設計。Metro UI 是微軟的一種設計方案（2012 年 10 月微軟改稱 Windows UI），其靈感來自地鐵的指示牌，設計風格源自瑞士國際主義平面設計風格，這種風格具有強烈的整潔、嚴謹、理性化的特徵，一絲不苟，傳達準確，因而它很快受到世界的普遍認可，成為二戰後影響最大、國際最流行的設計風格。Windows UI 的扁平化設計是對 UI 設計中過度裝飾的一種顛覆，就像極簡主義是對華而不實的裝飾風格的一種顛覆一樣。（圖 3-28）

當前，扁平化設計這個早在多年前就非常流行的設計風格，隨著行動網路的崛起又再一次捲土重來，這種設計趨勢正逐步蔓延並形成一種潮流。無論系統、網站還是軟體的設計者，都不約而同地捲入其中，設計師們似乎急於拋棄擬物化，去迎接扁平化時代的到來。

3.4.1 擬物化設計

1. 擬物化設計對互動和體驗的影響

擬物即是在介面設計中對實物的模仿，使數位對象看起來更接近真實，如圖 3-29。介面和行為看起來越接近現實生活中的事物，使用者就越容易理

解它們的運行方式，使用起來也就越簡單。蘋果官方的《人機介面指南》中做了這樣的闡述，它認為介面的擬物設計有利於改善應用程式的使用者經驗。基於互動方式層面的擬物設計，具有功能的預見性，透過在視覺上模擬實體世界來暗示使用者系統是如何運作的，某種程度上降低使用者使用產品的學習成本，介面中可以點擊的圖像按鈕和滾動滑塊就是很好的例子。

因此，介面中的擬物化設計實際包括模擬現實世界的物理、空間規律，或物體的形態（如質感、紋理、聲音），以及它和人之間的互動方式（也可稱作是行為的隱喻，這點常常被忽略）。例如：iOS的記事本程式不僅有紙的質感，還有翻頁的效果。模擬真實書頁翻動方式的電子雜誌10年前就在電腦上出現，並被爭相模仿。但是逼真的頁面翻動由滑鼠拖曳頁腳的方式來實現，增加了操作的難度，隨後還是用按鈕點擊來取代拖曳的方式翻頁。直到多點觸控在iPhone上的應用，透過手直接的觸控，將翻書這一互動方式真正對應到實物的操作狀態，使功能實現的同時也具有視覺感染力。說明技術限制總會影響媒體的視覺形式，無論是對於電腦、行動終端，還是對傳統繪畫來說都一樣。此外，在視覺表現扁平的蘋果iOS7介面中，視覺互動層面同樣包含許多基於物理和空間規律的擬物化設計。典型的例子是以半透明磨砂玻璃的效果模擬攝影機焦點的近實遠虛，或者在主介面程式圖標和背景之間創建空間深度，當視點變化時，會產生前景遮擋遠景的效果。這些介面設計中的細節為使用者營造了虛擬世界的心理真實，讓使用者感到驚喜並體驗到細節之處的體貼與關懷。從本質上說，這樣的設計並非以視覺風格為出發點，而是以建立使用者與程式之間的良好互動為原點，隨後自然地產生了這樣的設計。

科學研究指出人類視覺的十分之一屬於物理層面，另外的十分之九則屬於精神層面。模擬形態的擬物化設計，能更直觀地指示事物的概念，增加介面的美感，善於營造華麗的視覺效果，細膩的材質表現更能使人突破視覺的侷限，產生觸覺、味覺、嗅覺的通感，更容易滿足使用者的精神需求和情感需求。使用者介面上形態的擬物寫實設計最廣泛地應用在遊戲介面，設計師很早就開始精心修飾他們的使用者介面，以提升遊戲的藝術效果，使玩家愉悅地沉浸在遊戲中。如圖3-30遊戲介面框體中大量運用與遊戲場景中年代、風格一致的羊皮紙、岩石、金屬的紋理及質感，甚至以建築、雕塑或者紋樣來進行裝飾，游標的狀態也設計成質感強烈的兵刃或者寶石，這種對真實世界感知的還原有助於藝術效果的提升，有助於沉浸感的實現，並讓使用者感到愉悅。

2.UI擬物化設計的侷限性

擬物在遊戲介面上的成功並不意味運用在辦公或嚴肅的介面上同樣能獲得好的效果，試想一下在股票交易軟體介面中加入擬物設計是什麼樣的效果。誠然，在模擬互動方式時，擬物介面對真實世界的映射能降低使用者理解和學習的成本，介面更友好，但是粗糙的擬物設計也常對使用者經驗造成各種各樣的負面影響。在模擬還原真實事物的時候，即使那些沒必要存在的侷限性也一併進入了設計中，比如日曆受限於物理紙張的侷限，通常是一頁的紙張顯示一個月的內容，儘管在數位媒體上沒有這樣的限制，但許多電子日曆仍然堅持在一個螢幕上顯示單個月份的內容，如圖3-31。

另外，需要面對的是虛擬介面與實物介面的差異，及難度的不同。儘管螢幕上可以顯示立體的內容，但在操作層面上它們是位於平面上的圖像。而物品則是立體空間中的實體，在普及計算實現之前，這種以螢幕為載體無法踰越的次元差異導致大量在實物上常見的控制方式無法還原到介面設計當中。如圖3-32 QuickTime 4曾經模仿真實播放設備的滾輪式音量調節旋鈕設計，但使用者感到用滑鼠來控制旋鈕的操作極為不便。當一個程式的介面幾乎完全模仿現實生活中對應物的介面時，使用者會期望二者之間能有對應的行為方式，但某些情況下這樣設計只是為了滿足視覺感官上的需要，無法完全滿足對功能的期待，這就導致使用者介面設計的「形似而神非」。此外，同一套擬物設計面對不同操作

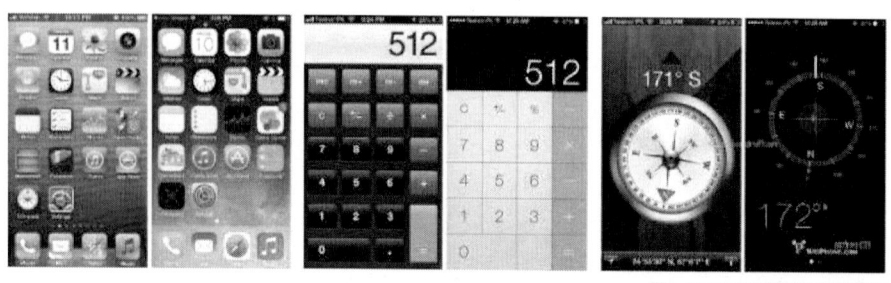

圖3-27 iOS6和iOS7介面對比

圖3-28 瑞士國際主義平面設計風格和WindowsUI

圖3-29 1983年System1.0的擬物設計和iOS應用程序介面的擬物設計

圖3-30 遊戲《山海亂》介面

習慣和經驗的使用者，以及使用者群體的地域性及文化差異，不能完全讓使用者將已有經驗映射到程式介面上。因此，UI 的擬物化設計，需要適當將實物介面轉化為螢幕介面的語言，在視覺上尊重使用者既有的習慣與心理模式，在操作上轉化為與之相符的手勢。

通常，擬物介面在影響使用者情感體驗的本能層面具有較大的優勢，它能夠在視覺上吸引使用者，但對互動的功能並不一定有質的提升。1980 年代初期，圖像介面出現最初引入「桌面」概念的隱喻就是一個典型的例子，但隨著個人電腦的普及，人們越來越少用這些視覺線索來理解一個圖標或者按鈕的功能。

3.4.2 扁平化設計

1. 少即是多

扁平化設計最好理解的是「極簡」，即強調運用最輕量、簡單的設計來傳遞核心資訊，強調透過對視覺焦點的引導讓使用者快速完成操作。少即是多（Less is more）這句悖論式的箴言無疑是對UI扁平化設計最有力的描述，它是現代主義設計大師密斯‧凡德羅的經典設計名言，他主張形式簡單、高度功能化與理性化的設計理念，反對裝飾化的設計風格。

在審美層面，極簡主義設計大師約翰‧波森給了出這樣的解釋：「當一件作品的內容被減少至最低限度時它所散發出來的完美感覺，當物體的所有組成部分、所有細節以及所有的連接都被減少或壓縮至精華時，它就會擁有這種特性。這就是去掉非本質元素的結果。」蘋果公司的首席設計師強納生‧艾夫闡述極簡設計的哲學理念：「簡潔之美將影響深遠，包容、高效。真正的極簡不僅是拋去了多餘的修飾，它給複雜帶來了秩序。」

2. 資訊為主體的設計理念

放棄任何附加效果，突出重要的資訊，簡化互動的流程。UI扁平化設計可以理解為：不包含立體屬性，諸如紋理、投影、斜面、羽化邊緣、浮雕等特效都不在設計中使用。UI扁平化設計的核心是強調資訊本身，而不是冗餘的介面元素。比如Metro UI的設計靈感來自交通系統，它需要幫助人們在短時間內快速找到自己所需的資訊。扁平化介面設計的目的不是為了創造視覺刺激，而是解決干擾，內容優於形式，在螢幕上僅留下使用者當前最關注的資訊，讓他們沉浸在喜歡的內容中，透過對齊來呈現簡潔、易讀的內容，把精力集中到最核心的內容上。減少概念與介面層級的視覺裝飾，更多地使用使用者已經掌握的互動行為。

3. UI扁平化設計的侷限性

有人認為「扁平的時代是平庸設計師的好時代」這無疑沒有理解扁平的本質，它只是像其他設計趨勢那樣被某些隨波逐流的人不加思索地濫用。此外，UI的扁平化設計正如瑞士國際主義風格，具有冷漠、理性和功能主義的特徵。扁平化設計無疑是一把雙刃劍，過分的理性化與公式化導致個性的喪失，忽略普羅大眾對於情感化的需求，無法關照個人的審美和傳統對人的影響，缺乏感性和人文思想，具有較大的侷限性。它以「為大眾服務」為宗旨，使其易於理解和記憶，於是必須具有形式簡單、反裝飾性、強調功能、高度理性化和系統化的特點，如介面設計上對質感最大限度的抽象化，對於表現空間深度、次元、光影這樣的基本元素全都捨棄，割裂了使用者對虛擬介面認知時對真實世界的聯想，增加了某些使用族群體的認知成本，尤其是兒童和缺乏網路經驗的使用者。

4. 行動網路發展對UI設計風格的影響

行動網路是行動通訊和網路兩者融合的產物，繼承了行動通訊的隨時、隨地、隨身和網路的分享、開放、互動的優勢。據2013年百度《行動網路發展趨勢報告》顯示，電腦網路使用者正加速向行動端遷移，截至2013年3月，兩者的差距已經擴大到了29%，手機正替代電腦成為大眾最常用的終端，其中以iOS、Android、Windows為平臺的手持終端最具代表性。

行動終端體驗的特點有以下五個方面。

（1）時間碎片化。行動裝置的便攜性，也帶來了瀏覽時間的碎片化。使用者通常利用一個短暫的時間，完成一項任務或者是進行一個娛樂事件，如在地鐵上、候機廳、旅行中或者利用睡前、午後閒暇、會議間隙等時間看時間、查天氣、找路、拍照、分享、寫便箋、玩遊戲、購物等。在短短5～30分鐘的時間裡，思路常常被打斷，各種程式介面處於隨時可能切換、關閉、啟動的狀態，高效和輕量化的互動，就成了行動UI設計的特點。

（2）環境的不穩定性。使用者在使用行動裝置的時候，常常在環境不穩定、零碎的時間裡快速地完成，而不像在家可以沉浸專注地面對電腦。需要面對運動的狀態、光線的變化或者嘈雜的環境，

因此，在電腦上能夠輕鬆完成的任務，在行動終端一般都需要花費一定的時間和精力，如敲擊鍵盤輸入文字更容易出錯，所以也需要操作層級的扁平化設計，或者透過語音以及其他方式輔助完成。

（3）手勢控制。行動介面多點觸控配合各種手勢的應用，早已取代了早期的實體鍵盤。手勢相對於鍵盤和滑鼠的控制更為敏捷，並且更符合使用者的行為模式，使用者能直觀地與設備進行人機交流。但觸控無法達到游標的精準度，因此需要為行動介面設計更大的有效點擊區域，此外沒有了游標的指示也就無須設計懸停等多種按鈕的顯示狀態。

（4）螢幕的限制。雖然行動裝置的螢幕像素已經超越傳統的電腦螢幕，但仍受限於其物理尺幅的大小，行動的 UI 設計更需要視覺的簡潔、互動的輕量化、層級的扁平化。

（5）流量與費用的考慮。行動使用者經常在沒有 WIFI 覆蓋的情況使用 3G 付費上網，所以設計行動應用程式的時候應該考慮節約流量與電量的問題，尤其是合理的圖片展示對流量的影響。UI 視覺層面的扁平化相對於逼真寫實的擬物化，更能適應低亮度的顯示，能適當降低電量的消耗。如新浪微部落格使用者端，將所要載入的圖像細分為大中小三個層級，滿足各種使用者瀏覽圖片的需要，透過需求細分來達到節約流量的目的。

5. 簡潔、高效的介面互動需求

在執行某些任務時，體驗的行為層面對簡潔、高效的介面互動需求高於對本能層面的美感需求。擬物風格軟體介面如果僅模仿實物的形態，不指向其原本的功能，會對使用者造成誤導。比如日曆軟體框體邊緣模仿紙的撕邊效果和電話簿邊緣的金屬扣環，這樣的設計容易讓使用者對其功能產生誤解或受到不必要的干擾，即使同樣概念準確傳達效果也會有所不同。如圖 3-33 中兩個圖標的對比，從使用者經驗的角度根據圖 3-34 所顯示，對隱喻的解讀過程來分析兩者資訊傳遞的效果。兩個圖標可共同解讀的資訊包括聯絡人（其直觀表現為頭像，iOS7 視覺信號更為強烈）、排序和分組資訊（直觀表現

為字母和標籤頁的形式，這部分 iOS6 在小圖標的狀態下幾乎無法識別），iOS6 相較之下多了裝訂環、金屬質感、陰影、啞光牛皮紙、鏤空等直觀資訊，以及懷舊、光滑等隱含的情感資訊，因此僅僅在這個圖標上，就增加了使用者對資訊解讀的負擔。

圖3-31 日曆介面對比

圖3-32 Quick Time 4 介面

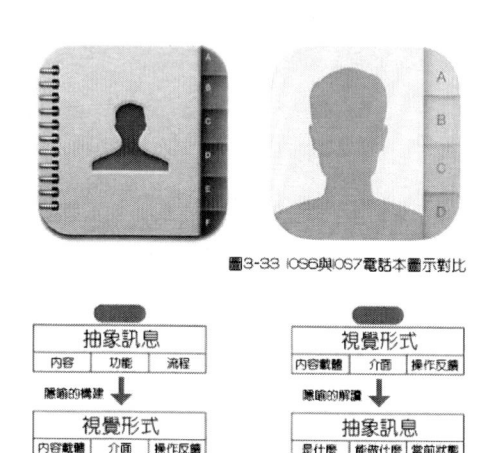

圖3-33 iOS6與iOS7電話本圖示對比

圖3-34 介面設計編碼解碼流程

扁平化設計在小螢幕上得到了更好的表現，尤其是在手機行動端上。真正的極簡不僅是拋棄多餘的修飾，而是給複雜的介面帶來了秩序。隨著行動網路的崛起，資訊傳播的速度和規模達到空前的水準，實現了隨時隨地全球的資訊共享與互動，但是洶湧而來的資訊常使人無所適從。

作為行動終端的系統平臺和應用軟體介面，它的複雜程度已經不亞於電腦，給顯示空間壓縮帶來了行動終端小巧輕便、通訊便捷等特點，決定了行動網路與電腦網路的不同之處，但也為介面設計帶來了更多的挑戰，其資訊的有效組織和精確傳達也變得尤為重要。行動終端所提供的資訊和服務的極速增長，以程式圖標引導的介面形式已經無法承載如此多的資訊需求。如圖 3-35，在 iOS6 主介面上無法獲知郵件的大概內容，僅僅能提示未讀郵件的數量，需要由程式圖標進入郵箱才能得到預覽；而在 Windows UI 中，郵件的主要資訊會直接呈現在郵件區域，並可用以動畫滾動的形式在此層級獲得更多資訊，如顯示天氣等其他應用程式都是如此。因此，介面設計需要直接呈現資訊，內容即是介面。當資訊內容以原來面目成為介面主體，過去純粹裝飾性設計開始成為內容化介面的重負，需要為大量的資訊內容讓渡意識焦點，因此必然會受到逐步減弱和剝離，前面圖 3-31 中兩個操作系統中日曆介面的對比，後者去掉了冗餘的色彩、體積、質感的元素，使主體資訊更為突出，也能顯示更多層級的資訊量。

6. 響應式介面的需要

隨著行動網路的興起，相應地也帶來一個問題，就是如何搭建一個適合所有使用者訪問的網站，通俗地說就是跨平臺或多螢幕適配。以前通常需要為行動使用者專門搭建一個行動網站，而現在解決的方案是響應式設計。相比之下，扁平化介面更容易實現響應式設計，因為擬物化的靜態圖像無法適應響應式的要求，這也是為什麼許多設計者開始放棄質感的設計而向極簡化的設計靠攏。如圖 3-36，響應式設計是一個網站搭建時針對不同瀏覽器和設備的動態佈局而設計的，它會根據不同的瀏覽器和設備尺寸的變化動態改變網頁的佈局和內容。2013年 6 月，優酷影片網站的改版採用了扁平化設計風格，實現電腦、手機和平板螢幕間風格、內容及互動的一致性體驗，柵格化的設計和響應式的多螢幕適配，讓使用者在各種螢幕上的體驗保持一致，這也源自行動網路對使用者觀看影片的行為模式改變，更多人已習慣透過行動終端觀看影片來填補碎片時間。

7. 從新技術普及的層面看 UI 扁平化設計

現在，行動網路帶給我們最大的變化是將虛擬世界跟現實世界進行融合。擴增實境技術在行動網路上的應用是未來的一大趨勢，其應用形式主要體現在實景上的資訊增強，即將現有網路資訊附加顯示在現實資訊中。無論是「第六感」設備和 OmniTouch 的投影式介面呈現，還是 Google 眼鏡

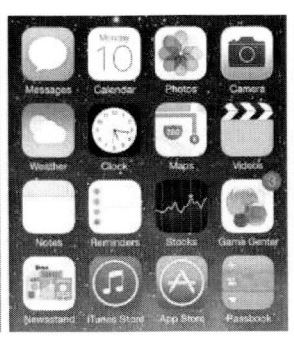

圖 3-35 iOS6 與 Windows UI 對比

3.4 UI 視覺設計的風格　75

UI 設計

式的擴增實境顯示器，都是在實體環境中顯示行動終端的介面，這就需要介面能夠適應不同色彩、光線、紋理，而扁平化的介面風格相對於擬物風格更容易做到這一點，也更能減少冗餘資訊的干擾，呈現主要的資訊，同時也更需要將互動過程進一步簡化，即操作層面的扁平化，如圖3-37。因此，正如以上設備所呈現的介面風格，在目前或者短時間內，扁平化設計將成為行動裝置介面顯示的主流，微軟展示的願景系列影片也預示這一現狀。在此層面上，未來對介面設計思想的理解，將回歸到如何理解功能、內容和應用本身，真正意義上包括介面設計的互動和資訊層級的扁平化，而不單單是視覺效果的扁和平。如資訊的模組化，並且壓縮資訊展示層級，很多較深層級的資訊可以在首介面上直觀呈現。

3.4.3 小結

1. 兩種設計風格的選擇取決於使用者的需求、產品的定位和使用的情景

使用者的審美、視覺經驗、互動經驗各有不同（在介面設計時應面向不同的使用者，如使用者分級：專家使用者、普通使用者等），需要透過研究使用者來確定設計的需求。選擇哪一種設計風格，關鍵在於能不能適應使用者當前的需求。兩種設計風格的選擇，都是為了讓使用者更有效率、更舒適地與設備進行互動。扁平化的設計不刻意模仿現實物體的外觀，但也不排斥使用者的操作經驗，視覺上的扁平並不一定要在互動上也放棄擬物或者對現實的隱喻，如圖3-27和圖3-29中三個應用程式都模仿了實物計算機的佈局；擬物化設計以實物經驗為基礎，但不直接照搬，而是去除掉不必要的干擾因素進行設計。如圖3-33，iOS7的電話本圖標是在iOS6的基礎上進行簡化，從這一層面來說扁平並非視覺上的絕對抽象。因此，不僅要從功能和技術的角度出發理性思考，同時也需要關照情感層面，賦予產品更多的美學特徵和人性化設計，這兩種設計思維在設計過程中反覆交替出現，需要設計師從中找到平衡點，也是兩種設計風格的交匯點。

此外，不侷限於系統UI，就應用程式而言，行動裝置的UI設計風格更應該是多樣化的。因為行動裝置不同於電腦，不會同時出現兩個應用程式在手機螢幕上顯示，通常是單個程式滿版運行。因此，即使兩個應用程式有著截然不同的兩種視覺設計樣式，如果沒有同時同螢幕顯示的對比，也不會讓人感覺不一致。扁平和擬物的介面在不同的使用情景下能滿足不同的使用者需求，無論是操作的便捷還是情感的共鳴。

互動技術的飛速發展，賦予人類能力極大的延伸，但介面與資訊都是服務於人，人才是主體。UI設計師們總在探索和挑戰新的設計風格，也熱衷於看到不斷變化的新趨勢和進步。但是否「扁平」並不應當成為介面的評價標準，扁平與擬物的取與捨，不能一概而論，需要以使用者為導向、以目標為導向，不同的使用族群體、不同的硬體類型、不同的功能訴求和情感訴求都決定介面的結構與形式。扁平與擬物孰優孰劣本不是非白即黑、涇渭分明的問題，脫離了產品功能與目標使用族群類型之間的關

圖3-36 響應式設計的網站

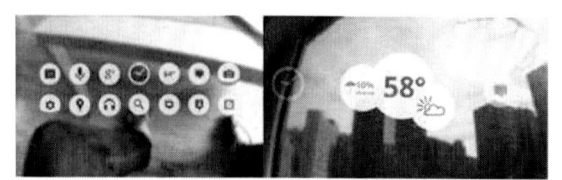

圖3-37 Omnitouch的介面和Google眼鏡

76　第三章 UI 視覺設計原理

聯，好與不好根本無從談起。因此，無論採用扁平化還是擬物化設計風格，介面時刻關注使用者的需求，以使用者為出發點進行設計，才能構建一個舒適、方便、易用、高效的介面。如果兼顧使用者需求的同時，也能符合使用者的審美追求，更有助於產品與使用者建立一個穩定、和諧的關係，真正使科學服務於人。

2. 超越風格和類型

跳出扁平和擬物的框架，單純地從視覺表現形式來說，設計師理應研究來自不同文化的多種藝術風格，研究各種典型性、個性化的介面表現形式，而不是讓自己固定在某個特定的風格和形式中，因為那樣會限制實驗的範圍和設計的潛力。設計師如果不能在各種風格之間靈活轉換，那說明其對這方面知識的積累還不夠。隨著行動裝置的崛起，無論遊戲、網站、軟體還是其他互動設計行業，視覺風格的多樣化必定是未來介面的趨勢，如果要讓作品能夠從眾多的同類型產品中脫穎而出，需要更具個性特點和更多的原創性。

具體可借鑑的視覺風格和類型，將在後續章節的 UI 視覺設計具體應用中進行講解。

教學導引

小結：

本章主要介紹了 UI 視覺設計的設計美學原理、語義學符號學原理、色彩學原理、認知心理學原理、格式塔視知覺原理。闡述了介面視覺設計與可用性、情感化的關係及原則和方法。分析了扁平化與擬物化設計的特點和聯繫。

課後練習：

1. 以一個現有網站為例，繪製其某一功能介面的線框原型，從格式塔視知覺原理的角度分析其介面設計。

2. 選擇一個扁平化設計的軟體介面和一個擬物化設計的軟體介面，分析與討論其功能特點與設計表現的關係。

第四章 UI 視覺設計的藝術規律

重點：

　　1. 理解介面設計中形式美的規律，瞭解基本造型元素在介面設計中的形態特徵，掌握其視覺構成原則和運用方法。

　　2. 掌握介面設計中色彩的基本理論，理解色彩的感知特性、色彩心理和介面色彩的情感表現，靈活運用介面色彩設計的原則和方法。

　　3. 瞭解介面視覺要素的特徵，掌握介面中視覺流程設計的方法。

難點：

　　掌握介面基本造型元素的構成原則和設計方法，能夠在介面設計中靈活運用形式美的規律，理解色彩的情感表現，掌握介面視覺引導的設計方法。

　　各種平臺、內容以及風格的圖像化介面包含了眾多的視覺要素，根據它們在介面中的形態特徵，可以將共有的視覺元素進行簡要的歸納，並將通用的藝術規律與 UI 視覺設計的特點相結合來指導設計的實施。

4.1 UI 設計中的平面構成

4.1.1 UI 中的基本造型元素

　　網站、遊戲、應用軟體以及其他互動式數位產品，其介面及內容的視覺構成，無論形式如何複雜多變，最基本的造型都是由點線面構成的。一個按鈕或一個文字是一個點；幾個按鈕或者幾個文字的排列形成線；介面框體或者段落文字等可以理解為面。點線面相互依存、相互作用，可以組合成各種各樣的視覺形象、千變萬化的介面視覺空間。點線面是表現視覺形象的基本語言，也是構成介面視覺空間的基本元素，在 UI 設計中視覺要素之間點線面的佈局、組合和構成關係，是決定 UI 視覺表現力的重要因素，如圖 4-1、圖 4-2。

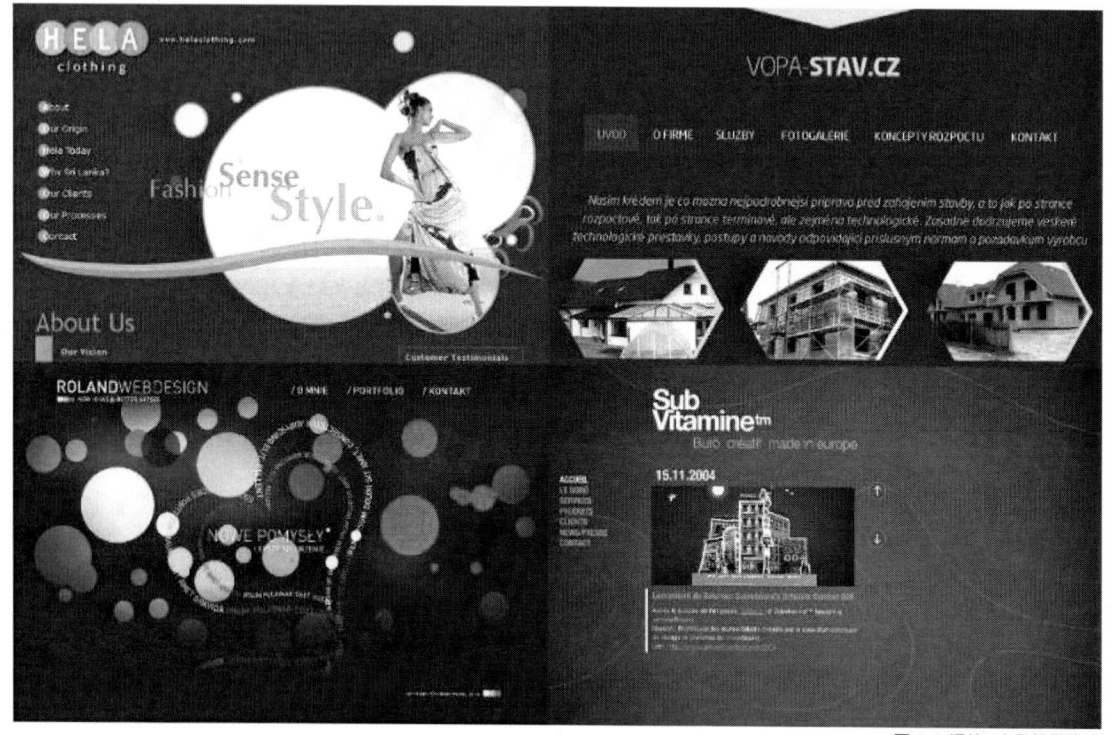

圖 4-1 網站 UI 中點線面構成

圖4-2 遊戲UI中的點線面構成

1.UI 中「點」的視覺構成

「點本質上是最簡潔的形。」——康丁斯基。在圖像設計中，點是最小、最簡潔，也是最基本的形態。線和面都是在點的基礎上發展出來的。

點在幾何學中是表示位置的元素，沒有體積、大小、形態和重量，屬於零次元空間範疇，表示線段的開端和終結或兩線相交的具體位置。在視覺形態中，點是具有空間位置屬性的視覺元素，它還有形態、體積、方向、質量、材質等屬性和視覺感受。

在畫面中，點的構成除了有大小和形狀等差異外，還具有組合的多變性，並可以透過設計進行視覺引導。一個點在畫面中具有向心感，能夠集中視線（在圖4-3左圖的車上型多媒體平臺啟動介面中，「START」按鈕居於介面中心點位置，在簡潔背景的襯托下成為介面的視覺焦點，具有清晰的功能指向）；畫面中有兩個等量的點時，視線會在這兩點之間游移，造成兩點之間的引力，形成虛線的感覺，如果是一大一小兩點，則小點有被大點吸引的趨勢；當有多個點的時候，人的視線會自動將這些點聯繫起來，產生虛擬的意象，就像人在觀察星座時，心理上會用線將臨近的星體連接起來，構成熟悉的具象形態；當點大小不同時，人們的視線會首先注意大點，然後逐漸向小點行動，引導視覺的流程，在視覺流動的過程中還能感受到遠近感和縱深感、運

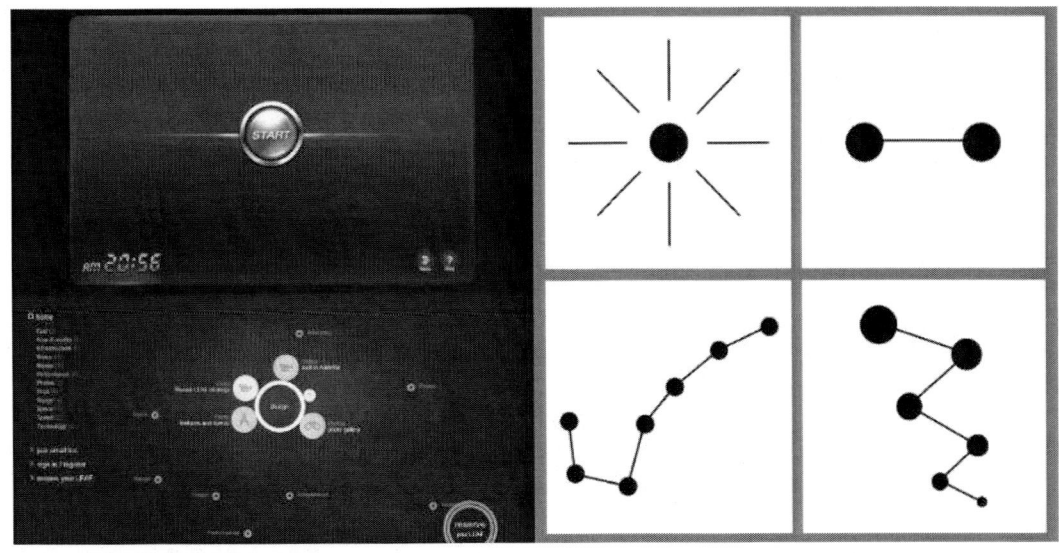

圖4-3 點的視覺構成規律及其在UI中的應用

動感和方向感、順序感和韻律感等，如圖 4-3 右組圖。

可見，一定數量的點聚集或擴散，能產生豐富的變化，能產生某種特定的感覺，也能給畫面帶來情趣。在圖 4-3 左圖下方的網站介面中，與游標的互動使點呈現動態的游移，為單純的介面空間增添了活力，不同大小的點相對視覺中心點位置的聚散，有效地從視覺層次上劃分了資訊的主次。

在介面圖像的動態變化中，點和面的關係會進行轉化。在形狀各異的點中，面積越小，點的感覺越強；在面積相等的情況下，有序的圓點最實在也最沒有鋒芒，最具點的特徵。除了圓點，任何在視覺上相對微小的幾何形態或自由形，都有點的效果，如介面中的一個按鈕或者一個圖標，等等。又比如一個漢字是由很多筆畫組成的，但是在整個介面中，它呈現出點的視覺特徵。

介面往往需要由數量不等、形態各異的點構成。點的位置、重心、大小、形狀、方向、聚集、發散、重量、虛實、動靜、前後、重複、漸變等的關係，能夠給人帶來不同的心理感受。在形態上，圓形的點飽滿、渾厚有力；方形的點平穩且莊重大方、踏實、可依靠；三角形或菱形的點稜角分明，有指向性、目的性；菱形的點在平衡中尋求個性；自由不規則圖像的點富有個性。在位置上，居中的點具有穩定、集中感，如圖 4-4 中圖 B；居上的點具有不穩定感，如圖 A 中發光的點；居下的點有沉澱、安靜的感覺，如圖 C 中的車燈和 Logo；在介面最佳視域及黃金分割線上的點更容易吸引人注意，往往成為視覺的焦點，如圖 F 中的汽車和圖 H 中的「27%」。

點的運用能造成活躍畫面氣氛的作用，圖 4-4 奔馳汽車網站的各個頁面中，正是利用點的位置、形狀、大小、聚散、虛實、動靜等不同形式的構成，創造出豐富的視覺形式。文字、數位、Logo 以及圖像元素都構成了畫面中點的形象，在營造的點光源低照度環境中形成清晰的視覺順序和中心，並組成各種豐富的構圖。主頁面圖 A 中，正是借用了星空中星座的概念，將二級頁面的導航圖標用星體進行表現，並用動態的閃光吸引人們的注意力，放射狀

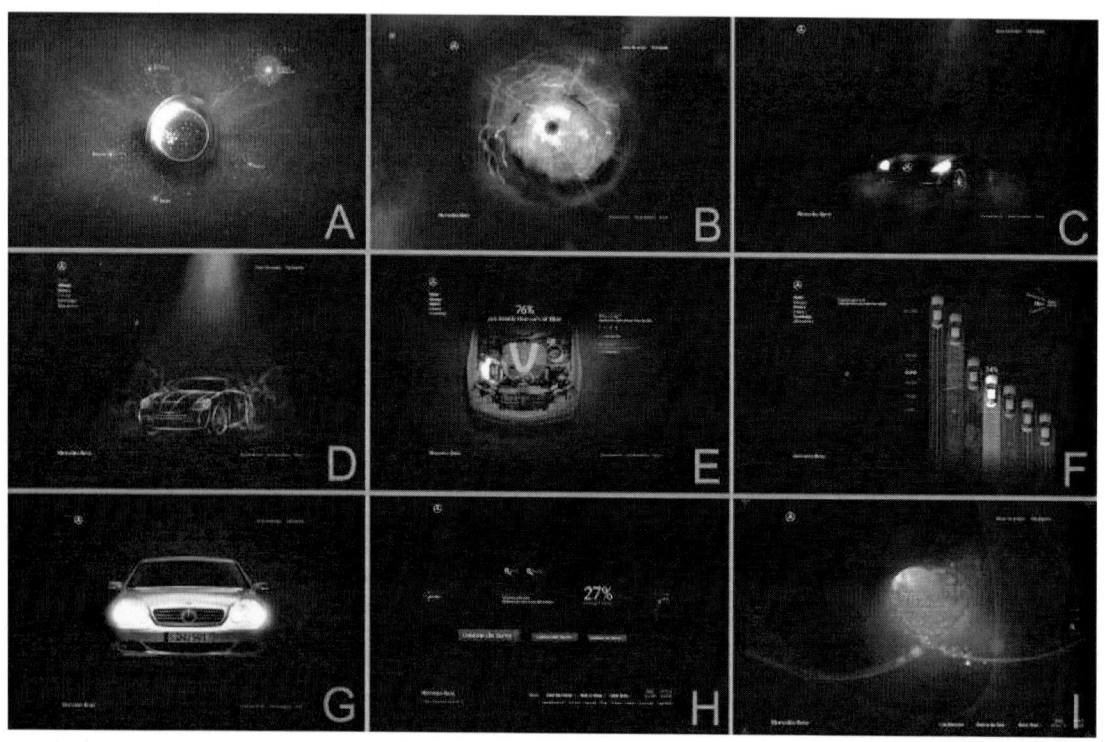

圖 4-4 賓士汽車網站 UI 中點的構成

图4-5 网站UI中点的线化构成

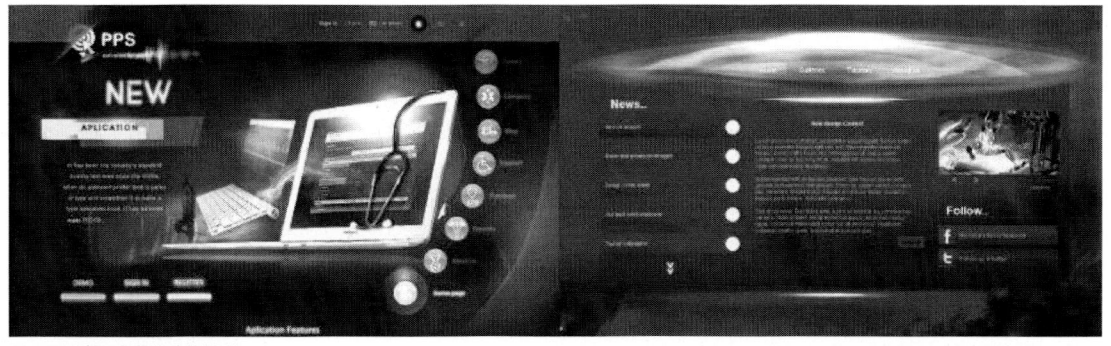

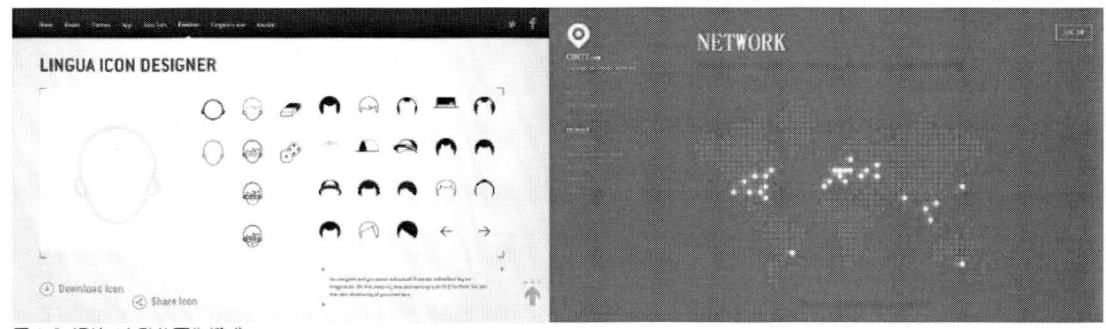

图4-6 网站UI中点的面化构成

的不稳定构图中游移的导航图标更增添了画面的动感、空间层次和活力。

　　点的连续，可以表现时间流动的节奏感，并产生线的感觉。介面中的点具有指示作用，如图4-5，不同内容、相同大小、同一形式点的形态组成了直线或曲线结构，清晰表达了导航的概念，由点形成的「线」有效划分介面的功能分区，不同形态的点从意义上划分各自的类别，形态接近的点暗示功能的系统性，而大小和色彩的强弱则区分了资讯的主次。

　　点的阵列或网状组织，还可以表现出丰富复杂的画面形象。过于密集的点更容易让人忘掉点本身的表现形态，让面的感受更加强烈，如图4-6。

2.UI中「线」的视觉构成

　　线在几何学中是指点的运动轨迹，也是面与面之间的界限，它只有长度，没有宽度，属一次元空间的范畴。但在视觉上，线是指非常狭长的图像，它有方向性和延伸感，还具有位置、长度、宽度、形状和性格。如果过于短粗显然会丧失线的特征，趋于面的感觉，通常长宽比低于3∶1的图像就会失去线的感觉。在图像设计中，线可以独立成形，可以围合成空心的面，可以对面进行分割。在UI设计中运用不同性格的线型和不同的线型组合，能丰富介面的视觉效果、平衡介面节奏；利用粗细、虚实、渐变和放射，能够产生深度空间和广度空间，并有效地划分功能区域，还可以阻挡或引导使用者的视觉流程，如图4-7。

　　「线条能产生一种视觉上的联系。并且是视觉艺术中各因素之间最为重要的沟通方式。」——理查·麦尔。线的造型能够有效地表达情绪，是最具情感性的造型元素。不论是自由的手绘线条还是严谨端正的几何直线和曲线，不同形态的线倾向用不同的艺术风格和特质，并产生不同形式的审美感受。

　　直线和曲线是线的两种基本形态，直线在画面中的形态有水平线、垂直线、斜线，曲线又可分为几何曲线和自由曲线。

　　直线，给人以单纯、明确、庄严的感觉，具有男性特征。曲线给人以轻柔、婉转、舒缓、善变、优美的感觉，并富于节奏和韵律，具有女性特征。

4.1 UI设计中的平面构成　83

長線具有時間性、延續性、速度感，短線斷續、跳躍，粗線厚重、強力、牢固，在介面中帶來視覺秩序感和方向感；細直線鮮明、敏銳、柔弱、單薄，給介面帶來精緻感，很多時候我們都會使用只有一個像素寬度（1px）的細線來進行介面空間的分割，或進行介面框體及其他元素的造型，兩條並列的明度不同的 1px 細線則會形成具有體積的線條。

（1）水平線：穩定、平和、舒展，分割上下、連接左右，具有開闊、平靜、安定、均衡的感覺，容易使人聯想到遠處平靜的海面和地平線，能像徵永恆。如圖 4-8，左圖三條水平線沒有貫穿整個介面而具有延伸感，水準穩定的構圖透過線位置的錯落凸顯了變化；右圖中網站橫貫介面的黑線上站立的企鵝更強化了介面空間的縱深感，讓人聯想到地平線。

（2）垂直線：明確、有力度、富有生命力，分割左右、連接上下，具有肅穆、威嚴、剛毅、墜落或升騰的感受，粗的垂直線是崇高、信心的表現，容易使人聯想到參天大樹、紀念碑等高大的建築。如圖 4-9 左圖中等寬的呈現上升態勢的垂直線，強調了力量感，左右兩個網站介面中垂直線更主要的作用是分割頁面的內容與功能，但是作為網站 UI 的分割線，通常垂直線的視覺強度在設計時要低於水平線，也就是說水準的空間分割多於並強於垂直的空間分割，因為人們的閱讀習慣決定了文本資訊橫向展開的空間不能太窄。

（3）斜線：斜線豐富的傾角變化打破了水準或垂直的平衡，富有變化和活力，具有動勢、衝擊力、飛躍的方向感或給人動盪和不安定感。斜線容易使人聯想到力量和速度，通常比水平線和垂直線更富動感和生氣。如圖 4-10，網站的主題是籃球和足球這兩個對抗性較強的體育競技項目，介面整體構成用斜線強調了力量與動感，但是內在又有秩序的強調，左圖傾角一致，右圖是中心發散。

（4）幾何曲線：明確、有序、緊張、受到限定的美，是動力和彈力的象徵，既有直線的簡明，又具有曲線本身特有的柔軟、運動。圖 4-11 左圖中運用相交幾何曲線來劃分頁面的區域，簡潔流暢、明確嚴謹，並運用了虛實結合的方式使曲線變化豐富；右圖頁面中間一組相交的幾何曲線將頁面劃分為內外兩個空間，與上下由導航等元素構成的水平線以及車體上方的自由曲線形成了形式和情感上的鮮明對比，將作為視覺中心的品牌 Logo 有力地襯託了出來。

圖 4-12 中，三個應用軟體都採用了精緻、清晰且類似工業產品外輪廓的幾何曲線，有助於塑造虛擬產品的品質感和真實感。

（5）自由曲線：自由、富有個性，其美感主要體現在自然的伸展、揮灑、隨意、優美、富於節奏和變幻。圖 4-13 左圖中自由曲線較多地運用在插畫風格的網站設計中，可以任意地劃分內容的區域並富於變化；右圖中由水面形成的自由曲線，自然地劃分了介面空間，有強烈的動感和節奏，創意獨特。

在遊戲介面中，經常會運用自由曲線的造型對框體進行裝飾，設計師會借鑑傳統紋飾中的曲線形式，如借鑑洛可可風格優美繁複的曲線造型進行再創作。如圖 4-14 中的兩個遊戲介面，自由曲線打破了矩形框體的刻板，介面在曲線紋飾富於細節變化的裝飾下營造了其時代特徵和華麗感。

3. UI 中「面」的視覺構成

面是無數點和線的組合。它既可以看作是點的密集，也可以看作是線的平行排列。相對點和線，面占據的空間位置更多，變化更加豐富，因此在視覺表現上更為強烈、實在，面的表現形式更容易影響畫面的風格和氣質。在視覺形態中，面除了有大小，還具有位置、形狀、擺放角度等特徵。

面是 UI 設計中不可或缺的元素，理解面的表現形式和規律，透過對面的運用能合理分配介面空間的資訊和功能，使介面易用並具有形式美感。

不同形態的面具有各自鮮明的個性和情感特徵。大體上，直線形的面具有直線所表現的心理特徵，有安定、秩序感，具有男性特徵；曲線形的面

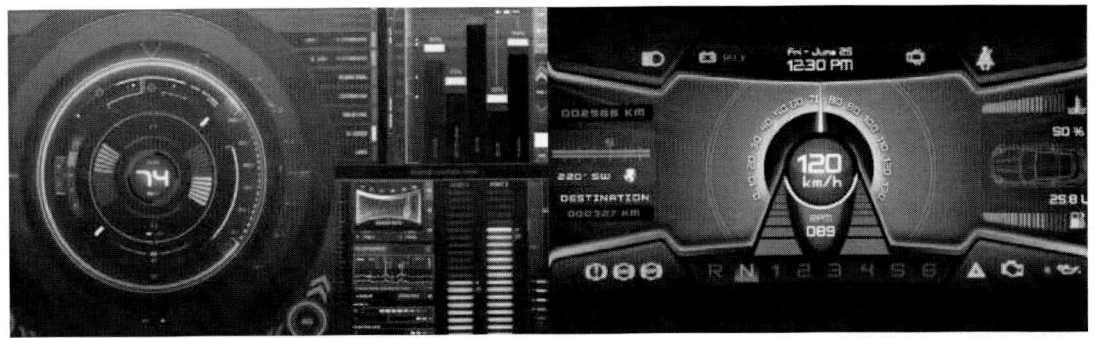

圖4-7 音樂軟體和車上型UI中線的構成

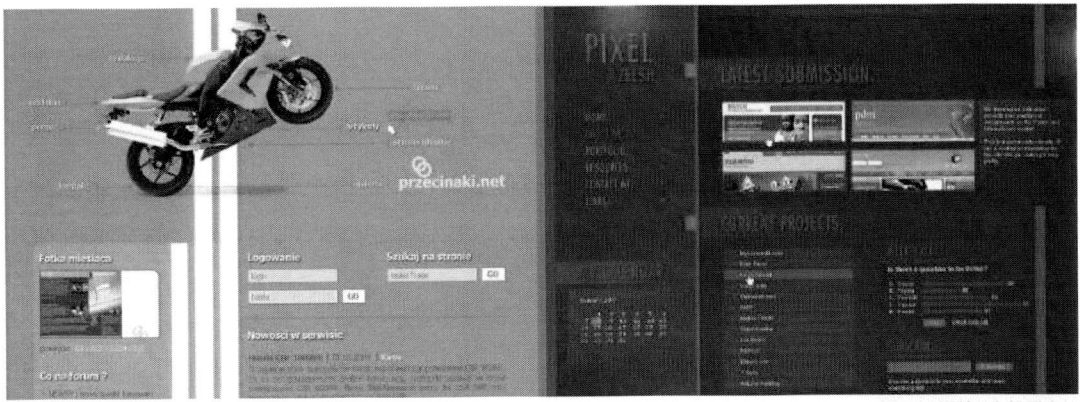

圖4-8 網站UI中的水平線

圖4-9 網站UI中的垂直線

圖4-9 網站UI中的斜線

4.1 UI 設計中的平面構成　85

圖4-11 網站UI中的幾何曲線

圖4-12 應用軟體UI中的幾何曲線

圖4-13 網站UI中的自由曲線

具有柔和、輕鬆、飽滿的特點，具有女性特質；不規則的面自然生動，有人情味。

具體而言，面的形狀可以大致分為：方、圓、三角、多邊形等幾何形的面。這些面在頁面中經常出現，一段文字也可以看作是一個方形的面、不規則形的面和意外因素形成的隨意形面。

（1）矩形的面：由水準和垂直線構成的平直嚴正的非自然形態，具有秩序感、邏輯統治力量。正方形四條相等的直線、四個直角形成了雙重對稱，剛正理性、堅固穩定。圖4-15左圖是第一人稱射擊遊戲的武器裝備介面，在視覺中心的位置使用了較大面積矩形的面，充分表達了這個遊戲的厚重和力量感。右圖網站介面中，不同大小、色彩、背景圖像的矩形面構成了一個完整的大矩形，配合文字排列而成的線條和色彩，變化豐富又具有秩序感。在中間區域之外的背景區域，當矩形形狀不變、形體

86　第四章 UI 視覺設計的藝術規律

圖4-14 遊戲中UI中的自由曲線

圖4-15 遊戲和網站UI中矩形的面

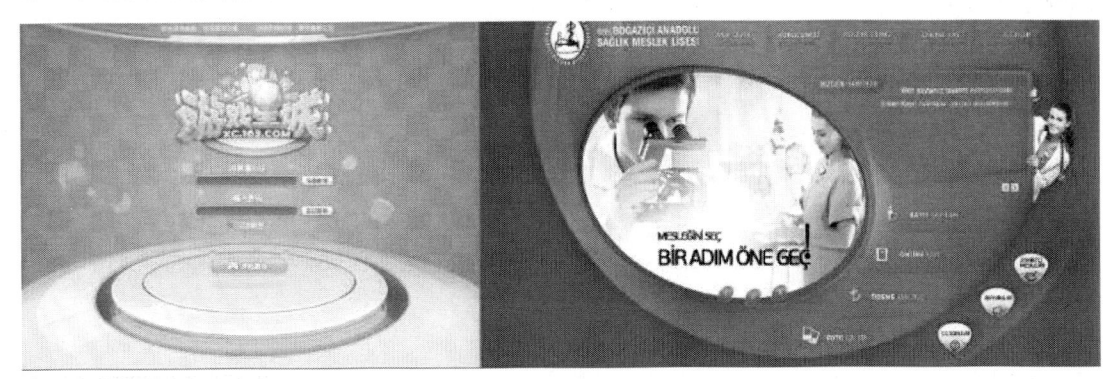

圖4-16 遊戲和網站UI中圓形的面

圖4-17 網站UI中三角形的面

4.1 UI 設計中的平面構成　87

傾斜、穩定被打破的時候，則產生了一種緊張感和動勢。

（2）圓形的面：由曲線構成的靈活變通的形態，具有擴張收縮的張力、旋轉的離心力或向心的凝聚力，具有生命感和運動感，顯得完美、柔和、充實，相對方形更具表現力。

圖 4-16 左圖遊戲介面中的圓形及圓形倒角的面給人以充實、圓滿、活潑的感覺。其高明度和高飽和度的色彩，比較適合表現兒童或者女性特徵，同時在介面中加入了大量的動態元素，符合兒童好動的心理特徵。右圖的醫療主題網站，圓形的面和幾何曲線構成的主介面，給人柔軟、安靜的感覺。

（3）三角形的面：與方和圓相比，其最大的特點是具有明確的方向性，並因方向性的變化而引起重力的改變，典型的例子是正三角的穩定和倒三角的搖搖欲墜形成的鮮明對比。其他傾角豐富的三角面變化更為複雜。三角面具有速度感、透視感、方向感、跳躍感，可以使其緊張，也可以使其靈動。

在圖 4-17 網站介面中，左邊大小不同的兩個倒三角面使構圖有不穩定性，與其指向的水準陣列的文本內容形成鮮明的對比，右上角動態模糊的碎小三角面則大大增強介面的縱深感、動感和視覺張力。在右圖中，上半部分三角面的大小變化造成強烈的空間透視和速度感，中間的 Logo 和手機圖像被有力地襯托出來，造成平衡空間的作用，下半部分兩個頂角相對的三角面加強了介面的緊張氣氛，但透過圓形按鈕的水準排列使之得以緩解。

（4）幾何曲面和自由曲面：由弧形、自由曲線相交、相切、平行推移形成，具有韻律、張力和動感。幾何曲線的面比直線的面柔軟，有理性秩序

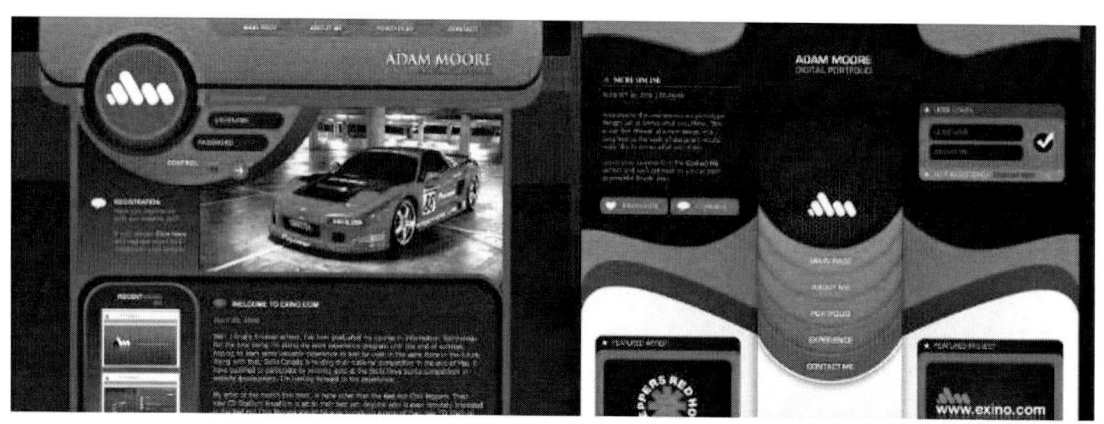

圖4-18 網站UI中曲形的面

圖4-19 網站UI中自由形的面

感。自由曲線的面可以較充分地體現作者的個性，是有趣的造型元素。幾何曲線與直線組合創造出來的面形，則產生強烈對比的視覺效果，使雙方個性更為明顯。

在圖 4-18 網站介面中，曲面的運用，破除了單純採用矩形框體的單調感。左圖幾何曲線和弧形的倒角、Logo、按鈕輪廓的曲線形態以及它們有序的排列，塑造了時尚和科技感，與網站主題吻合。右圖流線形的曲面占據了頁面的大部分空間，對稱的介面造成強烈的視覺衝擊，視覺中心因此而集中到畫面中心——Logo 上，並沿著曲面向兩邊延伸，充滿動感和張力。

（5）自由形的面：沒有思維定式而隨意、自然的形態，與前面相對嚴謹的形態相比更具有感性特徵，去掉背景的形象、書法都可以理解為自由形。其中有機面是對具體物象的簡化和概括，因而更具有情感因素，易於激發人們的聯想。偶然性的面，自由、活潑而富有韻律美感，如潑墨形成的圖像或岩石自身形成的紋理等。

如圖 4-19 奇幻遊戲主題的網站介面，該介面不同於幾何形面及輪廓介面的嚴謹和現代，在面的邊緣處理上採用植被、岩石和刀劈斧鑿的形態，以自然形態的面和外輪廓為主體，表現出網站的主題和風格。

4. UI 設計中造型元素的綜合運用

點線面在介面的視覺構成中往往是共同作用的。在介面這一視覺整體中，各種視覺形象都可以被抽象為相應的點線面的形態，介面中的點線面和空白區域所形成的對比和統一的畫面關係，相互影響和作用而形成各種豐富的視覺效果，能滿足使用者的視覺審美感受和功能需要。設計師靈活運用點線面構成的規律和法則，根據介面中各種點線面形態各自不同的視覺屬性，創造性地進行實踐創作，產生各種生動、極具個性和差異性的形式關係，以實現對造型元素的綜合運用。

4.1.2 UI 中形式美的規律和共性

這部分實則是在介面這一視覺整體中，點線面、色彩及具體的視覺元素在介面中按照形式美規律進行具體的配置和運用。探討形式美的規律和共性，是所有藝術設計學科共有的課題，UI 設計與其他藝術設計一樣，都是依賴視覺感受的藝術形式，視覺語言在 UI 設計中無處不在，從介面主題創意到介面元素的造型和佈局、色彩的選擇和配置、文字排版和構成、靜態和動態圖像的設計、圖標和圖表的設計、技術的運用等各種形態與形式的構成元素有規律地組合，以此給使用者帶來視覺衝擊力和不同的審美體驗。這裡將簡單歸納視覺語言在 UI 設計中的運用，透過對形式美規律的理解，能夠在 UI 設計中自覺地運用形式美的法則進行設計表現，使介面達到內容和形式美感的高度統一。

1. 統一與變化

統一與變化是形式美的總法則。任何藝術上的感受都需具有統一性，這是公認的藝術原則，統一強調視覺要素的內在聯繫和共性，構成整體的各個部分之間具有呼應、關聯、秩序和規律性，趨向一致，產生整體感和安定感，有利於 UI 的標準化、通用化和系列化，能加深介面的記憶度、資訊的清晰度。變化則強調各部分之間所體現的差別與對比，如色彩的對比、形狀的對比、材質肌理的對比、動態與靜態的對比等。變化所體現的個性、差別，給人以生動、活潑的感受。

在 UI 設計中，統一與變化是一個矛盾對立的關係。視覺上過分的統一顯得刻板單調，缺乏張力，統一不是讓各種形態元素呈現單一化、簡單化，而是使它們的多種變化有規律和有秩序，視覺上的統一讓使用者自然地感受到介面的整體，關注介面的資訊。過度的變化將導致介面凌亂瑣碎，造成強烈的不穩定感。在 UI 視覺元素的設計中要在變化中尋求統一，在統一中創造變化，變化的因素越多越富有動感，統一的因素越多越平靜穩定。

統一：全局、整體；

變化：少量、局部。

在圖 4-20 左圖的網站介面中，水準秩序排列的四個圓形面透過邊緣離散的紅色圓點變化位置，打破了原有的刻板單調，而同時這種變化又是規律、有序的變化，使圓形的面有指向性，而圓點之間的連線則形成隱藏的三角形，豐富了介面空間。右圖中的介面導航、文本內容、飛機的圖像以及矩形的面都呈現水準、平穩的狀態，透過面和線條的大小、粗細、長短、疏密的變化豐富了空間層次，水準統一狀態中變化最大的是介面左邊傾斜的線和轉折面，在總體的平衡穩定中帶來了大透視、速度感和視覺張力。

2. 對稱與平衡

對稱是自然界中隨處可見的形式，視覺設計上的對稱是同形等量，基於對稱的中軸線，上下或左右呈現對稱形態，視覺中心在對稱軸上。基於軸線的對稱也可以理解為鏡像，此外還有中心對稱（如旋轉和螺旋的對稱形式）。

花木的葉、動物的羽翼和五官、雪花、威嚴的建築，整體都趨於對稱。

在 UI 設計中的對稱是相對的對稱，是使形態趨於統一的一種法則。

對稱給人以條理的秩序感，產生肅穆、穩重、均勻、完美的樸素美感，符合人們的視覺習慣，在表現莊重、嚴肅等介面主題時，更適合用對稱的形式表現，使對稱中心的圖像得以強調。但同時由於缺乏變化，會給人帶來靜態、拘謹、呆板、單調的感覺，因此可以在介面局部設計一些變化，避免絕對對稱所造成的呆板和單調感。如圖 4-21 的三個遊戲介面，右圖的遊戲登錄介面中，Logo 在盾形的襯托下成為視覺中心，與遠景中處於對稱軸上的城堡構成深遠的空間，城堡與山體的三角形構圖顯示了力量和穩定感，垂直高聳的尖塔加強了威嚴和上升的感覺；近景中空間的幽暗則暗示潛伏的危機和戰爭來臨前的緊迫感，盾形背後劍與斧的對稱似乎表示兩種勢均力敵的力量抗衡，也許在遊戲中這種平衡（對稱）是暫時的，即將被打破（在進入遊戲之後）。

圖 4-20 網站 UI 中的統一與變化

圖 4-21 遊戲 UI 中的對稱

所謂平衡，是指在介面空間中，形式諸要素間保持視覺上力的均衡關係。簡單地說，視覺上的均衡可以理解為等量不同形，好比天平兩端放置的物體和砝碼，其質量相等，形態不同，它是以等量不同形、不同色的形態組合達到心理上的平衡。平衡是使形態發生變化，體現靜中有動的一種法則。透過視覺元素的聚集、分散，以及在空間佈局上形與量關係的營造，達到心理上的平衡和畫面相對穩定，給人以活潑、多變的感覺。

平衡是動態的特徵，自然界中，鳥的飛翔、動物的奔跑、流水的激浪等都是平衡的形式，平衡給人以內在的、有秩序的動態美，比對稱更富有情趣，而莊嚴感、穩定程度不如對稱。

UI設計中的平衡，需要考慮到各種造型要素構成的量感，以及透過視覺支點所表現出的秩序和平衡。

在UI設計中，決定元素量感的視覺要素包括形態、色彩、質感肌理、面積、體積等綜合的感覺。處理好這些要素的佈局和組合關係是獲得平衡的關鍵。

圖4-22，左圖中幾個金色的塊面，如運動員的頭盔、導航按鈕、Logo底部面板等，在介面中的佈局相互呼應，是視覺感受平衡的重要因素。此外幾個平行四邊形面的相對關係也造成了支撐平衡的作用，底部平行四邊形面的左上頂點正好位於黃金分割線的位置，是介面的視覺支點。右圖中，折面底部頂點及其在地面的投影使其成了明確的支點，這樣的支點使折面顯得搖搖欲墜，介面中分佈的紅色部分塊面和文本形成的面和線則造成了平衡的作用。

3. 對比與調和

對比與調和是變化與統一的具體化。對比是變化的一種方式，是在差異中趨於對立；調和是在差異中趨於一致。對比與調和是相輔相成的統一體，缺一不可。

對比強調差異性，利用多種因素的互相比較、襯托來達到量感、虛實感和方向感的表達力，如形態、大小、粗細、疏密、曲直、虛實、冷暖、光滑粗糙等都能形成強烈的對比。認知對象之間的區別，其根據是對比，對比突出了個性與特點，易形成視覺張力，給人清晰、明朗、強烈之感。介面沒有對比，則缺乏生氣，顯得枯燥、沉悶；反之，對比過強，則趨於凌亂，顯得不協調統一（如補色關係的對比調和）。

調和強調相似性、內在聯繫，透過綜合對稱、均衡、比例等形式美感的要素，在變化中尋求統一，巧妙地構成各要素之間的調和，以滿足人們內心潛在的對秩序的追求，如圖4-23。

4. 單純與整齊

單純是簡化與明確，沒有明顯的差異和對立因素，比如純淨的天空與湖水，給人以明淨純潔的感受；整齊是重複與秩序，相等的距離、形態、傾角等。單純並非簡單，而是用簡化的結構去強調介面的秩序感。同類形象組成整齊的構成，使介面元素鮮明有序，如圖4-24。

5. 節奏與韻律

節奏與韻律是從音樂中借用的術語，節奏是韻律形式的單純化，韻律是節奏形式的豐富和發展；節奏偏向理性，而韻律更富於感情色彩。節奏和韻律的運用能賦予介面秩序美感和流暢的動感。

在設計中，構成要素以一定的規律、秩序以及週期性變化產生節奏。條理性和反覆性產生節奏感，最單純的節奏形式是重複，如心跳、鐘擺、燈閃爍等，這些都讓人感受到機械、秩序的美感，使形態顯得有序而整齊、單純。但節奏也會給人單調、乏味的感受，如鐘擺。如果大量、一味地運用節奏形式，沒有變化，不加入其他的組合方式，會產生單調感，所以需要加入韻律的因素，才更具有形式美感。韻律是規律性的發展變化，需要考慮空間的因素，使人產生一個元素向另外一個元素運動的感覺。韻律也是透過圖像的點線面關係和色彩對比來實現的。

UI 設計

圖4-22 網站UI中的平衡

圖4-23 網站UI中的對比與調和

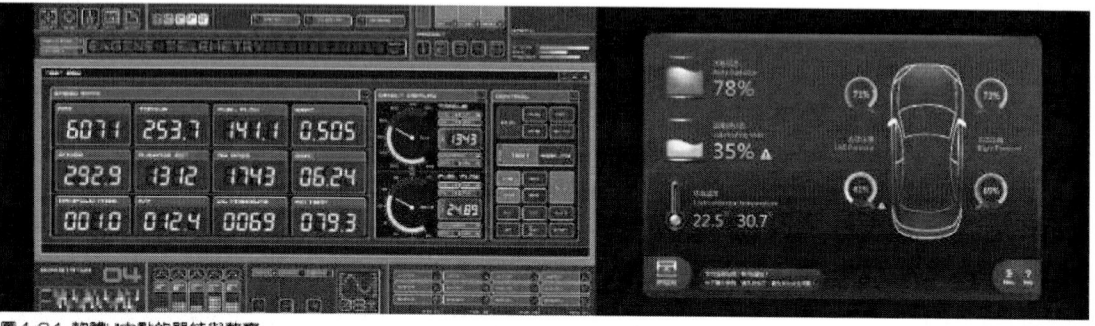

圖4-24 軟體UI中點的單純與整齊

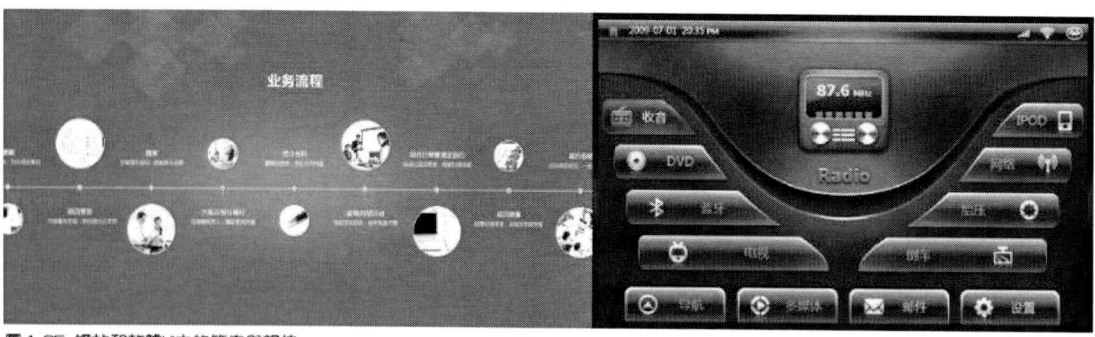

圖4-25 網站和軟體UI中的節奏與韻律

92　第四章 UI 視覺設計的藝術規律

在設計中要產生韻律的關鍵是理解重複和變化的不同。透過運用韻律的技巧可以使介面顯得活潑、生動、運動、有生命。透過像樂曲般高低起伏、轉折緩急的韻律變化，抒發情感、創造意境，增加介面的表現力和感染力。（圖 4-25）

6. 比例與尺度

比例與尺度是指視覺元素之間、整體與局部、局部與局部之間數與量的關係，適當的比例與尺度關係既能反映介面結構，又符合使用者的視覺習慣以及心理與生理的需求，有隱喻功能，能產生美感，使介面形態的組合更具藝術表現力和易用性。比例與尺度更趨於科學與理性，在一定程度上體現了均衡、穩定、和諧的美學關係，給人嚴謹、規範、理性、秩序感。但過於強調數位化會顯得拘泥、呆板、冷漠。

美的比例是介面中一切視覺單位的大小，以及各單位間編排組合的重要因素，對於設計不同平臺和類型的 UI 產品，瞭解比例與尺度具有重要作用。（圖 4-26）

7. 視覺重心、焦點和主次

介面中，視覺感受的穩定與視覺要素各自的重心及其佈局、組合有著緊密的聯繫，而各個組成部分有主次和重點的區別。介面整體的視覺焦點是使用者的視線從接觸介面到完成視覺流程後，最終回到並相對穩定停留的地方。要特別說明的是，這裡探討的是介面中視覺要素的形態及相互關係，對視覺造成的吸引和誘導，它不僅僅由關注、解讀資訊內容所造成。介面中各種視覺要素形態輪廓的變化、佈局和聚散、色彩或明暗的關係等都會對視覺重心造成影響。典型的視覺重心產生的方法是對比，如色彩的對比、虛實的對比、大小的對比、動靜的對比等。正是透過這些對比，在 UI 設計中有意識地突出和強調其中某個部分和要素，使其成為整個介面中最能產生視覺吸引力的興趣中心。（圖 4-27）

介面資訊有主次之分，如果將所有元素沒有主次地堆砌，會造成視覺的混亂。讓一個介面元素成為焦點有如下幾種方法。

圖4-26 軟體UI中的比例與尺度

圖4-27 網站和軟體UI中的視覺重心、焦點與主次

4.1 UI 設計中的平面構成　93

圖4-28 軟體UI中的型態語義

圖4-29 網站UI中的聯想與意境

(1) 動態呈現。

(2) 與介面整體形成色相、明度、飽和度、不透明度、材質紋理、形狀的高反差對比。

(3) 方向、位置上的區別，如顛倒。

(4) 其他介面元素指向它。

(5) 單獨分組或隔離。

(6) 模擬景深效果，將其放置在焦點上使之清晰，而其他元素模糊。

8. 形態語義

介面中的視覺形象都是為了傳達一定的資訊或承載某種功能，UI設計師正是透過設計，使形態本身準確表達隱含意義，並將這樣的資訊傳遞給使用者，同時讓使用者心領神會。

介面形態的語義表達，從廣義上來說，涉及介面是否符合人的生理、心理需要，既講究科學和理性，又充滿感性色彩；從狹義上來說，形態語義的表達要讓使用者得正常操作介面中的工具及功能，而不會感到無所適從。

形態語義的功能指示性和情感象徵性：

(1) 介面形態的指示性，如按鈕操控的三種基本方式：按下、撥動、旋轉，在介面中不同的操作方式需要不同的形態與之相適應。圖4-28中，介面元素用擬物的風格，直觀地表現不同操作方式的外部形態。

(2) 介面形態的情感象徵性，如前面所講到形態都具有獨特含義，如直線（面）的陽剛、曲線（面）的柔和和韻律感；直線（面）、曲線（面）並置的張力；圓形（面）飽滿和完美；幾何形（面）精緻、堅硬；手繪（面）

自然、柔和；三角（面）穩定、銳利；對稱形態的（面）莊重……UI設計師要善於用形態的語義來營造介面的氛圍，表現主題。

9. 聯想與意境

聯想是思維的延伸，透過視覺感染力，將思維由一種事物延伸到另外一種事物上，以達到某種意境。如色彩：紅色使人感到溫暖、熱情、喜慶等；綠色則使人聯想到大自然、生命、春天等。各種視

覺形象及其要素都會讓人產生不同的聯想與意境，由此產生的圖像象徵意義作為視覺語義的表達方法，被廣泛地運用在介面設計中。圖 4-29，左圖中沿圓周排列的圖標和文字讓人聯想到刻度、時間、運動、變化等概念，與網站介面表達的意境和主題契合。

10. 在介面中靈活運用形式美的規律和法則

運用形式美的規律和法則進行介面設計時，首先要理解不同形式美法則的特定表現功能和審美意義，確立介面表現的形式及需要達到的效果，根據需要正確選擇適用的形式法則。此外，形式美的法則雖已形成一些規律性的審美特性，但並不是固定不變的或僵死的法則，它是同時代相聯繫並不斷發展變化的。需要結合介面主題及創意的要求加以運用，而不能生搬硬套，束縛了美的創造。

4.2 UI 設計中的色彩構成

色彩作為第一視覺語言，不僅能傳達情感，也飽含豐富的象徵意義，其視覺作用先於形象，雖然意義沒有圖像和文字那樣清晰，但其優勢在於直觀、引發人們的注意、營造氣氛。介面視覺設計要運用色彩學原理，合理地利用色彩的象徵和聯想功能，正確的色彩設計更有利於介面的操作和使用，從而營造舒適而高效的介面環境。如圖 4-30，右圖魔幻題材電影的主題網站介面，低明度的冷色基調營造了神祕的氛圍，居於介面中軸線的中等明度暖色調導航面板在背景色的襯托下顯得特別醒目，其古舊的色彩配合羊皮紙卷的紋理，表現了年代的久遠和懷舊的情緒。

劃分介面視覺區域：色彩是創造有序視覺流程的重要因素，在介面視覺設計中可以利用色彩的識別性透過不同色彩進行視覺區域劃分。尤其在網路介面中各種視覺元素不僅數量多，而且種類繁雜，需要對其進行分佈和排序。利用色彩分佈，可以將不同類型的元素分佈排列，利用各種色彩給人帶來不同的心理效果，區分主次順序，從而創造有序的視覺流程。如圖 4-29，左圖的網站 UI 正是在大面積無彩色頁面中，利用高純度的色彩的對比使導航按鈕醒目。

優化互動元素功能：利用色彩的指示性，對具有互動元素的功能進行優化，如對不能點擊的按鈕除了在形態上予以區別外，還可以在色彩上使用灰色加以區分。

突出介面重點主題：在介面中，不同類型的資訊用不同色彩表現，利用色彩的對比調和，產生視覺反差，來突出重點資訊，提高互動的效率。

增強介面的美感與一致性：利用不同色彩自身的表現力、情感效應、審美心理等，使介面的功能與形式有機地結合起來，讓使用者產生高度的聯想，以色彩的內在力量來美化介面，並營造整體介面的視覺美感和一致性。

4.2.1 UI 中色彩設計的基本理論

1. 色彩的產生和感知

（1）光與色的關係

光與色是視覺感知的前提條件。沒有光就沒有色彩，光是人們感知色彩存在的必要條件，色彩來源於光。物體反射的色光不同，因而呈現不同的色彩，並隨著光的改變而變化。（圖 4-31）

（2）色彩感知

光源色：光線直接傳入人眼，視覺感知的是光源色。

反射光：光源照射物體，物體表面吸收和反射部分色光，視覺感知的是物體表面反射的色光。日光下形成物體的固有色，有色光下，物體顯現的色彩受色光顏色影響，因此物體色彩由其表面性質和光源色兩方面因素決定。

透射光：光源穿過透明的物體後再進入視覺的光線，視覺感知的是穿透色。在 UI 設計中，對於擴增實境 UI 等透明顯示介質，需要考慮到透射光的影響。

圖4-30 UI中的色彩

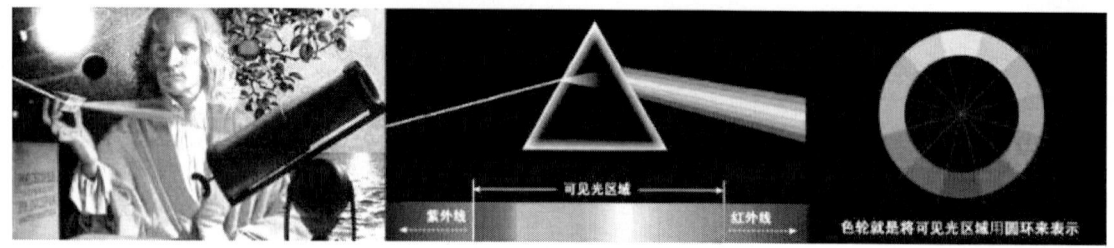

圖4-31 牛頓的三稜鏡色散實驗

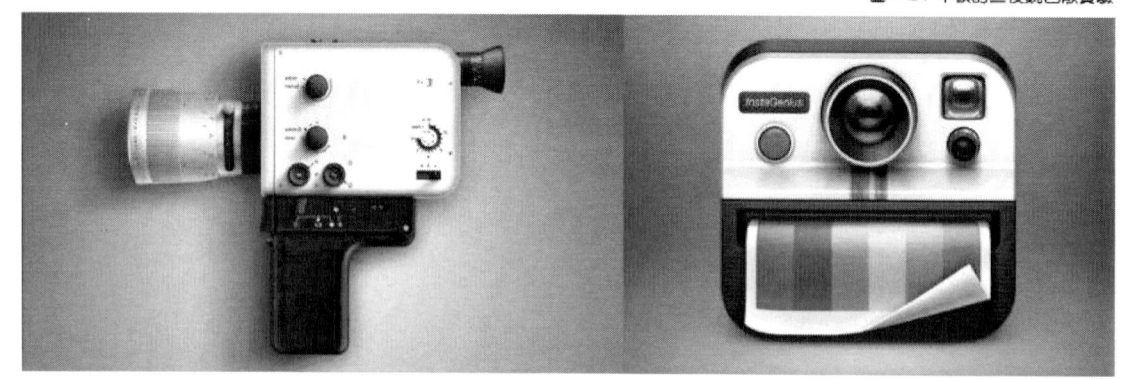

圖4-32 UI中的無色彩和有色彩

2. 無彩色系、有彩色系、專色或特殊色

（1）無彩色系

黑色、白色和由黑白色調形成的各種深淺不同的灰色，由於沒有色相和純度，只有明度一種基本性質，屬於無彩色。純白色的物體是理想中的完全反射物體，純黑色的物體是理想中的完全吸收物體。在現實中並不存在純白色與純黑色的物質。圖4-32左圖中的攝影機圖標以無彩色塑造沒有受光源影響的鋁和鐵，讓唯一的紅色按鍵因為對比而更為明顯。

（2）有彩色系

紅、橙、黃、綠、青、藍、紫等色彩具有明確的色相和純度，視覺能感知的所有單色光特徵的色彩都屬於圖4-30 UI中的色彩。光中所有色彩，包括具有某種色彩傾向的灰色都屬於有彩色。如圖4-32，右圖中除了鮮明的色彩外，重色和亮色部分也具有一定的色彩傾向，只是純度較低。

（3）專色或特殊色，如金色、銀色、螢光色等。這些色由於本身性質特殊，既不能混合其他有彩色，也不能被其他有彩色混合，但它們之間的混合以及和有彩色與無彩色之間的混合可以產生別緻的色彩。

3. 色彩屬性的三要素

每一種色彩都同時具有三種基本屬性，即明度、色相和純度。（圖4-33）

圖 4-33 明度、色相、純度

(1) 明度

明度是指色彩的明暗或深淺程度，是表現色彩層次感的基礎。在無彩色系中，白色明度最高，黑色明度最低。在明度推移中，黑白之間存在一系列灰色，越靠近白的部分明度越高，靠近黑的部分明度越低。

在有彩色系中，黃色明度最高，紫色明度最低。任何一個有彩色，當它摻入白色時，則明度提高，當它摻入黑色時，則明度降低，同時加入白色和黑色時其純度降低。

(2) 色相

色相是指色彩的相貌，指不同波長的光給人不同的色彩感受，是區分色彩的主要依據。色相也是色彩的首要特徵，體現著色彩的外在性格。

(3) 純度

純度是指色彩的飽和度、純淨度、鮮豔度。

色彩的色相、純度和明度三要素是不可分割的，在 UI 設計中，利用設計軟體中不同色彩模式的參數值，可進行色相、純度和明度的量化改變，微調出各種所需要的色彩，能夠更完美地實現設計師的色彩構想。

4. 色彩對比

色彩之間的對比是綜合性的對比，包括了色相、明度、純度、位置、面積等。

(1) 明度對比

明度對比是表現介面色彩的層次、體量、空間、光感、質感的視覺要素，色彩的明度具有相對的獨立性，不依賴於色相和純度，而後兩者則必須具有明度的屬性。

根據孟塞爾色立體的明度色階，色彩的明度色階從黑到白分為 9 個色階。（圖 4-34）

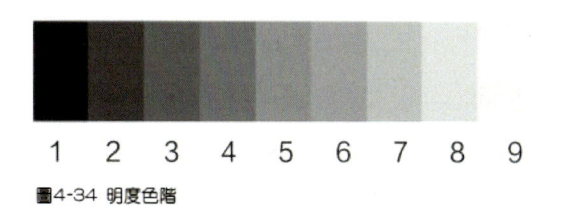

圖 4-34 明度色階

①明度基調

低調（介面明度以 1～3 色階為主）：厚重、沉著、古樸，具有神祕、陰暗和壓抑感。

中調（介面明度以 4～6 色階為主）：安靜、樸素，具有穩定、中庸之感。

高調（介面明度以 7～9 色階為主）：明亮、光感強烈，具有輕鬆、歡快的感覺。

②明度對比

短調（介面明度色階跨度 3 級以內）：柔和、模糊、光感體感弱、節奏感弱，具有高雅、平靜感。

中調（介面明度色階跨度 3～5 級）：平穩、中庸。

4.2 UI 設計中的色彩構成　97

長調（介面明度色階跨度 5 級以上）：明朗、清晰、光感體感強烈，具有活力、力量感。

③明度對比與明度基調結合起來，即產生明度的九大調，當然這只是基本的劃分，並不能涵蓋所有的明度關係。

明度關係是 UI 設計中必須考慮的視覺要素，是形成 UI 中恰當的黑、白、灰關係的主要手段，要根據不同的介面主題，選擇不同的調性進行表現，在考慮介面明度關係的同時也不排斥色相和純度要素的介入。如圖 4-35，左圖利用了無彩色系和單一色彩的明度變化，表現了介面的空間、光感和質感，高明度的基調使介面感覺清爽、明亮；右圖透過前景介面框體和背景畫面的明度對比來表現空間，通常低明度的前景和高明度的遠景能塑造出深遠的空間，低明度的基調表達了厚重的歷史感和古樸神祕的氣息。兩張圖主要都以單一色相的明度對比為主，色彩數量不多，使介面顯得較為單純、統一。

（2）色相對比

色相之間差異形成的對比，其中也包含了明度和純度的屬性，色相的對比是帶來視覺變化的主要因素。

按照色相環中的色相間距離的相互關係，色相對比包括以下幾類。

①同類色對比

色相環跨度較小，在 30°左右，色相非常接近，對比較弱，具有柔和、細緻、含蓄、單純、統一感。要避免因其產生的單調感，可以透過明度和純度的豐富變化來實現。（圖 4-36）

②鄰近色對比

色相環跨度在 45°～ 90°，色相差別不大，使介面色彩較為豐富、調和。（圖 4-37）

③對比色對比

色相環跨度在 120°左右，色彩差異強烈，使介面色彩豐富且對比鮮明。（圖 4-38）

④互補色對比

色相環跨度很大，在 180 度左右，色彩對比最為強烈，使介面具有強烈的視覺衝擊力和刺激感。可以透過明度、飽和度、位置、面積、隔離等方式來進行調和，以避免因此帶來的不協調。（圖 4-39）

當 UI 主色相確定後，必須考慮其他色相與主色相的關係，以及表現的主題和效果，以增強視覺表現力。

圖 4-40 左圖 UI 的背景以綠色的同類色對比為主，而框體的部分是黃色和綠色的鄰近色對比，Logo 用了少量紅色文字，與整體的 UI 形成補色對比，透過白色調和這種強烈的補色關係。右圖中紅色的主介面和背景綠色草坪的補色關係，可以透過降低草坪的純度來調和。

圖 4-41 左圖主要是橙色與藍色之間的色相對比，可以看出橙色的純度、亮度較高，並和藍色形成色相之間的對比，能突出所要強調的資訊。這套圖標的色相對比，主要是前景與背景的對比、局部與整體的對比。右圖以不同明度和純度的藍色為主要色相，局部紫色作為藍色的鄰近色豐富了介面空間，少量的綠色和黃色按鈕及介面元素加強了 UI 中色相的對比關係，使其節奏明快。

（3）純度對比（圖 4-42）

高純度為主：色相感強、色彩鮮豔、形象清晰，視覺衝擊力強，具有熱烈、刺激感。

中純度為主：典雅、中庸、平和。

低純度為主：色相感弱、簡約、平靜、含蓄、消極、無力。

（4）面積對比

色彩間面積的大小對比直接影響畫面的基調和對比的強度。

對比色中面積大小懸殊時，面積大的一方控制畫面的色調。面積均等時，對比最強。適當的面積對比能取得視覺上的平衡，形成最好的視覺效果。

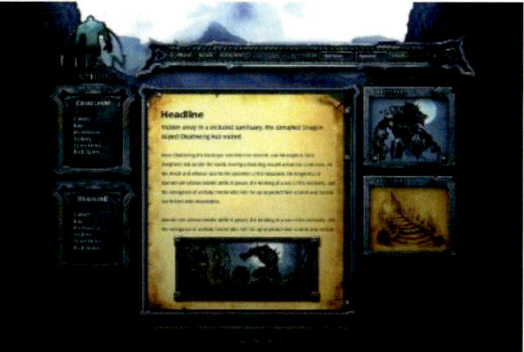

圖4-35 UI中的明度對比

圖4-36 UI中的同類色對比

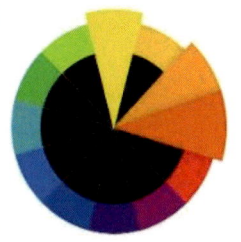

圖4-37 UI中的鄰近色對比

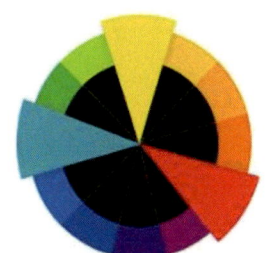

圖4-37 UI中的對比色對比

圖4-39 UI中的互補色對比

圖4-40 UI中的色相對比

圖4-41 UI中的色相對比

圖4-42 UI中的純度對比

圖4-43 加色混合與減色混合

(5) 位置對色彩對比的影響

兩色距離越近對比越強，兩色相接對比較強，相互切入對比更強，當一色被另一色包圍時對比最強。

(6) 材質紋理對色彩的影響

相同的色彩在不同材質紋理上顯現的色彩效果各不相同。介面中的材質紋理是在平面中模擬出的，但也會根據其特徵表現出不同的屬性，如曲面光滑的物體，反射率高，從而減弱其自身的色彩，如金屬、玻璃、鏡面等；平滑啞光物體的肌理則更容易顯現色彩的本來面貌；粗糙的物體表面會降低其固有色彩的明度。

(7) 對比色的隔離

當色彩對比過於強烈、突兀，或過於微弱、模糊時，在色彩間用另一色進行隔離，可以使衝突的色彩關係轉為和諧、混沌的色彩關係趨於明朗。

隔離色通常使用黑、白、金、銀等無彩色或無明顯色彩傾向的灰色。

5. 數位色彩

UI 設計中出現的色彩和圖像都是以數位模式出現的，UI 設計師需要理解數位色彩的原理。

(1) 光的三原色：紅、綠、藍

其對應的色彩模式：RGB（紅、綠、藍），是加色光的色彩模式，主要是針對螢幕介質（發光源）的設計。UI 設計主要是非物質介面的設計，其顯示的介質為自發光的顯示器，因此設計時應使用 RGB 色彩模式。

原理：白色光經三稜鏡折射分為可見的彩色光譜，其中紅、綠、藍三色為混合其他色光的原色，色光相加變為更亮的顏色。RGB 色彩模式中，三色光相加為白色，即 RGB 數值均為 255；色光被阻擋為更暗的暗色，RGB 數值均為 0 時即呈現為黑色。（圖 4-43）

(2) 顏料的三原色：紅、黃、藍

對應的色彩模式：CMYK（青色、洋紅、黃色、黑色），是減色光的色彩模式，主要是針對印刷介質的設計。CMYK 的原色為：C.青色、M.洋紅、Y.黃色，K 色值是由於輸出設備在使用時無法產生完全的黑色，所以加入專門的黑色來適應圖像中的黑色部分。

原理：顏料或油墨在光線照射下，吸收並反射部分色光，視覺感知的是其反射的色光。油墨的相加使色彩飽和度與明度降低，吸收更多的光線，色彩變得更加渾濁黯淡。因此，在 CMYK 色彩模式下色彩相加變為更暗的顏色，當 CMYK 數值均為 100 的時候呈現黑色，數值均為 0 時為白色。

在 UI 設計實踐中，也可以使用 HSB 的系統來調色，H：色調，S：飽和度，B：亮度，HSB 是透過對應色彩的三個基本要素來定義色彩的，直觀、易於理解與使用。（圖 4-44）

4.2.2 UI 設計中的色彩感知

色彩在我們的視覺感知中扮演極其重要的角色，它影響著我們對周邊事物和環境的反應。除了色彩本身的知覺特徵，還透過人的社會意識、民族、地理、風俗、文化傳統、生活習慣等因素，對色彩產生具體的聯想和抽象的感情。在 UI 設計中，正是合理地利用色彩的感知及心理作用來影響目標受眾的互動體驗。

1. 色彩的感知特性

感知是指客觀事物的個別特性在人腦中引發的一種反應，人們對色彩的感知存在共性，主要表現在以下六個方面。（圖 4-45）

(1) 冷暖感

色彩的冷暖感與色相有直接的關係，不同的色彩會產生不同的溫度感。這一感覺跟事物的物理背景有關，紅、橙、黃色常常使人聯想到陽光和火焰，因此有溫暖的感覺，稱為暖色系，以紅、橙、黃為基調的稱為暖色調；藍、青、藍紫色常常使人聯想

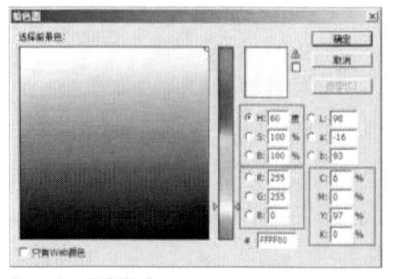

UI 設計

圖4-44 色彩模式

色彩	溫暖感	硬度	重量感	前進感
紅色	強	強	強	強
橙色	很強	弱	弱	很強
黃色	強	很弱	很弱	強
綠色	弱	中等	中等	弱
藍色	很弱	很強	很強	很弱
紫色	中等	很強	很強	中等

圖4-45 色彩的感知特性

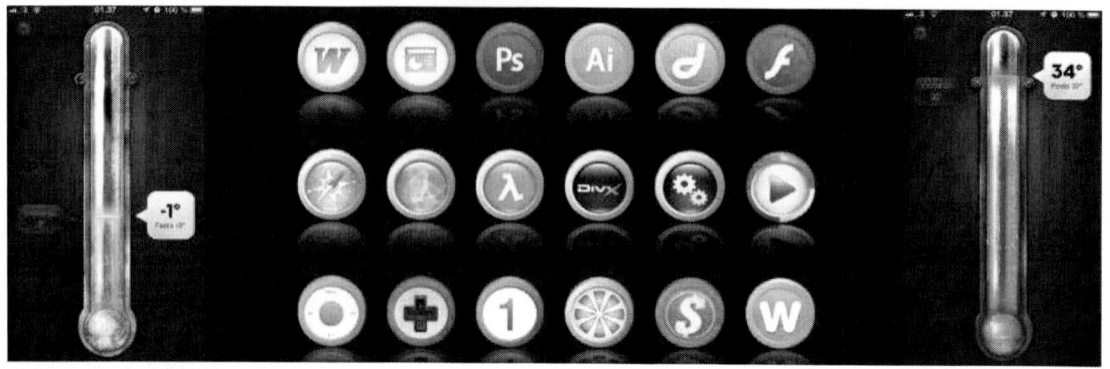

圖4-46 UI中色彩的冷暖感

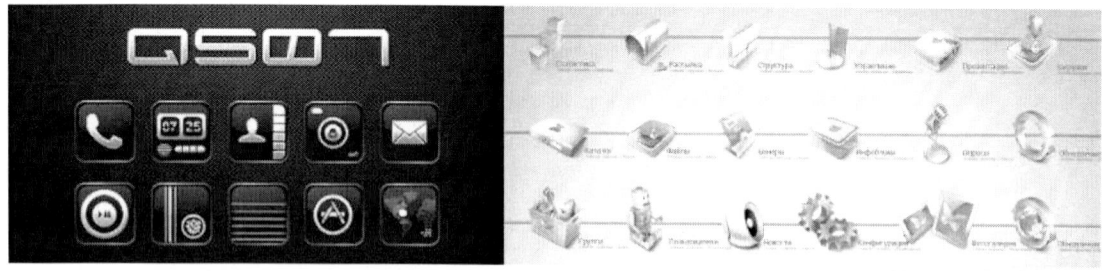

圖4-47 UI中色彩的輕重感

到山川、河流、清泉，因此有寒冷的感覺，稱為冷色系，以青、藍、藍紫為基調的稱為冷色調。綠與紫的冷暖傾向相比其他顏色偏中性，稱為中性色。無彩色系的白色偏冷，黑色偏暖，灰色中性。

暖色使人興奮並產生積極進取的情緒，但長時間面對暖色則容易使人感到疲勞和煩躁不安；冷色使人鎮靜，而長時間面對灰暗的冷色容易使人產生沉重憂鬱的情緒。只有適當處理冷暖色系的搭配和應用才能給人以輕鬆明快的感覺。

色彩的冷暖是比較而言的，由於色彩的對比，其冷暖性質可能發生變化。此外，色彩的冷暖與明度和純度有著密切的聯繫，高明度的色彩偏暖，低明度的色彩偏冷；高純度的色彩具有溫暖感，低純度的色彩具有冷靜感。（圖4-46）

（2）輕重感

色彩的輕重感是塑造UI質感的要素之一，重量感源於人對密度的感知經驗。色彩的輕重感主要取決於明度，高明度的色彩顯得輕盈，低明度的色彩顯得沉重。純度和色相也能影響色彩的輕重感，純度高的暖色偏重，純度低的冷色偏輕。色彩的輕重感有一些普遍規律，明亮的色彩如黃色、淡藍色給人以輕快的感覺，而黑色、深藍色等明度低的色彩使人感到沉重。

圖4-47的圖標設計，左圖是低長調黑色的明度對比，顯得沉靜、穩定、堅硬；右圖則是淺灰色和淡藍色為主的高短調，顯得質感輕盈，給人以輕快感，也使人感到不安定。

在整體的明度關係上，低明度的色彩上輕下重較為符合人的視覺習慣，輕色通常用於上部，重色通常用於下部。

（3）興奮感、沉靜感

色彩的興奮、沉靜感與色相、明度、純度都有關，受純度影響最大。在色相上，紅、橙色具有興奮感，藍、青色具有沉靜感；在純度方面，高純度具有興奮感，低純度具有沉靜感；強對比的色調具有興奮感，弱對比的色調具有沉靜感。UI色相豐富顯得活潑、熱鬧，色相少則產生消極、寂寞感。興奮感強的色彩，能刺激感官，引起注意，多在Q版遊戲或網站主題性UI中使用。如圖4-48左圖的遊戲介面，具有沉靜感的配色，感覺平和，讓使用者能夠持久注視，多使用在呈現內容的網站頁面或工具類軟體UI中；右圖的車上型介面上使用具有科技感的藍色給人以冷靜、理智的感受。

（4）華麗感、樸素感

色彩的華麗感、樸素感主要由純度和明度來決定。通常，純度高而明度適中，暖和濃郁的色彩讓人感覺華麗，純度低和明度過高或過低的色彩讓人感覺質樸；色彩豐富、明亮鮮豔、強對比色調的介面具有華麗感；灰暗、純度低、弱對比色調的介面具有樸素感。（圖4-49）

（5）進退感

UI中不同的色彩會造成視覺上空間遠近感的不同。凡距離感比實際距離近的色彩稱為前進色，距離感比實際距離遠的色彩稱為後退色，色彩的進退感是透過色彩塑造介面空間的手段之一。從色相上來說，以橙色為中心的暖色系往比實際距離顯得更近，且越暖的色彩越近；相反，以藍色為中心的冷色系會比實際距離顯得遠，且越冷的色彩越遠，互補色為色彩組合的進退感對比最強。除了與色相有關，進退感還與明度、純度有關，如明度高的色彩具有前進感，明度低的色彩具有後退感。（圖4-50）

（6）軟硬感

色彩的軟硬感主要取決於色彩的明度和純度，高明度、純度低的色彩感覺柔軟，低明度、純度高的色彩感覺堅硬。色彩的軟硬感與色彩的輕重、強弱感覺有關，輕色軟，重色硬；弱色軟，強色硬；白色軟，黑色硬。總之，凡顯得硬的色彩稱為硬色，顯得軟的色彩稱為軟色。（圖4-51）

色彩心理效應所體現出的冷暖感、輕重感、進退感、軟硬感等是由人們所產生的共性感知，UI設計師用這種心理效應來表達UI的品質、實現空間構圖、平衡UI的色彩分佈等，最終實現色彩功能美和藝術美的和諧統一。

2. 色彩的通感

色彩知覺能超越色彩所提供的視覺資訊，不同的色彩能夠對人的觸覺、味覺、嗅覺、聽覺產生不同的作用，將色彩的這一特點應用到不同類型和主題的UI設計中，可以理解為通感的色彩設計，即以視覺為基礎的其他感官的色彩感知和關聯。觸覺的通感，不同的色彩會讓人有軟硬、光滑或者粗糙等一系列觸覺感受。味覺的通感，當看到某種色彩時，能夠觸發味覺的關聯，有些色彩能夠增進食慾，有些則會使食慾減退，這可以應用到食品類相關的UI設計中。聽覺的通感、色彩和音樂是相通的，絢麗燦爛的色彩形象能暗示旋律優美的聽覺形象，古希臘人認為七種音調具有七種情緒色彩，並把七個音符與七種光譜色對應起來。（圖4-52）

如圖4-53，左圖用高明度和高純度的不同色彩組合，設計具有不同「味道」的圖標；右圖以最能激發食慾的橙色為主調，讓瀏覽網頁的人將UI的色彩與橘子的酸甜味關聯起來。

4.2.3 UI設計中的色彩心理

人們往往會對色彩產生具體的聯想和抽象的感情，這種聯想和抽象的感情是人類對色彩的共性感知。利用色彩的心理和情感效應，UI中的色彩具有以下作用。

圖4-48 UI中色彩的興奮感和沉靜感

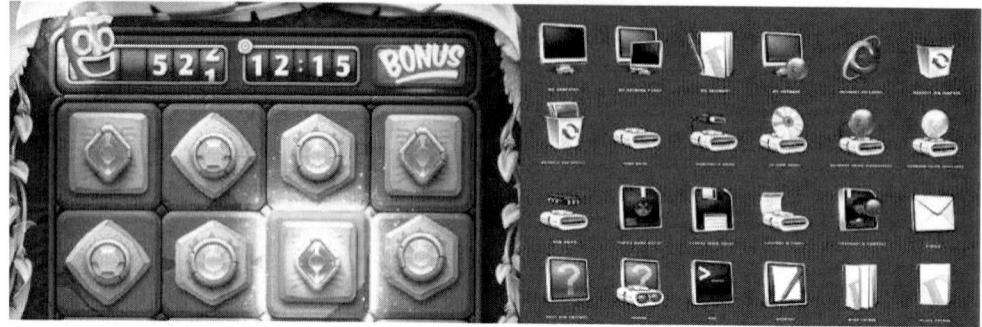

圖4-49 UI中色彩的華麗感和樸素感

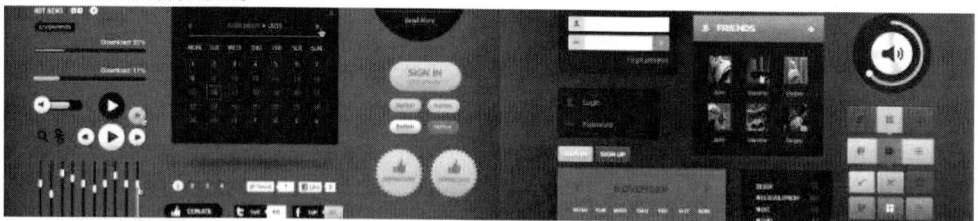

圖4-50 UI中色彩的進退感

圖4-51 UI中色彩的軟硬感

色彩	聽覺	味覺	嗅覺	觸覺
紅色	喧鬧	熱辣	濃香、酸臭	燙、熱
橙色	高音	酸甜	淡香	溫熱、暖和
黃色	輕快、響亮	甜蜜	甜香、醇香	光滑、光亮
綠色	溫和、輕鬆	酸澀	清香、芳香	清涼、涼爽
藍色	平靜、開闊	清涼	烈香	流動、冰冷
紫色	幽深、幻想	苦澀	玫瑰香	豐潤

圖4-52 色彩的通感

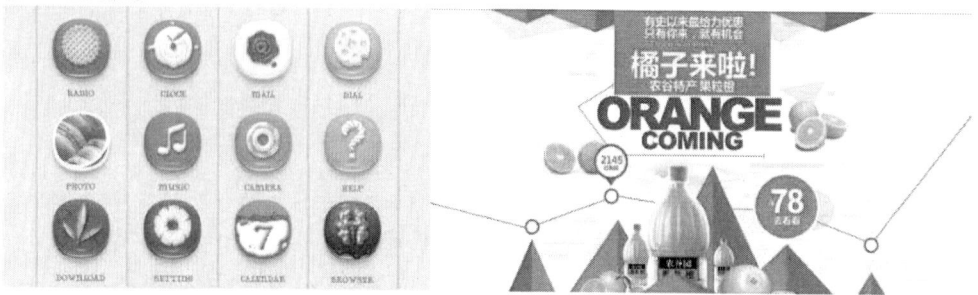

圖4-53 UI中色彩的通感設計

104　第四章 UI 視覺設計的藝術規律

1. 色彩聯想

典型性的顏色可以引起人的情緒變化，根據顏色特性及觀看者存在的某種共同的心理狀態，而具有一般性的傾向，由於色彩聯想被社會固定化，因此具備象徵性。大部分人看到色彩往往會立刻聯想到生活中的某種情景，比如看見綠色聯想到森林、荷塘、草原，看見紅色聯想到血液、蘋果、旗幟等，這種把色彩與生活中具體情景聯繫起來的想像屬於具象聯想。而看到綠色聯想到生命、和平；看到紅色聯想到熱情、溫暖等，這種把色彩與知識中抽象的概念聯繫起來的想像屬於抽象聯想，前者具有直觀性，後者具有觀念性。通常，兒童容易聯想到客觀存在的具體事物，成年人則容易聯想到社會性的抽象觀念。

2. 色彩情感

色彩本身只是一種物理現象，但人們卻能感受到色彩的情感，這是因為人能將外來色彩刺激與長期的感知經驗聯繫起來，從而形成對不同色彩的不同理解和產生感情上的共鳴。每一種色彩，都有與之關聯的情感特徵。不同的色彩會帶給人或華麗、樸素、秀美、雅緻、鮮明、熱烈，或悲傷、痛苦、難過、憂鬱等不同的心理感受。在UI設計中，將色彩所產生的情感作用於視覺形式的表現上，以此增加其視覺感染力和產生心理共鳴。色彩所激發的感情因人而異，還會因環境及心理狀態的變化而改變。但由於人類在生理構造方面和生活方面存在共性，因此對大多數人來說，無論是單一色，還是幾個色的組合，在色彩的心理方面都存在共同的感覺，都影響著視覺的傳達和感受。

3. 色彩資訊

透過色彩聯想能夠傳達物質的特性，讓人們對事物有更全面的認知。比如樹葉是綠色的，綠色常代表安全，在UI中表示運行、播放等資訊；血液是紅色的，具有危險的信號，UI中常表示停止；海是藍色的，有平靜、潔淨的資訊，UI中常象徵理性和科技感；黃色最具注目性，警示符號的色彩組合多為黃色和黑色，這和蜂的身體顏色對應，來源於人對蜂蜇的恐懼感。

4. 不同色彩的象徵和情感表現

UI設計師可以運用不同色彩的象徵意義，喚起人們心理上的聯想，表達不同的感情，影響使用者的互動體驗，從而達到設計目標。

（1）紅色

紅色最富刺激性，可以使心跳加速，使人亢奮並產生衝動、憤怒、熱情、活力、溫暖的感覺，它常同吉祥、忠誠、旗幟、火焰和鮮血等聯繫在一起。紅色的純度高，注目性強，刺激作用大，熱情而奔放，若在有大量資訊的介面中大面積地使用紅色，容易使人產生視覺疲勞，因此純粹使用高純度紅色的介面相對較少，但若在資訊量不大的介面中，用純度高的紅色作為輔助顏色，可以造成振奮人心和醒目的效果。此外，UI中紅色也是表示危險和停止的信號，如交通號誌和電器元件上的紅色指示燈。（圖5-54）

圖4-54 紅色調UI設計

UI 設計

圖4-55 橙色調UI設計

紅色的具象聯想、情感表現及象徵的共性與差異如下。

●紅色的具象聯想：

火焰、鮮血、性、番茄、西瓜、太陽、紅旗、嘴唇、玫瑰、寶石。

●紅色的正面情感：

激情、愛情、勇敢、鮮血、能量、熱心、激動、熱量、力量、熱情、活力。

●紅色的負面情感：

侵略性、憤怒、戰爭、激進、革命、殘忍、不道德、危險、幼稚、卑俗、色情。

●紅色的地域文化差異：

南非——紅色代表死亡，是喪服的顏色。

法國——紅色代表雄性。

亞洲——紅色代表婚姻、繁榮、快樂。

印度——紅色是士兵的顏色，也視紅色為吉祥。

中國——紅色代表喜慶、吉祥、幸福歡樂。

（2）橙色

橙色是富有光澤，最活潑、最溫暖的色彩，橙色能促進食慾、代表友善、給人愉悅感，象徵青春、動感和活力，橙色給人活躍、明媚、溫暖、輝煌、富貴、快樂、香甜、幸福的心理印象，使人想到成熟和豐美，能引起興奮或煩躁的情緒。橙色適合點綴式地用於各種不同類型的 UI 設計中，以此提高整個介面的色彩活力，豐富視覺效果，如圖 4-55。橙色也是十分醒目和具有視覺衝擊力的顏色，比如海上救生服和登山服多採用橙色。

橙色的具象聯想、情感表現及象徵的共性與差異如下。

●橙色的具象聯想：

秋天、橘子、胡蘿蔔、磚牆、燈光。

●橙色的正面情感：

溫暖、歡喜、創造力、獨特性、鼓舞、能量、活躍、活力、成熟、健康、明朗、時尚。

●橙色的負面情感：

粗魯、喧囂、嫉妒、焦躁。

●橙色的地域文化差異：

愛爾蘭——橙色代表新教運動。

美洲土著——橙色代表學習和血緣。

荷蘭——橙色是國家的顏色。

印度——橙色代表信賴、權力和責任，也是印度教的顏色。

巴西——橙色是負面情緒的色彩。

中世紀西方——橙色是邪惡之人的顏色，如在繪畫中出賣耶穌的猶大是橙色的頭髮。

（3）黃色

黃色是所有色彩中明度最高的色彩，在高明度下能保持很高的純度，極富注目性，它比純白色的亮度刺激還要強烈，在大面積使用時，明亮的黃色是所有色彩中最容易使人感到視覺疲勞的色彩。黃色有光明、希望、智慧、輕快的感覺，可以表現金色的光芒，它常與黃金、秋天等有所聯繫。

中黃色有崇高、尊貴、輝煌、擴張的心理感受，能夠象徵財富和權力，中國古代帝王常用這種顏色來裝飾宮殿和衣物；深黃色給人高貴、溫和、內斂、穩重的心理感受。透過黃色塑造的金色，以及專有顏色──金色，具有輝煌而光亮的特徵，使人感覺光明、華麗、富貴，能像徵價值和美好的事物。此外，UI 中黃色也是表示警示和注意的信號，如交通號誌和電器元件上的黃色指示燈。（圖 4-56）

黃色的具象聯想、情感表現及象徵的共性與差異如下。

●黃色的具象聯想：

陽光、金屬、沙灘、蛋黃、香蕉、向日葵、幼鳥、麵包、菜花。

●黃色的正面情感：

聰明、才智、樂觀、光輝、喜悅、明快、希望、光明、明媚、理想。

●黃色的負面情感：

色情、低俗、怯懦、欺騙、警告。

●黃色的地域文化差異：

佛教──佛像、袈裟和法器的顏色，尊貴、崇高、神聖。

埃及和緬甸──黃色是喪服的顏色。

日本──黃色象徵勇武。

印度──黃色是商人、農民的顏色。

古代中國──黃色是帝王專屬的顏色，高貴、權力的象徵。

圖4-56 黃色調UI設計

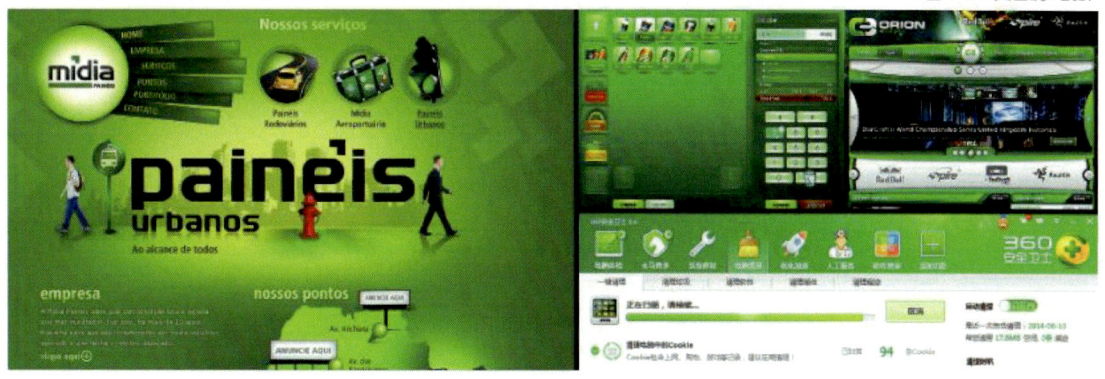

圖4-57 綠色調UI設計

4.2 UI 設計中的色彩構成

中世紀西方——黃色的含義是卑鄙、狡詐、背叛，出賣耶穌的猶大身穿黃袍。

（4）綠色

綠色介於冷暖兩種色彩的中間，是大自然的色彩，常與春、夏聯繫在一起，是田野、森林的主色調，代表了生命與希望。使人聯想到青春、活力、健康和永恆，也是公平、安詳、寧靜、智慧、環保與安全的象徵。綠色是所有色彩中最能讓眼睛放鬆的顏色，在視覺受到強烈刺激後注目綠色，會使眼睛得到休息，綠色非常清新、優雅、美麗，具有很高的寬容度，能夠和多種色彩和諧搭配。在自然、健康、教育等主題的UI中綠色基調使用得較多。此外，UI中綠色也是表示安全和開始運行的信號，如交通號誌和電器元件上的綠色指示燈。（圖4-57）

綠色的具象聯想、情感表現及象徵的共性與差異如下。

●綠色的具象聯想：

植物、大自然、環境、果蔬、樹葉、山、草、寶石。

●綠色的正面情感：

和平、安全、生長、新鮮、生產、種植、康復、成功、自然、和諧、誠實、青春。

●綠色的負面情感：

貪婪、噁心、毒藥、侵蝕、無經驗。

●綠色的地域文化差異：

愛爾蘭——綠色就是其國家的象徵。

凱爾特人——綠色的巨人是豐收之神。

美洲土著——綠色象徵人的願望和意志。

世界範圍——綠色是環保、和諧的概念。

（5）藍色

藍色具有強烈的冷靜、安穩感，給人以平靜、安全、清潔、平穩、清涼、幽遠、遼闊之感。在中國，藍色是典雅、樸素、善良、莊重、智慧的色彩。藍色具有高貴、純正的品質，也有憧憬、幻想的意味，既親切又遙遠。藍色能夠產生希望、理性、科技、永恆、專業、可信的心理感受，在表現科技、醫療、知識、政府部門、教育、環保、金融等主題的UI中多選擇藍色基調，如IBM網站就是以藍色為主色調，表現其可靠和專業，交通銀行的APP使用藍色作為標準色以增強使用者的信任度。（圖4-58）

藍色的具象聯想、情感表現及象徵的共性與差異如下。

●藍色的具象聯想：

天空、湖泊、大海、寶石、瓷器。

●藍色的正面情感：

和平、平靜、沉思、忠誠、正義、智慧、理智、深邃、尊嚴、理想、真理、永恆、涼爽。

●藍色的負面情感：

消沉、寒冷、分裂、冷漠、保守。

●藍色的地域文化差異：

世界範圍——藍色代表男性、海洋和生命，是最容易被接受的色彩。

中國——藍色也代表小女孩、瓷器、染織。

西方——藍色代表愛情、海洋文明。

伊朗——藍色是喪服的顏色。

（6）紫色

紫色和黃色相對立，神祕而優雅，在明度不同的情況下，紫色能讓人產生不同的感受，時而富有威脅性，時而又富有鼓舞性。通常紫色代表一種嬌柔、浪漫的品性。當紫色明度較低時，使人產生敬畏、憂鬱、深沉、壓迫、捉摸不定、恐怖、悲哀的感受；而提高明度後，反而能讓人產生夢幻、美好、浪漫、嫵媚、神祕、清秀、高貴的感覺，紫色能激發人的想像力。當紫色偏向紅紫時表現出神聖和莊嚴，偏向藍紫時表現出孤獨和幽遠。在表現奇幻和魔幻主題的UI中常常使用不同明度的紫色為主調。（圖4-59）

圖4-58 藍色調UI設計

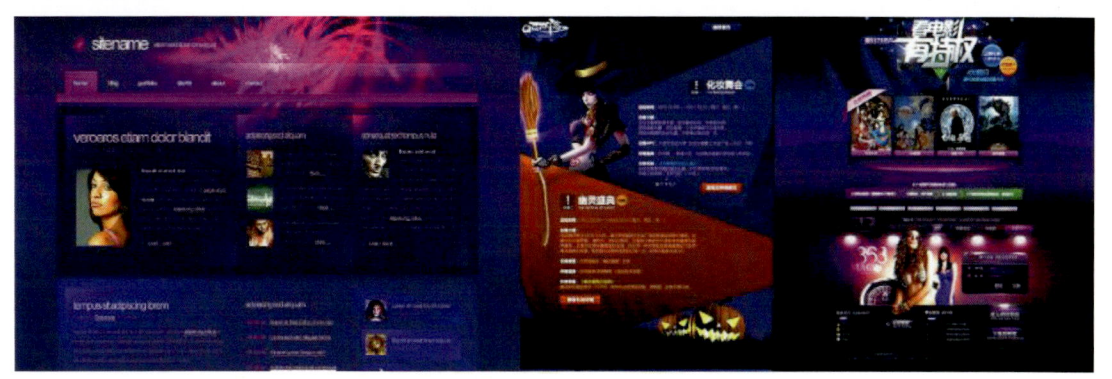

圖4-59 紫色調UI設計

紫色的具象聯想、情感表現及象徵的共性與差異如下。

●紫色的具象聯想：

皇家、精神、茄子、薰衣草、葡萄、紫羅蘭、禮服、水晶。

●紫色的正面情感：

優雅、高貴、華麗、奢侈、神祕、女性化、想像、等級、靈感、財富、高尚。

●紫色的負面情感：

詭辯、誇張、多餘、憂鬱、瘋狂、殘忍。

●紫色的地域文化差異：

日本——紫色也代表各種儀式、啟發性的事物。

古代中國——紫色代表權力、高貴。

拉美——紫色象徵死亡。

（7）黑色

黑色是暗色，是明度最低的無彩色，是一切色彩的終結，象徵夜幕、黑暗、死亡、沉默、失望、邪惡等。它具有的抽象表現力和神祕感強過任何一種色彩，在心理上黑色是一個很特殊的色彩，有時象徵力量和莊嚴，有時意味著罪惡和寂寞，能夠和許多色彩構成良好的對比調和關係，運用範圍很廣。黑色作用於人的視線時有收縮的感覺，有時產生某種距離感。（圖4-60）

黑色的具象聯想、情感表現及象徵的共性與差異如下。

●黑色的具象聯想：

夜晚、死亡、毛髮、禮服、墨、煤炭、鐵。

●黑色的正面情感：

權力、威信、重量、高雅、儀式、嚴肅、高貴、神祕、時尚、堅實、生命。

4.2 UI 設計中的色彩構成　109

●黑色的負面情感：

恐懼、消極、邪惡、陰沉、詭異、祕密、屈服、死亡、壓迫、悔恨、悲哀、冷漠、孤獨。

●黑色的地域文化差異：

世界範圍──黑色人種。

歐美和日本──黑色是叛逆的顏色。

亞洲──黑色象徵死亡、懺悔。

（8）白色

白色象徵純潔、光明、高尚、樸素、清白、神聖、和平、真理等，給人以高雅、單純、潔淨、明亮之感，也使人想到冷靜、死亡、投降等。在視覺上有擴張作用。白色與其他色彩都能混合，混合後均能產生很好的效果。（圖 4-61）

白色的具象聯想、情感表現及象徵的共性與差異如下。

●白色的具象聯想：

雲、雪、鹽、糖、白紙、白兔、光芒、麵粉、婚禮、天使。

●白色的正面情感：

純潔、純真、清潔、神聖、潔白、神祕、完美、美德、柔軟、莊嚴、簡潔。

●白色的負面情感：

虛弱、孤立、恐怖、投降、邪惡、死亡、悲哀。

●白色的地域文化差異：

歐美──白色人種。

中國和日本──白色是葬禮的色彩。

世界範圍──白色旗幟代表休戰。

（9）灰色

灰色介於光明與黑暗之間，是黑白平衡的結果，體現原始的寂靜，似乎是最缺乏個性的色彩，通常不會引起強烈的情感變化。灰色給人以肅穆、柔和、平凡、中庸、消極、含蓄的印象，也使人聯想到空虛、憂鬱、絕望和沉默。灰色容易被周圍的顏色所左右，同時灰色又具有穩定、獨立的一面。黑、白、灰三色可與任何色彩搭配，能達到和諧的效果。（圖 4-62）

灰色的具象聯想、情感表現及象徵的共性與差異如下。

●灰色的具象聯想：

烏雲、灰燼、樹皮、白銀。

●灰色的正面情感：

平衡、安全、謙虛、成熟、優雅、智慧、古典、平滑。

●灰色的負面情感：

陰天、衰老、厭倦、悲傷、失意、平凡、不確定、怯懦、優柔寡斷。

●灰色的地域文化差異：

美國──灰色代表榮譽和友誼。

世界範圍──灰色讓人聯想到白銀和金錢。

正如上面所講到的，色彩的象徵與情感的產生和它所依存的背景有直接的關係，並不是絕對的。在 UI 色彩設計中，要瞭解目標使用者的不同背景，並善用人們共有的色彩聯想，傳達設計師要表達的情感或意志等抽象概念，從而發揮 UI 中色彩的作用。

圖4-60 黑色調UI設計

圖4-61 白色調UI設計

圖4-62 灰色調UI設計

4.2 UI 設計中的色彩構成　111

4.2.4 UI 設計中色彩的採集和重構

透過採集具有美感的色彩搭配能夠激發創作的靈感，重構則是將採集的色彩進行再利用和再創造。

1. 自然界的色彩啟示

大自然中充滿了各種形式、各種性格的色彩，如孔雀五彩絢麗的羽毛、天空變幻的雲彩、海水的清澈和幽深都能帶給我們美的感受和啟示。（圖4-63）

2. 經典藝術形式中色彩的繼承和發展

民間的版畫、刺繡、年畫、皮影、彩塑等透露著純樸、濃厚的鄉土氣息，利用這些色彩同樣能創造別緻的情趣和韻味。

此外，也可以從國畫、油畫、建築藝術中吸收富有個性魅力的色彩，如圖4-64。如文藝復興時期達文西、米開朗基羅等，將色彩服務於對空間透視的再現；印象派用純色表現陰影和暗部，以色彩的冷暖代替明暗，嘗試一種視覺上的空間混合，是對客觀自然最科學、最完善的色彩表現體系。分析這些經典藝術作品中的色彩表現，從明度、色相、純度、面積、位置分析它們構成獨特氣質的根源，將其提煉出來並應用到 UI 的色彩設計中。

彩陶、漆器、石窟藝術等具有質樸和厚重的歷史文化感，至今仍有非凡的藝術魅力。如唐三彩的赭、黃、藍、綠蘊含著東方藝術的光輝，以及五行的色彩象徵：金（白）、木（青）、水（黑）、火（紅）、土（黃），如圖4-65。

3. 從設計和數位藝術的色彩中汲取靈感

工業產品、攝影、CG 插畫、遊戲、電影、動畫以及已有的各種平臺的 UI 設計作品，都是採集和借鑑的對象。（圖4-66）

4.2.5 UI 中色彩設計的配色原則

1. 色彩的識別性

色彩是具有共性特徵的情感表達方式，是 UI 設計中決定視覺風格形式的視覺要素之一。UI 設計中，利用色彩使視覺風格統一，有利於樹立產品特有的形象，使其具有整體性和一致性。

UI 設計時，首先要確定其色彩基調，可以參照 VI 設計中的「標準色彩」，即能體現產品形象和延伸內涵的色彩。

如可口可樂的紅色，IBM 的深藍色，淘寶的橙色都給人以貼切和諧的視覺感受，還有諸如 360 安全衛士的綠色，百度的紅白藍，這些大型網站都以其成功的標準色彩搭配令人印象深刻。

圖4-63 自然界的色彩採集

圖4-64 傳統藝術的色彩採集

精白 #ffffff	櫻草色 #eaff56	松花色 #bce672	朱砂 #ff461f	蔚藍 #70f3ff
銀白 #e9e7ef	鵝黃 #fff143	檸檬 #c9dd22	火紅 #ff2d51	靛 #44cef6
鉛白 #f0f0f4	鴨黃 #faff72	嫩綠 #bddd22	朱穜 #f36838	碧藍 #3eede7
霜色 #e9f1f6	杏黃 #ffa631	柳綠 #afdd22	妃色 #ed5736	石青 #1685a9
雪白 #f0fcff	棕黃 #ffa400	蔥黃 #a3d900	洋紅 #ff4777	靛青 #177cb0
瑩白 #e3f9fd	橙色 #fa8c35	蔥綠 #9ed900	品紅 #f00056	靛藍 #065279
月白 #d6ecf0	杏紅 #ff8c31	豆紅 #9ed048	粉紅 #fb3a7	花青 #003472
象牙白 #fffbf0	橘黃 #ff8936	豆綠 #96ce54	桃紅 #f47983	寶藍 #4b5cc4
縞 #f2ecde	橘紅 #ff7500	油綠 #00bc12	海棠紅 #db5a6b	藍灰色 #a1afc9
魚肚白 #fcefe8	腌黃 #ffb61e	蔥倩 #0eb83a	櫻桃色 #c93756	藏青 #2e4e7e
白粉 #fff2df	姜黃 #ffc773	苞青 #0eb83a	酡顏 #f9906f	藏藍 #3b2e7e
萊白 #f3f9f1	鴨黃 #ffc64b	青葱 #0aa344	銀紅 #f05654	黛 #4a4266
鴨卵青 #e0eee8	赤金 #f2be45	石綠 #16a951	大紅 #ff2121	黛紫 #426666
素 #e0f0e9	緗色 #f0c239	松柏綠 #21a675	石榴紅 #f20c00	黛藍 #425066
青白 #c0ebd7	雄黃 #e9bb1d	松花綠 #057748	絳紫 #8c4356	黛綠 #574266
蟹殼青 #bbcdc5	秋香色 #d9b611	綠沈 #0c8918	緋紅 #c83c23	紫 #8d4bbb
花白 #c2ccd0	金色 #eacd76	綠色 #00e500	閻脂 #9d2933	紫醬 #815463
老銀 #bacac6	牙色 #eedeb0	草綠 #40de5a	朱紅 #ff4c00	醬紫 #815476
灰色 #808080	枯黃 #d3b17d	青翠 #00e079	丹 #ff4e20	紫檀 #4c221b
苔色 #75878a	黃櫨 #e29c45	青色 #00e09e	彤 #f35336	紺青 #003371
水色 #88ada6	烏金 #a78e44	菘翠色 #3de1ad	酡紅 #dc3023	紫棠 #56004f
黝 #6b6882	昏黃 #c89b40	雄黃 #2add9c	炎 #ff3300	青蓮 #801dae
烏色 #725e82	棕黃 #ae7000	玉色 #2edfa3	茜色 #cb3a56	群青 #4c8dae
玄青 #3d3b4f	琥珀 #ca6924	縹 #7fecad	嫣 #a98175	雪青 #b0a4e3
烏黑 #392f41	棕色 #b25d25	艾綠 #a4e2c6	檀 #b36d61	丁香色 #cca4e3
黎 #75664d	茶色 #b35c44	石青 #7bcfa6	銅紅 #ef7a82	藕色 #edd1d8
黳 #5d513c	棕紅 #9b4400	雄色 #1bd1a5	洋紅 #ff0097	藕荷色 #e4c6d0
黝黑 #665757	赫 #9c5333	青翠 #48c0a3	棗紅 #c32136	
緇色 #493131	駝 #a88462	錦綠 #549688	殷紅 #be002f	
煤黑 #312520	秋色 #896c39	竹青 #789262	赫赤 #c91f37	
漆黑 #161823	棕綠 #827100	墨灰 #758a99	銀朱 #bf242a	
黑色 #000000	褐色 #6e511e	墨色 #50616d	赤 #c3272b	
	棕黑 #7c4b00	鴉青 #424c50	閻脂 #9d2933	
	赭色 #955539	黧 #41555d	栗色 #60281e	
	赭石 #845a33		玄色 #622a1d	

圖4-65 中國傳統色彩

4.2 UI 設計中的色彩構成　　113

UI 設計

如圖 4-67，可口可樂的圖標、網站和應用程式都沿用了其標準的紅色，具有很強的識別性與一致性。

圖 4-68，是 GraphicHug 的一項針對國際知名品牌的標誌及標準色彩的統計資訊分析圖。透過這張資訊圖，可以瞭解不同行業的主要代表性品牌色彩的詳細分佈，比如食品類品牌及年輕時尚的品牌，多集中在橙色區域及紅色和黃色範圍內，科技和交通類的多集中在藍色區域。這印證了前面講到的關於不同色彩的象徵和情感功能。

2. 色彩的整體性

通常，一個網站 UI 的標準色彩不超過三種，色彩過多易造成搭配效果的雜亂無章。標準色彩主要用於網站的標誌、標題、主選單和主色塊，給人整體統一的感覺，而其他顏色只是作為點綴和襯托。在 UI 設計中，不同的色彩搭配會產生不同的效果，並可能影響到訪問者的情緒。如運用多種顏色，應先確定主體色，其他的顏色面積不能過大，並要遵循主從關係，所謂「五彩彰施，必有主色，它（他）色附之」就是這個道理。

3. 色彩的平衡性

前面講過形式美中的平衡，是作為視覺要素的形、色、質等在感覺上、心理上的一種平衡及安定感。UI 色彩中平衡主要是指色彩性格、面積、位置等在配色時按照一定的空間力場做適當調整，在對比的強度上感覺是等量、平衡的狀態，需把握好色彩的輕重、明暗、進退關係。在整體的色彩分佈上注重色彩的呼應，如需要強調的介面重點圖像 Logo、圖標等，使用對比強烈反差較大的色彩，能夠使之醒目，但如果單獨在一個介面中出現會顯得突兀。因此，在其他地方使用該色系的色彩來進行呼應，可以弱化視覺的衝擊以及孤立的表現，平衡介面色彩。

圖 4-67 UI中色彩的識別性

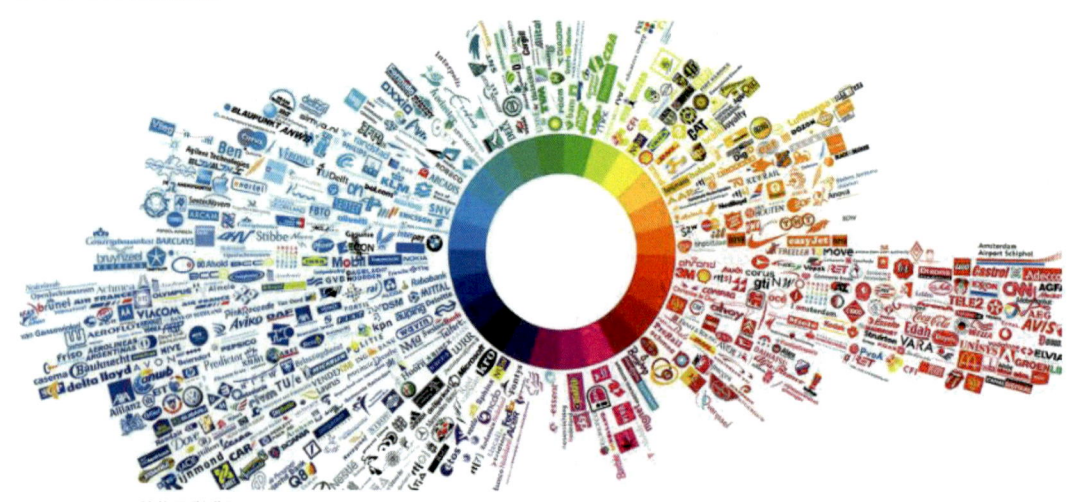

圖 4-68 知名品牌的色彩識別

4.2.6 UI 設計中色彩的風格定位

1. 準確定位 UI 的色彩

前面分析了如何透過顏色去感覺情緒。這裡簡要講解如何根據產品定位和 UI 主題去捕捉色彩，也就是所謂的情緒版（Mood Board）。情緒版是指對要設計的產品以及相關主題方向的色彩、圖片、影像或其他材料的收集，從而引起某些情緒反應，作為設計方向或者是形式的參考。情緒版幫助設計師確立視覺設計需求，用於提取配色方案、形成視覺風格、提升材質質感，以指導視覺設計，為設計師提供靈感。（圖 4-69）

（1）使用者經驗關鍵詞（User Experience Keywords）。

首先，透過對產品和 UI 主題的理解與認識，以及使用者研究等得出原生體驗關鍵詞。然後，根據所得到的關鍵詞擴充資訊，透過腦力激盪畫出關鍵詞的外掛，尋找衍生、擴展關鍵詞。

（2）收集相關圖片，可邀請使用者、設計人員或決策層參與，提取圖片生成情緒版。（圖 4-70）

基於原生關鍵詞和衍生關鍵詞，透過網路收集大量對應的素材圖像，並配合定性訪談瞭解選擇圖片的原因，挖掘更多背後的故事和細節。

（3）衍生關鍵詞的分析，多方面詮釋：從視覺映射、心境映射、物化映射三個方面對其進行分析和詮釋。

（4）對情緒版進行色彩分析和質感分析。最後，將素材圖按照關鍵詞聚合分類，提取色彩、配色方案、肌理材質等特徵，作為最後的視覺風格產出物。

2. UI 的色彩風格（圖 4-71）

圖 4-72，以低明度冷色為基調，將主要的 UI 框體和圖像色相控制在同類色的範圍中，這樣的配色常用於塑造堅硬厚重的 UI 形象。

圖 4-73，在低明度基調上，暗部的深灰色與少量高明度、高純度色彩組合，產生了充滿戲劇性的介面色彩效果，是比較典型的男性化配色之一。

圖 4-74，在鮮豔的純色中加入白色，形成色相明確的高明度色調，白色越多感覺越柔和，具有女性化的特徵，是女性容易接受的配色。

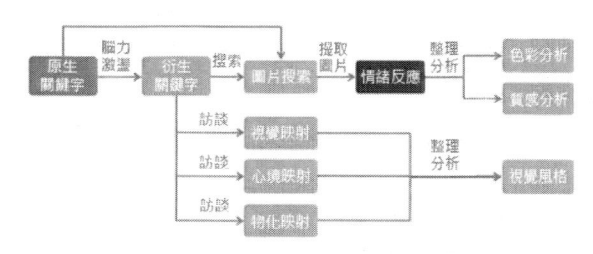

圖4-69 UI色彩視覺風格研究的方法流程

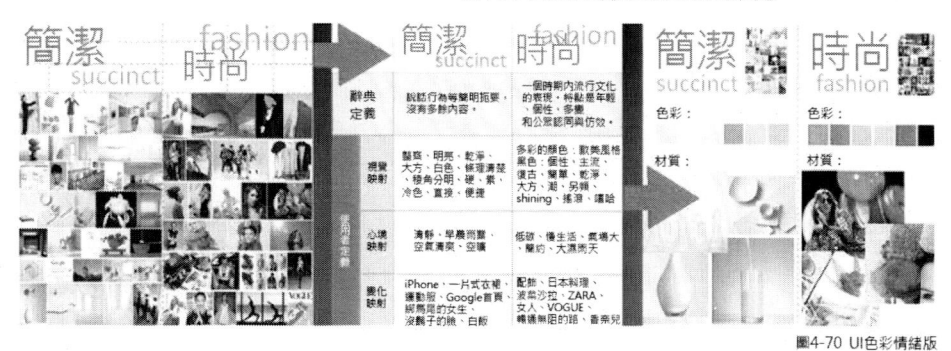

圖4-70 UI色彩情緒版

UI 設計

圖 4-75，具有活力的明快鮮豔的配色符合兒童心理，其特點是色彩明度和純度高，色相豐富，對比強烈。

圖 4-76，表現 UI 的科技感時，通常背景色多以低純度或具有色彩傾向的低明度色彩為主，介面框體和元素多以高明度和高純度的冷色表現。

圖 4-77，以中等明度的長調為色彩基調，在整體的色調中加入土黃或深棕色，多用於懷舊和具有歷史感主題的 UI 表現。

圖 4-78，暖和濃郁的色調配合柔和光線的變化來表現華麗富貴感。

4.2.7 UI 設計中的色彩禁忌和色彩引導

UI 設計中，色彩數量過多會影響 UI 的可用性，容易造成畫面花俏、混亂，使 UI 整體色彩影響力變弱。避免色彩混亂最有效的方法是控制色相的數量或使其產生有序的明度和純度的變化。此外還要透過面積、位置的關係來進行色彩的佈局和搭配，如圖 4-79。

將 UI 中的資訊呈現舒適的明暗和色調對比。高純度、高明度的補色對比作為文字資訊和背景，將讓使用者感到過度刺激而無法持續注視；中等明度、低純度的冷色調對比具有較舒適的視覺感受，適合呈現較大量的資訊；高長調的明度和純度對比適合少量重要或提示類資訊的呈現，如圖 4-80。

透過色彩的層次建立 UI 中的資訊層次。重要資訊，使用高明度、高純度、強對比的色調；次要資訊，使用較高明度和純度，色相對比較強的色調；輔助資訊，使用中低明度和純度，色相對比較弱的色調；非必要資訊，使用最低明度和純度以及最弱的色相對比色調，如圖 4-81。

圖 4-82，找到所有紅色字符（色彩）和所有「N」字符（形狀），哪個任務更容易？這個測試結果印證前面所講的色彩是第一視覺語言，其作用先於形狀。因此，UI 設計中以色彩為主，結合形狀、位置來引導資訊的先後順序，如圖 4-83。

4.3 UI 設計中的視覺要素

這一部分將介紹在各種類型介面設計中共有的視覺要素，它們可能是具體的對象，如圖像、文字、圖標、動畫和影片等，也可能是用視覺元素來設計並營造出的介面空間、質感、視覺流程等。這裡僅對一些視覺要素做簡要的介紹和說明，在後面的章節中將根據設計的主題和對象的不同再對其做具體的闡述和分析。

介面視覺元素中具體的對象包括以下幾種。

文本對象：正文、標題、名稱、描述、標籤。

圖像對象：游標、圖標、圖片、影片、動態圖像、Logo、頭像、地圖、廣告。

容器框體：窗體、模組、對話框、浮層、嵌入層。

可操作工具：可點擊對象（按鈕、連結、頁籤、導航、頁碼）。

可輸入對象：單行文本框、多行文本框。

可選擇對象：單項選擇器、多項選擇器、下拉選擇框、列表框。

可拖放對象：模組、列表、對象、操作、集合。

介面視覺設計透過表面擬態來進行表達，並傳遞功能和操作流程資訊。

表4-1 容器框體

按鈕	內容	輸入	臨時會話
默認	標題		對話框
光標經過	正文	表單工具	浮動層
按下	段落	交互組件	虛擬頁
復原	圖文關係		

4.3.1 圖像與文字

1. 圖像

在介面視覺設計中，圖像比文字占有更重要的位置。首先，它是人類具有共識性的視覺語言，在認知上能夠打破語言文字溝通的鴻溝，使不同文化背景、地域的人們能夠透過圖像理解介面所要傳達

圖4-71 UI的色彩風格

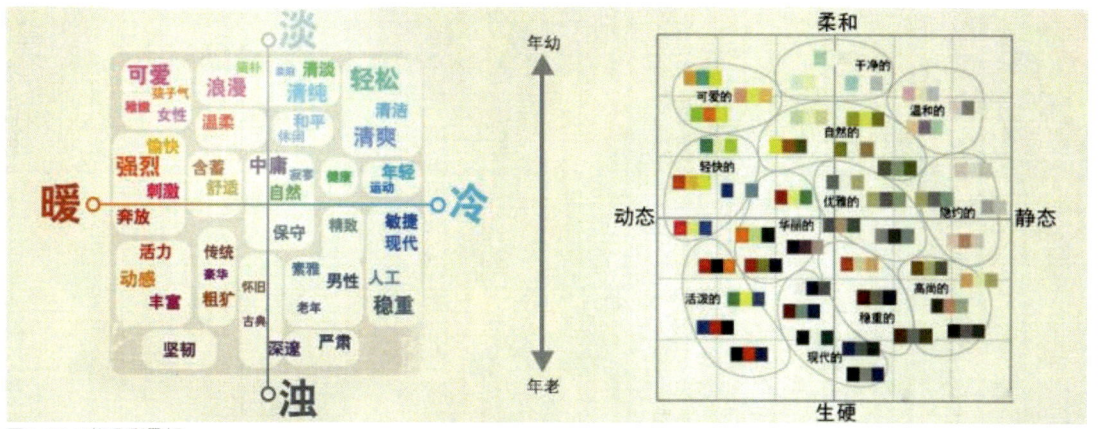

圖4-72 堅硬厚重的配色

圖4-73 男性化的配色

圖4-74 女性化的配色

4.3 UI 設計中的視覺要素　117

UI 設計

圖4-75 兒童化的配色

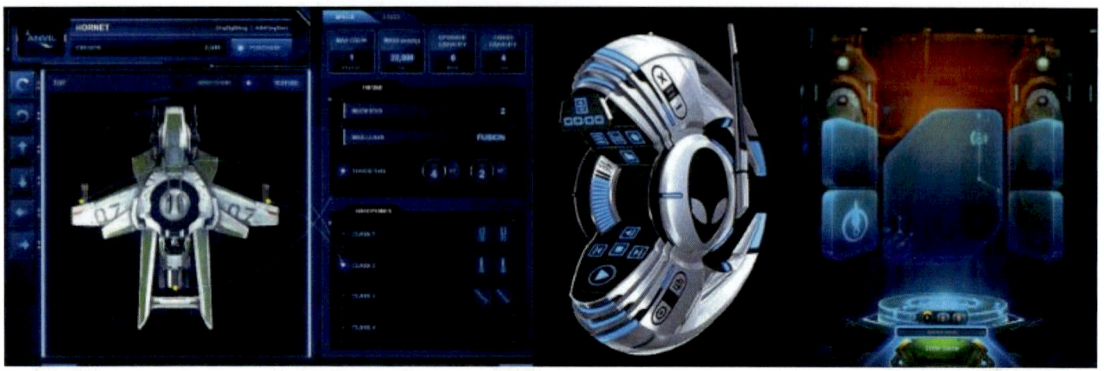

圖4-76 科技感的配色

圖4-77 懷舊感的配色

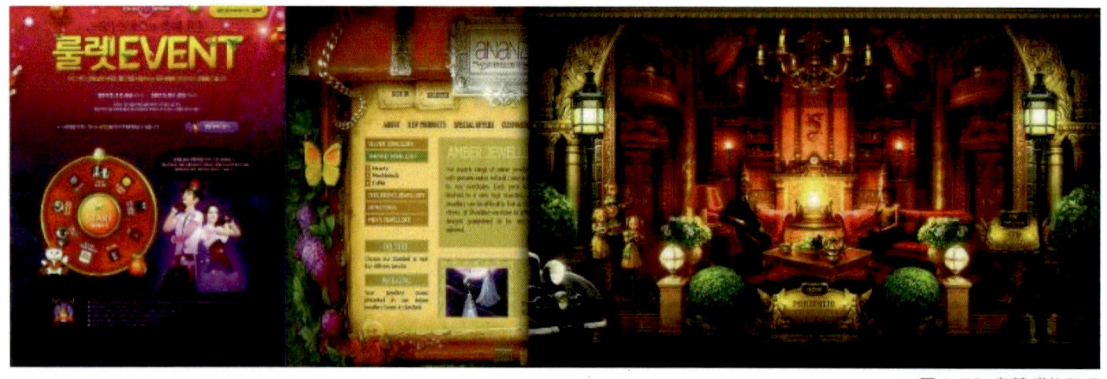

圖4-78 奢華感的配色

118　第四章 UI 視覺設計的藝術規律

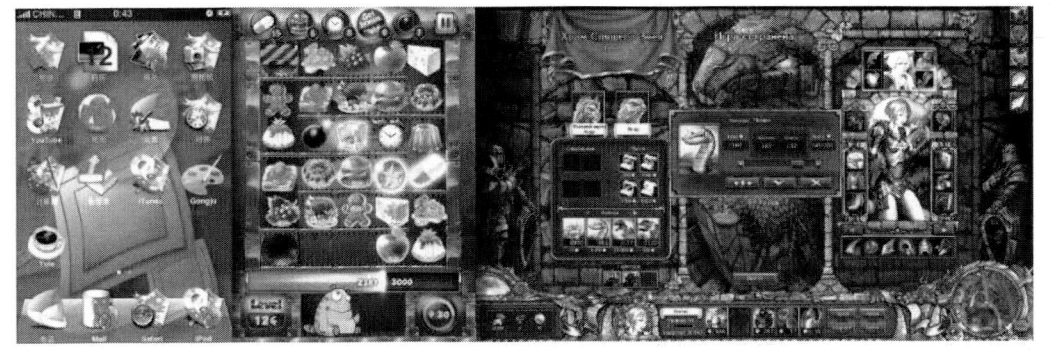

圖4-79

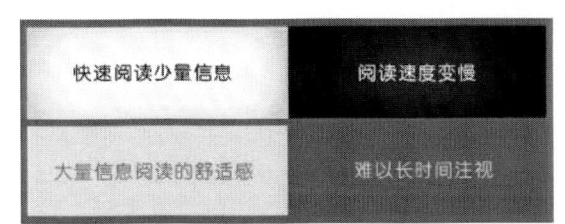

圖4-80

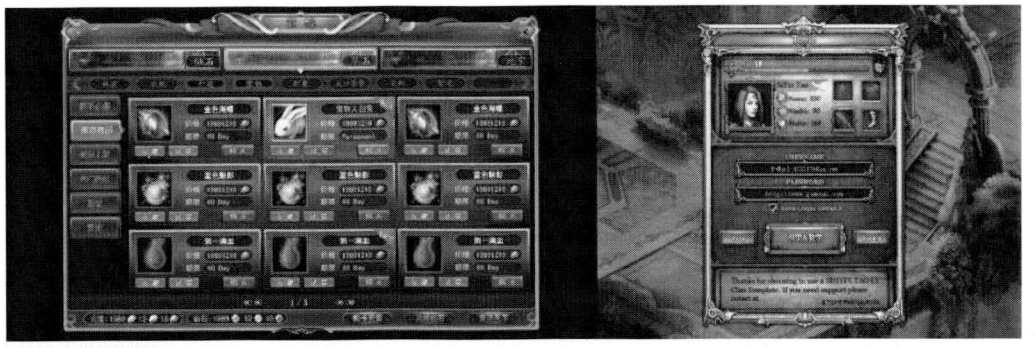

圖4-81 UI的訊息層次

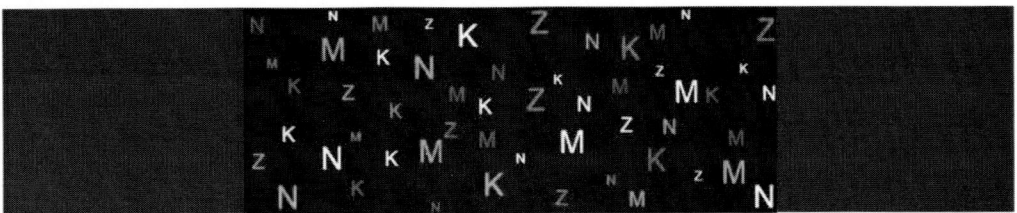

圖4-82

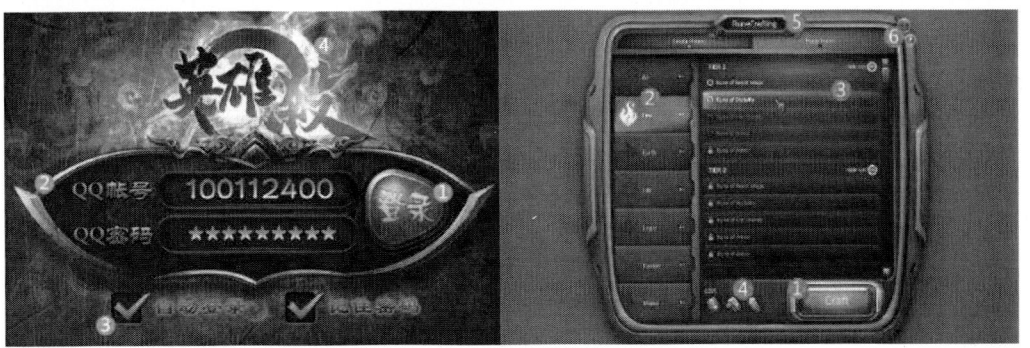

圖4-83

4.3 UI 設計中的視覺要素　119

的資訊，如圖 4-84 的網頁介面，左圖透過圖像讓人僅憑第一印象就能明白這是一個傾向於流行音樂主題的網站；右圖是電影《聖戰士》的主題網站，典型的視覺元素使二戰主題不言而喻，介面框體中人物形象作為互動按鈕出現，當游標指向時則出現相應功能的文字輔助說明。首先，圖像的直觀、感性、淺顯比文字描述更容易理解、更具有感染力，也更有具裝飾性、視覺表現力和審美的意義。其次，在使用者對介面資訊的處理上，圖像是整體感知和認知的並行處理過程，使用者可以按照自己的動機從多角度感知和認知圖像。因此，視覺和認知對介面圖像資訊處理量較大，圖像的直觀性、形象性也能夠減少使用者的記憶負擔。

2. 文字

相對圖像而言，文字傳達資訊更為準確、詳盡。UI 視覺設計中，利用不同的文字、字體所具有的不同風格和內涵，能更準確地傳達資訊，增加介面親和力，對介面的整體視覺效果也有很大的影響。字體也可以理解為文字的一種圖像樣式，字體的大小、色彩以及動與靜等因素的把握均能提升介面的視覺感染力，如圖 4-84 中標題的四個字，模仿街頭塗鴉的風格，傳達出傾向 Hip Hop（街頭音樂）的主題，也使介面更具有視覺衝擊力。在介面導航和功能性的互動元素中，配合文字可以避免單純使用圖像、色彩而產生傳遞資訊不明所導致的歧義現象，避免出現操作錯誤。

4.3.2 圖標

圖標是介面中最活躍的視覺元素，是符號化的圖像。它需要在極小的空間裡表達大量的資訊，既高度抽象，又必須讓人一眼就能明白它所要表達的意思，圖標也是介面中產生互動的視覺元素，因此它直接關係到介面的可用性。如圖 4-85，無論是左圖中的手機 UI 程式圖標還是右圖中的遊戲技能圖標，透過圖標的使用使功能形象化。

首先，在介面中圖標作為一種抽象、簡潔的圖像語言，它比文字更容易被感知，人對圖標的認知程度更高，而且有更高的感知儲存。其次，人對圖標資訊的感受和識別速度比文字更快，圖標更容易引起視覺的選擇性注意。最後，人對圖標的記憶能力強於文字，對圖標傳達的資訊的熟悉度更高，可以減少再次操作時的學習時間。

介面中圖標的設計應該與相應的操作含義一致。首先，圖標表達的資訊量應該有一個合理的尺度。其次，圖標應該是容易理解的，不能使用隨意的圖像來代表某一概念。此外，圖標設計要保持統一的視覺風格，同時也要注意使每個圖標具有鮮明的個性。如圖 4-85，左圖中的圖標都是採用向量軟體繪製的，具有微質感扁平化形態；右圖則採用了 CG 手繪，並突出質感和光效，兩組圖標都具有統一的風格，透過質感、色彩、形態的塑造，又使每個圖標各具特點、個性突顯。

4.3.3 動畫和影片

動畫和影片的應用增加了介面的空間性和時間性，動態圖像具有的變化性能給使用者帶來意想不到的視覺衝擊力，並且可以在有限的面積內極大地豐富介面所要表達的資訊。利用介面中的動畫、影片元素，有助於營造氣氛、刺激情緒。對使用者來說，動畫不僅僅是視覺心理上的一種調劑，可以從中得到愉悅感，還是想像空間的一種延伸，並可以產生聯想以促進資訊的有效加工。由於動畫在資訊的方向性誘導方面具有優勢，使介面能夠更有效地影響使用者的視線運動軌跡。全螢幕的動畫更可以完全控制使用者的視覺流程，如圖 4-86 中的網站介面，各個頁面場景的切換都透過一段樹狀生長的動畫來完成，在「生長」的過程中自然地引出介面中的按鈕、內容等，而這些按鈕也由動畫的元素構成——游動的魚、水中的鶴、過橋的行人等，流暢的視覺流程營造了深遠的意境，帶給瀏覽者愉悅的視覺體驗。

UI 中的動畫還包括 UI 狀態資訊、功能元素的動態呈現，如 Loading（載入進度條）、動態按鈕、動態圖標、動畫資訊圖表、動畫及互動廣告等，如圖 4-87。

圖4-84 UI中的圖像和文字

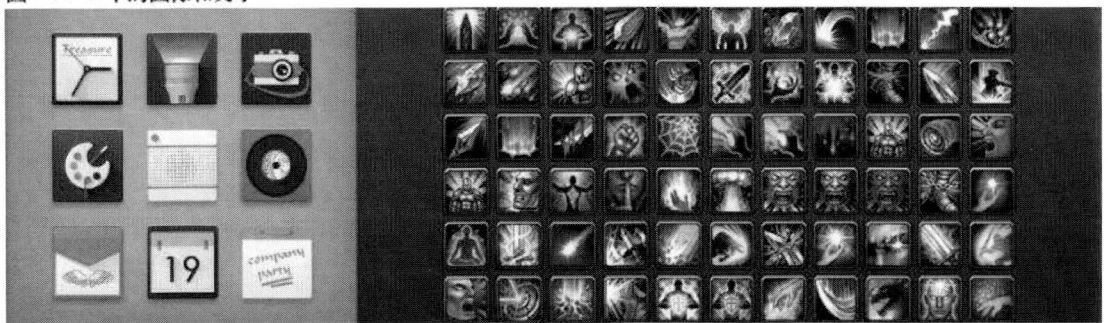

圖4-85 UI中的圖標

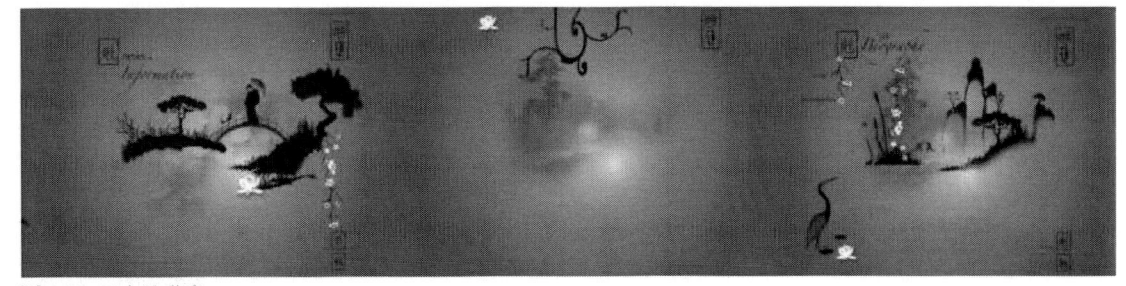

圖4-86 UI中的動畫

圖4-87 UI中的動畫

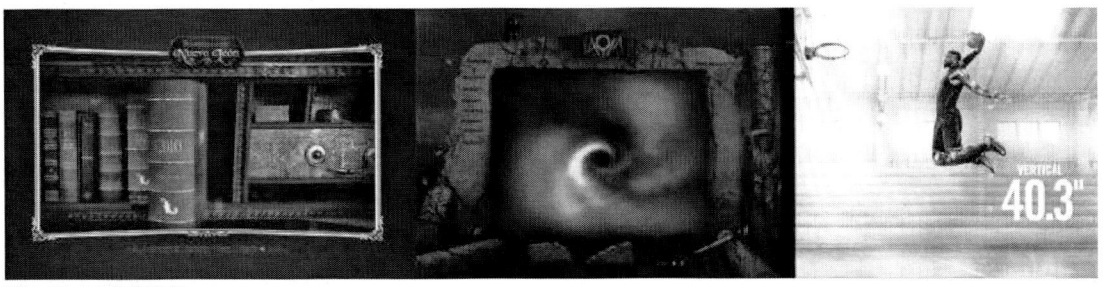

圖4-88 UI中的影片

4.3 UI 設計中的視覺要素　121

UI 中的影片主要是用於表現更為具體和形象的視覺元素，以及具有真實效果的 UI 轉場、廣告等，如圖 4-88。

UI 中動畫和影片表現追求的是資訊的準確、意念的清晰。這取決於兩個方面：一是視覺風格和表現手法；二是動畫時間的把握，節奏的快慢。此外，介面中動畫元素不能是無序的堆積，不恰當和頻繁地使用動畫反而會影響使用者的注意力，傳達錯誤的資訊，造成視覺疲勞。

4.3.4 空間

對 UI 設計師來說，設計不是將視覺元素填滿介面的空間，而是巧妙地運用正負空間和深度空間合理地佈局和呈現視覺元素的層次。

1. 正空間

介面構成的主體視覺要素，主要是與形態構成有關，可參考 4.1.1 中有關基本造型元素的內容。

2. 負空間

負空間是主體視覺要素之外不包含任何具體內容的介面空間，負空間和留白（空白）的術語近年來被交替使用，嚴格地說介面中負空間不完全等同於空白，而是特指任何與背景功能相似的空間。因此，它可以是白色、黑色或其他任何顏色，也可能是由多種顏色構成但色相或明度接近的、微妙的紋理。負空間同樣是介面形象的重要組成部分，是空間形象的表現，並給人以想像的空間。

負空間在介面構成上有著不可忽視的作用，它能夠加強正空間視覺要素的視覺衝擊力和吸引力，突顯主題、主次分明，能夠讓使用者迅速地識別設計的不同部分，同時讓文字更易讀，有利於視線流動，破除沉悶感，在介面的虛實處理中也有特殊的作用。出於習慣，通常大部分設計師都是先將有形的設計要素，如圖像等的大小、放在什麼樣的位置上或它應該旋轉成怎樣一個方向考慮清楚後，再去設計作為背景的空白空間（負空間）的形狀。因此，圖像的大小、位置和方向決定了版面負空間的形狀，它們互相滲透、相互襯托形成虛實相生的好作品。虛實作為一種對比的表現形式是為強化主題服務的。畫面構成中必須有虛有實，虛實呼應。（圖 4-89）

負空間還有助於引導視線，為設計建立層次，區分重點和關鍵。視線會立即行動到被負空間包圍的元素上，負空間除了可以增強介面中元素的視覺衝擊力，還可以平衡與調和介面的工具和組織內容。無論是元素分組、導航，還是透過滾動條瞭解內容量的大小，所有這些視覺線索，都來自設計中負空間的合理運用。

重點使用負空間（留白）的地方：Logo 周圍、每個導航按鈕或圖標周圍、兩列文字之間、在主體部分與邊欄之間、在使用視覺差效果的每頁「滾動螢幕」之間……

此外，在視覺設計中，負空間也是重要的造型元素，利用正負空間關係的變化，可以設計出獨具創意的介面。

3. 深度空間

在向使用者傳遞資訊的過程中，介面設計要求透過合理的深度空間表現或隱喻來呈現介面的層級結構和相互關係，將空間深度變化為能幫助傳遞一定資訊的視覺表達元素，其存在的核心意義是「層次」和「秩序」。

圖 4-89 UI 中的負空間

介面所產生的空間感，不僅取決於實際顯示空間的大小，更取決於使用者對空間的心理感受。因此，在有限的介面空間中透過視覺設計營造寬闊的視覺心理空間，改善實際空間侷限帶來的擁擠和壓抑感，有利於使用者舒適愉快地與介面進行互動。

在攝影和繪畫中，一般都有前景、中景、背景的層次劃分，同時對光線的運用使平面產生立體空間的效果。首先，在介面設計中，為了營造立體空間效果，同樣可以利用圖像、圖像、文字、動畫、色彩等介面元素的組合，形成大小、形狀、色調、疏密、虛實的對比關係，進而創造明晰的空間層次。前景（如功能按鈕）可以對比強烈，中景（如窗口面板）用中度對比，背景（如介面底紋）應該對比柔和、輕淡。這種清晰、和諧的層次關係，可以極大地提高介面整體的藝術效果。其次，運用不同的手法對點線面等元素進行組合、渲染，利用圖像的透視、色彩及光影效果使介面立體空間感得以加強，將介面營造成一個透視深邃無垠的廣闊空間。另外，利用圖像的遮擋及重疊關係同樣可以創造出迷人而饒有趣味的立體空間。如圖 4-90，空間感的表現手段，左圖利用了虛擬的焦點形成導航按鈕和背景的虛實對比；右圖利用按鈕圖像的倒影來表現空間感是常用的方法之一。在圖 4-91 中，左圖作為前景的框體明度較低而背景明度相對較高，配合星空的圖像，塑造了深遠的空間感；右圖透過面的轉折和光影完成空間的塑造。

在 UI 中，空間縱深感的表現手法有以下六點。

（1）空間透視：近大遠小，近實遠虛，近疏遠密（線條的疏密變化產生的空間感）。

（2）遮擋：一個形疊在另一個形之上，會產生空間感。

（3）投影：利用陰影表現，陰影的區分會使物體具有立體感和物體的凹凸感。

（4）平行線：改變排列平行線的方向，會產生三次元的幻象。

（5）色彩透視：利用色彩屬性的變化產生空間感。

（6）動態：介面設計可以有效地利用互動及動態圖像，透過有組織、有目的的設計理念和設計

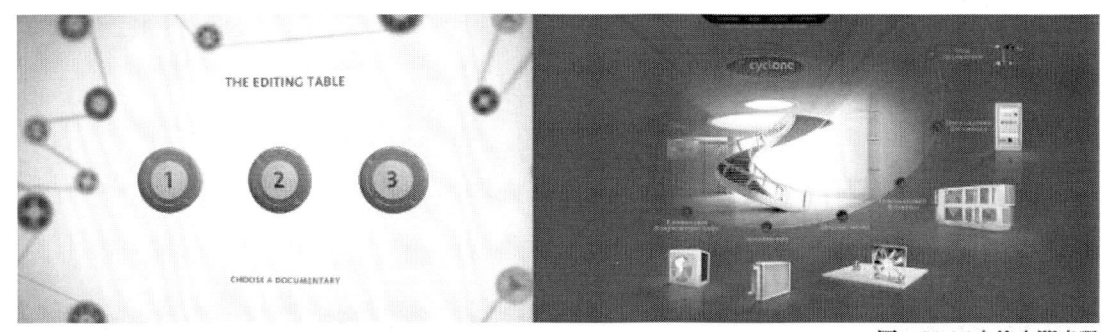

圖4-90 UI中的空間表現

圖4-91 UI中的深度空間

UI 設計

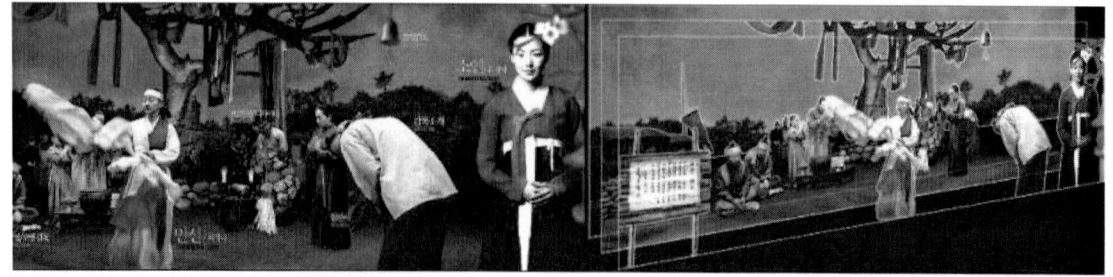

圖4-92 UI中的互動動畫表現縱深空間

圖4-93 網站UI和遊戲中的矛盾空間

手段，把時間與空間串聯起來，結合現實中的立體空間及時間，從而擴大介面視覺語言的表現力。

①不同圖層運動速率的不同，會產生逼真的縱深空間。而 iPhone 手機 UI 將這一原理具有創造性地應用到互動的過程中，具體呈現的效果是基於主介面前景的圖標和背景空間圖像，隨著螢幕角度的變化帶來類似於視點變化的效果，形成前景遮擋背景的空間關係，以此來隱喻深度空間的存在。如圖4-92 中，介面圖像分為前景、中景、遠景三個層次，這三個層次的圖像根據游標的左右位移，由 x 軸不同速率地反向位移，形成虛擬的縱深空間。

②動態過渡對空間的表達。動態的轉場過渡越來越多地被運用在介面中，常配合手勢使介面對空間深度的隱喻更為深入和自然。漸隱漸顯相較於變形和三次元翻轉更輕量；同樣是行動，時間、速度、加速度、距離的不同組合造成的心理感受也會大不一樣。有空間表現的動畫過渡要流暢、自然和靈活，其動畫幅度需要適度並有細節的表現。常見的例子是類似幾何體透過面轉折的方式進行同級介面的轉換，或者類似於 iOS7 中運用圖標透過縮放展開應用程式介面。

③將表現縱深感的手法應用到動畫中，為介面帶來「深度」和「活力」。介面的動態圖像也透過創新表達空間的深度，這種創新不一定是顛覆性的，或許僅僅是基於以前的一些微小細節的變化。例如，在淘寶網的網站介面中，載入頁面內容的「等待」動態圖像，使用了在深度空間中平行於 z 軸向上的一組圖形，以 y 軸為圓心轉動，這些圖形是完全扁平化的色塊，但透過色彩和體量的變化以及遮擋關係，隱喻了縱深的立體空間的存在。

4. 矛盾空間

所謂矛盾空間是指在真實空間裡不可能存在的，只有在假設中才存在的空間。矛盾空間的運用能夠增強介面中的趣味和視覺奇觀，給使用者不同的視覺體驗。（圖 4-93）

4.3.5 質感

1. 質感是什麼

質感又可稱為「質地」或「肌理」，是視覺或觸覺對不同物態特質的感覺，指材質在色彩、光澤、紋理、粗細、厚薄、透明度等多種外在特性上所呈

現的綜合表現，是具有情感特徵的視覺要素，如平滑感、濕潤感、粗糙感、堅硬感等，都是對質感的形容。

質感是一種心理印象。質感的心理回饋是質感心理提取的目的和關鍵。

材質元素的視覺功能與觸覺功能，是擬物化圖標設計形式中極為重要的組成部分，是具有強烈情感因素的設計元素，必須十分重視材質元素才能達到良好的審美效果和視覺體驗。材質的美感主要透過材料本身的質感，即色彩、紋理、結構、光澤和質地等特點表現出來。

2. 質感與介面表現的關係

在 UI 視覺設計中，我們運用不同質感的視覺表現來關聯觸覺感知的經驗，將二次元的視覺感知與三次元的觸覺感知進行結合，以增強視覺效果和感染力。UI 中質感是很重要的造型元素，具有極為豐富的感染力，圖 4-94 為不同質感的圖標和各種金屬質感的播放器介面。

（1）建立感覺基礎，觸動記憶印象，引發情感共鳴對質感元素的運用，不僅延伸了 UI 視覺空間的表現力，同時也是決定 UI 視覺風格的主要因素，對情感也具有強烈的影響力。如圖 4-95 中的兩個網站，左圖粗糙的岩石、光滑細緻的大理石柱、金屬框體和塑像、紙質的捲軸、玻璃體的指南針等，其豐富的質感對比營造出具有恢宏文明和歷史感的氛圍；右圖則用玻璃和金屬兩種質感配合細膩的光線變化來表現科技感和未來感。

現實中絕大多數物體都不是完全平整光滑的。紋理能給介面帶來多樣性，能夠讓平淡無奇的對象變得具有自身的特點和生命力。紋理可以豐富視覺效果，同時還能讓頁面看起來更有深度。在介面設計中使用適當的顏色過渡，再加上一些紋理效果，可以減少顏色的條帶效應，使顏色過渡得更自然。在 CSS3（層疊樣式表 3）裡面使用多層背景也意味著能以最小的檔案大小來實現紋理化。同樣在 Photoshop 裡也可以用一個被設置為圖案的形象來重複填充整個背景，如圖 4-95 左圖的放大部分。

真實的細節和環境背景表現得當，能夠喚起使用者的回憶，還能夠喚起使用者的觸覺、味覺、嗅覺、聽覺等的再現，這種回憶不僅是對象的表象，也包含事務所關聯的一種情景，還是通感在 UI 設計中的應用。如圖 4-96，有質感比無質感表現的時鐘圖標更具情感意義，不同質感的表現能夠觸發不同的情感聯想。

（2）表達厚度和體量

不同的質感處理方法對介面和圖標的厚度和體量感覺影響不同，如圖 4-97。

（3）強化介面情景表現

對於擬物化的介面產品，細節和質感的細緻刻畫和表現對主題環境的還原更為真實，能夠強化介面的情景表現，使產品更具融入感、沉浸感，如電影主題網站介面、遊戲介面，如圖 4-98。

3. 質感的構成要素

（1）色彩

色彩表達人們的信念、期望和對未來生活的預測。在介面和圖標設計中，色彩的三要素（色相、純度、明度）的細微差異，都會對人們的心理感受造成影響。具體參見 4.2.1 UI 中色彩設計基本理論。

（2）光影

由於光線直進的特性，遇不透光物體則形成暗部區域，俗稱「影子」。在介面和圖標設計中，光影的表現能幫助設計師塑造和感受形體。在設計實踐中，要從整體空間去考慮介面或一組圖標中光源的一致性，以及其造成的陰影、反光、倒影等效果，如圖 4-99。

（3）紋理

物體上呈現的線形紋路，也可以理解為更加細節、微觀的一種光影表現。在介面和圖標設計中，可以透過繪製、貼圖、Photoshop 濾鏡等方法對物體所固有的物理特質進行模擬表現。紋理能夠影響輕重、虛實、粗細、軟硬、新舊、光滑或粗糙等感覺的產生。

UI 設計

圖4-94 不同質感的圖標和播放器介面

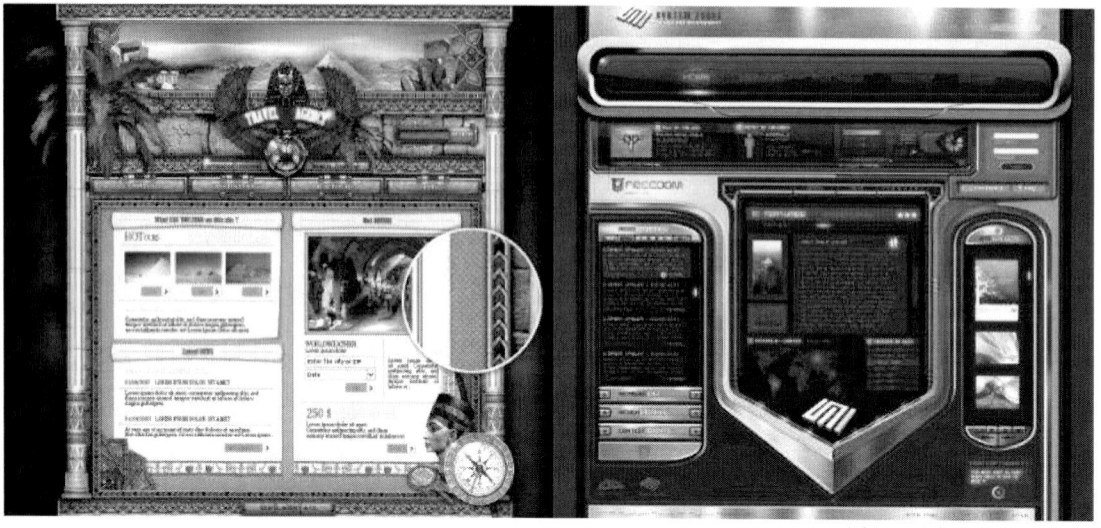

圖4-95 不同質感的網站UI

圖4-96 時鐘圖標的質感對比

圖4-97 質感表現對厚度和體量的影響

4.3.6 視覺流程

介面資訊透過視覺元素傳達，介面的設計必須適應人們視覺流向的心理和生理特點，由此確定各種視覺構成元素之間的關係和秩序。

視覺流程是人的視覺在接受外界資訊時視線流動的過程，它是一個由總體感知、局部感知和最後認知三個階段所組成的心理感知過程。由於人眼只能產生一個焦點，受視野範圍的侷限，不能同時接受所有的物像，必須按照一定的視線流動規律來感知視覺資訊。這種視線的流動既有隨意性，又有一定的規律和順序，往往會體現出比較明顯的方向感，形成一種無形的脈絡，似乎有一條路徑使整個介面的視覺過程有一個主要的趨勢。依據心理學的研究，在一個有限的介面空間中，上半部讓人感到輕鬆和自在，下半部則讓人感到穩定和壓抑。同樣，介面空間的左半部分讓人感到輕鬆和自在，右半部讓人感到穩定和壓抑。所以在介面空間中上方視覺影響力強於下方，左側視覺影響力強於右側。這樣介面空間的上部和中上部被稱為「最佳視域」，也就是最優選的地方。因此，介面中導航和選單或者需要引人注目的標題一般放在上方，軟體中工具欄一般放在左側。

視覺流程是一種「空間的運動」，是視線隨著各種視覺元素在空間中沿著一定軌跡運動的過程。介面中的視覺流程設計，是 UI 設計師按照介面資訊傳達的目標，透過對介面視覺流程的規劃和設計，實現對使用者的視覺引導。在符合邏輯和心理認知順序的基礎上，讓使用者按照 UI 設計師的設計意圖，以合理的順序和快捷有效的方式認知介面的功能和資訊，提高介面的易用性和互動體驗。如圖 4-100 表現了均勻分佈的 UI 資訊下視線從左至右、從上至下的流動，以及透過色彩的引導後產生的視覺流程的變化。

要獲取使用者在某一介面的視覺流程資訊，透過眼動儀和可視化軟體進行眼動追蹤分析是當前較為科學有效的手段和趨勢，眼動追蹤也是 UI 設計中進行使用者研究的經典方法之一，這一點在 2.1.6 中已經提到過。

圖4-98 強化介面情景表現

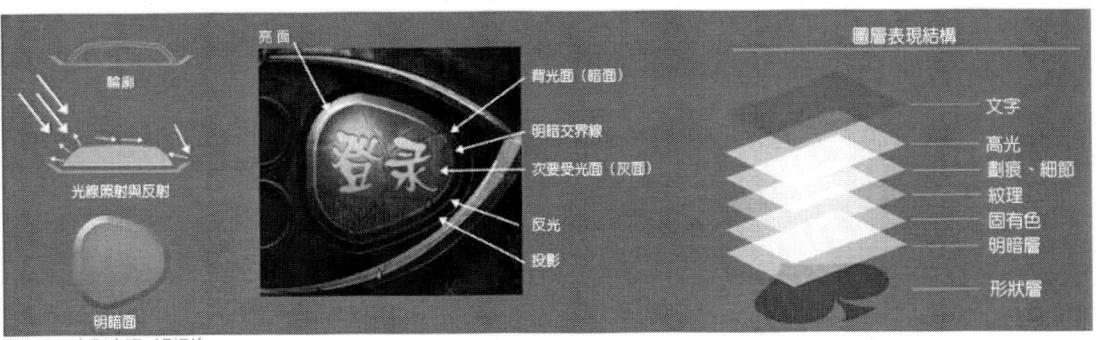

圖4-99 光影表現（劉剛）

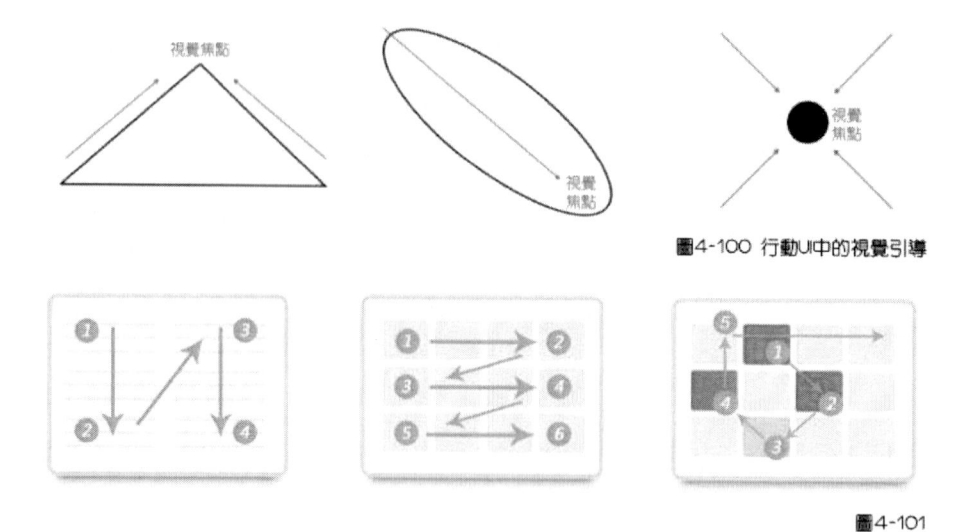

圖4-100 行動UI中的視覺引導

圖4-101

1. 普遍的視線流動規律

（1）視線流動呈現直線狀態。

（2）位置關係的視覺流程。在視覺元素較為均衡的介面，視線傾向由左上角開始順時針觀察，即從左至右、從上至下、由內至外，由中心至周邊的視線流動。

（3）形態關係的視覺流程。在視覺元素具有明顯對比的介面中，視覺注意力往往會先落在視覺刺激最強的點上，這有可能是UI整體指向性的區域，或者是視覺平衡的重心點，如圖4-101。然後按照視覺元素的關聯性和刺激由強到弱地流動，視線在介面最具吸引力的視覺焦點停留時間較長且較穩定。

（4）視覺流動具有主觀選擇性，往往是選擇感興趣的視覺物像而忽略了其他要素，這是造成視覺流程的不規則性與不穩定性的主要因素。

（5）視覺流動總是反覆多次的。視線在視覺元素上停留的時間越長、次數越多，獲得的資訊量就越大。反之，就越少。

2. 視覺引導與暗示

視線的誘導因素主要是有方向的線或具方向感的結構。

前文曾提到，UI中的任何視覺形象都具有視覺引導性。

（1）「點」的視覺引導（見4.1.1中「1.UI中『點』的視覺構成」）

（2）「線」的視覺引導

垂直線會引導視線上下運動，水平線會引導視線左右運動，斜線會引導視線由左（下、上）向右（上、下）運動，不斷改變方向的折線、曲線將使人的視線按其方向的改變而流動，如圖4-102中的曲線。

（3）面的視覺引導

正方形引導視線向對角線和四邊的方向延伸；圓形引導視線呈輻射狀擴散；三角形、箭頭引導視線向頂角方向延伸，如圖4-102中的箭頭。

（4）動態視覺元素

視覺元素的動態呈現能吸引使用者的注意力，並將使用者的視線向其運動方向引導。

（5）色彩視覺元素

具有強烈色彩信號的視覺元素，能吸引使用者的注意力並引導視線。

圖4-102 UI中的視覺引導

（6）形象化的視覺元素

形象化的視覺元素——導向視覺流程，如人物的視線、面孔的朝向、手指的方向等，都能夠引導視線，如圖 4-102 中的手勢導向。

介面中，形態的視覺引導功能還體現在形態的相互關係之中，如由大到小或由小到大，由強到弱或由弱到強，由疏到密或由密到疏，由黑到白或由白到黑等。成組的、規律的、相似的視覺元素也具有引導視覺流程的作用，並具有韻律感，如從大到小漸變的排列，視線會向一個方向流動，對稱的疏密漸變的線條，可將視線向縱深方向引導。

在進行視覺流程設計時，要考慮到視域的優選和資訊的主次排序，在最佳視域放置承載重要資訊的視覺元素。

遵照這些視覺規律能更有效進行介面的視覺引導，使視線由主及次，突出重點，將介面中的視覺元素有機地關聯起來，形成脈絡清晰的視覺流程。就像大樹的樹幹，始終有一條主線貫穿介面，而細節猶如樹枝一樣逐漸生長出來。

當然，視覺流程總體上應該說是一種感性的設計，沒有客觀的公式可循，只要符合人們認識過程的心理順序和思維發展的邏輯順序，就可以更為靈活地運用。在介面視覺設計中，靈活合理地運用視覺流程和最佳視域，組織好自然流暢的視覺導向，就可以直接影響資訊傳達的準確性和有效性。所以，在介面視覺設計中，視覺導向是一個要點，要符合人們的思維習慣，使視覺流程自然、合理、流暢。合理地運用介面視覺要素來設計視覺流程，能夠使介面上各種資訊要素在有限的空間裡合理分佈，並產生好的節奏和韻律感。

教學導引

小結：

本章主要講解基本造型元素在介面中的形態特徵，以及介面中形式美的規律和共性；闡述介面色彩的感知特性和色彩心理及情感表現；介紹介面視覺要素的構成原則和設計方法。

課後練習：

1．以一個現有網站為例，從形式美感的角度分析與討論其介面視覺設計的特點。

2．以同一個網站為例，分析和討論介面的視覺流程設計，繪製出介面上視線流動的軌跡。

第五章 UI 圖像設計

UI 設計

> **重點：**
> 1. 確立圖標設計的原則、方法和流程，掌握圖標系統化設計和細節表現的方法和技巧。
> 2. 掌握像素圖像和向量圖形繪製的方法和技巧，並能夠在介面設計中進行應用和表現。
> 3. 理解介面中資訊圖像的概念及表現要素，掌握介面資訊圖像的設計方法。
> 4. 瞭解介面動態圖像的屬性、類型和作用，以便為後續動態設計課程提供理論支撐。
>
> **難點：**
>
> 掌握圖標系統化設計的原則、流程、方法和技巧，能夠精細化設計不同應用類型的圖標；能夠在介面設計中熟練應用像素圖像和向量圖形，掌握介面資訊圖像的設計方法。

5.1 圖標設計

5.1.1 圖標設計概述

1. 圖標的應用

1. 圖標的應用圖標（Icon）作為一種重要而基本的承載功能的視覺元素，以各種規格、形式存在於電腦、行動系統、軟體、網站、多媒體應用、遊戲以及其他各種平臺和應用中。

2. 什麼是圖標

在漢語中我們經常分不清標識、標誌、圖標三個詞。而在英語中它們卻是完全不同的三個詞，我們可以借此來區分一下這三個詞的概念，如圖 5-1。

標識（Sign）：符號、指示牌。

標誌（Logo）：品牌識別的重要載體。

圖標（Icon）：具有明確指代含義的電腦圖像，UI 中承載功能的圖像符號。

「icon」這個詞起源於希臘語「eikon」，原意為圖像，在字典裡被定義為宗教的「圖騰」「聖像」，後來又引申為「偶像」。隨著電腦圖像操作介面的出現，icon 被賦予了新的含義：具有明確指代含義的電腦圖像。

漢語中圖標的概念有廣義和狹義之分：

廣義——具有指代意義的圖像符號，它像徵眾所周知的屬性、功能、實體或概念。具有高度濃縮並快捷傳達資訊，便於識別、便於記憶的特性。

狹義——電腦軟體介面中的圖標，應用程式以及軟體中某些功能的圖像替代物，如程式、數據、按鈕等。

圖標在電腦可視操作系統中扮演極為重要的角色，它不僅可以代表一個文檔、一段程式、一個網頁或是一段命令，還可以透過圖標執行一段命令或打開某種類型的文檔。

在 UI 設計課程裡，我們將圖標設計定義為：人機圖像互動介面中具有功能性作用的圖像符號設計。

3. 圖標的特性

（1）操作系統桌面圖標偏重於軟體標識、數據標識、狀態指示，介面圖標偏重於功能標識、命令選擇、功能切換、狀態指示。

（2）圖標是一個顯示設備區域，透過圖像化的方式來表示對象和相應的操作。

（3）圖標主要是與使用者進行視覺的溝通（互動性的按鈕圖標中也可以施加音效，但不足以透過聲音識別其概念和功能）。圖標設計的概念傳達重於視覺美感。

圖5-1 標示、標誌、圖標

4. 圖標的規格

*.ico 是 Windows 操作系統裡面最常見的圖標檔案格式，這種格式的圖標可以在 Windows 操作系統中直接瀏覽。一個 *.ico 圖標實際上是多張不同格式圖片的集合，還包含了一定的透明區域。由於電腦操作系統有不同的顯示介面，以及顯示設備具有多樣性，導致了圖標有不同的規格，如圖 5-2。圖標通常都是一個正方形的像素矩陣，在 Windows 操作系統中圖標大小為 16~512px，亦有一些系統使用向量的圖標。

現在，隨著行動裝置的不斷更新，圖標的規格也隨之不斷變化，通常需要根據不同的行動裝置及系統輸出不同規格的圖標。如圖 5-3 是 iPad APP 在不同應用場景中的不同規格的圖標。

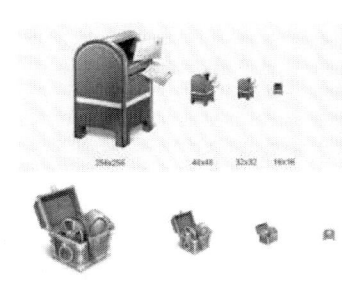

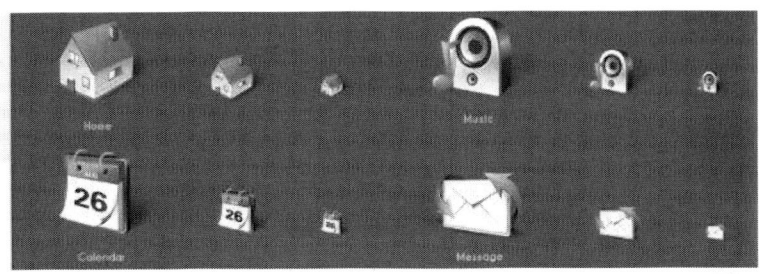

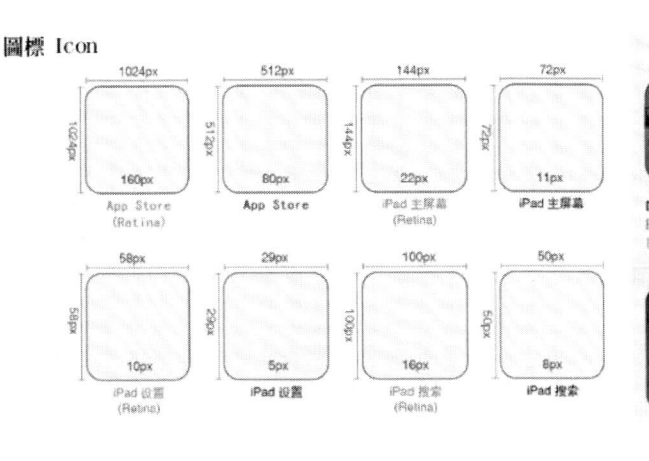

圖5-2

圖5-3

5.1 圖標設計　133

UI 設計

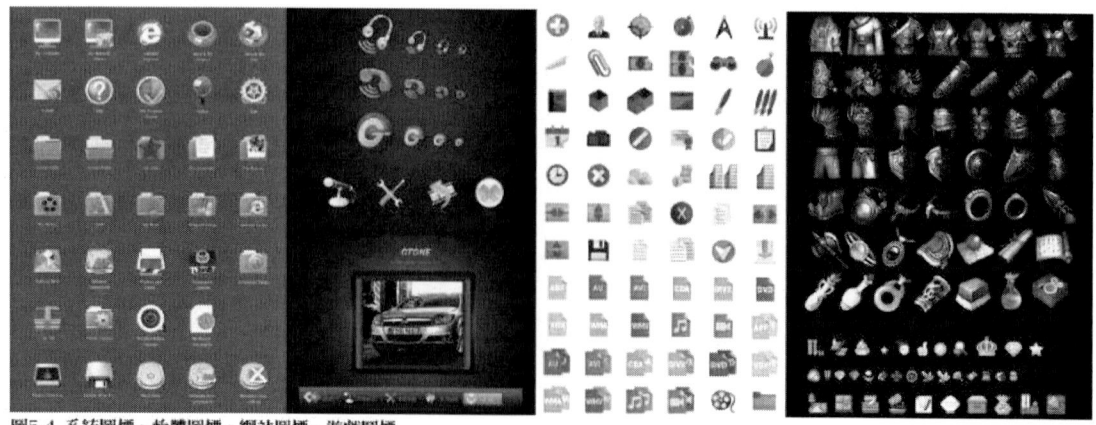

圖5-4 系統圖標、軟體圖標、網站圖標、遊戲圖標

5. 圖標的類型

圖標按不同的標準可以劃分成互有交集的很多類型。

不同的平臺：電腦或行動終端操作系統圖標，其他數位設備介面圖標（智慧型家電、汽車等）。

同一平臺：系統圖標、軟體圖標、網站圖標、遊戲圖標等，如圖5-4。

在某一個應用程式的 UI 中（如遊戲）：導航圖標、道具圖標、等級圖標、表情圖標、人物資訊圖標等。

不同的設計風格：擬物化的圖標、扁平化的圖標。

不同的實現方式：手繪圖標、向量繪製圖標、3D 圖標、圖像合成圖標等。

5.1.2 圖標設計的創意

之所以用圖像而不用文字來表示概念，是因為圖像比文字更直觀（提升可用性）、更具情感性元素（提升情感體驗），但是圖像沒有文字表意準確。因此，圖標設計的核心思想就是要儘可能地發揮圖像的優勢。

1. 以使用者為導向

根據專案需求，透過前期的使用者研究瞭解目標使用者的認知層次和共性特徵、地域特徵，使用使用者理解的視覺語言和使用者喜歡的設計風格來進行 UI 設計。以使用者為導向是圖標設計的核心思想。如圖5-5，為了讓不同地區、有不同信仰和文化背景的人都能較好地理解圖標的含義，紅十字會使用不同的會標。

紅十字　　紅新月　　紅水晶

圖5-5 不同地區的紅十字會圖標

2. 從功能性出發

圖標是承載介面互動功能的對象，使用者對一個圖標進行操作是為了完成一項互動功能。功能是第一位的，首先 UI 設計要滿足互動功能的需要，然後才是美感和其他方面的需要。

3. 圖標的識別性

見形知意，看到 UI 中的一個圖標就明白它所代表的含義和指示的概念。要使這個概念快速準確地傳遞給，這是圖標設計的靈魂。如圖5-6，選擇照相機的形象來指代「攝影、攝像」的概念，相對而言，右邊組圖的六個圖標選擇了大眾熟悉的形象，其識別性高於左圖中的兩個圖標。

汽車數位儀表板的介面中，圖標一定是簡單明瞭的，且具有非常直觀的可識別性，駕駛者只需要餘光一瞥就能準確理解它的含義，以利於駕駛安全。試想，如果介面設計得不夠直觀，比如車門未完全關閉、未繫安全帶、發動機故障等圖標晦澀難懂，

134　第五章 UI 圖像設計

會使行車的不安全因素得不到順利的傳達，或使駕駛者分心造成安全隱患。此外還要考慮以下因素。

(1) 不同功能之間的識別

在很多的圖標中，或者在一組系列的圖標中要考慮圖像之間的差異性，每一個圖標都要表達一個完整的互動概念，具有很強的獨立性、完整性。如果兩個元素不是很像，那麼乾脆讓它們徹底不同，因為微小的區別會引起混淆，讓使用者難以辨認，從而降低互動效率。這一點很重要，也很容易被忽略。

如圖5-7，三組圖標內都有相似度較高的圖標。比較典型的是中間的一組以紅色絲帶纏繞為造型特點的圖標，強調了表現形式的獨特性卻忽略了識別性，多組造型相似的圖標使概念的呈現含糊不清。

(2) 不同尺寸下的識別

圖標常常要適用於不同的設備和不同的解析度，極大或極小的尺寸規格，常常會使用不同的構圖、細節表現和繪製方法（極小的圖標往往會使用像素畫的方法），但是要在視覺上保證對圖標認知的一致性，如圖5-8。

(3) 為不同的使用者所識別

圖標要能被不同地域、不同類型的使用者所理解和接受，它是一種通識的圖像語言，這也是圖像相對於文字的優勢。

4. 合理運用圖像的隱喻

圖標是具有明確指代含義的圖像符號，多義性是圖像的特點之一，但圖標只能有一個含義，因此，對圖像進行設計時必須無歧義地表達圖標的含義。

隱喻是圖標設計中使用的必要的思維方法，要找出物（能指）與現實（所指）之間的內在含義和關聯。在介面的圖標設計中，成功構築隱喻關係的第一步是準確瞭解使用者需要，透過概括、歸納、想像建立事物之間的聯繫，然後針對這些聯繫來尋找其現實世界的隱喻對象。這就要求設計師對生活進行細微的觀察和豐富的聯想。

如圖5-9，右圖中表現「回收站」概念的圖標，可循環使用的垃圾桶比碎紙機更貼近使用者的心理模型，因為碎紙機是不可逆的操作，不能夠表達被刪除的對象可以恢復這一概念。

5. 圖標的圖像本身避免出現文字和操作介面中的元素

常常文字會配合圖標一起出現，比如桌面的程式圖標下會有相應的文字，其目的是對圖標的概念進行輔助性的說明，相當於多了一個傳達資訊的通道。但是通常設計圖標時，如果圖像本身就能夠明確地指示概念，那麼圖像中就要避免出現說明性的文字元素（圖5-10中系列軟體的程式圖標是例外）。此外，圖標和操作介面設計元素風格要一致，但不宜使用完全相同的視覺元素，以免造成層次的混亂。

6. 合理運用現存圖標中通識的概念元素

在使用圖像指代概念、功能時，使用大家通識的、約定俗成的視覺元素。比如在系統、軟體、網站UI中，工具盒齒輪造型的圖標代表的是功能設置，可以提取並沿用這個概念設計不同形態的工具盒齒輪造型圖標，如圖5-11。

7. 適度的元素數量和細節表現

過於簡單的形象或者缺乏應有的細節會導致指示概念不明確，而過多的圖像元素和細節會分散意識焦點，加重使用者的認知負擔，降低可用性和互動效率，要選擇最能指示概念的形象並強調和突出它，如圖5-12。

8. 整體性和可延續性

在一組成套的圖標中，需要有共性的視覺元素使它們形成一個整體，而且這種共性的視覺元素能夠在設計新的功能圖標中得以延續。如果這種共性使圖標整體看起來協調並特徵明確，那它更具視覺感染力、更專業、更容易提升使用者經驗，如圖5-13。

需要注意的是，共性的視覺元素可以增強統一性和秩序感，幫助使用者建立聯繫和連貫性，但是要把握尺度，單純和過多的重複會讓人厭煩。

UI 設計

圖5-6 照相機圖標

圖5-7 圖標的識別性——不同功能

圖5-8 圖標的識別性——不同大小

圖5-9 圖標的隱喻

圖5-10

136　第五章 UI 圖像設計

圖5-11 合理運用現存圖標中通用的概念元素

圖5-12 適度的元素數量和細節表現

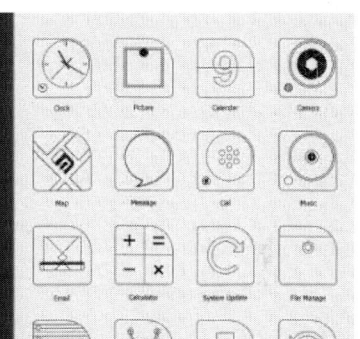

圖5-13 整體性和可延續性

圖5-14 與環境的協調性

9. 與環境的協調性

圖標存在於介面環境中，是介面的一部分。因此，圖標的設計，要考慮圖標所處的環境與介面的風格是否統一，如圖 5-14。

比如以電影《聖戰騎士》為主題設計介面，可以考慮用騎士的裝備如盔甲、劍盾，騎士的紋章、封印、寶石等為元素來進行擬物化的圖標設計。

如果介面是扁平風格，可以考慮用一些簡單的平面符號或者圖像來設計圖標。

此外，建立圖標秩序感可以運用對齊，對齊提供一個視覺的「錨點」，介面中總是可以找到參照點來對齊，以使頁面顯示統一。

10. 視覺效果

圖標在滿足基本功能的需求上，可以考慮更高層次的需求——情感體驗。

5.1 圖標設計　137

圖標設計的視覺效果，取決於設計師的天賦、審美和藝術修養，這也需要大量的實踐和積累，需要從各種繪畫和設計作品中汲取營養。

對初學者而言，多看、多模仿、多創作、多思考，掌握理論、由技入道是這種實踐性課題必經的途徑。

11. 原創性

原創性對設計師提出了更高的要求，原創的、風格強烈的圖標更能在第一時間吸引使用者，給使用者留下深刻印象，典型的例子是智慧型手機自定義的系統圖標和 UI。

切忌用網上收集來的素材進行野蠻的拼湊，各種風格視覺元素的堆砌必然導致圖標和整個 UI 的粗製濫造、水準低下。

5.1.3 圖標設計的原則

1. 遵循系統技術規範，根據需要的尺寸和色彩深度進行設計

以行動裝置為例，比如 2014 年小米手機主題徵集中規定的圖標規格為 136×136px，而同時期華為手機主題徵集圖標規格為 180×180px 的正方形。通常設計時需要參閱相關的設計規範文檔，並配備相關設備及所要求的系統（如小米手機圖標需要適配帶有 MIUI 系統，480P 或 720P 的兩種解析度的機器），以方便在行動裝置檢校，以更好地適配設備。（圖 5-15）

2. 向量圖和像素圖的結合運用

如第一點所描述，通常圖標在某個尺寸範圍內需要適應並創建多種規格，因此創建一個經得起任意縮放的向量圖形，可以解決這一問題（因為在對圖標進行縮放後，圖標像素會降低，而向量圖形則可以無限縮放）。但是在某些情況下，向量繪圖並不是圖標設計師們的最佳方法，由於許多圖標的尺寸非常小，向量圖標往往不能很好地呈現像素級規格為 16px 或 8px 的圖標，必在指定尺寸內繪製，因此需要將向量圖和像素圖結合運用。如圖 5-16 分別為向量圖和 PNG 位圖兩種格式、不同大小圖標的對比。

3. 色彩、光線（包括反光、陰影）、材質的統一

如圖 5-17，色彩、光源等細節會影響圖標的整體性和畫面質量。在操作系統或大多數軟體介面中都是將左上方設置為主光源，圖標在操作系統中有不同的光源，但每一個單元的圖標光源是一致的。

4. 空間分佈合理，透視角度統一

如圖 5-18，為有空間透視關係的系列圖標設定一個虛擬的攝影機視角。如圖 5-19，左邊的兩組圖標比較穩定地分佈在網站介面的四邊，呈中心透視；右邊兩組圖標則是將視角統一設置為頂部視角和側上方視角。

5. 細節的合理運用

細節的合理運用既要做加法，也要做減法。在需要細節的地方做合理的表現。如圖 5-20，可以將圖標解析為不同的元素和圖層進行增加和減少。

6. 寫實技巧和象徵手法的平衡，保持圖標設計的圖標化

如圖 5-21，寫實不同於寫生和描繪，它不是完全的照搬，而是根據對象的特徵進行提取和主觀的

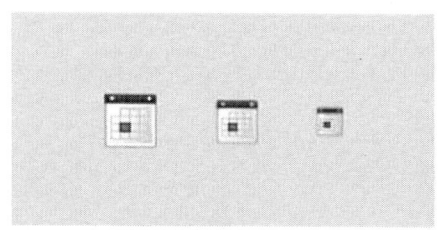

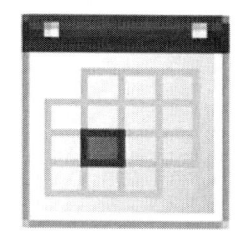

圖5-15 同一圖標的不同規格

圖5-16

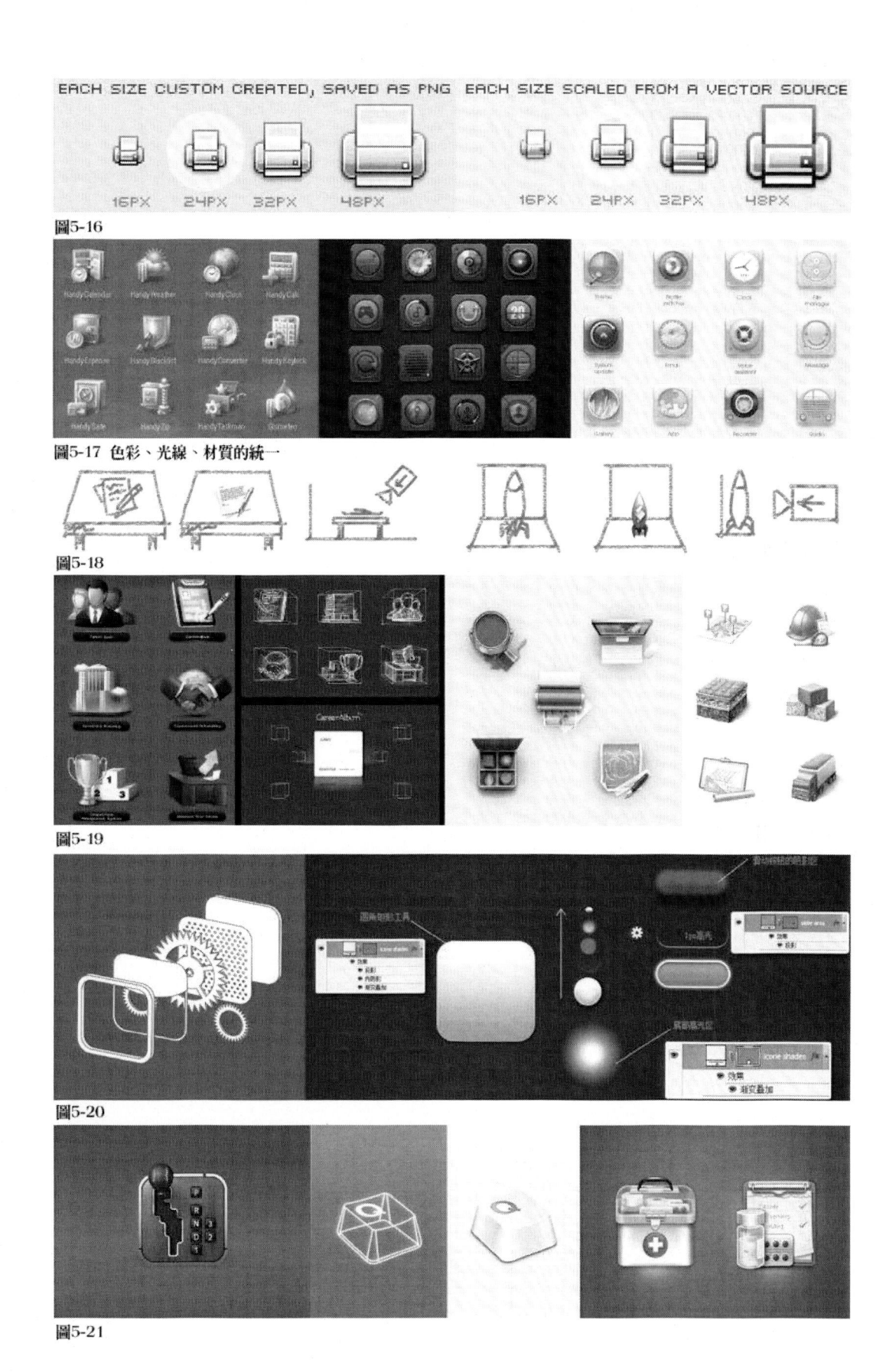

圖5-17 色彩、光線、材質的統一

圖5-18

圖5-19

圖5-20

圖5-21

再創造，參照物體的特徵進行寫實化表現，並引導造型和構圖更接近所要像徵的概念。

5.1.4 圖標設計的方法和流程

1. 瞭解圖標設計的服務對象需求和軟硬體技術參數

根據設計需求和前期使用者研究的內容，透過人物角色來指導介面視覺風格方向，確定圖標的風格，軟硬體技術參數決定了圖標設計的規格和相關參數。

2. 收集已知相關圖標設計

（1）專案的前期設計。

（2）競爭對手或類似專案設計。

（3）圖標設計高端。

3. 制定設計策略、設計方案、設計主題和風格

給圖標做出與風格相關的定義，比如：扁平——擬物；抽象——具體；簡約——精緻；古典——現代；卡通——寫實；純色——彩色；柔和——絢麗；有框——無框。

4. 前期創意

（1）腦力激盪在理解了功能需求和設計定位後，需要收集很多關於「概念（詞彙）——物品（圖像）」之間能相互轉化的元素，用生活中的物或其他視覺產品來代替所要表達的功能資訊或操作提示。例如音樂，我們會想到音符、光碟、音樂播放機、耳機等。但到底選擇什麼來表達呢？原則上是越貼近使用者的心理模型越好，用大家常見的視覺元素來表達所要傳達的資訊。

設計師的想法和靈感可能隨時都會產生，但有時也需要靠不斷激發來獲得。通常概念的產生需要經過腦力激盪的過程，在這個過程中，首先由參與者選擇一個啟發性的主題，然後圍繞這個主題不斷地延伸和擴展，從而產生很多想法。腦力激盪的過程通常需要依賴參與者的各種經歷，這些經歷和經驗會直接或間接地觸動靈感的激發。腦力激盪是追溯經歷、啟迪概念、引導未來的有效方法。

視覺設計開始之前，可以嘗試先做概念的發散聯想（圖5-22）。

①音樂：音符、樂譜、頻譜、波形、電臺……

光碟、唱片、磁帶……

留聲機、錄音機、CD機、耳機、麥克風、DJ臺……

編鐘、二胡、豎琴、鋼琴、小提琴、圓號、薩克斯、吉他、貝斯、架子鼓……

圖5-22

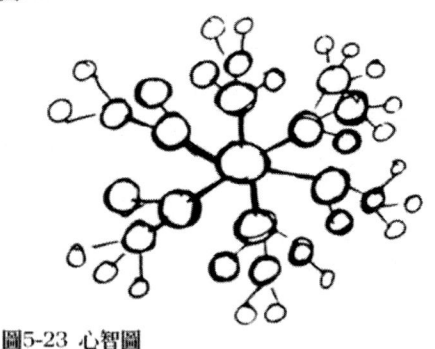

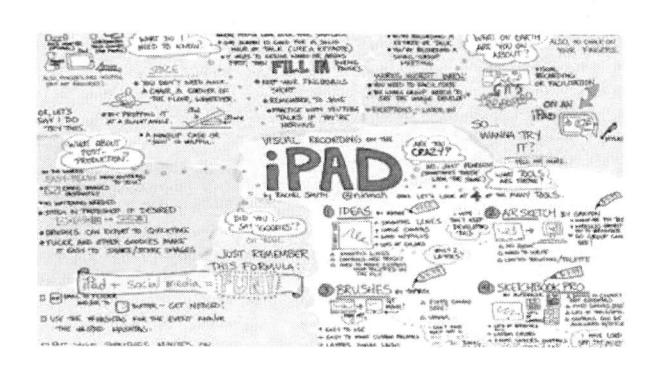

圖5-23 心智圖

貝多芬、帕瓦羅蒂、貓王、麥可‧傑克森、周杰倫……

②時間：沙漏、日晷、年輪……

掛鐘、古董鐘、鬧鐘……

日曆、手撕日曆、臺曆……

懷錶、手錶、電子錶、數位儀表板……

讓思維從一個點出發，呈放射狀發散。這樣的方式主要用來整理思維的多種可能性，並可以對每種可能性進行深入挖掘。如圖 5-23，就是將這種髮散思維用外掛的方式進行可視化呈現的一個例子。將一個核心的概念作為一個思考中心，並由此發散出多個節點，以此遞進。根據設計風格和需要逐步提取可以代表核心概念的詞彙和元素。

（2）眼力激盪

腦力激盪是一個激發靈感的過程，參與者透過對主題的演繹，生成許多與最初概念相關聯的關鍵字彙，並引發隨之而來的創意靈感。腦力激盪也可以用視覺化的方式，在腦力激盪的過程中，使用各種簡略的草圖來闡釋相關想法與概念之間直接或間接的關係，這可以稱為「眼力激盪」。

具體操作時，可以運用大量的詞彙描述一個關鍵的概念及其相關的範圍。腦力激盪或者眼力激盪的參與者可以用最簡單的詞彙和圖像作為交流概念的手段。

眼力激盪中，最好是用鉛筆在紙上勾勒草圖，並思考用什麼圖像符號代表什麼樣的概念、功能和操作。紙上草圖的勾勒能在第一時間抓住設計的靈感，剛開始不必過多地考慮圖像的美感，主要是提取和表示概念。草圖是推進概念深入的強大動力，尤其是在前期的構思階段，對細節過於糾纏反而會阻礙思維的發散，失去創新機會。因此，簡略的草圖有助於迅速捕捉概念的本質，而過於嚴謹的草圖可能不利於發揮想像力，如圖 5-24。

在腦力激盪和眼力激盪階段，可以大量收集相關圖片，並把它們貼在牆壁上，營造視覺環境、啟發靈感，如圖 5-24 的靈感牆。

這一階段重要的是在理解設計需求的基礎上，確立每個功能圖標的定義，否則將導致使用者難以理解設計的結果，這決定了圖標的可用性。視覺審美和可用性有時候還存在矛盾，需要在兩者之間取捨和權衡。

5. 設計草圖

這個階段需要把前期的創意繪製出來，檢驗視覺關係，在草圖上進行推敲，避免數位圖像生成後再返工。

（1）草圖設計階段，對在眼力激盪階段繪製的元素草圖進行提取和重新繪製，使其更符合透視、空間屬性，特徵更為鮮明，加入更多的細節，如圖 5-25。

（2）進一步對元素進行組合和構圖設計，此時需要考慮最初的風格。可以做幾種構圖和組合方式，選擇概念清晰、視覺效果好的方案進行深入。如圖 5-26，推敲元素之間的組合方式。

設計草圖要點：①確立圖標的結構和含義；②確定圖標的外形和比例；③確定視角和透視關係；④光源方向和圖標明暗區域；⑤確立統一的風格樣式，以指導後續設計。

（3）收集設計相關圖像資料。不僅要收集現成的圖標資料，還要收集表達概念的相關視覺元素的圖片資料，以及細節表現的參考資料（如材質紋理等），為下一步數位圖像的繪製做好準備，如圖 5-27。

6. 製作數位圖像

將整理過的草圖導入設計軟體中繪製數位圖像。這一階段，無論是使用 Photoshop、Illustrator、Fireworks、Flash、Freehand，還是直接用立體軟體製作圖標，設計師可以根據自己的需要來選擇自己最熟悉的軟體，或者選擇後續開發時最方便使用的檔案格式的生成軟體。另外還有一

圖5-24 靈感牆和草圖

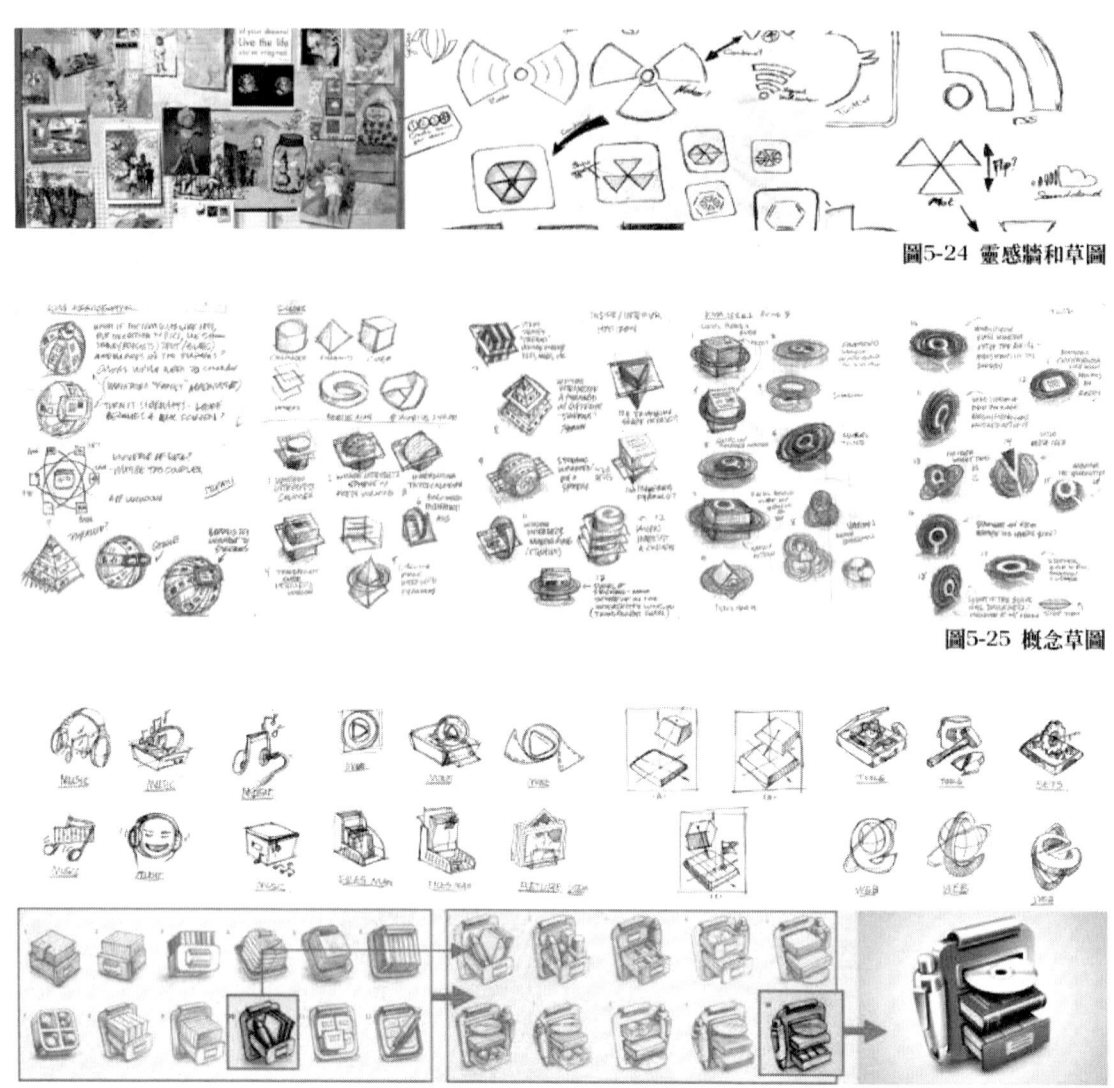

圖5-25 概念草圖

圖5-26 草圖的推敲過程

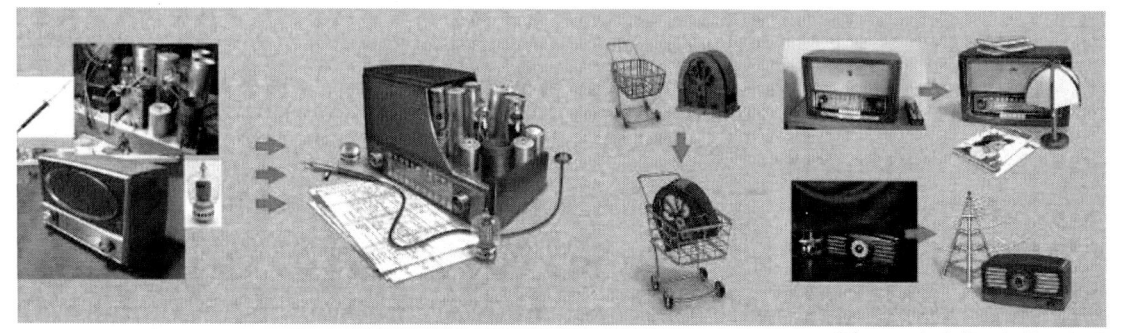

圖5-27 參考提取細節及合成

些獨具創意的設計師用泥塑、軟陶、布藝等，透過手工製作結合後期攝影和合成來創作圖標。

這裡對這幾個軟體做一些簡單介紹，如常用的軟體 Photoshop、Illustrator 和 Flash 等。

(1) Photoshop

基於點陣圖，可以用平時畫畫的方式直接繪製，當然，最好使用數位板。

使用 Photoshop 軟體繪製像素風格的圖標非常方便。可以使用 Photoshop 直接進行動態圖標的創作，也可以輸出帶圖層屬性的檔案，導入 After Effects 或 Flash 裡面進行動態圖標的創作。

(2) Illustrator

基於向量圖，是繪製向量圖的強大工具，單從繪製方面來說它比 Flash 更強大和快捷（如網格漸變功能，Flash 需要分很多對象做漸變），如果要繪製非常細膩、寫實的效果，Illustrator 是首選。

(3) Flash

基於向量圖，可以非常方便地繪製並製作動態圖標，並且 Flash 本身具有強大的互動功能，可以實現 UI 的設計和互動。

當然，這幾個軟體都是 Adobe 公司開發的產品，檔案之間的轉換、共享及使用都非常方便。此外，根據不同的需要，也可以藉助立體和後期特效軟體進行靜態和動態圖標的設計。

7. 發佈階段

(1) 電子檔案成品，生成相應的圖標檔案格式。

(2) 應用測試。

(3) 回饋與修改。

(4) 成品發佈。

5.1.5 圖像聯想與訓練

由任課教師命題，學生根據命題展開聯想，最終將思考的過程繪製成一系列的圖像。圖像聯想與訓練的過程類似於前面所講到的腦力激盪和眼力激盪過程，也是使用各種圖像來闡釋想法與概念之間直接或間接的關係。不同點在於這一階段練習的目的在於釋放學生的想像力，並使他們養成用紙筆手繪快速表達想法的創作習慣，而不過多地受到圖標設計中可用性和功能指代的限制。

這一圖像聯想的訓練，借鑑了林家陽教授「圖像創意」課程中的一些理念和方法，並根據本專業、本課程的特點提出了一些針對性的要求，如繪製圖像形態的圖標化，兩個圖像之間演變過程的動態化，圖像聯想和演繹過程的描述，等等。

本階段教學中課堂練習的建議：

視覺聯想的系列圖像可以由一個同學來完成，或者由兩三個同學交替進行圖像的推演，教師也可以參與其中。這本身是具有偶然性的有趣過程，在此過程中草圖可以繪製得非常簡略，當想法完成後再對草圖進行進一步的繪製，不要求非常深入，但要易於識別、具有圖標感。

每一項練習學生都要製作 PPT 進行演示和講解，將圖像聯想和演繹過程配合自己設計的 PPT 進行描述，這可以檢驗學生的設計思路和鍛鍊學生對設計思維的表達能力。另外，個別作業讓設計者以外的同學進行描述，他人解讀時因為圖像的多義、歧義所造成的誤讀對學生具有啟發意義。

1. 基本元素和形的視覺聯想

生活中每一件具體的事物都可以抽象為最基本的幾何形體，因此基本形也具備無限聯想空間。聯想思維是發散的，即從一個目標出發，沿著各種不同的途徑去思考，探求多種答案。心理學家認為，發散思維是創造性思維的最主要特點，是測定創造力的主要標誌之一。創意可以理解為意料之外、情理之中。設計者在這種思維的樹狀發散過程中，在每一個節點分支中選擇巧妙和有趣的選項，逐步形成創意。

內容：點、圓形、三角形、方形的連續循環聯想，可在起始或結束位置選三種基本圖像的任意

兩種進行設置，要求圖像過渡巧妙自然。圖像的過渡可以是意義的關聯，也可以是形象的關聯。（圖5-28、圖5-29）要求：每位同學繪製兩組圖像，每組10～15個。每位同學製作一個PPT，圖像和設計思路的說明文字分頁顯示。

2. 表情的置入和聯想

人們習慣將事物進行擬人化的聯想。如最「囧」建築，早期網路表情笑臉「:)」「^_^」，汽車前「臉」，車燈稱為「天使眼」，進氣柵格的特徵可以是「大嘴」。這一聯繫旨在啟發學生的創造性思維，將表情的元素植入圖像，培養對熟悉事物擬人化思考的能力。也可以作為後續表情圖標設計的創意思維訓練。

內容：使用眼睛、嘴巴等具有表情特徵的元素進行創意，可以是對外形與之相似物體的替代和設計，也可以是將表情元素置入能聯想到表情的物體中。（圖5-30、圖5-31）

要求：每位同學繪製15個圖像，對其中2個以上的圖像進行上色並有細節描繪、圖表化。每位同學製作一個PPT，圖像和設計思路的說明文字分頁顯示。

3. 物體的造型及其可塑性表達

圖標設計最重要的一點是：使用者能不能立即辨認出你設計的圖標。無論是時鐘還是鉛筆，它所表達意義的識別性必須一目瞭然，必須具備經典的隱喻特徵。但是圖標設計又不是單純地再現真實的物體，透過視覺設計，任何事物都可以透過重構創造不同於現實生活中物體的形態，形成獨特的藝術和視覺效果。圖標設計也是一樣，如彎曲打結的鉛筆圖標、方形的高爾夫球圖標、奶酪質感的月球圖標、老鼠形象的滑鼠圖標等。透過對物體的想像，同構、重構或對某一形的改變，可以產生新的視覺感染力。

圖像的可塑性及想像是圍繞一個單獨的形象元素進行多角度的想像、變形，賦予圖像新的視覺效果和藝術效果。

在一本雜誌的圖標教程裡，兩位點陣圖標設計師Vu和Min Tran討論了他們關於鉛筆圖像設計的過程：「圖標需要突出對象的最典型特徵，表現它所表達的概念和細節。」

如表現鉛筆的形像一般有三種選擇：

第一，棱柱形的筆身、光澤釉塗層。

第二，棱柱形的筆身、尾部橡皮擦、白色金屬環。

第三，圓柱狀筆身，沒有橡皮擦。

如圖5-32，紅色框部分為鉛筆典型特徵部分，是在變形和重構中所要保留的特徵，使用者更容易識別。有時候，一些對象會過於複雜，或者過於簡單，必須列出它們的特點，畫出具體的形象。鉛筆上的橡皮擦、白色金屬環成為表現鉛筆形象的經典元素。

作業方法：

一是需要做簡化，抽象事物圖像的特徵，確定可變部分和不可變部分，保留最具有事物特徵的部分，這部分可以是外形形狀特徵，也可以是材質紋理特徵。如圖5-33，左圖水果圖標僅僅改變了輪廓的形狀，就帶來了新鮮別樣的感受；右圖奶酪月球圖標中，不變的是月球外形和環形山，可變的是質感和紋理，將奶酪和月球的共同特徵合為一體。

二是多角度的想像、變形、重構，如抽象變形、軟化，與其他事物組合、同一事物的不同狀態，錯位、分離，改變材質和紋理、改變視角等。（圖5-34、圖5-35）

5.1.6 圖標細節設計和表現

1. 平衡

簡單地說，平衡就是視覺上重量的平均分配，使構成圖標的各組成元素在視覺力量上保持一種均衡、穩定的狀態。理解圖標的平衡需要研究的三個相關的視覺因素為：圖標各組成元素的重量、位置、佈局，如圖5-36。

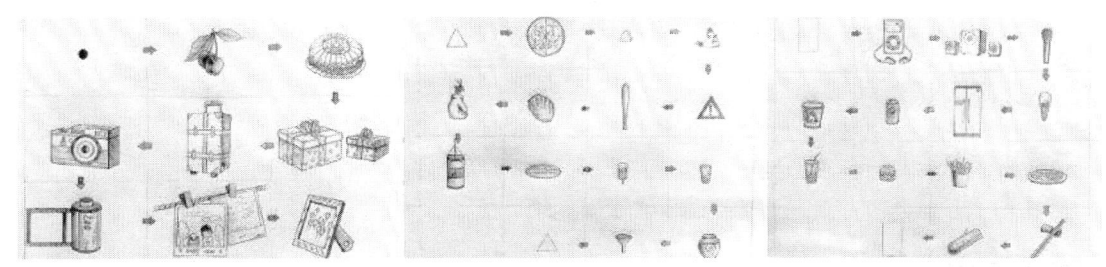

圖5-28 學生作業（高明）

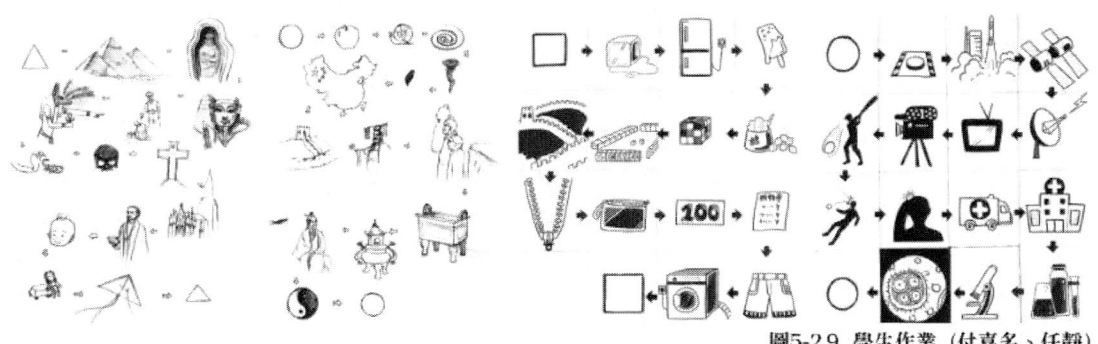

圖5-29 學生作業（付喜多、任靜）

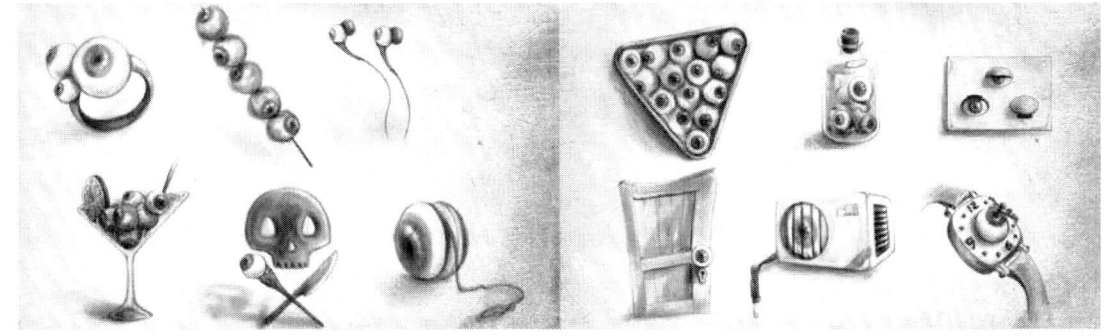

圖5-30 學生作業（蒙珠）

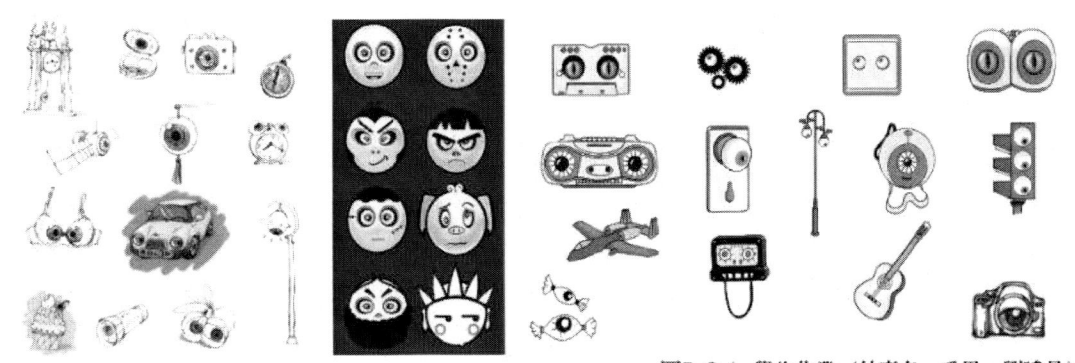

圖5-31 學生作業（付喜多、禹果、劉曉是）

5.1 圖標設計　145

圖5-32 鉛筆圖標

圖5-33

圖5-34 學生作業（付喜多、高明）

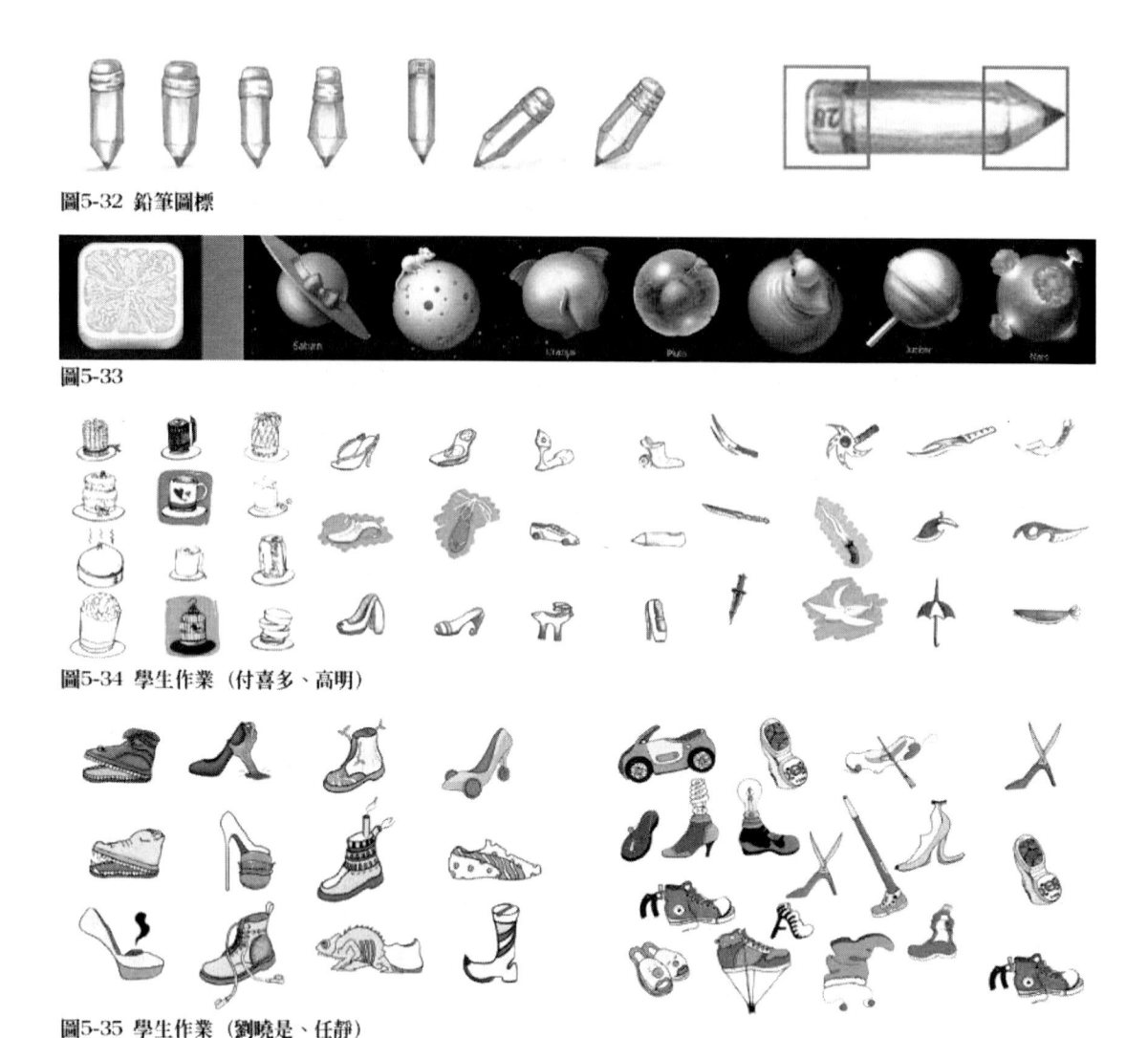

圖5-35 學生作業（劉曉是、任靜）

2. 對比

如果說平衡搭建了圖標各組成元素之間的穩定，那麼對比就是在穩定中的動態點綴。這裡說動態並不是說要真的讓元素動起來，而是要有「變化」。可以變化的因素包括大小、顏色、字體、重心、形狀、紋理等。對比與調和就是形式美的變化與統一規律，如圖 5-37。

3. 焦點和主次

構成一個圖標的若干元素中，首先看到的地方即為焦點，要透過主要的構成元素傳達主要資訊，如果元素沒有主次，反而什麼都強調不了，最後會造成視覺的混亂。讓一個元素成為焦點有如下八種方法（都是透過對比，圖 5-38）。

（1）靜態中的動態元素。

（2）色彩屬性與其他不同：如半透明顏色中的不透明色，無彩色中的有彩色，低明度中的高明度元素等。

（3）模糊環境中的清晰元素（可以模擬景深）。

（4）方向不同（如與整體動勢和指向相反）、位置上的區別。

（5）材質的不同（如有金屬光澤）。

圖5-36 平衡

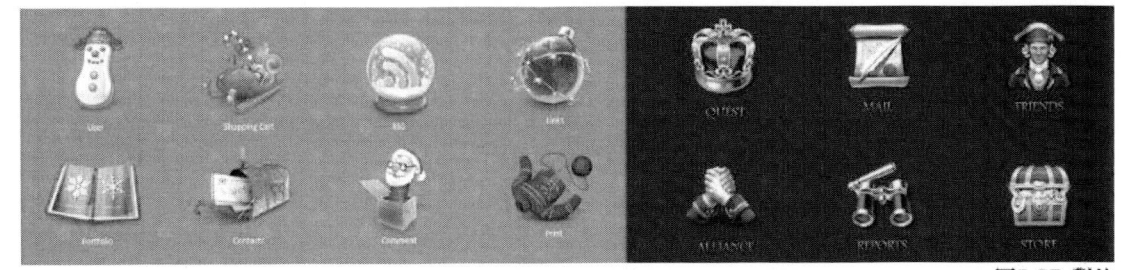

圖5-37 對比

圖5-38 焦點和主次

(6) 占據視覺中心位置，或其他元素都指向這個元素。

(7) 形狀與其他元素不同。

(8) 在最上面的圖層和視覺層，或將其描邊加框隔離開來。

4. 細節和質感表現（專項練習）

關於質感的講解部分參見4.3.5。

這部分可設置關於材質的專項練習，著重對光線、色彩和紋理的細節進行刻畫，把握對圖標的質感表現。手繪或軟體製作，要求儘量呈現設計草圖、製作步驟、展示圖層或3D模型，如圖5-39、圖5-40。

學生作業評論——質感表現作業1（圖5-41）

優點：對不同材質的特徵表現到位，繪製過程清晰完整。不足：細節仍需深入，特別是石材部分。

作業正好體現了不同材質的主要特徵。

金屬：質感堅硬，亮點比較集中，光滑的金屬亮點呈高亮狀態，轉角或破損的地方往往比較銳利等。

玻璃：透光性強，亮點比較集中，如果是磨砂的亮點就比較分散。透光性強體現在其反光較強。

寶石：寶石最重要的一個特點就是多色性，如果有一束白光進入一塊有色的雙折射寶石，互成直角，而振動的光被吸收程度也不同，從而使每一條光有一種顏色，這種現象稱為「多色性」。雙折射寶石可以不出現多色性，但如有多色性，則必為雙折射，單折射寶石不可能有多色性。

石頭：厚重，質地堅硬，表面比較粗糙，亮點比較黯淡。

學生作業評論——質感表現作業2（圖5-42）

優點：透過塑造不同材質組合的容器，理解了材質之間的組合和對比關係。不足：細節還需深入，

5.1 圖標設計 147

圖5-39

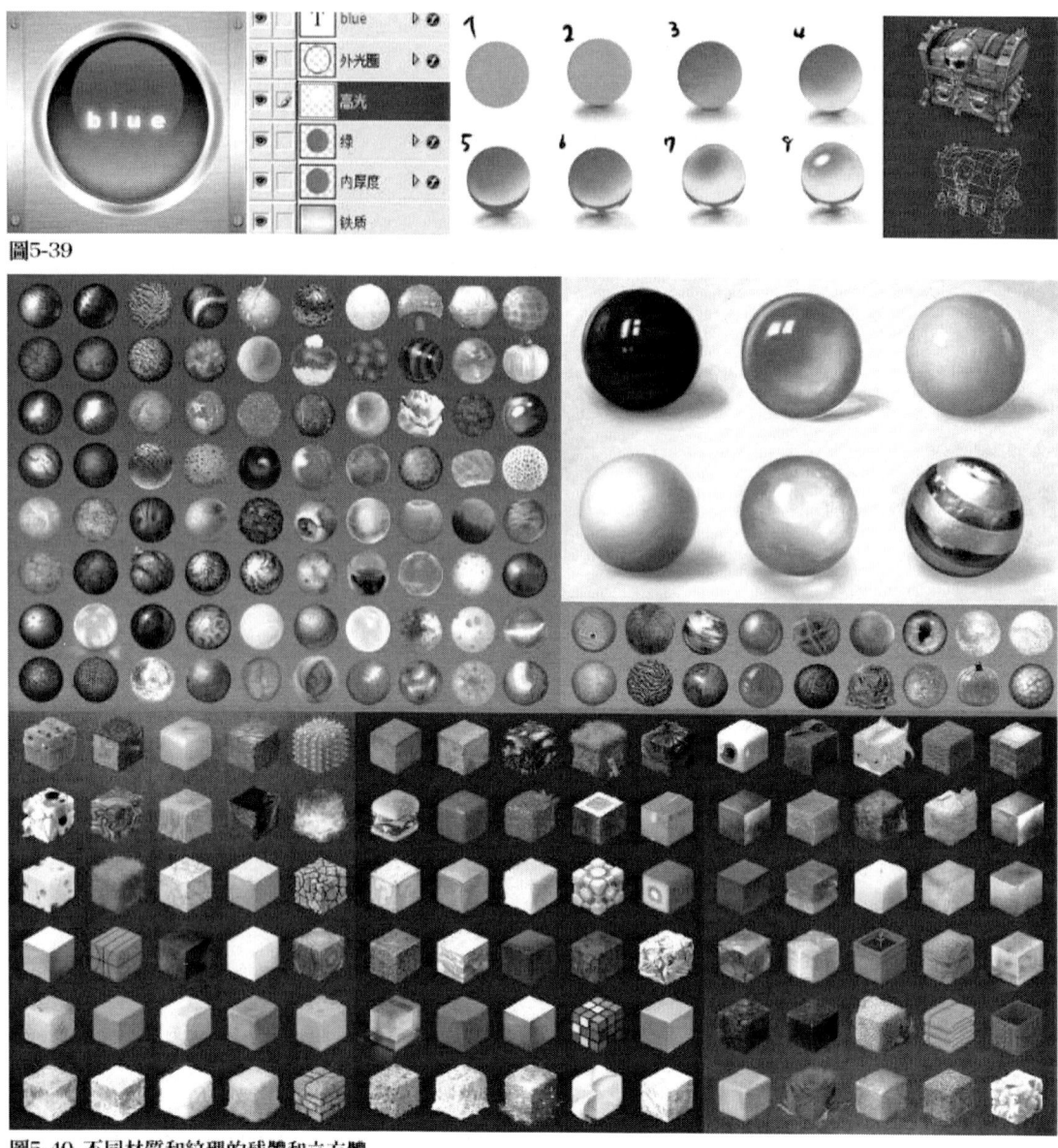

圖5-40 不同材質和紋理的球體和立方體

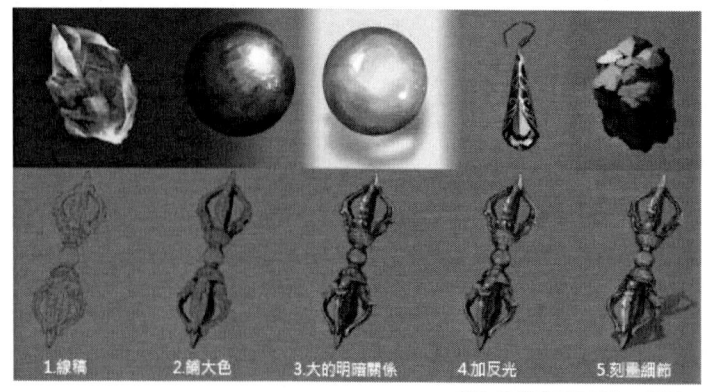

圖5-41 質感表現作業1（龔誠）

1.線稿　2.鋪大色　3.大的明暗關係　4.加反光　5.刻畫細節

圖5-42 質感表現作業2（李曉杰）

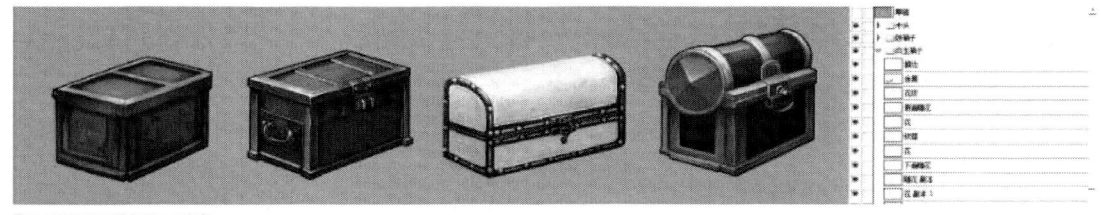

圖5-43 質感表現作業3（李丹）

可以讓紋理和色相更富有變化。作為一組圖標，光源不統一，需要考慮整體的空間關係。

學生作業評論——質感表現作業3（圖5-43）

優點：嘗試用不同造型的箱子來進行材質的表現，對不同的金屬質感如銅和鐵等的表現，以及金屬和木材、皮革的對比，效果較好；繪製過程清晰，圖層分組和命名較為規範。不足：表現風格、視角不統一，不成系統。

質感表現實例解析1——水晶體的繪製過程解析（圖5-44）

第一步：草圖繪製階段。注意整體，先把大的造型結構繪製出來，細節可以忽略。

第二步：把物體的體積繪製出來，統一光源，再確定物體的內部結構。

第三步：強調物體的質感，因為它是水晶鑽石材質，所以要強調它的反光，確定亮點。

第四步：注意整體效果，深入刻畫，添加細節。

第五步：給物體添加發光效果和背景。

質感表現實例解析2——鐵框木箱的繪製過程解析

（1）收集各種造型的箱子圖片素材，提取可用元素，繪製草圖。（圖5-45）

（2）確定光源，描繪素描關係，分區域調節色相。（圖5-46）

（3）分區域並分層著色，用不同的畫筆逐步刻畫紋理和細節，同時調整局部的色彩變化，最後修整描邊輪廓，完成繪製。（圖5-47）

正如前面講到的，質感元素的運用，不僅延伸了UI的視覺情感，還具有很強的影響力。對於質感的深入表現和把握需要透過大量的研究和實踐來實現，書中無法一一講解和呈現，同學們可以透過網路獲取更多相關的案例和資源，並根據不同材質類型表現的教程來進行學習和訓練。

5. 質感圖標鑒賞

如圖5-48，以中等明度的長調為色彩基調，在整體色調中加入土黃色和深棕色，表現懷舊和具有歷史感的主題。從左至右分別為羅馬帝國、維京人、中世紀騎士的主題，厚重的金屬質感及表面的反光和劃痕、血跡。增添真實感和故事性，更能讓使用者進入主題設定的情景之中。

圖5-49，以照相寫實的方式將磚石、木材、玻璃、水、斑駁的牆面等材質豐富的質感表現得淋漓盡致，但同時又主觀地營造超越現實的空間、形態和視角，使整套圖標獨具創意。

5.1.7 圖標系統化設計

1. 圖標的系統性

圖標的系統性注重圖標的內在基因與外在風格的表達。同屬一個物種的生物在外形上可能千差萬別，但是，基因擁有共同的片段，會使外在特徵擁有共性。如同生物基因一樣，設計師的理念影響整套設計的視覺表達特徵，從而使整套設計成為一個整體。

如同生物分類一樣，一個圖標也屬於一套圖標的體系，是什麼讓一套圖標成為一套系統呢？是鮮明的外部特徵，如視角和透視關係的統一、色彩、形狀、大小、光影、材質、圖像風格……這一切都是我們直觀感受到的外在特徵。如圖5-50主要利用

UI 設計

圖5-44 水晶的繪製過程

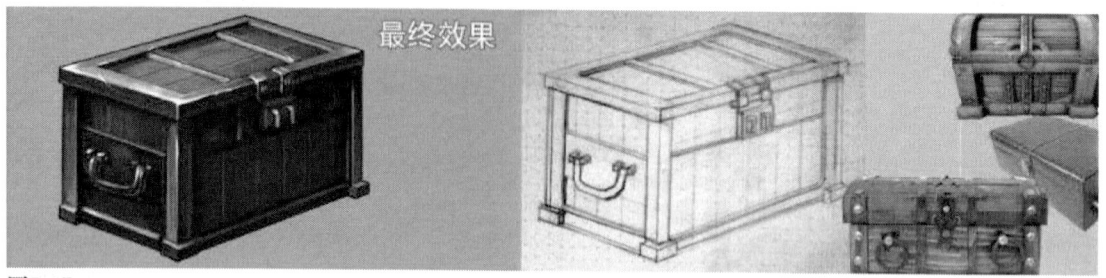

圖5-45

圖5-46

圖5-47

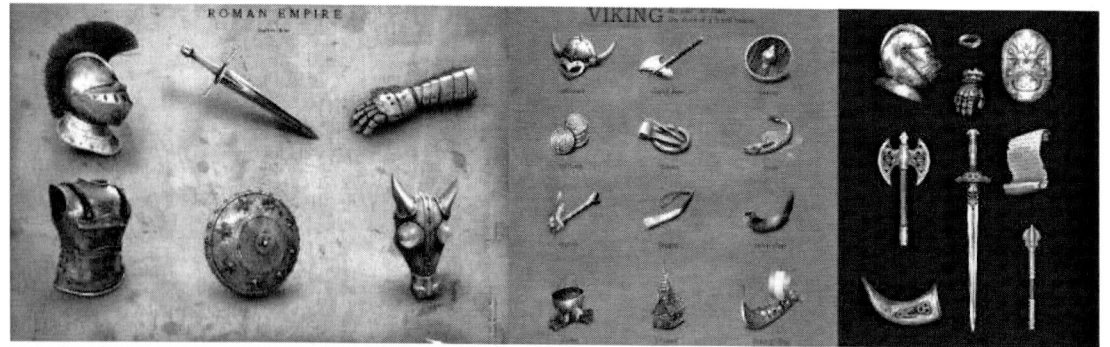

圖5-48 質感圖標

150　第五章 UI 圖像設計

圖5-49 照相寫實圖標

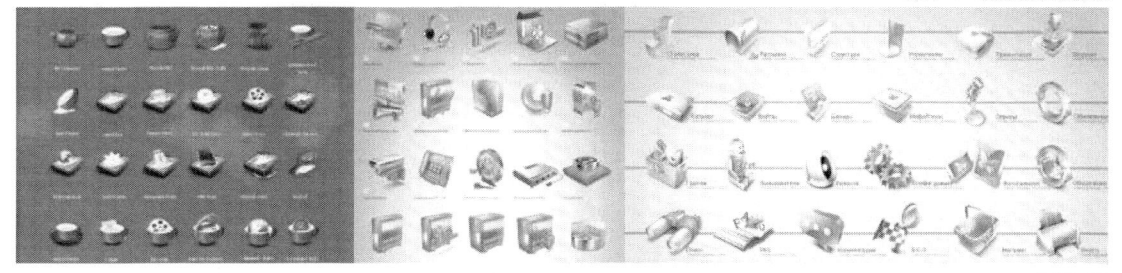

圖 5-50

了整體的色彩、視角的統一；圖 5-51 更強調圖標之間的內在聯繫；圖 5-52 用手工製作的系列圖標，如軟陶、黏土、絨布等材質，透過造型和材質形成整套圖標的系統性。

作業與練習：

可設置學生練習以不同表現手段設計系統化圖標，著重於一套圖標的整體性。手繪、手工或軟體製作均可，要求儘量呈現設計草圖、製作步驟、展示圖層或 3D 模型。

學生作業評論——圖標系統性表現作業 1（圖 5-53）

優點：蒸汽龐克的元素，具有想像力的各種元素組合，成為其內在聯繫的一方面。不足：空間關係和局部色彩不統一，個別圖標造型呆板，難以融入整體。

學生作業評論——圖標系統性表現作業 2（圖 5-54）

優點：抗戰主題懷舊元素，質感表達細膩，風格統一。不足：空間關係、體量不統一。

2. 圖標的主題性

設定統一的主題或風格來進行創作，目的是使圖標個性化，提供使用者更多選擇，增強介面的體驗和沉浸感。

這部分可以與上一個系統化的圖標設計相結合，注重圖標風格的表現，比如同樣是照相機，我們可以有很多種表現方式，寫實的、可愛的、嚴謹的、懷舊的……同樣是中國主題，可以有不同的詮釋方式：可以是簡潔的，也可以是寫實繁瑣、追求細節，或是裝飾性的圖像設計風格。（5-55）

作業與練習：

這部分可設置一個關於規定主題的整套圖標的設計練習，強調圖標的整體性和主題性，可表現具有典型時代或地域文化特徵的主題元素。手繪、手工或軟體製作均可，要求儘量呈現設計草圖、製作步驟、展示圖層或 3D 模型。（圖 5-56）

學生作業評論——圖標主題性表現作業 1（圖 5-57）

優點：整體風格比較統一，嘗試了多種質感的表現，效果較好；繪製過程清晰，草圖和素描稿較

5.1 圖標設計

圖5-51

圖5-52 手工圖標

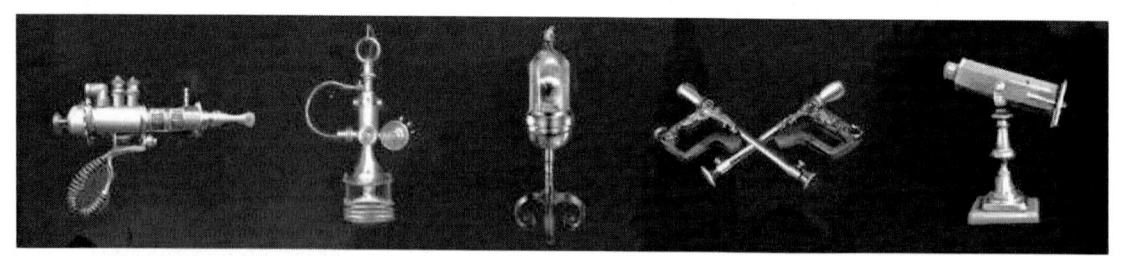

圖5-53 圖標系統性表現作業1（楊胭）

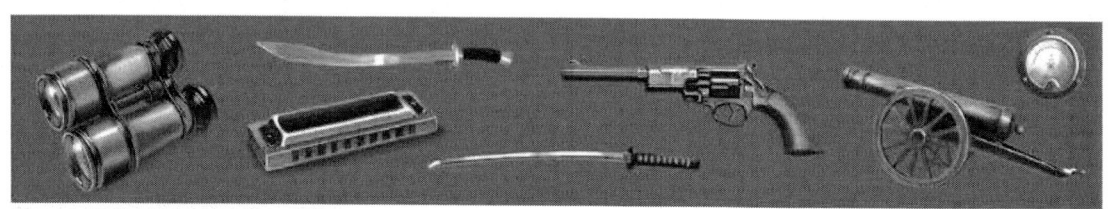

圖5-54 圖標系統性表現作業2（禹果）

圖5-55 中國風主題圖標

圖5-56 西部主題圖標

圖5-57 圖標主題性表現作業1（王怡）

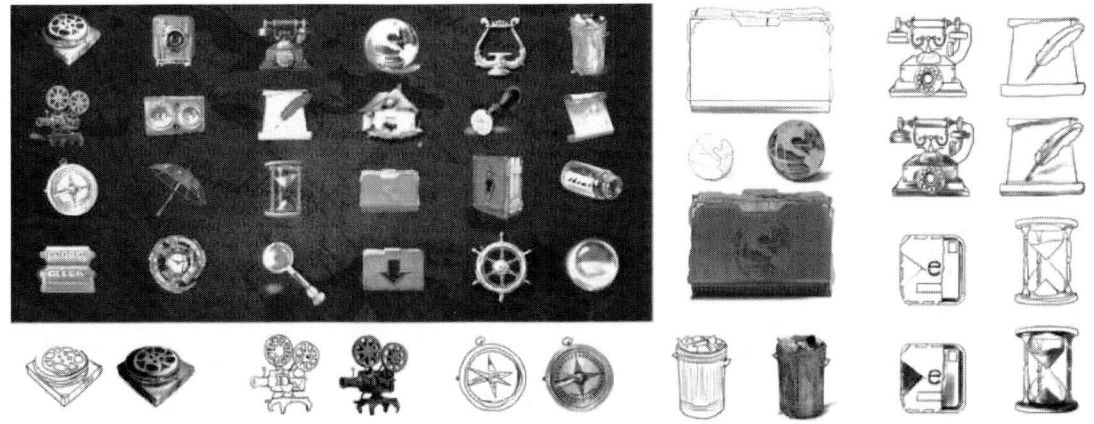

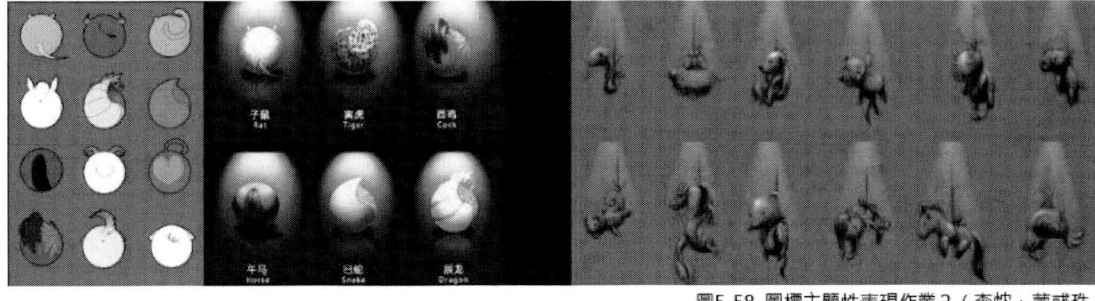

圖5-58 圖標主題性表現作業2（李忱、蒙彧珠）

為規範。不足：細節刻畫不夠深入，局部圖標輪廓和元素邊緣模糊不清。

學生作業評論——圖標主題性表現作業2（圖5-58）

優點：以十二生肖為主題，視角獨特、表現生動，嘗試了不同的圖像表現形式。不足：細節刻畫得不夠深入。

學生作業評論——圖標主題性表現作業3（圖5-59）

優點：以十二星座為主題，將布偶和冰棒的形態加以組合是其創意點，布紋採用貼圖的方式，質感強烈，表情豐富，也可作為表情圖標。不足：個別圖標識別度不高。

學生作業評論——圖標主題性表現作業4（圖5-60）

優點：以童年記憶中的元素為主題，選擇具有共鳴的典型物件，水彩和草圖效果表現得當。不足：個別圖標體量差異較大，形態較為分散。

5.1 圖標設計　153

圖5-59 圖標主題性表現作業3（任靜）

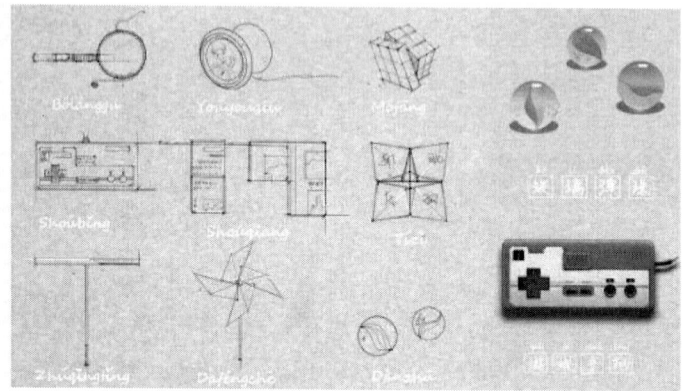

圖5-60 圖標主題性表現作業4（白川、何金龍）

3. 遊戲道具及技能圖標設計

遊戲中的道具類圖標和技能類圖標是出現較多的圖標類型，通常不會附加文字說明，因此需要具有良好的識別性。

遊戲中的道具類圖標通常是直觀具象的物體，首先要根據遊戲世界觀的設定，確立整套圖標的表現風格與介面風格一致，形成一整套系統。根據風格的定義，把握物品的特徵並塑造準確的形體，突出表現物品的質感、深入刻畫細節，並透過合適的取景、構圖和角度表現其特徵，注意物品之間的差異化設計，要讓玩家在第一時間分辨出是什麼物品，避免錯誤操作。遊戲道具類圖標大概包括服飾類（如服裝、甲冑、配飾、鞋帽等）、武器裝備類（如刀、槍、劍、戟、斧、鉞、鉤、叉，具有法力的器物等）、建築類、交通類、藥品類、食物類、資源類等，如圖5-61，通常這些道具還可以進行組合和升級。

在技能類圖標的設計中，首先應該滿足表達其技能的含義，儘量符合對此技能的功能、動作、特效的描述，然後從構圖、方向、色彩、材質、光效及動態特效上入手進行深入的設計。在造型上應通常運用具象形體和物品表現，以便更好地被玩家識別和記憶。

如圖5-62，是現在主流的技能圖標表現形式。

作業與練習：

道具及技能圖標的設計。要求CG手繪，製作步驟完整。

學生作業評論——道具和技能圖標作業（圖5-63）

優點：符合遊戲世界觀的設定，風格統一、系統完整，構圖、質感表現到位，有良好的識別性。
不足：個別圖標的表現形式與整體缺乏一致性。

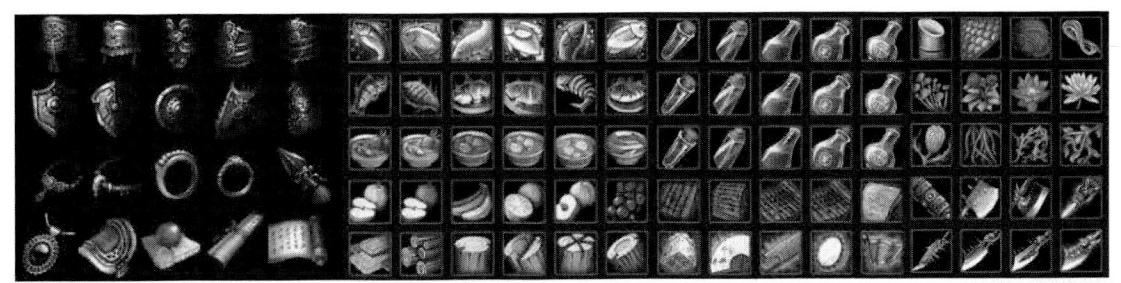

圖5-61 道具圖標

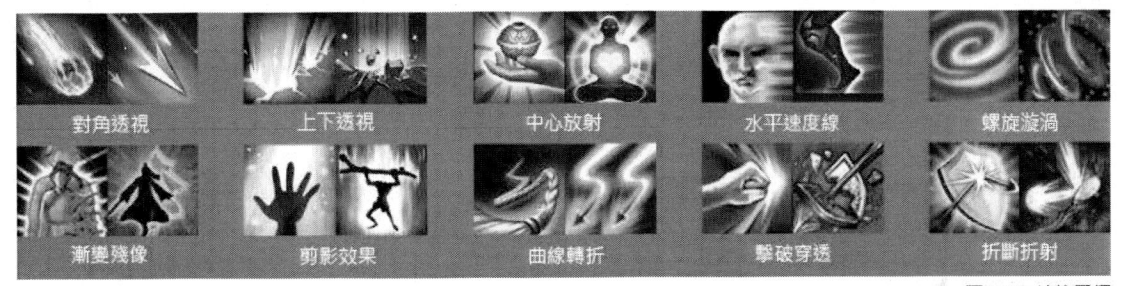

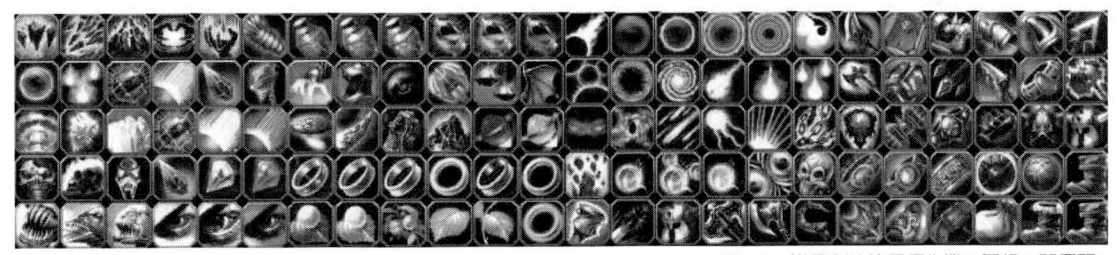

圖5-62 技能圖標

圖5-63 道具和技能圖標作業（邵超、閆興麗）

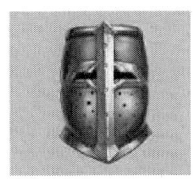

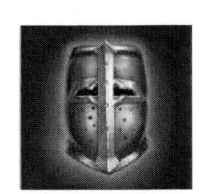

圖5-64 道具圖標實例1——頭盔的繪製過程

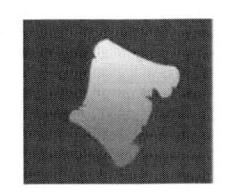

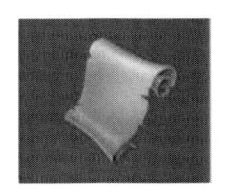

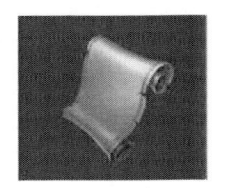

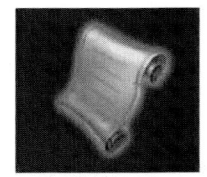

圖5-65 道具圖標實例2——紙捲的繪製（黃日生）

學生作業——道具圖標實例1（圖5-64頭盔的繪製過程解析）

第一步：草圖繪製階段。注意整體，先把大的造型結構繪製出來，細節可以忽略。

第二步：繪製物體的體積，統一光源，再確定物體的內部結構。

第三步：強調物體的質感，它是一個金屬材質物體，要強調反光的冷暖，確定亮點。

5.1 圖標設計　155

UI 設計

第四步：注意整體效果，深入刻畫，添加細節。

第五步：給物體添加發光效果和背景。

學生作業——道具圖標實例2（圖5-65紙卷的繪製）

注意它是一個紙質物體，要著力表現厚度、摺痕和擦痕。

4.遊戲等級圖標設計

等級化的圖標經常會用於表示應用軟體註冊使用者的等級、網路平臺的經驗值和買賣雙方的信用等級，但多用於玩家等級和升級裝備。

等級體系圖標的具象性需要與層級性結合起來，這無疑增加了圖標設計的難度。設計等級體系圖標的常用方法有以下幾種。

（1）色彩和材質

顏色象徵等級，比如清朝滿洲八旗和官服的顏色；此外金銀銅材質已經是約定俗成的材質和色彩等級，應用得最為廣泛，等級再往下延伸還可以用鐵、木等質感表示。另一種透過顏色表示等級的方法是純度的提升和色彩的豐富化，即用低純度到高純度的色彩變化及從單一色相到豐富的色彩變化來表示等級的提升，如圖5-66。

（2）數位和數量

數位通常和獎章或者名牌配合使用，但在圖標中還是要儘量避免在圖像上直接出現文字。典型的數量的應用有：同一級別的軍銜、槓和星的數量表示等級、酒店的級別等。具體在圖標中的應用如圖5-67所示。

（3）大小體量的變化

在圖標設計中，武器類圖標較多使用這種方式，因為慣常的認知是體型越大代表越有力量的優勢，如圖5-68。

（4）裝飾複雜程度

圖標設計中，在圖標中不斷地添加裝飾性的元素可以像徵等級的提升，這來源於人們對精緻奢華的裝飾象徵權利的固有印象，如圖5-69。

（5）特效的添加和豐富程度

在遊戲圖標中，等級越高，施加的特效和光效就越豐富、炫目，如圖5-70。

（6）材料和物種的變化

在遊戲圖標中，經常使用材料和物種的變化來提升等級，如圖5-71。

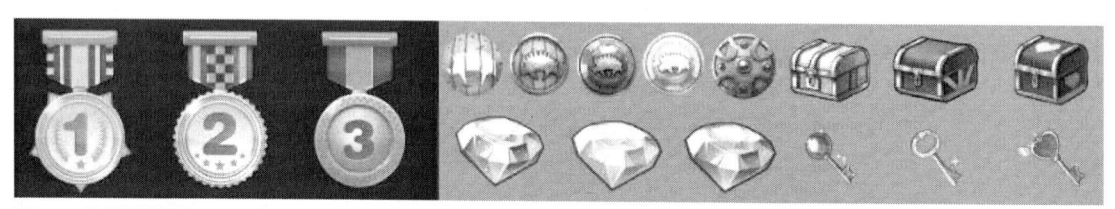

圖5-66 等級圖標實例（色彩和材質）

圖5-67 等級圖標實例（數字和數量）（黃日生）

圖5-68 等級圖標（大小體量的變化）

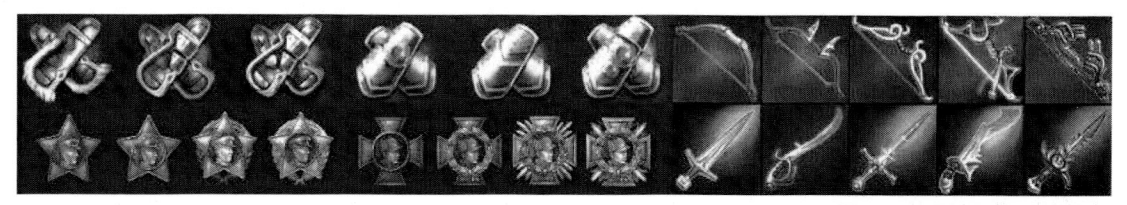

圖5-69 等級圖標(裝飾複雜程度)

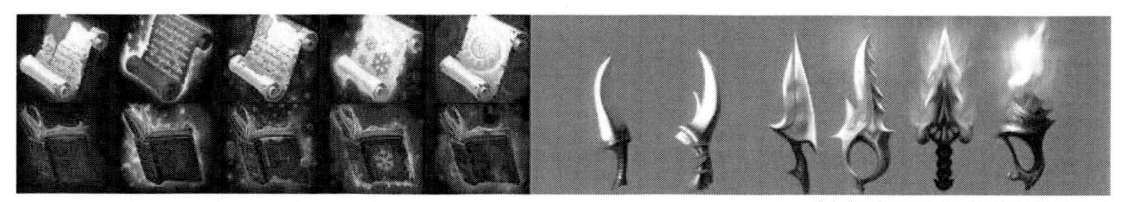

圖5-70 等級圖標(特效的添加和豐富程度)

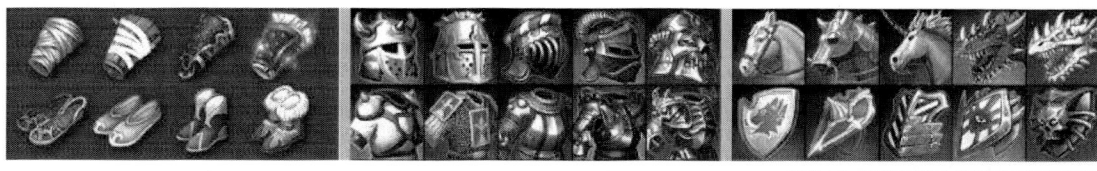

圖5-71 等級圖標(材料和物種的變化)

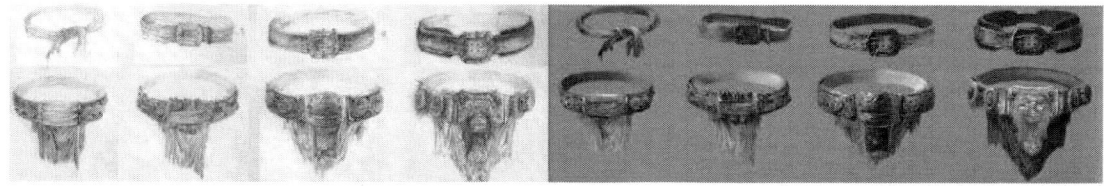

圖5-72 等級體系圖標作業1（樊俊麗）

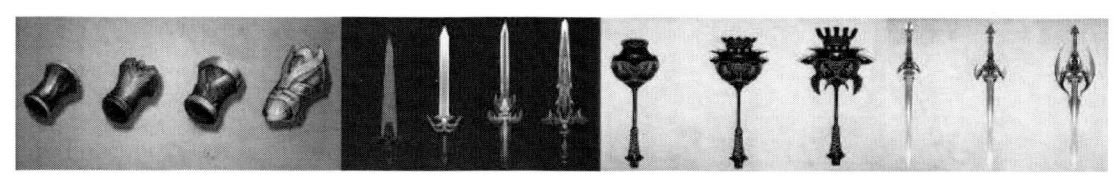

圖5-73 等級體系圖標作業2（龔誠、秦莉單）

圖5-74

圖5-75

5.1 圖標設計　157

UI 設計

圖5-76 家庭族徽類圖標作業（閆鵬舉）

作業與練習：

等級體系圖標的設計。要求 CG 手繪，製作步驟完整。

學生作業評論——等級體系圖標作業1（圖 5-72）

優點：將金屬和木材、皮革、布匹的質感刻畫得十分深入，透過大小、材質和裝飾元素將等級體系表示得較清晰。不足：個別圖標視角與整體不夠統一。

學生作業評論——等級體系圖標作業2（圖 5-73）

優點：等級體系表示較為清晰，有一定的質感表現及刻畫。不足：部分圖標色彩表現不當。

5. 遊戲家族和職業分類圖標設計

在進行家族和職業分類圖標設計的時候，首先要根據遊戲世界觀設定整體的表現風格。然後，研究各個家族的生存環境、生產力水準、宗教信仰、文化背景等因素，發現和定位各自的特點。而在設計時可供研究、借鑑和挖掘的素材非常多，比如古代圖騰、騎士紋章、家族標徽、軍隊徽章等。

古代紋章是一種象徵性的標誌，於 12 世紀誕生於戰場上，主要是為了識別因披掛甲胄而無法辨認的騎士。所以早期是貴族的專利，如今紋章在商業標誌中無處不在，如汽車、球隊的標誌。後來紋章逐步向整個社會延伸，按照特定規則構成的彩色標誌，專屬於某個人、家族或者團體的識別物。如圖 5-74，左圖為中世紀騎士紋章和蠟封，中世紀末期出現表示職位或頭銜的紋章；右圖為 17 世紀義大利奧維多市不同行業的象徵性標誌。圖 5-75 是《冰與火之歌》各個家族族徽的不同表現形式。

作業與練習：

家族族徽類圖標設計。要求 CG 手繪，製作步驟完整。

學生作業評論——家族族徽類圖標作業（圖 5-76）

優點：表現了不同族群的文明程度、生存特徵和技能特點，風格統一。不足：兩種色彩表現意義不明。

5.2 像素圖像設計

5.2.1 像素圖像設計基礎

1. 像素繪畫的概念

（1）像素

像素 Pixel（picture element），直譯就是「圖像元素」，是構成圖像的最小單位，是圖像的基本元素。

（2）解析度

解析度是螢幕單位面積所含像素點的數量，單位為「像素每平方英吋」（dpi）。

①圖像解析度。圖像解析度直接影響圖像的清晰度，圖像解析度越高，則圖像的清晰度越高，圖像占用的存儲空間也越大。

②顯示器解析度。在顯示器中每個單位長度顯示的像素或點數，通常以「點每英吋」（dpi）來衡量。顯示器的解析度依賴於顯示器尺寸與像素設置，個人電腦顯示器的典型解析度通常為 96dpi，現在手機螢幕的顯示解析度可以達到 300dpi。

（3）什麼是「像素畫」

從檔案格式來看，並沒有叫「像素格式」的圖像。

先看與之相關的點陣圖像（點陣圖）與向量圖之間的關係。當縮放一張圖片的時候，「點陣圖」就是透過插值的方式增加像素點，直接放大的圖像其清晰度並不會增加，而縮小則會降低其解析度；向量圖是用它精確的數據透過程式重新繪製，無論放大還是縮小清晰度都不受影響。

單從圖像格式來看，「點陣圖」就是「像素圖」。像素是螢幕顯示的最小單位，而點陣圖所保存的就是每個像素點的資訊。從廣義上講「點陣圖」屬於「像素圖」。

像素繪畫，特指以像素點為基礎元素的繪畫方法，其斜邊呈現鋸齒狀（一系列矩形尖角的排列），生活中與之形態類似的包括馬賽克拼圖、十字繡、樂高玩具（準確地說樂高玩具屬於「體素」的範疇）或以其他等量基礎元素構成的圖像，如圖5-77。

像素繪畫不等於「點繪」，「點繪」是用大小不一、密集程度不同的點來表示明暗調子，如圖5-78圖①。像素繪畫則是透過不同顏色、大小一致的正方形像素巧妙地組合排列，用來創作圖標或者像素畫，如圖5-78圖②。雖然其他的點陣圖也由像素構成，但是它們在製圖過程中並不是十分強調像素，甚至根本無須去考慮像素的變化，相比之下像素畫是對像素的逐個描繪。圖③，也是對像素畫的錯誤理解，雖然採用了像素畫的方法，也取消了抗鋸齒的選項，但是由於設置了過高的解析度而失去了像素畫的特徵。因此，這裡的像素特指像素繪畫或像素藝術。像素繪畫是指有目的地控制每一個像素來完成的畫，而像素圖像和一般圖像的區別十分簡單，是否「抗鋸齒」，像素畫的生成不要「Antialias」抗鋸齒的圖像。

簡單說一下抗鋸齒的概念，如圖5-79非像素圖裡的邊線，鄰近的灰色是由程式自動運算出來以插值的方式填充的，目的是使線條過渡圓滑。只要將像素類的圖像和非像素的圖像放大即可分辨出它們的區別。

2. 像素圖像的應用範圍

（1）遊戲

像素圖像是受遊戲硬體性能的制約而誕生的，用最少的點來表現明確的事物。日本等遊戲產業發展較早的國家，在FC和街機時代開發了無數的經典像素遊戲。（圖5-80）

遊戲介面、場景是像素圖像應用的主要類型。像素遊戲檔案非常小，便於傳輸，對硬體要求極低。雖然現在電腦以及行動裝置的顯示技術和解析度越來越高，其硬體能夠支持遊戲中極其複雜逼真的模型和光影。三次元遊戲成為主流，但二次元遊戲並

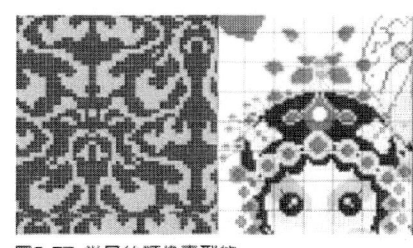

圖5-77 常見的類像素型態

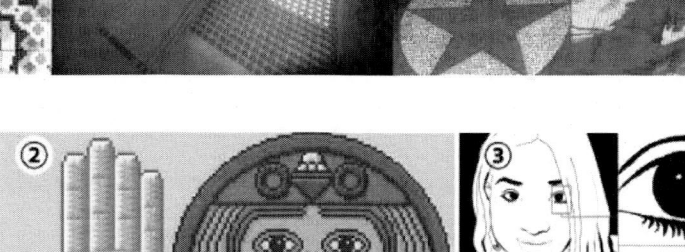

圖5-78 像素繪畫

5.2 像素圖像設計　159

UI 設計

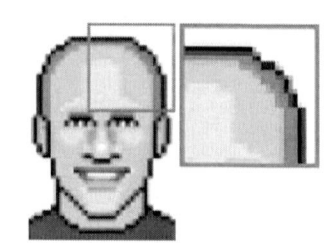

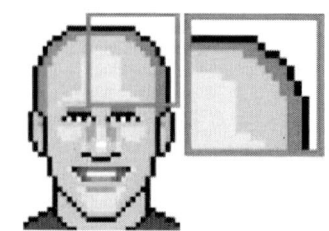

圖5-79

圖5-80 像素遊戲

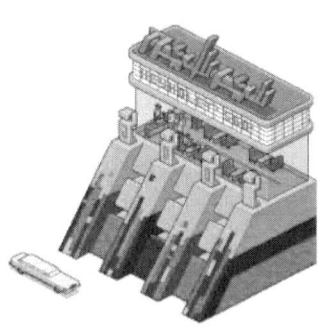

圖5-81 像素介面和圖形設計

圖5-82 像素繪畫

沒有完全退出歷史的舞臺，而其中都或多或少地應用了像素圖像。對某種類型的遊戲而言，像素化比3D更具有表現能力。在今天看來過去的許多2D遊戲裡的像素作品仍魅力無窮，並不會因為科技和硬體的進步而顯得落伍、簡陋。

像素風格的遊戲、介面、動畫等，作為一種獨特的圖像風格依然具有獨特的魅力並受到一些玩家的喜愛，仍有其發展的空間。

(2) 設計

很多藝術家和設計師都被像素的魅力所吸引，運用像素來完成他們的設計工作。例如，以像素來設計字體、平面圖像、網站、介面、動畫、互動作品等。像素圖像風格的設計作品經常都能見到，比較典型的一種像素圖像的表現形式被稱為Isometric，可以譯為「等軸、等角」，也源自遊戲，並被設計師廣泛使用。它可以理解為透過繪製成角無滅點透視的建築、人物、道具，來表現生活或幻

想中的場景。如圖 5-81，右圖中的建築就是採用了 22.6°角無滅點透視（在 3ds Max 中正交視圖就是無滅點透視顯示）。

像素圖像在設計中應用較多的還是與介面相關的圖像元素（像素畫方法本身對介面設計是非常有價值的），包括介面框體、圖標、角色（如頭像、換裝等）、場景，等等。

（3）繪畫

像素作為一種表現形式也為眾多藝術家所使用，並成為一種主流的 CG 藝術。像素可以不受限地被運用在繪畫方面，繪畫者可以充分發揮他們的想像力，用任意的顏色、尺寸、風格（不侷限於無滅點透視）來進行創作。（圖 5-82）

3. 繪製像素圖像的方法和技巧

（1）以 Photoshop 作為繪製像素畫的工具時，要善於利用 Photoshop 功能上的優勢①像素繪畫作品畫布大小可以任意設置，如果是介面元素則需要將輸出螢幕尺寸設置為 1：1，或者 1：2、1：4 等，因為像素圖像可以透過設置進行放大（這部分將在後面講解）。需要注意的是，解析度最好保持在 72dpi，只有這樣才能使輸出設備或圖像軟體更好地識別其圖片的真實大小。

②熟悉軟體中各類工具的快捷鍵以及其他的快捷功能，如快速對路徑進行描邊等。

③透過網格、標尺、輔助線的定位，配合圖像進行創作。

④善於使用選區和貝賽爾曲線。如用魔棒選繪製像素圖像時容差值設為「1」；使用鋼筆工具描繪曲線，結合路徑描邊則可以輕鬆繪製複雜的像素曲線。

⑤要合理利用圖層，科學地管理圖層。如將線框與填充顏色分層管理、將不同的組件分層管理、利用圖層的透明度來設置陰影區域等。

⑥雙窗口功能。復製出一個內容、名稱完全相同的視圖，一個用於放大了繪製，一個用於保持 100% 大小預覽，這對繪製像素畫而言是很重要的一個功能。

⑦提高工作效率：自定義像素畫筆和自定義圖案。將常用的線條和圖像元素定義為常用的畫筆（如標準線條、形狀、光暈和汙漬等），將常用的紋理定義為圖案（如牆紙、地面紋理、草坪等），這樣可以大幅度提高繪製的效率。

自定義像素畫筆具體步驟如下。

步驟一：選取鉛筆工具並選擇 1dpi 的筆刷，分別繪製線條或者基礎圖像，請注意要設置為透明背景。

步驟二：繪製完一條線或者一個基礎圖像之後，選擇 Edit—Define Brush（編輯—定義畫筆），這時畫面上所繪製的線條或者基礎圖像就會定義成一個新的畫筆。

步驟三：畫筆控製麵板上的圓形小三角，選擇「存儲畫筆」，存儲一個自制筆刷文檔（.abr）。可以根據需要，隨時載入畫筆或者再增添新的筆刷。

（2）基本線條的繪製

像素圖像的線條繪製有其自身的特點和規範，我們將最常使用的線條稱為基本線條。每種基本線條都是根據像素特有的屬性排列而成，並且廣泛運用於各類像素畫的繪製中。當感覺像素圖像邊緣粗糙模糊時，主要原因就是線條繪製得不規範。

如圖 5-83，使用規範的像素線條所繪製出來的圖像平滑、結構清晰；而使用不規範的線條時像素點「並排」「重疊」現象嚴重，會影響結構和形體的表現。

下面介紹像素畫中比較常用的六種線條，如圖 5-84～圖 5-86。在繪製前首先選擇鉛筆工具，並選擇 1dpi 的筆刷。

①22.6°的斜線：以兩個像素為單位，頂點相對（角對角）斜向排列，可用橫、豎兩種不同的排列方法。

UI 設計

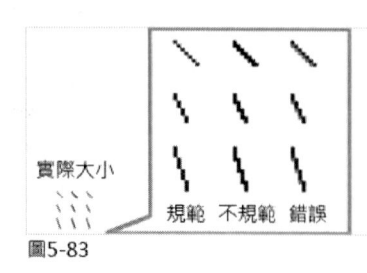

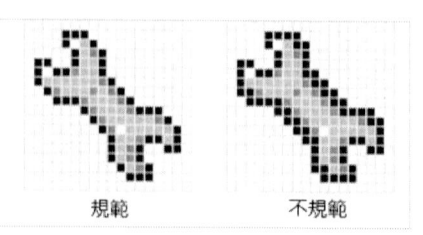

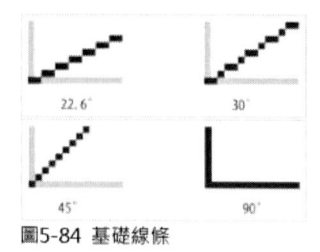

圖5-83

圖5-84 基礎線條

② 30°的斜線：以兩個像素間隔一個像素的方式角對角斜向排列，當豎向排列時則形成60°的斜線，30°的斜線多用於輔助造型。

③ 45°的斜線：以一個像素的方式斜向排列，這樣排列的線條最為簡潔，實際像素顯示時也是最為平滑的斜線。

④ 任意斜線：按住Shift鍵不放，按下滑鼠左鍵繪製一個像素點，鬆開滑鼠左鍵，行動游標位置再次點擊滑鼠左鍵，兩次點擊的像素點之間則連接成一條線段，如圖5-85右圖。

⑤ 直線：按住Shift鍵不放，按下滑鼠左鍵並拖動滑鼠就可準確地繪製出直線。

⑥ 曲線：去掉抗鋸齒選項，圓形選區描邊，如圖5-85左圖；或去掉抗鋸齒選項，路徑描邊，如圖5-86。

（3）基本圖像繪製（圖5-87）

① 等邊三角形：選取鉛筆工具並選擇1dpi的筆刷，繪製一條60°的斜線（圖示紅色部分），然後再繪製一條與之相對稱的斜線，最後連接兩條斜線，等邊三角形就繪製完成了。如果把60°的斜線換成45°斜線的話，則能完成直角三角形的繪製。

② 矩形：去掉抗鋸齒選項，矩形選區描邊。

③ 矩形倒角：可直接在矩形上繪製弧線，或用矩形和1/4圓進行組合。

（4）基礎透視

如果要繪製豐富的畫面效果，僅依賴於單一角度的形態是不夠的。視點的轉變會產生透視的變化，需要瞭解像素圖像繪製中透視的普遍規律。

透視可分為形體透視（近大遠小）和空氣透視（近實遠虛，飽和度也是由近及遠的衰減）。形體透視又分為平行透視（一個滅點）、成角透視（兩個滅點）和斜透視（三個滅點）。在像素圖像的繪製中，根據像素線條的特有屬性，簡化變通了上述的透視規律，一種俯視視角的無滅點透視得到了廣泛的運用。（圖5-88）

繪製像素透視圖像時，為了保證形體表現的準確性，最好將遮擋的形體輪廓繪製出來，被遮擋的輪廓和結構可以使用低對比度的線條。（圖5-89）

① 22.6°透視：由於22.6°的斜線作為基準線能夠產生最為開闊的視野又容納較多的內容，因此在繪製大場景和建築時最為常用。在2.5維3D遊戲中，場景和建築的統一透視角度也多為22.6°，22.6°雙點線組合而成的俯視無滅點透視成了像素畫透視繪製最為常用的透視。

如圖5-89，正方體的透視就是由22.6°的雙點線構成，左右兩個面都是無滅點透視，每個面都是平行四邊形，整體結構簡單清晰，造型直觀易於掌握。

② 45°透視：同樣每個面都是平行四邊形。但是由於左右兩個面透視角度的不同，45°透視也比較常用於平面物體以及場景建築斜面的繪製。但是相對而言，22.6°透視表現場景和建築具有更好的視野和穩定感。

③ 圓柱體的透視：圓柱體頂面的橢圓的圓度表示俯視角度的高低。在形體透視的視覺感知和傳統繪畫中，俯視時，底面的圓度高於頂面；但是在繪製無滅點像素建築和場景中的圓柱時，上下面的橢圓為等量的圓。

162　第五章 UI 圖像設計

圖5-85 任意圖和斜線

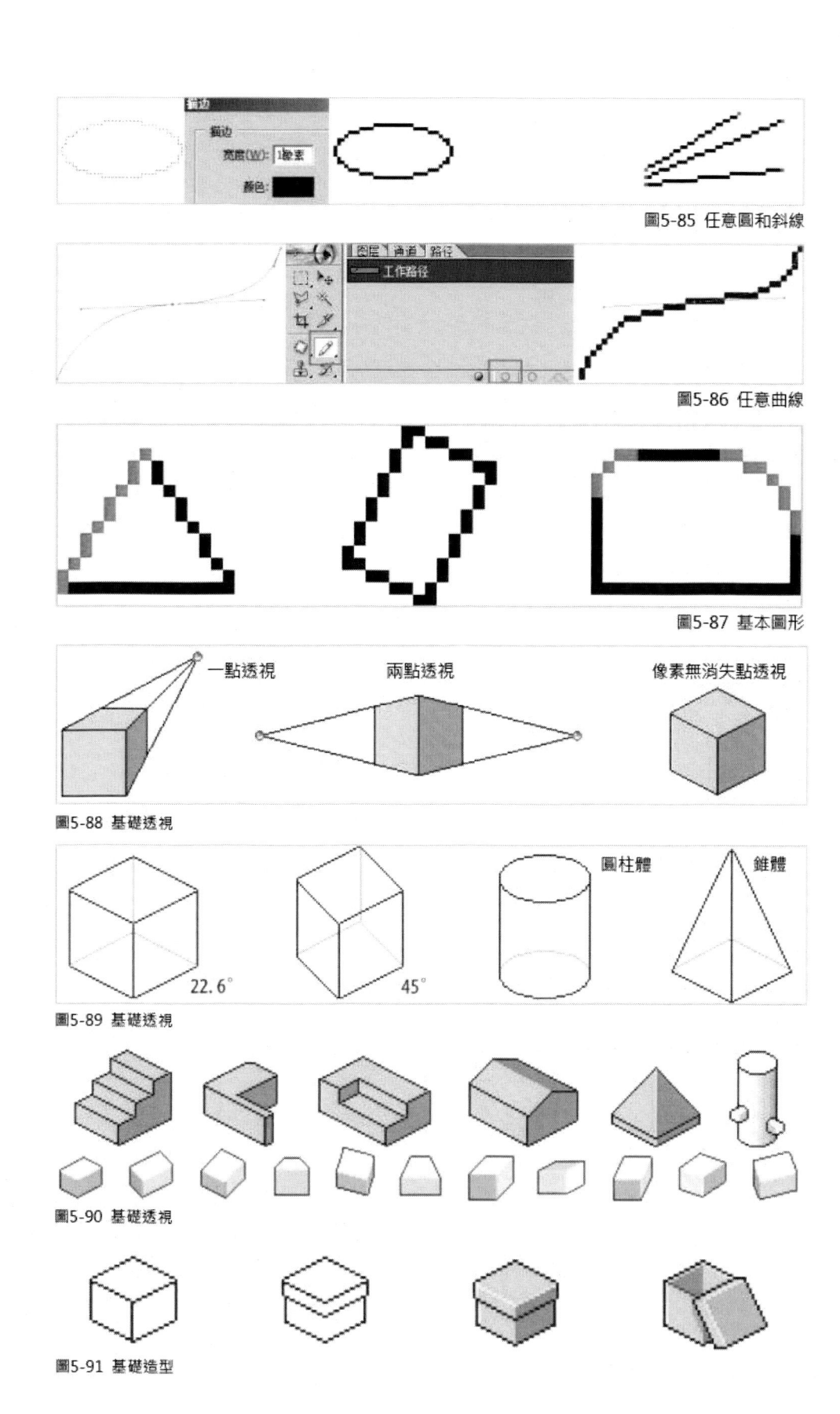

圖5-86 任意曲線

圖5-87 基本圖形

一點透視　　　兩點透視　　　像素無消失點透視

圖5-88 基礎透視

圓柱體　　錐體

22.6°　　　45°

圖5-89 基礎透視

圖5-90 基礎透視

圖5-91 基礎造型

5.2 像素圖像設計　163

UI 設計

④錐體的透視：錐體分為棱錐、圓錐等，但是畫法是相同的，底面決定了錐體的大小，斜線控制著錐體的高度。（圖 5-90）

（5）基礎造型的方法

① 將複雜的造型簡單化：如圖 5-91，在繪製一個打開的盒子時，先確定盒子整體的基本形態，再根據這個基本形態繪製盒子大致的形狀，然後再去考慮如何打開盒蓋。

②逐步深入刻畫：在草圖的基礎上，逐步深入。如圖 5-92，海豚的繪製過程，透過對粗糙的草圖一步步地調整形態、柔化線條之後出現了精緻的造型。

（6）色彩過渡

① 均勻過渡：像素保持在同一色系中按明度關係排列，以造成均勻漸變的效果。也可以直接使用漸變工具來實現。（圖 5-93）

②雙色過渡：透過單一顏色像素點陣有序的疏密排列，產生過渡效果。由於這些像素點陣具有規律性，所以可以透過複製或平鋪來提高工作效率。（圖 5-94）

③圓柱體過渡：結合以上兩種過渡方式，以使物體產生立體感，適用於為圓柱形物體上色。（圖 5-95）

④網點漸變過渡：透過在單色上疊加透明背景的棋盤狀像素點陣，並以圖層蒙版的方式使其邊緣產生漸變至透明的效果，透過這種方式繪製出來的物體過渡自然，顏色飽滿。（圖 5-96）

（7）明暗關係

這部分和基礎繪畫的素描色彩中的普遍規律是一致的，在具備美術基本功和造型能力的基礎上，還需要結合像素畫的特點，轉變傳統繪畫的觀念和具體的操作方法。

使用像素畫方法繪製具有明暗關係的形態時，首先要確定光源所在的位置，其次根據光源的照射，在物體上繪製亮部、中間色、明暗交界線、反光、投影，可以根據繪製對象的大小來決定過渡的細膩程度。

在繪製複雜的像素場景時，對光源的把握要靈活，如圖 5-97，右圖中設定了並不統一的光源（或者是多個光源）。如果參照體積較大的卡車的光源，洗車工人的背部應該是陰影部分，但是為了突出角色通常會將人物的光源做反方向的處理。

（8）實例解析

●實例解析 1——建築圖標繪製

繪製步驟：①繪製線框；②鋪大色調；③選擇性勾邊（將內部黑線用亮點或暗色替代）；④細節繪製（內部結構和色彩）；⑤細節繪製（內部結構的體積）。繪製完成。

從圖 5-98 這個例子可以看出，輪廓線顏色不能一味使用黑色，要選擇顏色（選擇性勾邊），通常用體面色彩同色系的深色或淺色來表示明暗交界線或亮點。圖 5-97 右圖中的汽車和角色也是只用深色勾勒某一部分的外輪廓，內部結構則用同色系顏色繪製。

●實例解析 2——樹的繪製

繪製步驟：①確定比例；②勾畫輪廓；③表現體積；④改變輪廓顏色；⑤上色；⑥繪製陰影；⑦增加中間顏色；⑧增加細節；⑨繪製陰影並完成。

從圖 5-99 這個例子可以看出，在像素圖像繪製中控制顏色數量十分重要。每一步的繪製，都要將所用顏色拾取並標註出來，最後能夠看到整個圖像用了兩組同色系明度漸變的顏色，共 7 個顏色。

●實例解析 3——道具圖標的繪製

繪製步驟：①手繪草圖；②導入 Photoshop 並雙窗口顯示；③繪製輪廓；④繪製色彩和陰影；⑤同色系深色勾邊內輪廓，雙色過渡方式增加色彩細節。⑥繪製完成。（圖 5-100）

圖5-92 基礎造型

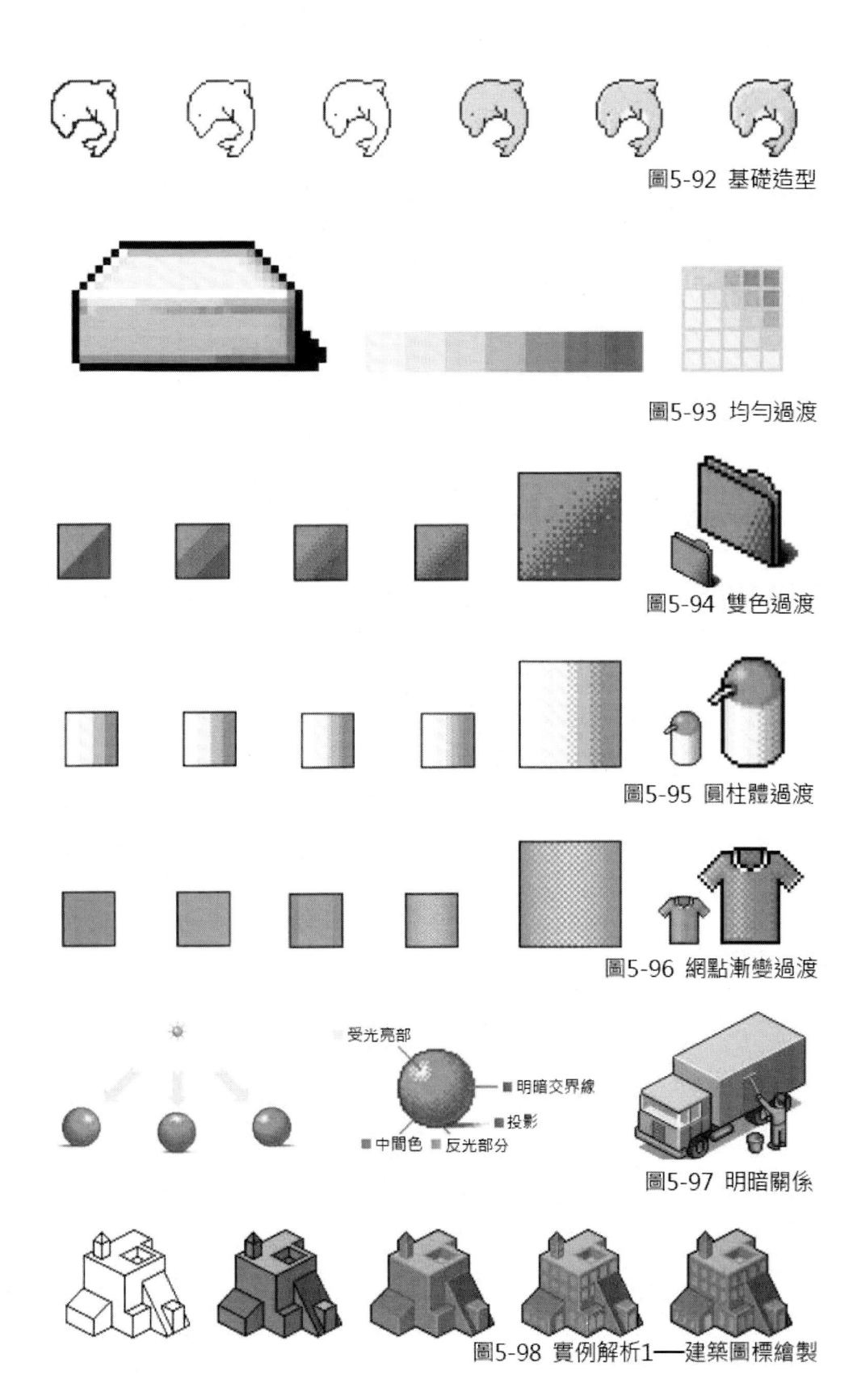

圖5-93 均勻過渡

圖5-94 雙色過渡

圖5-95 圓柱體過渡

圖5-96 網點漸變過渡

受光亮部
明暗交界線
投影
中間色　反光部分

圖5-97 明暗關係

圖5-98 實例解析1──建築圖標繪製

5.2 像素圖像設計　165

圖5-99 實例解析2——樹的繪製

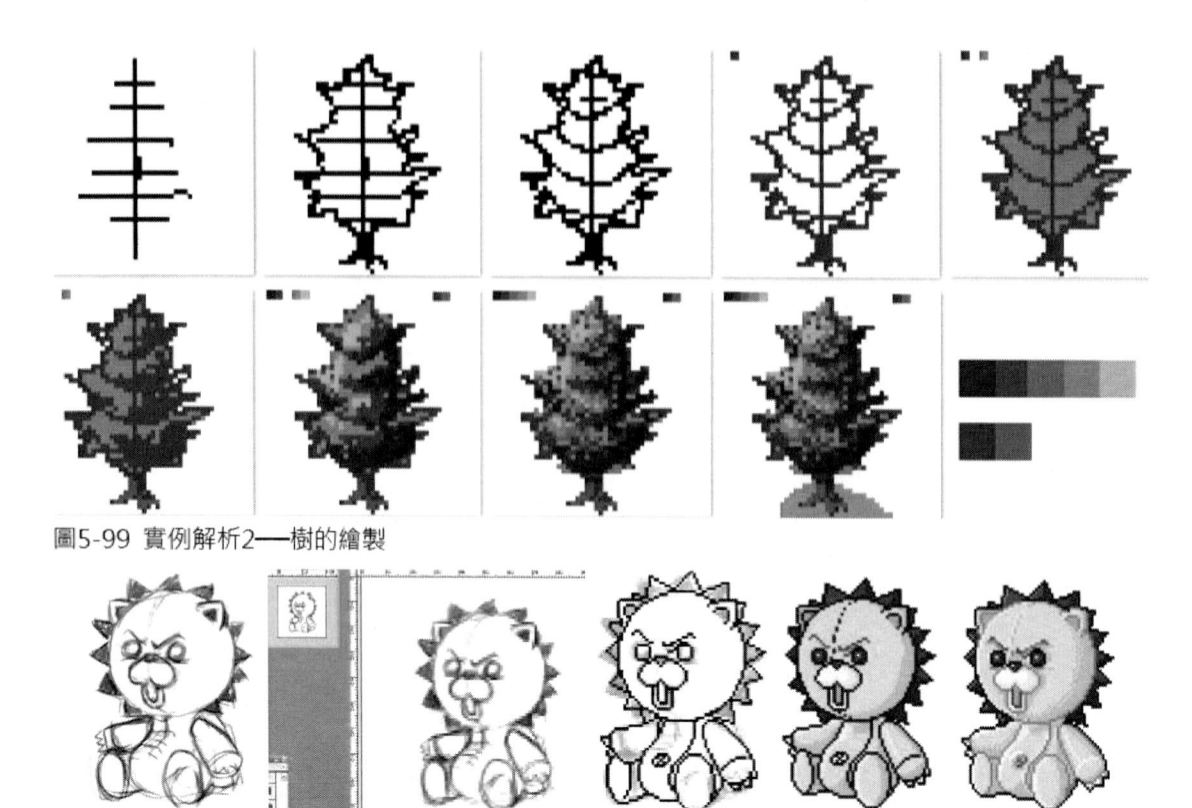

圖5-100 實例解析3——道具圖標的繪製

5.2.2 像素圖標設計

像素圖像是高度概括的藝術，小小的畫面、有限的像素個數卻有著豐富的內涵和張力。介面中的圖標同樣是方寸藝術，占用空間小，卻能傳達最準確的概念和引導互動。因此，像素圖像和圖標設計本身就具有天然的聯繫，像素圖標清晰的輪廓和簡潔的造型雕琢出了精緻的設計品位。

早期的介面和圖標都是像素化的圖像，它曾是最佳的介面表現語言，在像素的規律排列中形成清晰的輪廓和令人舒適的秩序感，精緻的造型最大限度地避免了圖標因其尺寸小形象顯得模糊不清，如圖5-101至圖5-105。

作業與練習：

像素圖標的設計，旨在透過練習掌握像素畫的方法。要求手繪設計草圖，製作步驟完整。

學生作業評論——角色圖標作業（圖5-106）

優點：基本掌握像素畫的方法，人物形象特色鮮明。不足：缺乏一致性。

學生作業評論——手機圖標作業（圖5-107）

主要設計的是手機中的音樂、影片、時間、照相機的圖標。優點：整體設定為復古風格，有一定表現力，結構表達清晰、製作步驟完整。不足：實際像素顯示時照相機和時鐘的識別性較差，應該更強調對象的特徵。

學生作業評論——道具圖標作業（圖5-108）

這是以校園中的雕塑為主題設計的一套道具圖標，風格統一、結構準確，造型還原度和識別度都很好。使用網點漸變過渡，增強了雕塑的體積感和細節。不足：個別圖標體量差異較大。

學生作業評論——主題圖標作業（圖5-109）

優點：以餐廳為主題的一套圖標，風格統一，有一定的質感表現。不足：個別圖標細節表現雜亂，可略做減法。

windows95系統圖標

第一代macintosh系統圖標

圖5-101 系統圖標

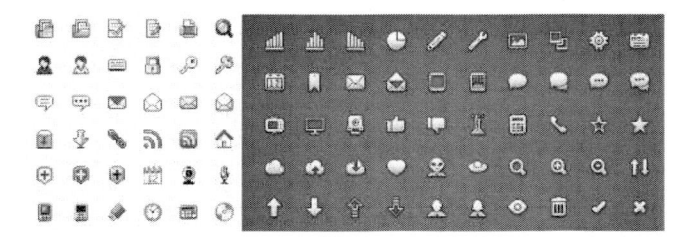

圖5-102 網頁和軟體圖標

圖5-103 建築圖標

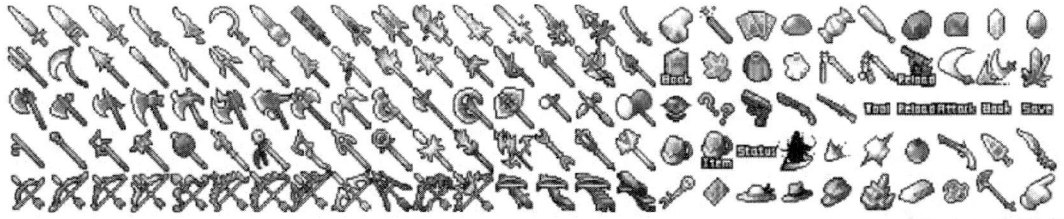

圖5-104 道具圖標

圖5-105 腳色圖標

圖5-106 腳色圖標作業（陸雲莉）

5.2 像素圖像設計 167

圖5-107 手機圖標作業（沈昕）

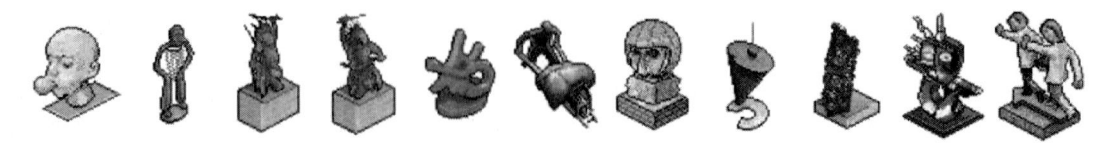

圖5-108 道具圖標作業（蔣靖超）

圖5-109 主題圖標作業（潘歷凱）

5.2.3 像素介面設計

像素風格的橫版手機遊戲至今仍廣受大眾的喜愛。它的介面往往比較簡單，有些和場景融為一體，更多的是固定在底部或頂部的狀態欄和裝備欄，最小的圖標只有9dpi。（圖 5-110）

使用像素風格繪製的場景，特別是採用 22.6° 的平行線為主體構造的場景，由於視野開闊且沒有消失點，使得無論程式多麼的複雜，場景都會顯得井然有序，它成為 2.5 維的遊戲介面和場景的一大類型，如圖 5-111。

在網站設計中經常用到像素圖像繪製，比如用明暗兩條線段繪製凸起或凹陷的分隔符與介面框體等，像素化的字體也是支持清晰顯示的常用字體。但完全使用像素圖像來設計網站介面並不多見，而常規形態的介面更是少見，如圖 5-112。以像素圖像為主的網站多是強調介面風格及場景構造的互動介面，是一種比較典型的擬物化介面設計，具有遊戲一樣的情景特徵，但造型和上色方式更為簡潔和具有設計感。如圖 5-113，在這些情景化的像素網站中，按鈕和功能性圖標幾乎都被放置於場景的道具和角色上，使介面更一致並突出趣味性。

作業與練習：

像素介面的設計，設計內容可設置遊戲介面、網站介面、手機螢幕鎖定畫面等內容。要求整體設計完整，風格統一，創意獨特。

學生作業評論——網站介面作業 1（圖 5-114）

優點：這兩組遊戲介面設置了低解析度兼容的尺寸，因此在較小的平面空間要表現豐富的內容，更增加了繪製的難度。介面和場景表現風格統一，符合不同的遊戲主題設定。不足：介面的細節表現還需深入。

學生作業評論——網站介面作業 2（圖 5-115）

優點：表現出了像素圖像的簡潔和獨特韻味，一個主頁和 4 個二級頁面均由像素圖像繪製而成，主頁面可模擬白天和夜晚的光照，比較有想像力。不足：在色彩和空間關係的處理上還有待改進。

學生作業評論——網站介面作業 3（圖 5-116）

圖5-110 橫板手機遊戲介面

圖5-111 2.5次元遊戲介面

5.2 像素圖像設計

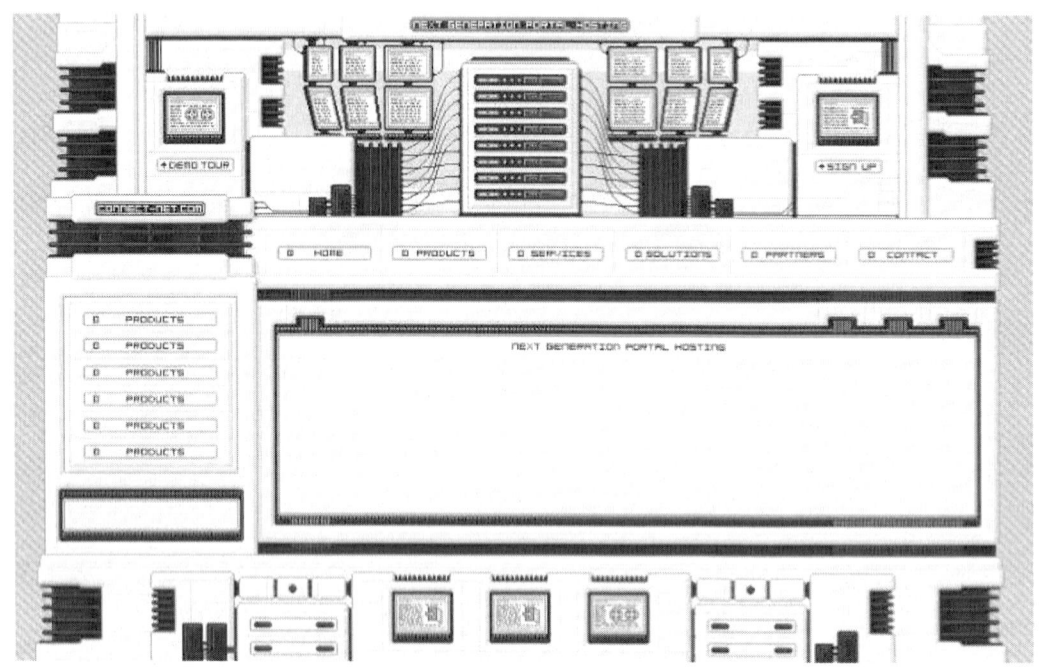

圖5-122 網站介面

圖5-113 情景化的像素網站介面

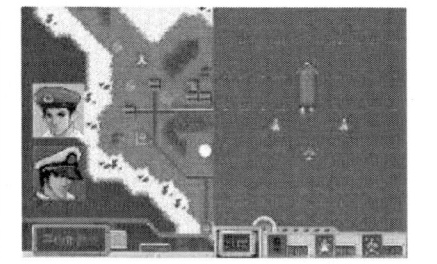

圖5-114 網站介面作業1——遊戲介面及場景（周麗麗、王曜）

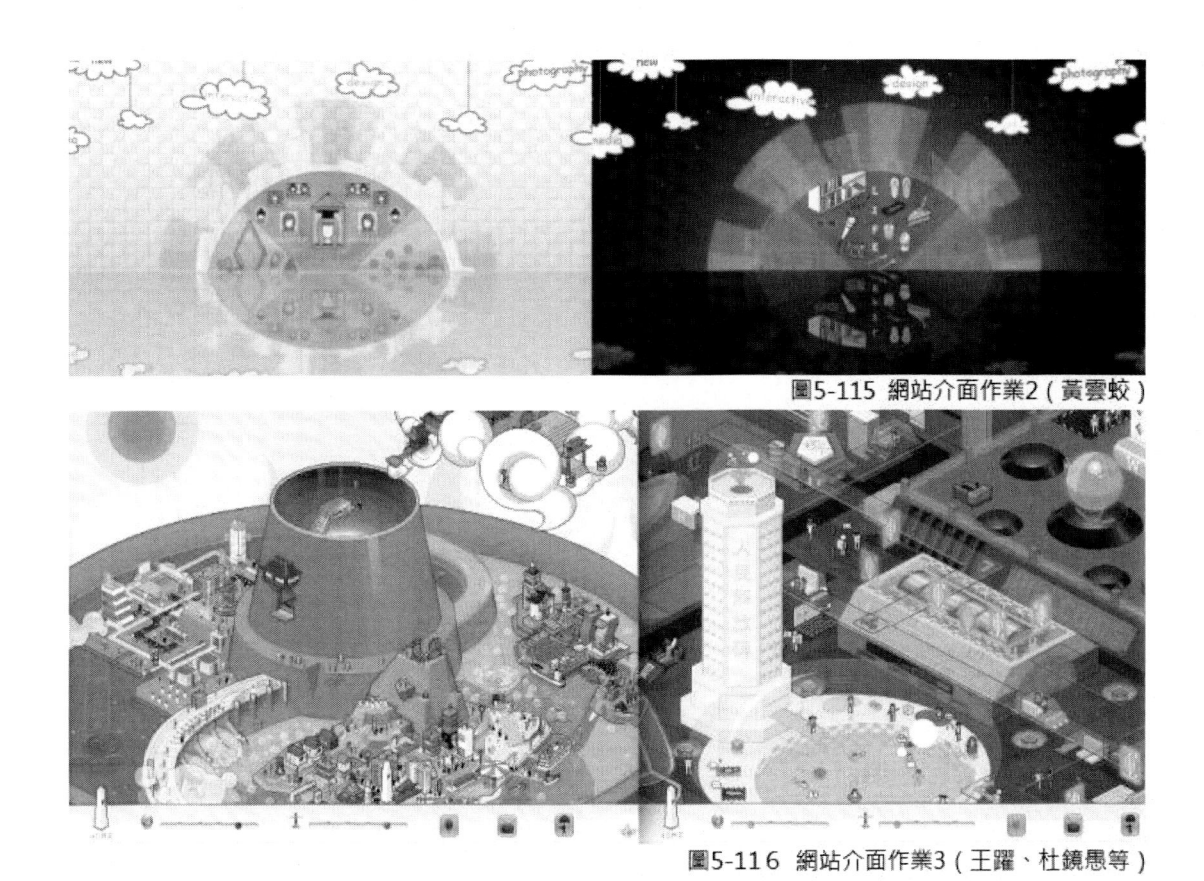

圖5-115 網站介面作業2（黃雲蛟）

圖5-116 網站介面作業3（王躍、杜鏡愚等）

優點：是一個完全情景化的介面設計，底部工具欄及圖標也採用擬物的方法，運用像素圖像細緻地將重慶這座城市的過去、現在和未來做了充滿想像力的設計，場景、道具、角色豐富，視覺密度較大，秩序井然，主頁和子頁面轉換方式獨特，每個場景都設置了不同的表現狀態和動畫效果，互動體驗較好。不足：冗餘檔案過多，導致互動和動畫流暢度不高。

5.3 向量圖形設計

在前面像素圖像設計中講到了點陣圖與向量圖形的概念和特徵，向量圖形具有體積小、圖像清晰明確、不受解析度限制的特點，即使對其進行任意縮放、變形都不會產生馬賽克狀的點陣和輪廓的鋸齒，能在各種顯示尺寸下保證圖像品質，特別適合網路環境下的圖像表現。使用向量圖形設計的介面元素，能夠在設計軟體中對其進行任意分層、群組和修改，非常方便快捷。通常用於創作向量圖形的軟體有 Illustrator、Freehand、CorelDRAW 等。在設計介面元素的開發上，特別是動態的介面元素和向量遊戲介面元素，設計者更偏向使用 Flash 軟體。在本章 5.1.4 中已對相關的軟體做過簡單的介紹，這裡不再贅述。

這裡簡單介紹一下使用 Flash 製作使用者介面的優勢。基於向量圖形及動畫可以使用 Flash 製作出具有美感以及豐富動態效果的介面；Flash 基於向量圖形獨立的解析度，能夠兼容更多的顯示設備，跨平臺復用性強，特別適用於網頁遊戲；容易升級和更換主題（替換 UI 圖像）；提供了便捷的影片支持功能，根據設計的使用者介面不同，可以把一些非常繁瑣的 VI 邏輯轉換成 ActionScript 手稿語言，使遊戲更容易與伺服器、資料庫以及遊戲引擎相結合；可以更好地與 Adobe 系列軟體兼容，如使用 Photoshop 製作點陣圖，或用 Illustrator 創作向量圖，以及用 After Effects 製作影片和介面動態圖像，都能與之很好地整合。

UI 設計

圖5-177 平面化的寫實矢量插圖

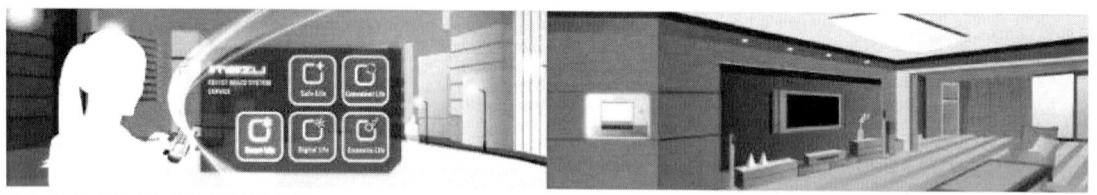

圖5-118 矢量插圖的IOT廣告動畫

圖5-119 矢量插圖風格的iOS遊戲The Silent Age

圖5-120 繪製矢量圖形的簡單步驟

172　第五章 UI 圖像設計

5.3.1 向量插圖設計

在 UI 設計中，無論是網頁的置頂廣告，還是資訊圖表等，都會經常使用向量圖形的插圖作為介面的圖像元素。

使用 Flash 軟體，可以深入充分地表現平面化的簡潔圖像和寫實性的複雜畫面，如圖 5-117。

如圖 5-118，運用同類色中等明度基調、平面圖像化的空間形象的表現、剪影的人物形象處理，使受眾的意識焦點集中到廣告所要表達的資訊當中，不會因為使用真實圖像的情感元素（角色形象的美醜、房間環境的舒適壓抑等）而干擾人們對概念資訊的接收。

如圖 5-119，是 2013 年非常有人氣的一款解密遊戲，劇情和空間的轉換都非常有創意。從畫面表現來看，簡潔的人物設置、極強的畫面氛圍感染力，雖然使用平面化的向量插圖風格，但是氣氛渲染得非常到位，給玩家帶來很強的代入感。

繪製向量圖形的簡單步驟如下（圖 5-120）。

第一步：輪廓繪製階段。根據手繪線稿或圖片資料，使用鋼筆工具描繪輪廓。根據所要表達的細節程度的不同，用輪廓封閉不同數量的填充區域。

第二步：上色階段。根據插圖需要的表達方式（平面或寫實），使用實色或漸變填充的方式上色。

第三步：根據需要增減細節，調整色彩關係。

第四步：去掉輪廓線，完成繪製。

作業與練習：

向量插畫繪製，旨在透過練習來掌握繪製向量插圖的方法，並能擴展運用到介面圖像元素的設計中。要求繪製完整的插圖輪廓，製作步驟完整，具有一定原創性。

學生作業評論——向量插圖作業 1（圖 5-121）

優點：理解了向量圖形繪製的方法和技巧。不足：畫面圖像風格不太統一，需調整前後色彩關係。

學生作業評論——向量插圖作業 2（5-122）

優點：角色設計有特色，風格統一，原創度較高。不足：可嘗試用不同的背景來增強畫面的表現力。

圖5-121 矢量插圖作業1（李劍）

圖5-122 矢量插圖作業2（徐茂）

UI 設計

圖5-123 矢量插圖作業3（何金龍）

純平面　　　輕折疊　　　微質感　　　有厚度　　　仿摺紙

圖5-124 比較主流的扁平圖標表現形式

圖5-125 矢量圖標

174　第五章 UI 圖像設計

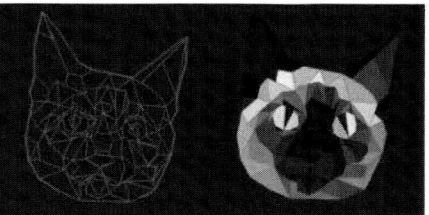

圖5-126 矢量圖標實例——多邊形圖標繪製（王娜）

圖5-127 矢量圖標作業——十二生肖矢量圖標（丁志丹）

學生作業評論——向量插圖作業3（圖5-123）

優點：向量插圖繪製技巧嫻熟，色彩體塊概括較好，對角色的三次元形體塑造效果較好。不足：原創度不高。

5.3.2 向量圖標設計

關於圖標設計的相關內容見5.1。

對圖標設計而言，向量圖形特別適合表現扁平化的設計風格。如圖5-124是現在比較主流的扁平圖標表現形式。純平面，特點是純色和剪影，簡潔、清新、識別度良好；輕摺疊，特點是純色、摺痕、弱陰影，有輕微的空間感、輕盈；微質感，特點是輕微漸變和投影、有簡單的層次，有精緻感、輕度立體感；有厚度，特點是增加了厚度，強化了體積和空間感，有重量感；仿摺紙，層次豐富，結構和幾何感明顯，有一定的空間感。

圖5-125是現在比較流行的兩種向量圖標設計形式，左圖是透過向量繪製模擬3D低網格角面效果，右圖是長陰影的微質感扁平圖標。

向量圖標實例——多邊形圖標繪製（圖5-126）

第一步：在導入的圖像素材上新建一個圖層，用直線進行體塊的分割，以三角形面為單位，依據色彩區域結合形體結構進行分割。

第二步：調整併完成線框。

第三步：參照圖像進行上色，這部分要對圖像進行概括並進行主觀處理。

第四步：調整併完成上色，去掉線框。

第五步：繪製圖標背景，用45°線繪製長陰影輪廓，並填充陰影區域（要考慮陰影的衰減，所以用半透明到透明的漸變色填充）。圖標繪製完成。

圖5-128 矢量圖標作業2——遊戲矢量圖標（杜鏡愚）

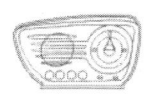

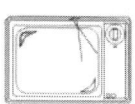

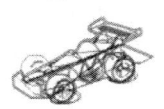

圖5-129 矢量圖標作業3——網站商城導航矢量圖標（陳鵬飛）

5.3 向量圖形設計　175

UI 設計

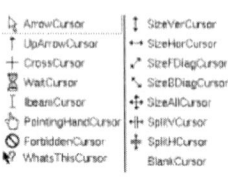

圖5-130 游標指針

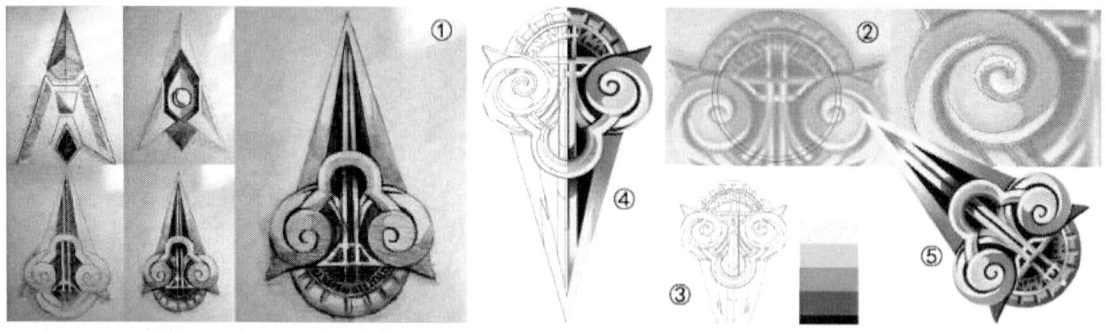

圖5-131 矢量介面實例——游標指針設計

圖5-132 遊戲介面

作業與練習：

向量圖標設計，透過練習將向量圖形的表現和圖標設計結合起來。要求繪製出完整的輪廓圖，製作步驟完整，具有一定原創性。

學生作業評論——向量圖標作業1（圖5-127）

優點：十二生肖向量圖標，圖像識別性、原創度高，色彩和造型頗具有中國趣味。不足：色彩的明度關係過於接近，個體的體積和空間表現較弱。

學生作業評論——向量圖標作業2（圖5-128）

優點：遊戲向量圖標，圖像識別性、原創度高，構圖完整、造型飽滿，色彩運用恰當，材質表現充分。不足：等級數位強調得不夠。

學生作業評論——向量圖標作業3（圖5-129）

優點：網站商城導航圖標，圖像識別性、原創度高。不足：需保持整體圖標的一致性。

5.3.3 向量介面設計

1. 滑鼠指針設計

滑鼠指針（游標）是一系列的圖像，用以對指點設備（滑鼠等）輸入電腦系統的位置進行可視化描述。

通常在遊戲UI設計中，會設計專屬的指針樣式，使其與介面更為統一融合，如武俠類遊戲會將滑鼠指針設置為劍、飛鏢、寶石等道具的形象，來替代系統中標準化的圖像，給使用者帶來沉浸感。在正常狀態下，指針一般是較為鋒利的箭頭形狀，能體現其精確性並可以有效避免阻擋重要內容，以方便使用者進行精確的點擊操作，在等待程式載入

图5-133 动画网站介面

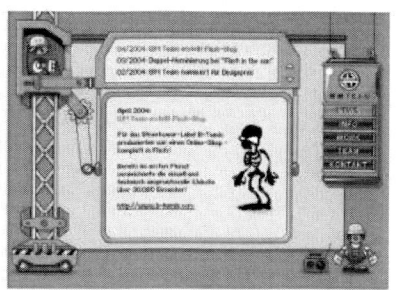

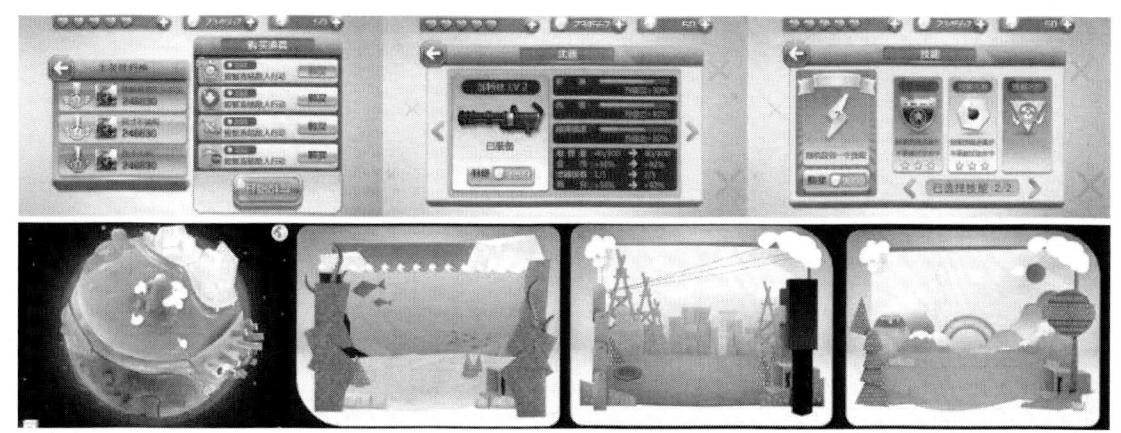

图5-134 矢量介面作业1（杜镜愚）

图5-135 矢量介面作业2（曾以六）

或不能适时操作时，又会将图像设计为钝形，如沙漏或圆形等。（图5-130）

向量介面实例——滑鼠指针设计（图5-131）

第一步：根据游戏世界观或介面风格进行草图设计，推敲草图并选择设计方案，并进行细化。形式设定为金属质感，直线与弧线结合，样式参考古代纹饰。

第二步：参照导入的草图绘制线框。

第三步：使用钢笔工具调整细节并完成线框。由于它是轴对称图像，因此可以绘制一半图像再对其进行镜像复制。

第四步：色彩设定，表现金属的黄色系中长调，结合造型表现力量感、高贵、清晰、明快。同样使用镜像复制的方式进行上色。

第五步：调整併完成上色，去掉线框，调整指针角度，完成设计。

5.3 向量图形设计　177

UI 設計

2. 遊戲和網站介面設計

基於 Flash 繪製的向量圖形，可以非常方便地製作遊戲和互動動畫網站。如圖 5-132，是色彩鮮明的 Q 版網頁遊戲。如圖 5-133，是以使用 Flash 製作的向量圖形為主體的互動動畫網站，特別適用於表現擬物和情景化的介面。

作業與練習：

向量圖形介面設計，透過練習將向量圖形的表現和介面整體設計結合起來，可設計遊戲介面或網站介面。要求繪製完整的輪廓圖，製作步驟完整，具有一定原創性。

學生作業評論——向量介面作業 1

優點：圖 5-134 上圖是基於向量圖形的遊戲介面，原創度高，佈局和資訊結構合理，色彩運用恰當，質感和細節表現充分；下圖為一個個人網站介面，創意獨特，色彩調和，空間表現有趣味性，介面風格統一。不足：可以加強介面空間的塑造。

學生作業評論——向量介面作業 2

優點：圖 5-135 是一個純向量圖形遊戲介面，原創度高、佈局合理，色彩明快，質感和細節表現充分，介面風格統一。不足：整體明度和飽和度過高，缺乏對比和空間的塑造。

5.4 資訊圖像設計

5.4.1 資訊圖像的概念

1. 什麼是資訊圖像

資訊圖像（Infographic）設計，可以理解為資訊可視化（Information Visualization）設計的一部分，是數據、資訊或知識的可視化表現形式。它將冷冰冰的數據轉變為易於理解的視覺語言，用富於創造力的圖像清晰、直觀地傳達資訊。透過對大量數據和文本的梳理、提煉、歸納、組織，運用圖像化的元素組合、架構、再創造，使其轉化為具有邏輯秩序與視覺秩序的視覺形態，能夠提供簡單易懂、形象直觀的理解和比較方式，讓使用者輕鬆獲得準確有效的資訊。生活中就有許多典型的資訊圖像，如地鐵線路圖、統計圖、樂譜等。

在 1970 年代，英國倫敦的平面設計師特格拉姆第一次使用了「資訊設計」這一術語。

圖5-136 網站和行動裝置中的資訊圖形

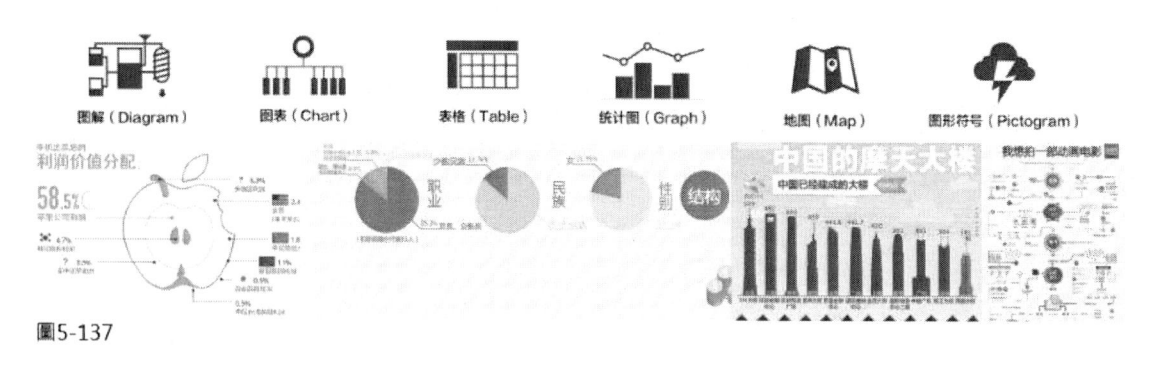

圖5-137

資訊設計是多學科交叉研究的領域。弗蘭克·西森在《數位資訊設計詞典》中說道：「資訊圖像設計是對資訊清晰而有效的呈現。它透過多個學科和跨學科的途徑達到交流的目的，並結合了視覺設計、技術性和非技術性的創造、心理學、交流理論和文化研究等領域的技能。」

2. 資訊圖像的發展應用

閱讀是獲取資訊的主要方式，而今天，資訊爆炸和快節奏的生活使人們對閱讀效率提出了更高要求。正如前面章節講到，文字是嚴密精確、抽象、規範的語言符號，但閱讀速度慢、效率低；圖像則簡單直觀、生動、傳達資訊效率高，當一個資訊圖像呈現在受眾面前時，無須過多的解釋和推理就能直接進入受眾的心理認知空間。在網路語境下，帶來了閱讀方式的改變。網路時代是讀圖的時代，傳統的「文字閱讀」方式正轉變為「圖像加文字的閱讀」方式，減少了枯燥與抽象，增加了視覺趣味。在不知不覺中，人們逐漸形成了從大量圖像中接受資訊的習慣，這使得過去以文為主、以圖配文的資訊傳播媒介發生了變化，出版物中，照片、插圖、圖表的比例越來越大，而在網路的應用上資訊圖像逐漸成為主導。（表 5-1）

表5-1 圖形與文字資訊傳播特性比較

	辨認速度	概念明確性	通用性
圖形	優		優
文字		優	

資訊圖像在網路時代越來越受人們的重視，越來越多的 UI 設計師熱衷於以圖像化的方式，結合視覺上的美感將資訊傳達給使用者，資訊圖像設計也越來越流行並被大眾所接受。資訊圖像能夠透過圖像表達複雜且大量的資訊，例如在各式各樣的文件檔案、地圖及標識、網路應用及使用者資訊、新聞數據或教程文件中存在大量的圖表，設計的核心理念是化繁為簡並具有秩序和邏輯。（圖 5-136）

3. 資訊圖像的簡單分類（圖 5-137）

（1）圖解：主要運用插圖，對事物進行說明，可使用序列圖像將資訊進行分解並呈現。

（2）圖表：利用柱狀圖、條形圖、餅圖、折線圖、樹狀或網狀結構圖等方式來組織、顯示和對比資訊，闡明事物之間的相互關係或呈現事件發展的進程。

（3）表格：根據特定資訊標準進行分區，由若干的行或列構成的一種有序的組織形式，透過秩序化的排列組合傳達資訊。

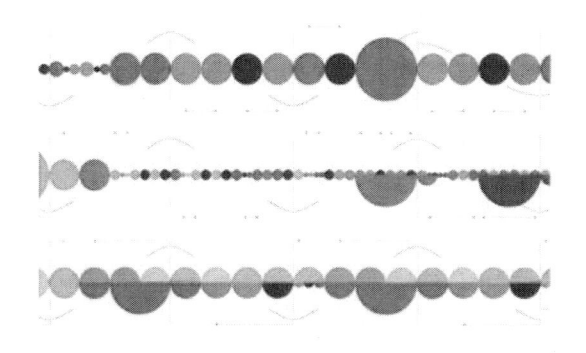

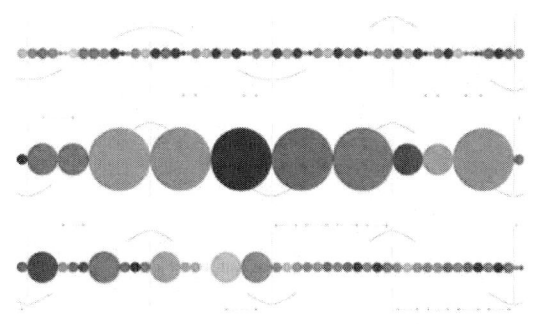

圖5-138 音樂《四季》的圖形化表達

圖5-139 以圖釋義

5.4 資訊圖像設計　179

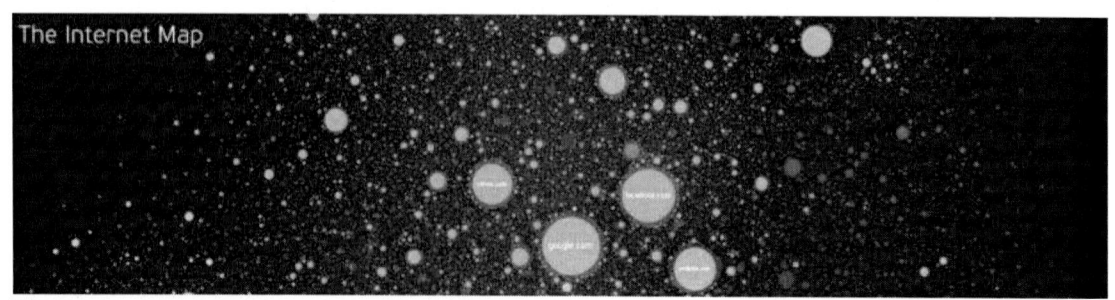

UI 設計

圖5-140 The Internet Map

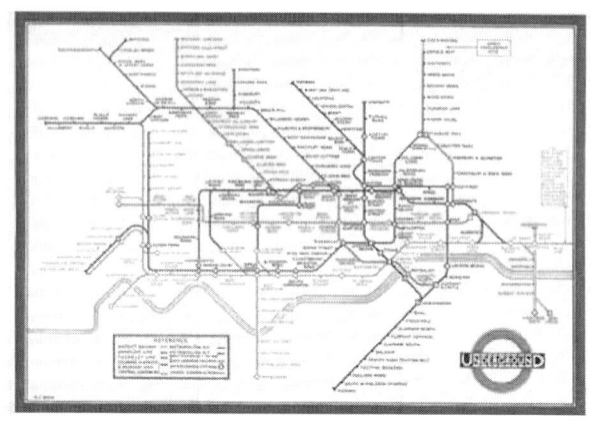

圖5-141 1913年和1933年倫敦地鐵線路圖

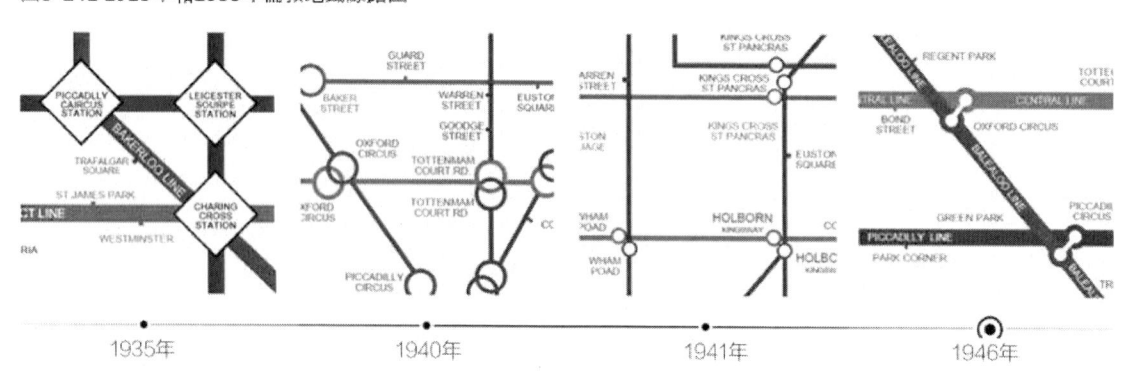

圖5-142 倫敦地鐵線路圖進化過程

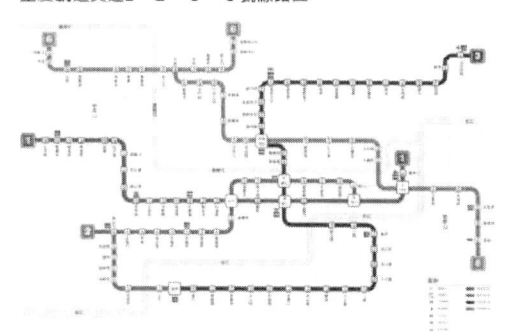

圖5-143 重慶軌道交通線路圖

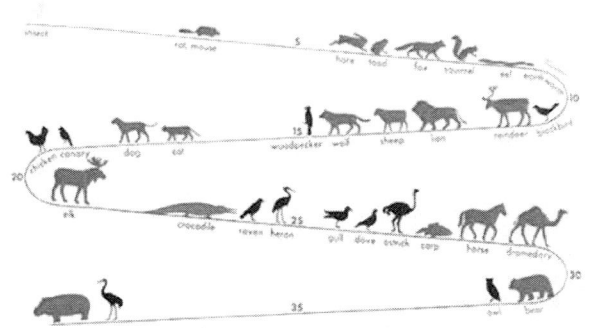

圖5-144 動物存活時間圖

180　第五章 UI 圖像設計

（4）統計圖：透過數值的變化來呈現事物發展的趨勢或進行比較，常利用幾何圖像將數據圖像化、可視化。

（5）地圖：描述在特定區域和空間裡的位置關係。按一定比例運用符號、顏色、文字註記等描繪或顯示地理、行政區域和其他事物（如社會狀況等）。

（6）圖像符號：不使用文字，用圖像直接傳達資訊。如標誌、標識、圖標（圖標就是 UI 中最典型的資訊圖像）。

5.4.2 UI 中資訊圖像設計的表現要素

1. 視覺美感和吸引力

透過圖像語言吸引受眾的注意力。集視覺美感與創意於一體，有較強的視覺衝擊力，能吸引使用者的眼球，讓使用者產生共鳴，引起使用者的興趣。可以看見的音樂——《四季》，Laia Clos 的 MOT 工作室將安東尼奧·韋瓦第的巴洛克協奏曲小提琴的一部分《四季》（The Four Seasons）中的音樂符號數據用不同的圓點圖像和顏色來表示，從而完成了《四季》的圖像化表達。（圖 5-138）

2. 以圖釋義

UI 中資訊圖像設計注重將資訊圖像化，在描述資訊時，儘量避免使用不必要的數位，更多地以圖像直觀地傳達資訊。如圖 5-139，反映了不同的食物在生產過程中所需要的用水量，即隱性的水消耗。

3. 表達準確

清晰組織數據和準確表達概念是資訊圖像的首要任務，在吸引使用者注意的過程中應傳達資訊內容、含義、順序和互動點。在注重視覺美感的同時不能忽視所要表達和傳遞的資訊，要在圖像與資訊的完美結合下，根據資訊本身的特徵加以科學和藝術的秩序化，並充分考慮使用者的資訊需求，優化資訊組織，便於使用者的資訊選擇和利用，巧妙、準確地體現主題及內容。如圖 5-140，The Internet Map 將全球網站以星系的形式表現，訪問量越大，代表它的圓點就越大，不同的顏色代表不同的國家。

4. 簡潔

為了使資訊高效率地傳達，UI 中資訊圖像設計要簡潔明了，首先要挖掘關鍵資訊，從龐大的資訊資料庫中提煉出主要資訊並且進行合理的簡化，且仍要忠實地表達其資訊的內涵，讓使用者一眼就能明白其表達的概念和內容。

圖 5-141，以日常生活中最頻繁接觸的地鐵線路圖設計為例。左圖是 1913 年倫敦地鐵線路圖，它延續了傳統地圖的形式，完全按照真實的地理狀況來設計，這樣的設計使乘客很慢或是很難從中找到站點。它雖然將資訊形象完整地展現了出來，但沒有表現出圖像要傳達資訊的主次。地鐵線路圖中主要傳達的應該是地鐵乘坐線路和乘坐站點，而不是地鐵經過的地方的地理狀況，這樣的設計減弱了地圖的功能性。右圖是 1933 年哈里·貝克設計的倫敦地鐵地圖。他突破了之前地鐵地圖在空間位置和距離上的侷限，儘可能減少次要資訊在圖中的表現，提煉關鍵資訊進行重點表現，減少具體方位的地理狀況，只保留了泰晤士河與路線的大致方位，並且把站點的距離進行整合分析，按照一定的比例換算出來，使其相對平均地分佈在圖像中。用不同的顏色來表示不同的路線，使地圖資訊更加清晰明了，拋棄了原來地圖中如蜘蛛網般的混亂分佈，只保留了垂直、平行和 45°角斜線，這樣雖然不能進行空間距離的換算，但使複雜的資訊得到簡化，更使地圖中出現的資訊完全為乘客服務，功能性得到了增強，所以它成為迄今為止最成功的資訊圖像設計之一。圖 5-142 表現了此後倫敦地鐵圖的不斷進化過程。

現在各個城市的軌道交通線路圖都延續了這樣的設計理念，並將資訊簡化，如圖 5-143 重慶軌道交通線路圖。

5. 引導視線，構建時空順序

充分利用人的閱讀習慣，注意視線行動的規律，能夠營造出時空感。

5.4 資訊圖像設計　181

UI 設計

如圖 5-144,透過線的引導聚集人們的視覺焦點,圖中的動物都沿曲線行走,方向性強烈,線條正好像徵了時間線,動物的位置代表了時間的長度。

6. 強調整體

整體即資訊有秩序性,在 UI 資訊圖像設計中要把握資訊中宏觀與微觀的結構關係和不同資訊處理方法間的設計關係,把握資訊處理方法的相似性,運用系統的觀點和統一規範的方法來進行資訊的組織與設計。

5.4.3 UI 資訊圖像設計技巧

1. 圖像化,運用圖像直觀明了地傳達資訊

圖 5-145 是關於咖啡種類的說明,透過一杯咖啡的圖像直觀地表現出不同種類咖啡的組成成分,而且各成分之間的比例關係也得到清晰的呈現。

2. 圖解,運用插圖,生動形象

圖 5-146,左圖是小孩牙齒生長的順序,口腔中對應位置排列,表情豐富的牙齒使畫面生動有趣;右圖用序列圖像將胎壓監測儀外部設備的安裝流程直觀地表現出來,比照片更能強調主要的視覺資訊,使用者不用藉助文字也能理解。

3. 圖像數量表示數值

圖 5-139 將常見的柱狀圖或餅圖表示的數值改為用藍色水滴圖像的個數代替,顯得特別醒目,一眼就能看出各數值之間的差異,使畫面更加豐富生動。

4. 圖像對比,直觀表現差異

圖 5-147 將世界著名的高樓放在同一畫面中進行比較,能明顯看出它們之間高度的差異。透過對

圖5-145 圖形化

圖5-146 圖解

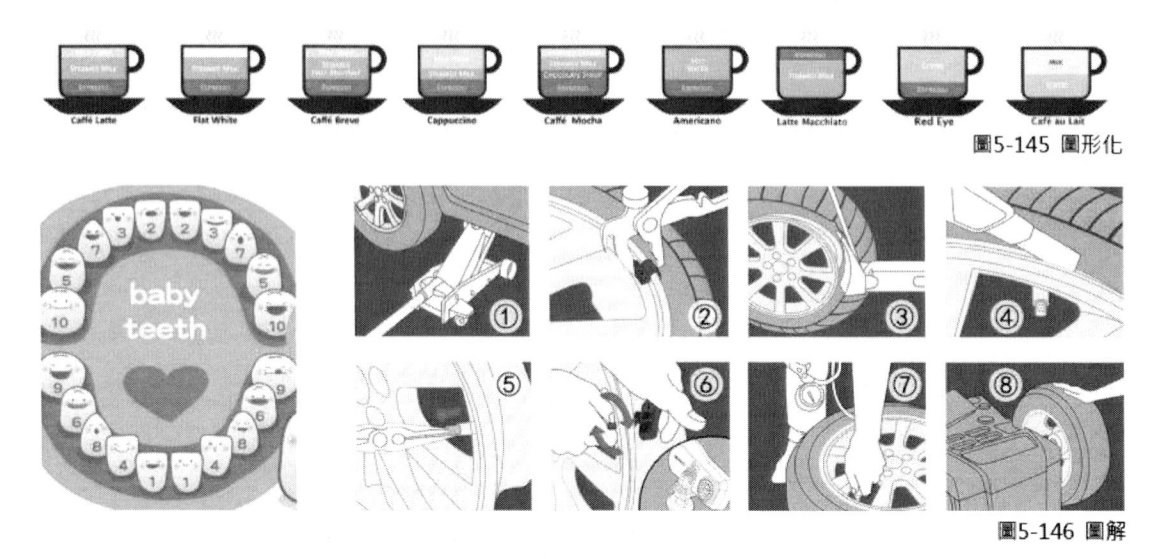

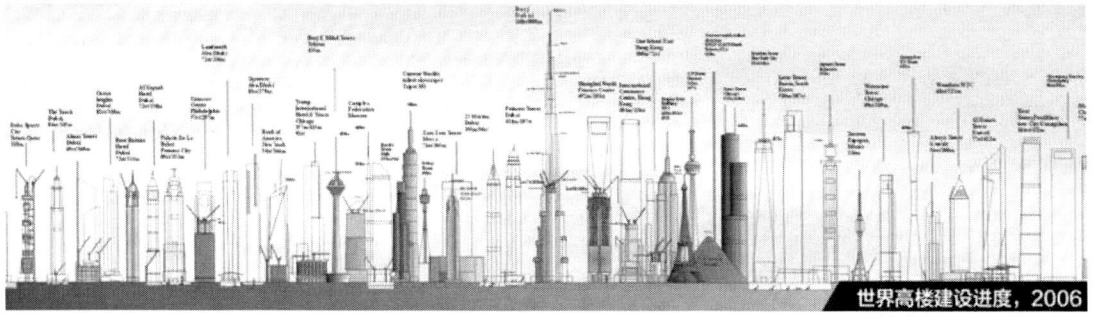

圖5-147 圖形對比,直觀表現差異

高樓建成的部分進行上色，而未建成的部分用輪廓表示，來體現差異。

5. 轉換，透過表現形式的轉換以符合常識

圖 5-148 左圖是田徑運動百年紀錄的對比，項目用的時間越少成績越優秀，如果用常規的柱狀圖繪製，以消耗時間來表示高度，那麼最快的成績卻顯得最慢。這張圖將最快和最遠的記錄用 100% 表示，然後以此為基準，畫出不同參賽者的相對位置，使人一目瞭然。標槍項目用了弧線的軌跡，貼合人們的一貫認知。

6. 用圖像面積表示一次元的數據

圖 5-148 右圖是關於 2012 年世界各國廣告的花費，將一次元的數據用面積或者體積來表現，將費用換成面積並結合地理位置進行表現，在較小的空間中表現了差值較大的數據，避免了空間的侷促。

7. 形象的比喻，富於聯想和趣味

圖 5-149 左圖，BlueStacks 管理團隊根據全球 Android 使用者數據，描述了 Android 使用者的外貌。47% 的 Android 使用者可能是黑髮，37% 戴眼鏡，36% 可能是美洲人等，也意味著 Android 是一個人性化的產品。右圖是一份關於社交媒體網站的使用者分析報告，它將各個網站比喻成星球，體積大小代表使用者活躍數，環繞的行星表示使用者性別、年齡等的比例結構。透過設計營造出星系的場景感，極具故事性，更加吸引人。

8. 形象的關聯，與真實事物的形象組合展現數據

圖 5-150 表現了一組與音樂相關的數據，將數據和音箱喇叭的形象組合，讓使用者能自然而強烈地感知到介面所要傳達的主題。在數據的呈現上妥善運用色相的差異來進行數據的分類。

9. 構建時空，結合時間和地點來表現

如圖 5-144，是單純的時間線排列。

圖 5-151，左圖的地球從不同區域分別繪製延長線，以此展開年表，使人對位置產生直觀印象，同時理解各區域之間的聯繫和歷史事件的大致時間順序，直觀表現世界歷史大事件。

10. 構建場景

圖 5-151 右圖是一組土地資源儲備的構成比例圖，透過結合形象寫實的圖片，構建了一個真實生動的農場場景，極具想像空間。

作業與練習：

設計一組圖解或圖表，主要運用插圖和圖表對事物進行說明，可配合文字說明，要求儘量呈現設計草圖。

學生作業評論——資訊圖像設計作業 1

圖 5-152 是一個 CG 手繪的植物圖解。優點：設計思路清晰，將圖像創意與裝飾風格的線描相結合，表現微觀的植物內部結構，見其所不可見，資訊直觀，使科普知識更具趣味性。不足：資訊的整體性和層級關係還不夠清晰。

學生作業評論——資訊圖像設計作業 2

圖 5-153 是一個向量圖形圖表和插圖。優點：將性教育方面枯燥或難以表達的概念數據直觀、形象並巧妙含蓄地表現出來，讓人更容易接受。選題充滿人文關懷，表現清晰完整。不足：個別數據所選擇的圖表形式表達不夠明確清晰。

學生作業評論——資訊圖像設計作業 3

圖 5-154 是一個向量圖形序列圖解。優點：序列圖像往往比照片更容易表現，圖像設計者可以對細節部分進行更加適宜的創作。這套序列圖像運用了統一的色彩，只是在線條上的粗細上有所區別，視角豐富，線描形式配合單色調使圖像資訊更為簡潔，更容易理解，配合簡短的文字介紹了胸罩的相關歷史和趣味性知識。選題有意義，圖像表現力強。不足：個別圖像線條過於複雜，可以用不同粗細的線條表現輪廓和內部結構。

學生作業評論——資訊圖像設計作業 4

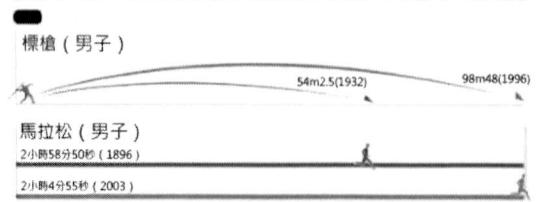

圖5-148 通過表現形式的轉換以符合常識

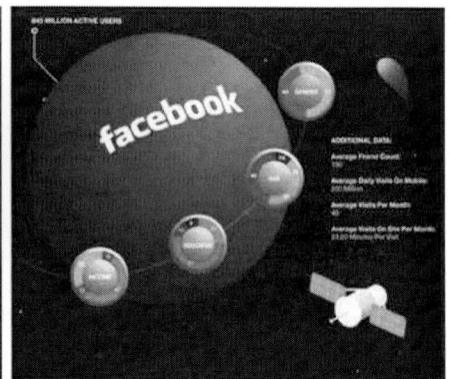

圖5-149 形象的比喻

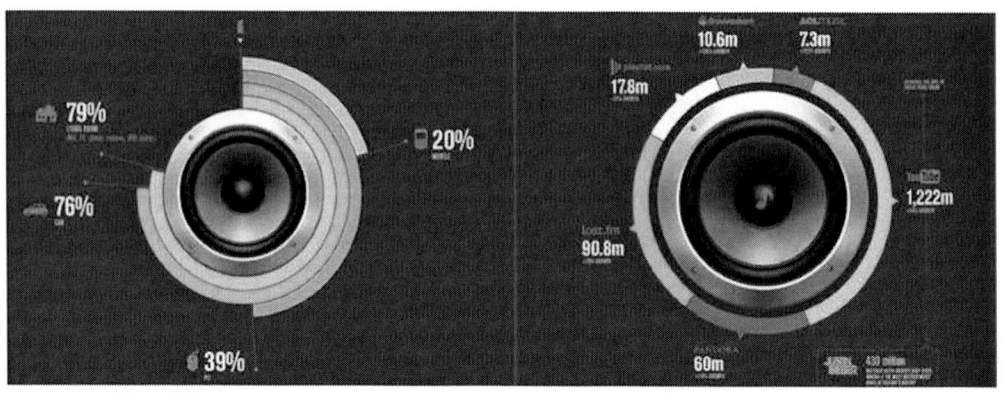

圖5-150 形象的關聯

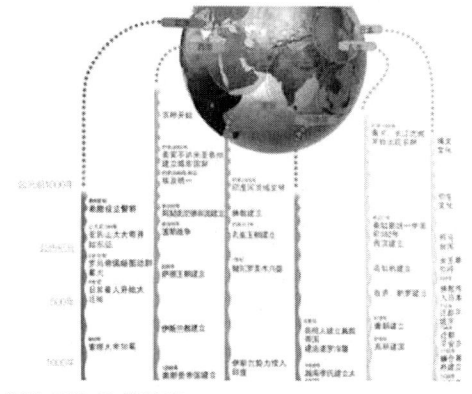

圖5-151 建構時空

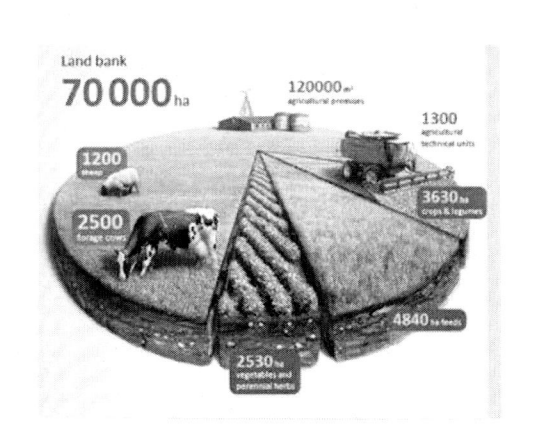

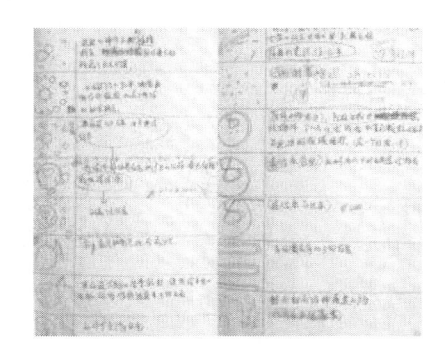

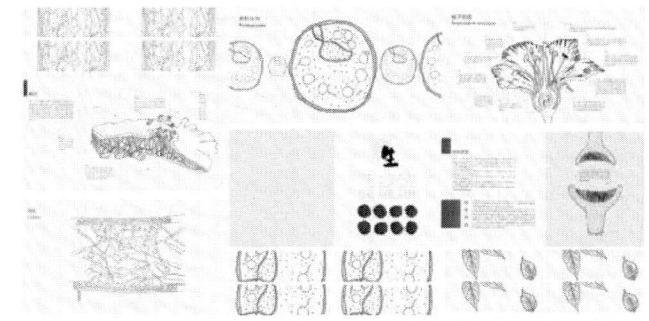

圖5-152 資訊圖形設計作業1（劉涑）

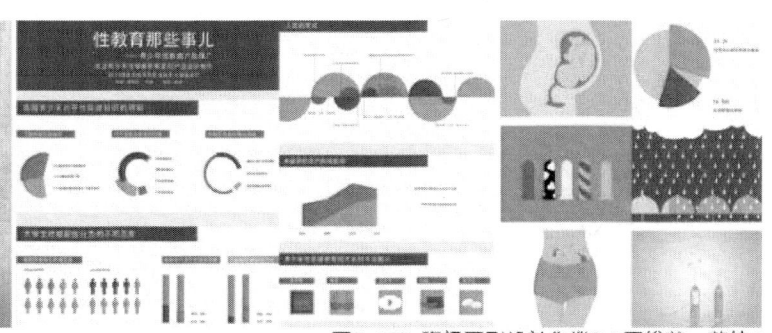

圖5-153 資訊圖形設計作業2（夏悅茗、葉楠）

圖 5-155 是一幅向量圖形序列插圖。優點：使用了引導視線、構建時空順序的方式來表現中國傳承千年的器物，透過線的引導聚集視覺焦點，讓使用者流暢地瀏覽。對筷子、酒杯、筆墨紙硯等器物的圖像化表現，既有歷史感、邏輯性，又有想像力，關於傳統文化的選題有研究和表現的價值。不足：圖像缺乏設計感，繪製效果簡單。

除了介面中的圖標之外，使用圖像進行資訊的表達及輔助說明也是 UI 設計師必備的技能。資訊圖像的設計能力，不是單純記憶幾個設計原則和要素就能達到的，還需要多看多思考，並結合設計實踐，逐步提升資訊概念的表達和圖像設計的能力。

5.5 UI 動態圖像設計

介面的視覺設計不僅用於靜態的介面，動態的設計更豐富了介面的視覺效果，它使介面的互動事件在時間的承載下逐步呈現，讓使用者能直觀地感受和認知其運作過程，使介面的資訊更為高效地傳遞、介面功能更容易被使用者理解和記憶。

動態圖像設計（Motion Graphics Design）：它是指影視或電腦動畫等動態條件下的圖像設計。而介面中的動態圖像設計，通常被 UI 設計師稱為「動效設計」（Motion Design），這樣的簡稱為互動介面設計的專屬，更有別於廣義的動態圖像中的影視動畫等類型。

5.5.1 介面動態圖像的屬性

1. 時間性

動態圖像可以理解為靜態圖像基於時間延伸而引發的一系列變化，靜態圖像則是動態圖像中某一時間節點（一幀）所呈現的狀態，其最大的不同在於持續的時間。對動態圖像來說，時間能夠描述變化，而連續性的運動、變化也可以表達時間。

2. 空間性

動態圖像透過表現介面空間的轉化過程，使靜態介面基於二次元所創造的立體空間感得到延伸。它透過各種動態變化，如位移、旋轉、縮放、顯隱、聚散、快慢、色彩及清晰度變化等，產生連續的視覺及心理效果，實現空間的構建和表現。

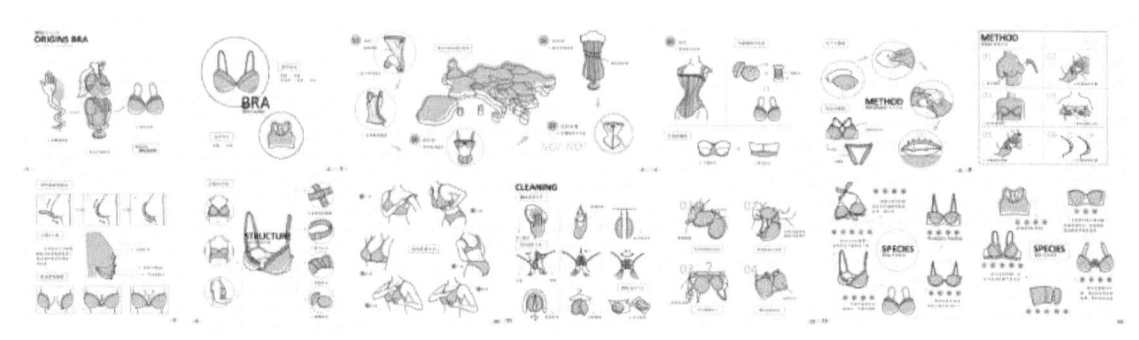

圖5-154 資訊圖形設計作業3（鄭宇）

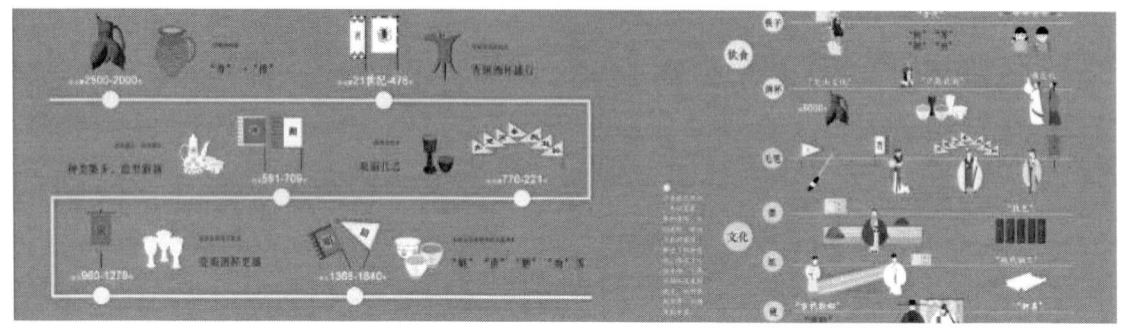

圖5-155 資訊圖形設計作業4（蔣可心）

3. 節奏性

除了畫面中構成元素所形成的諸如明暗、冷暖、曲直、大小等對比因素而構成的畫面節奏感，在動態圖像中，利用時間透過視覺元素反覆出現的頻率和運動速率的曲線變化，能夠形成圖像本身運動變化的節奏感。

4. 互動性

互動性是介面動態圖像的典型特徵。互動性讓使用者擁有了更多的主動權，他們不再是傳統意義上資訊的被動接受者，而能夠主動體驗並直接參與到資訊傳播的過程中。

5. 邏輯性

邏輯性首先要將資訊、功能的認知放在首位，透過互動過程中符合使用者心理模型的動態資訊呈現，將抽象邏輯轉化為使用者易於理解的圖像語言，動態的變化符合其心理預期，並引導使用者實現良好的互動體驗。

5.5.2 介面動態圖像的類型

介面動態圖像大致可以分為資訊的視覺引導及動態呈現和介面互動的動態回饋兩大類型。

1. 資訊的視覺引導及動態呈現

此類介面中的動態圖像，不具有操作的互動性，主要以動態圖像的方式對使用者進行視覺引導，展示並傳達資訊。

（1）展示性的介面動態圖像

展示性的介面動態圖像包括了網站片頭、介面動態化的呈現過程、介面引導說明（如 APP 的引導頁動態效果）、介面中的動態 Logo 和主題圖像、介面的擬真動態特效（如粒子、煙霧、三次元特效等）、網站中動態圖像類型的廣告等。它們豐富了介面的視覺效果，並透過動態的形式傳遞主題性的概念和資訊。

圖 5-156 是一個主題性 Flash 網站的動態演繹。它包含了兩個主要的部分：主題概念表達的片頭以及完整介面視覺元素的動態化呈現。

（2）動態資訊圖像

這是 5.4 中資訊圖像設計的延續，將介面中的資訊圖像圖表以動態的方式呈現，能讓使用者直觀地看到數據動態變化的過程，全面瞭解數據各個影響因素之間的關係，使圖表所表達的概念更容易被使用者所理解和接受。如果圖表中的文本是動態可控的，還可以增強資訊圖像的互動性。（圖 5-157）

（3）敘事性動態圖像

行動網路的普及催生了一種有趣的網路動畫，稱為「資訊圖像解說動畫」或「敘事性動態圖像演示」。此類型的動畫通常以動態的資訊圖像配合旁白解說及音效，透過動態的可視化資訊結合聽覺的語言資訊這種直觀、立體的傳達方式，敘述和表達一個完整的事件或概念，其長度一般在 10 分鐘以內，通常是 10MB 以內的 FLV 流媒體格式。如《5 分鐘，讓你瞭解自己都交了哪些稅》、《6 分鐘讓你瞭解日本》、《明明白白看公益》、《官員升遷時刻表》、《精英移民地圖》、《手機螢幕發展史》（圖 5-158）等，透過語言和資訊圖像的結合，使受眾更輕鬆、快速、便捷地獲得資訊。其主題通常是社會民生的關注熱點，表現形式有通俗性、趣味性。如《10 分鐘搞懂次貸危機》，將龐大的資訊數據提取抽離，用最簡單的內容、最容易理解的形象語言和圖像來描述什麼是次貸危機。

2. 介面互動的動態回饋

從狹義上說，介面互動的動態回饋更貼近「動效」這個概念。

互動回饋是使用者進行操作後介面所做出的響應，它以動態的效果展示介面所呈現的變化，可以讓使用者更自然地理解其互動行為導致什麼樣的結果。如 MAC 執行刪除命令時，檔案被吸到垃圾桶圖標裡的動畫，iOS 解鎖時滑動解鎖圖標的動態效果，瀏覽器各個打開頁面的 3D 翻轉效果等都是經典的互動回饋動態設計。動效不能一味追求酷炫的視覺效果，更要結合介面的互動，使介面的動態變化符合使用者的認知。

（1）視差動效

視差動效是在互動中利用視差讓介面呈現深度、空間的變化或者動畫效果。

一是利用行動裝置內置三軸陀螺儀所造成的 3D 視差，當使用者傾斜和移動螢幕的時候，使介面中不同層次的視覺元素產生位移和遮擋，從而造成具有動態變化的深度空間關係，如圖 5-159 左組圖。這種視差效應不僅出現在主介面中，第三方應用程式也有相應的表現。

二是當前網站介面設計中比較流行的視差滾動效果，讓介面中多層背景以不同的速度行動，形成立體的動畫效果，如圖 5-159 右組圖。

（2）介面狀態的動效

系統和程式的運行情況和響應的狀態，能夠透過動態圖標、按鈕、進度條等直觀生動地表現出來，容易理解並增強介面的趣味性和感染力。根據此類設計中經常涉及的內容可以將其分為引入動效、頁面動效、轉場動效、組件動效四種類型，如表 5-2 所示。

如圖 5-160，介面中動態圖標透過具有彈性的變形與位移，表現了其不同的響應狀態。

此外，介面操作的連貫性是影響互動體驗的重要因素。相對於直接的跳轉和切換介面，介面之間自然和流暢的動態轉換效果，讓使用者更容易理解介面之間及介面與整體之間的互動起承關係。

如圖 5-161，介面中豐富的、不同類型的介面轉換動效，讓使用者能夠直觀感受到互動的變化過程，設計師不斷嘗試為其創造新鮮有趣的表現形式，增強介面動效的創新性和感染力。

表5-2 介面狀態的動效類型

引入動效	頁面動效	轉場動效	元件動效
開場動效	手勢動效	堆疊	Gallery
	元素的出現與消失：彈性與抖動、翻轉、淡入淡出、縮放、變形、合成與展開、位移與緩動、凸顯	介面筆組	Path型選單
引導動效		空間翻轉	抽展
		平鋪	二級展開選單
載入動效	停靠	線索連續	滑塊
	狀態變化	創新效果	創新元件

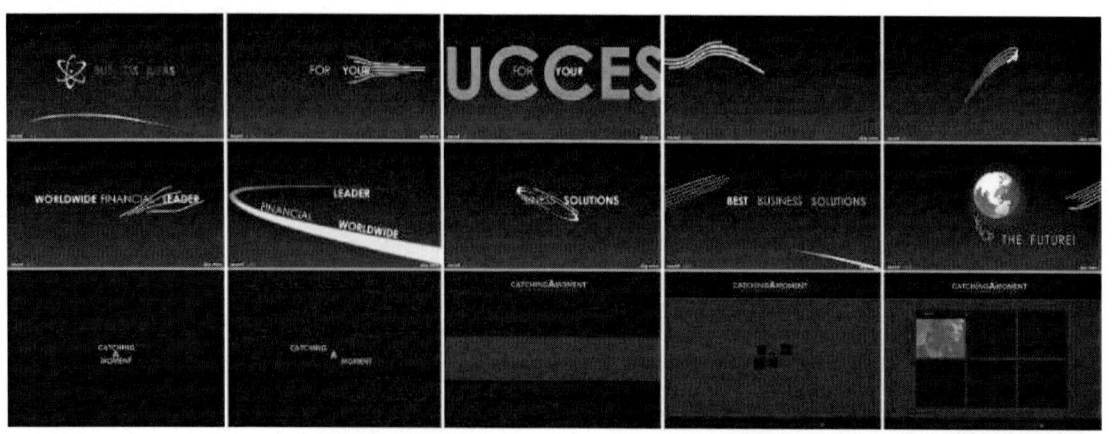

圖5-156 網站片頭和介面的動態畫呈現

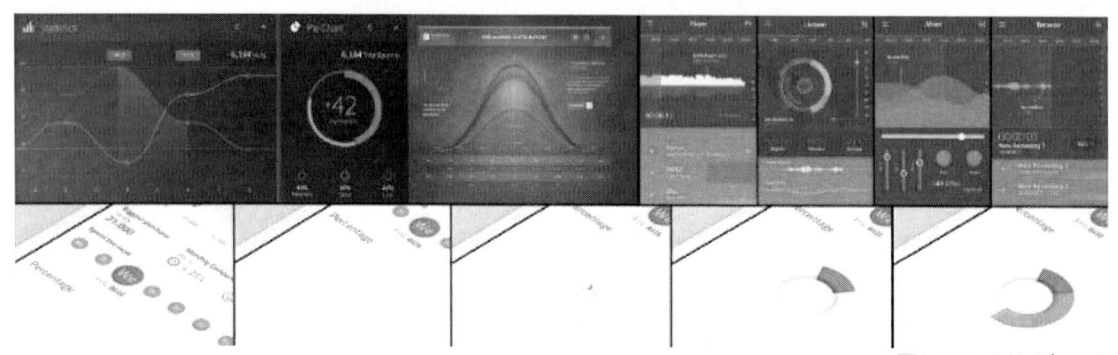

圖5-157 動態資訊圖形

圖5-158 資訊圖形解說動畫《手機螢幕發展史》

圖5-159 介面視差動效

(3) 互動廣告

互動廣告常透過設置懸念吸引使用者的注意，引導使用者參與互動，探索並揭示謎底。動態圖像與互動性的結合，讓使用者對廣告所傳遞的資訊進行深度加工和理解，互動的過程增加了接收資訊、概念的時間和頻率，互動性帶來的娛樂、趣味，更有利於給使用者留下深刻的印象。

在圖 5-162 這個互動廣告中，被扔在垃圾箱外的廢紙團可以被拖動和操作，當使用者將其拖曳到貼有循環利用標誌的垃圾箱時，意料之外的事情發生了，桶裡會隨機出現摺紙動物或鳥類，這樣生動有趣的表現讓使用者對回收再利用的環保概念印象深刻，並樂於接受。

(4) 互動演示

動態圖像結合互動性的演示，相對於被動地接受資訊更能激發使用者的探索欲，讓使用者對展示對象主動進行虛擬操作。如圖 5-163 的互動產品演示，通常需要結合 3D 圖像進行表現。透過展示產品（或概念原型）的功能、介面、互動操作等，讓使用者更直觀地瞭解一款產品的核心特徵、用途、使用方法等。

5.5.3 介面動效的作用

簡單地說，介面動效具有如下的作用：使介面及元素之間過渡自然流暢、提供高效回饋、引導互

圖5-160 動態圖標

圖5-161 介面轉換動效

圖5-162 互動廣告

圖5-163 互動演示

5.5 UI 動態圖像設計

動操作、清晰展現介面層級、增強操縱和互動性、提供創新體驗。

1. 使介面及元素之間過渡自然流暢

介面佈局可以組織視覺元素的靜態位置，動效則可以表現其在時間上的演進。自然流暢的過渡是介面動效的作用中最容易被意識和認可的一點，透過介面及其視覺元素的互動出現，以及大小、位置和透明度的變化等，讓使用者和產品的互動過程更為流暢。如 APP 互動中，頁面的滑動、元素的出現等操作如行雲流水般的順暢，並具有合理的節奏和彈性。在用 Flash 或 After Effects 製作動效原型時，可以透過曲線控制來調整運動節奏。

2. 提供高效回饋

高效回饋是介面功能最基本的要求，透過動效讓使用者高效直觀地瞭解當前程式的狀態，同時對使用者操作（平移、放大、縮小、刪除）做出及時回饋，減輕使用者在等待過程中的焦慮感。如使用者點擊下載按鈕後，我們可以用動態的進度條向使用者展示當前程式的運行狀態（未下載、下載中、下載完成）。如果沒有回饋，就無法得知運行狀態，使用者甚至會認為程式已經停滯或卡死而取消操作。同樣對平移、放大等操作，也需要提供及時友好的互動回饋。

3. 引導互動操作

透過動效對介面功能的方向、位置、喚出操作、路徑等進行暗示和引導。特別是在行動應用程式的設計中，由於行動裝置螢幕空間有限，很多功能的入口可能是隱藏的，此時更需要發揮動效的作用，以便使用者在有限的行動螢幕內發現更多的功能。譬如 iOS7 螢幕鎖定畫面的動效提示使用者向右滑動、百度手機輸入法的熊頭選單滾動提示使用者翻頁、微信的朋友圈引導使用者一步一步進行操作等。

4. 清晰展現介面層級

由於系統及應用程式複雜的層級結構（特別是在行動應用程式中）隨著其承載越來越多的資訊量和介面功能，簡單的三層結構原則已經無法滿足功能的需要，合理清晰的結構層級對使用者理解應用程式和使用應用程式有著至關重要的作用。具體的操作方式：透過焦點縮放、覆蓋、滑出等動效幫助使用者構建空間感受。就像 iOS7 一樣，透過動效來構建整個系統的空間結構。

5. 增強操縱和互動性

透過擬真動效對現實世界的模擬可以不需要任何提示，迎合使用者的認知經驗，使產品的互動方式更接近真實世界和使用者的心理模型。互動對象的反應行為是可以預測的，不需要任何提示，使用者透過對現實世界的認知來理解動效，增強使用者對應用程式的操縱感、帶入感和互動的自然性。如掌閱電子書的書頁擬真設計，可以讓使用者感覺到紙面的翻動。

6. 提供創新體驗

隨著產品開發對設計環節的關注度提高，介面逐步縮小了差距和差異並趨於同質化，在良好的可用性前提下，透過細節設計和互動方式創新，使產品具有顯著的特色和亮點，可以讓使用者感覺到某些不同尋常的產品體驗並表達產品的氣質與魅力，增強產品的競爭力。

教學導引

小結：

本章主要講解了圖標及其系統化設計的原則、流程、方法和技巧；介紹了像素圖像和向量圖形繪製的方法和技巧，及其在介面中的應用；講解了介面資訊圖像的概念、表現要素和設計方法，以及介面動態圖像的屬性、類型和作用。

課後練習：

1．將本章節中的作業製作成一個完整的圖文結合 PPT 進行課堂演示，評論作業並分析討論。

2．將優秀作業彙集起來並影印成冊。

第六章 非行動裝置 UI 設計的應用

UI 設計

> **重點：**
> 1. 瞭解網站介面設計及其構架技術的發展脈絡，掌握網站介面的視覺構成要素及其設計流程和規範。
> 2. 瞭解應用軟體介面設計的幾個具體類型，如教育軟體和家電產品介面等，掌握其介面的設計方法和技巧。
>
> **難點：**
> 掌握網站介面中視覺構成要素，如文字、圖像、圖文版式的設計原則、流程、方法和技巧，能夠將這些設計方法和技巧熟練地應用到網站及其他應用軟體的介面設計中。

UI 的應用類型，從平臺上主要可以劃分為電腦和行動裝置兩大類，而行動裝置用戶端正日益取代電腦，成為使用者更為主要的互動平臺。對普通使用者而言，行動手持設備（智慧型手機、平板電腦等）的更換頻率要遠遠高於電腦，因此隨著硬體快速地更新換代，手持設備 UI 設計的理念、方法、原則、規律和特性的更新速度也相對較快，可以說是一直處於一種動態的變化過程中。比如，在兩三年前的 UI 設計課程教學中，我會這樣描述手機 UI 的特徵：「螢幕尺寸較小、解析度較低，因此手機 UI 設計時要考慮低螢幕解析度下的顯示效果。」而現在這一特徵顯然發生了逆轉性的變化，智慧型手機的像素密度（PPI）大大高於人們現在普遍使用的電腦螢幕，比如 2014 年高端智慧型手機 5.5 英吋顯示器可以達到 2560x1440dpi，其像素密度高達 538，遠遠高於普通電腦和筆記型電腦螢幕的解析度，抬頭顯示器（HUD）等透明顯示介面也越來越多。我們在 UI 設計中時刻都要面對這樣的變化，因此，需要瞭解硬體和技術的發展，不斷地研究設計的方法以適應這樣的變化。

6.1 網站 UI 設計

6.1.1 概述

現在，基於傳統網路和行動網路構建的形形色色的網站多得就像銀河中的繁星，數十億人在不同的地點和時間訪問主要的入口網站、社交網站以及各種形態的新網站，他們透過網站購物、交流、獲取和傳遞資訊。網路世界中浩如煙海的網站構建了人們現實之外的虛擬人生，如圖 6-1 所呈現的「網路星雲」，它是一個獨具創意的資訊互動網站，用類似 Google Earth 的方式構建了網站「天體圖」，可以對其進行放大和縮小。每一個點代表一個線上網站，點的大小代表影響力和訪問量，顏色代表地區或國家，距離則反映了網站類型和相似度。透過點的大小、色彩、位置和疏密將資訊可視化，並創建有趣的互動形式。

今天，幾乎所有的行業和機構都網路化了，最簡單、最直接的方式就是構建一個網站發佈資訊進行推廣，網站 UI 成了機構、商品、個人形象的重要組成部分。網站 UI 是人與電腦之間以網路為平臺的

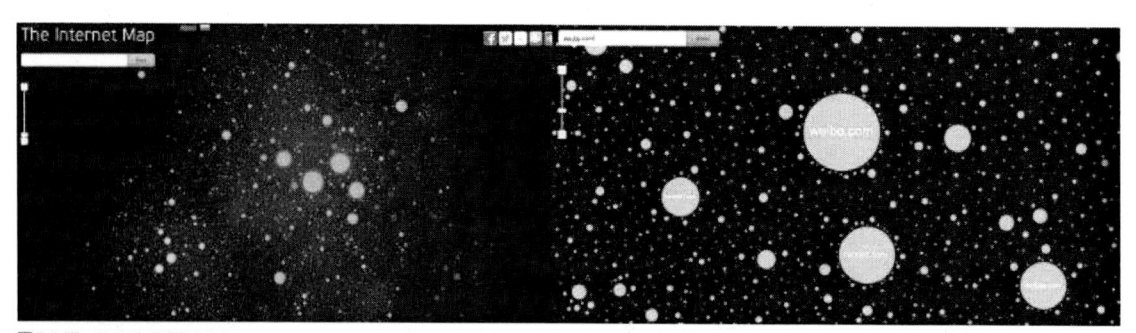

圖6-1 The Internet Map

圖6-2 入口網站

資訊介面，是「軟」介面中的一種，是透過非物質化的數位形態與人進行互動的介面。

對網路企業而言，UI 設計是否合理、是否具有視覺感染力，直接關係到企業的成敗。網站的 UI 決定了網路上企業的形象和人們對它的整體認知，其重要性不亞於傳統的企業形象識別系統以及傳統媒體的廣告推廣。例如，中國的網路入口新浪、網易、搜狐等，UI 設計都具有良好的易用性和便捷的導向性，其網站資訊量巨大、欄目眾多，包羅萬象，是以資訊檢索和瀏覽方便、實用以及介面美觀為代表的典型設計實例，各有特色。如圖 6-2，繁多的資訊分類、佈局、組織、導航，並透過 UI 設計降低視覺干擾，提供層次清晰的資訊是這類網站設計的重心。

一些主題性的、資訊量不大的網站，如服裝、電影、遊戲、電子產品、地域文化、藝術品等形象推廣網站，以表達其品牌理念和獨特的精神氣質為主旨，特別注重創意和視聽體驗，其 UI 設計往往充滿了個性和奇思妙想。典型的例子是 NIKE、Adidas、Coca Cola 等品牌，除了其主要的官方網站外，一般會針對特定的國家、地區或特別的活動主題設計專屬的網站，以引領或迎合不同地域人群的審美和文化特徵。這類主題性的推廣網站資訊量不大，但在創意和視覺感染力上下足了功夫，其 UI 往往不像入口網站那樣中規中矩，它們大多具有強烈的設計感，從 UI 的色彩變化、構圖以及視覺元素上都充滿了豐富的想像力和精巧的創意，使瀏覽者感受到 UI 的視覺美感和意境，進而對產品產生「時尚、高品質、個性化」的印象，增強他們對品牌的認同感，巧妙地達到傳遞企業文化和品牌理念的目的。如圖 6-3，NIKE 世界盃主題網站，整個網站的內容是由一個球迷一天的經歷所構成的完整故事，網站 UI 以第一視角展現故事場景，讓使用者更容易代入情節之中，每前行一段都會與下一個場景中的角色進行互動，並巧妙地導入敘事的動畫，這樣獨特的介面創意和體驗必然讓人印象深刻。現在，入口網站的專題性頁面也常常用具有創意和藝術性的視覺表現來增強使用者的情感體驗。

作為人機交互作用的媒介，網站 UI 伴隨著網路的出現而出現。1990 年代初，自第一個網站誕生以來，設計師就開始嘗試各種網頁的視覺效果。早期的網站 UI 並不像如今這樣五光十色、圖文並茂，除了一些小圖片和毫無佈局可言的標題與段落，早期的網站 UI 主要都是由字符組成的。較早接觸電腦的使用者可能對 DOS 系統下一行行的字符串，或者是 BBS 系統中大段的純文本內容還有一些印象，就連早期的網路遊戲也是以字符介面為主，純文字的 MUD 遊戲曾經盛行一時，現在這樣的網站 UI 已經鮮見於網路了。如圖 6-4，文字 MUD 遊戲 UI。

早期的網站，其 UI 設計以功能性為第一指導原則，以技術因素為主要的考慮對象，以實現必要的功能為目標。字符為主的介面能夠實現基本的資訊互動，並且對硬體和技術要求較低，容易實現並且具有較高的穩定性，因此在一段較長的時期內字符形式的介面成為網站 UI 的主要形式。早期的網站

圖6-3 NIKE世界盃主題網站

UI 是透過明確的指示性和對功能的實現來體現其設計價值的。

隨著電腦圖像技術、資訊和網路傳輸技術的發展，傳統的字符介面已經不能適應網站 UI 的設計需求，圖像化的網站 UI 成為主流。當所見即所得的可視化專業網頁設計及開發工具出現後，網站 UI 設計從技術主導轉變為技術與藝術設計相結合的設計模式，由於專業藝術設計師的加入，使網站 UI 不再是電腦專業技術人員才能駕馭的技能。

6.1.2 網站 UI 設計及其架構技術的沿革

網站的 UI 設計，主要涉及技術開發、資訊構建、視覺設計、網路傳輸等方面。從感官層面來看，包含頁面的佈局、色彩、文字、圖像、音效等介面視聽設計；從行為體驗層面來看，包括資訊構建、互動設計和網站使用者研究等；從技術層面看，又涉及網站互動功能的實現，如搜尋及其優化等。此外，還要對這些構成要素進行分析組織，以確保網站在各個設計方面上具有一致性和易用性。

網站 UI 的設計相對於其他的設計門類具有其自身的特點，其非物質性決定了其與傳統紙質媒介設計在本質的不同，它和基於操作系統的軟體介面也不一樣。因此，要以新的設計理念來指導設計方法的更新，研究網路媒體的特性，將傳統藝術設計規律融入設計內容之中，並不斷嘗試新的表現形式和創意。

網站 UI 的表現形式、設計風格是由同時期電腦及網路技術所決定的。它與藝術設計本身相關，反映了當時主流的審美取向和設計潮流。網站 UI 構架的技術和發展趨勢推動著 UI 設計理念和潮流的變化，並呈現出不同時期的典型特徵。

1. 基於表格的設計

（1）第一個網站

1991 年 8 月，被稱為「網路之父」的英國電腦科學家提姆·柏納-李發佈了第一個簡單、基於文本、只包含十幾個連結的網站。原始網頁的副本現在仍然在線上，如圖 6-5。它試圖告訴人們什麼是全球資

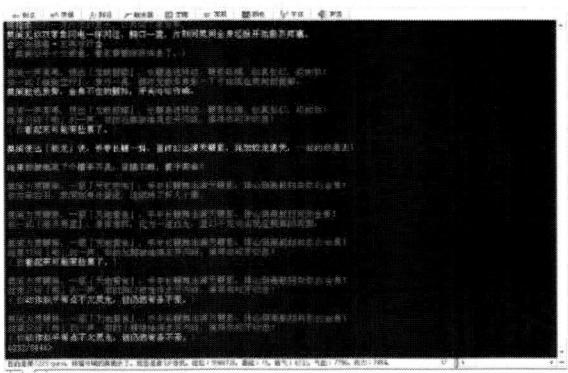

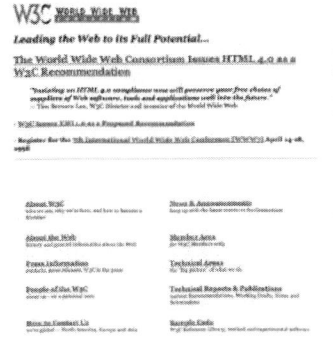

圖6-4 文字MUD遊戲 　　　　　　圖6-5 提姆‧柏納-李發布的第一個網站

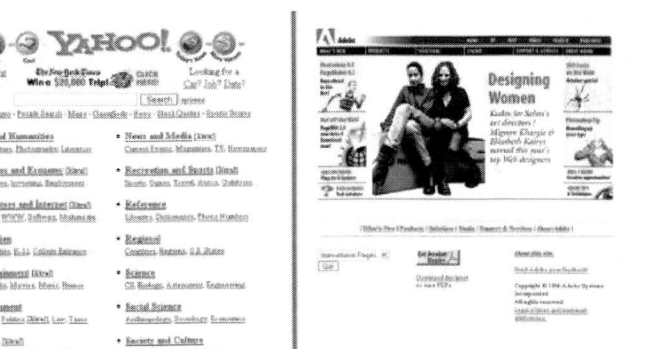

圖6-6 1990年代的網站介面：W3C、YAHOO!和Adobe首頁

訊網。隨後一段時間的網頁都與它類似，完全基於文本、單欄設計、有一些連結等。

最初版本的 HTML 只有最基本的內容結構：標題（<h1><h2>...）、段落（<p>）和連結（<a>）。隨後新版本的 HTML 開始允許在頁面上添加圖片（<img>），然後開始支持製作表格（<table>）。

（2）全球資訊網協會的出現

1994 年，全球資訊網協會（W3C）成立，他們將 HTML 確立為網頁的標準標記語言。這是為了阻止任何一個瀏覽器運營商想要開發專利的瀏覽器和相應的程式語言，並壟斷網路瀏覽器平臺的野心，因為這會對網路的完整性產生不利的影響。W3C 一直致力於確立與維護網頁編程語言的標準（例如 JavaScript）。（圖 6-6）

表格佈局使網頁設計師製作網站時有了更多的選擇。在 HTML 中，表格標籤的本意是為了顯示表格化的數據，但是設計師發現並開始利用表格來構造他們設計的網頁，這樣就可以製作較以往作品更為複雜的、多欄目的網頁。表格佈局就這樣流行起來，由於融合了背景圖片切片技術，看起來較實際佈局簡潔得多。

這個時期的網頁設計還不太關注語義化和可用性方面的問題，主要還在追求良好的結構美學。設計師大量應用 GIF 點陣圖控制留白，如圖 6-7。 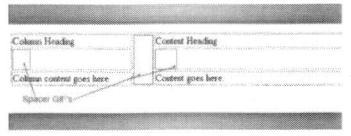

圖6-7 GIF占位圖片

第一批主要應用表格佈局的「所見即所得」網頁設計軟體的發展助長了表格的應用。即使是稍微複雜一點的網頁（比如多欄目頁面），設計師們都要依賴於表格來創建，網站 UI 在此前提下多以矩形結構的嵌套為主。

6.1 網站 UI 設計　195

UI 設計

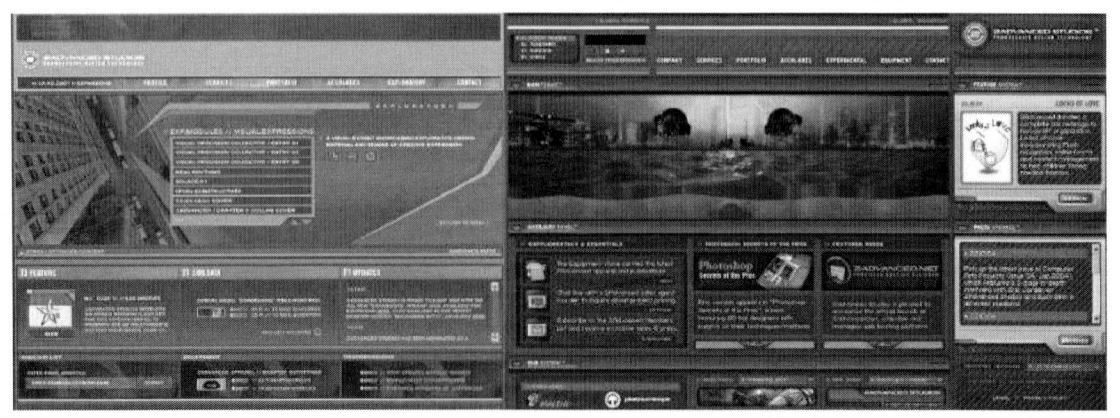

圖6-8 2Advanced Studios網站2.0版

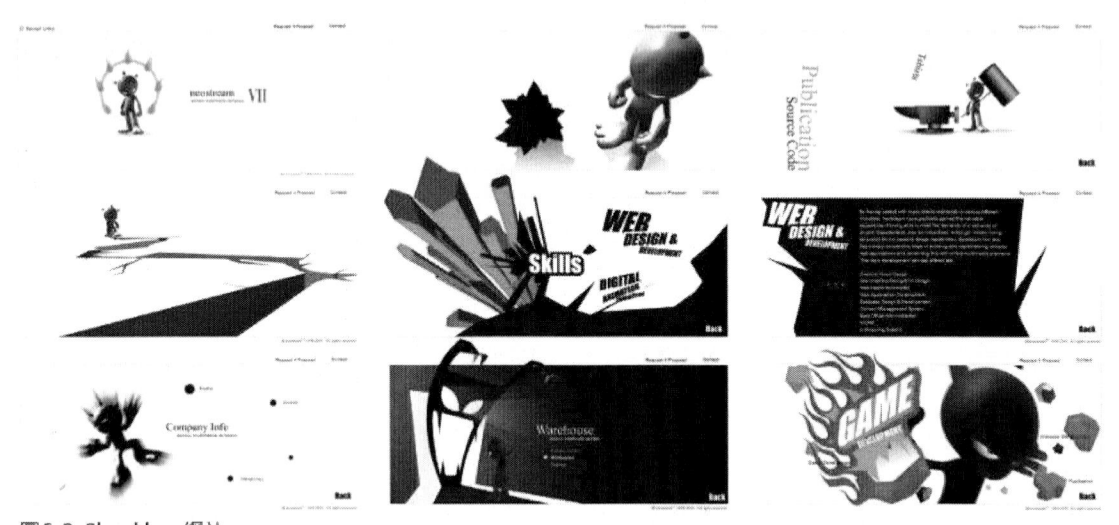

圖6-9 Shockboy網站

2. 基於 Flash 的網頁設計

Flash 被稱為「最靈活的櫃臺設計工具」，透過它能實現遠超過早期 HTML 的視覺效果。Flash 基於向量圖形的特性，使其能夠用很小的檔案表現出豐富的動畫效果。在影片網站流行之前，網路受限於網路寬頻，視聽體驗主要由 Flash 動畫提供，這也使基於 Flash 平臺的動畫和頁面動態互動設計風靡一時。另外它為 FlashPlayer 工具所獨立支持的播放方式也使 Flash 網站具有跨瀏覽器平臺的屬性，也就是說無論在哪種瀏覽器之下，基於獨立的播放工具，其頁面和動畫都能得到一致的顯示，這在網頁標準推行之前算得上是 Flash 平臺的獨門武器。

因為 Flash 動畫及 ActionScript 手稿語言，使互動性強並且擁有互動動畫的多媒體網站創建成為可能。如圖 6-8，曾經被無數 Flash 網站設計師模仿過的 2Advanced Studios 網站，堪稱當時技術與藝術完美結合的典範，科技感十足的視覺設計、絢麗的動態圖像和影像元素，配合電子合成的音樂和音效，在大量以 HTML 為基礎、類似 Word 文檔的網頁中算得上鶴立雞群。

如圖 6-9，Shockboy 純 Flash 網站，將角色動畫、富有想像力的場景和炫目的轉場特效結合，很好地呼應了子頁面的主題。動畫細膩、節奏張弛有度。電影頻道曾模仿其製作動畫效果，首頁的角色可以隨游標行動實現表情、動作的互動，這和後來流行一時的應用程式「我的湯姆貓」有著異曲同

工之妙。這些強大的互動性和豐富的視覺表現，正是 Flash 平臺致力打造的網路豐富應用的初步顯現。

3. 動態 HTML（DHTML）

在 Flash 初次涉足網頁設計領域的同一時期（1990 年代末至 21 世紀初），由幾種網路技術（如 JavaScript 和一些伺服器端手稿語言）組成的用於創作互動、動畫頁面元素的 DHTML（Dynamic HTML，簡稱 DHTML）技術的推廣，也在如火如荼地進行。

這時，隨著 Flash 的發展和 DHTML 的普及，介面除了靜態內容的呈現，還出現了越來越多的動態互動性元素，允許使用者與網頁內容互動的互動頁面的概念誕生了。

比如在網站 UI 中，當使用者將滑鼠游標移動到導航按鈕上時，會彈出一個選單，在該選單中移動滑鼠，所指向的選項顏色或形態就會改變；如果將滑鼠游標移到選單所在範圍外，選單則自動隱藏。這種效果類似於 Windows 應用程式的特性，即透過圖像化的介面為使用者提供儘可能多的功能。實際上，採用這種方式可以使同一個頁面包含更多的資訊，Flash 軟體設計的網站 UI 很容易做到這樣的效果，如前面提到的 2Advanced Studios 網站，HTML 也試圖在此尋求突破。

動態的 HTML，其實並不是一門新的語言，它只是 HTML、CSS 和用戶端腳本的一種集成。

DHTML 建立在原有技術的基礎上，可分為三個方面：

一是 HTML，也就是頁面中的各種頁面元素對象，它們是被動態操縱的內容；

二是 CSS，CSS 屬性也是被動態操縱的內容，從而獲得動態的格式效果；

三是用戶端腳本，例如 JavaScript，它實際上操縱 Web 頁上的 HTML 和 CSS。

使用 DHTML 技術，可使網頁設計者創建出能夠與使用者互動並包含動態內容的頁面。利用 DHTML，網頁設計者可以動態地隱藏或顯示內容、修改樣式定義、啟動元素以及為元素定位。DHTML 因此被廣泛應用於各類網站中，成為高水準網頁必不可少的組成部分。

DHTML 的三種組成部分各自的定位可以用一句話來說明：HTML 定義結構、CSS 定義樣式、腳本（主要是 JS）定義行為，三者相互結合構建出來的頁面更加靈活和優美。

（1）基於 CSS 的設計

表格佈局與 Flash 網頁相比，CSS 有許多優勢。首先它將網頁的內容與樣式分離，意味視覺表現與內容結構的分離。

CSS 是網頁佈局的最佳實踐，它極大地減少了標籤的混亂，還創造了簡潔並語義化的網頁佈局。CSS 使網站維護更加簡便，因為網頁的結構與樣式是相互分離的。人們完全可以改變一個基於 CSS 設計的網站的視覺效果，而不去改動網站的內容。

如圖 6-10，由 CSS 設計的網頁檔案體積往往小於基於表格佈局的網頁，因此頁面感應速度會大大提升，等待顯示的時間則會縮短。

（2）基於 HTML5、CSS3 和 JavaScript 標準的設計 HTML5 就是網頁通用技術標準 HTML 的第五版，與上一代 HTML 相比，它為開發者們提供了一個完整平臺，不需要藉助任何外掛。除了最基礎的聲音和影片以外，它還支持更多的互動功能，以及多執行緒等全新特徵，如圖 6-11。正是這些特徵，使在網頁上實現大型程式一般或複雜的效果成為可能。它不僅有利於開發，也便於維護。在手機等行動裝置上，它也表現得比 Flash 更高效、更省電，但是 HTML5 在遊戲領域的地位暫時難以比肩 Flash。

HTML5 可以跨平臺開發的優點意味著我們可以利用這一技術為各種智慧型手機、平板電腦和電腦開發完全兼容的網站產品。基於 HTML5 的響應式網站設計，可以針對不同瀏覽器和設備的動態佈

UI 設計

圖6-10 基於CSS設計的網站

圖6-11 HTML5的新特性

圖6-12 基於HTML5、CSS32的響應式網站設計

局網站，根據不同的瀏覽器和設備尺寸的變化，動態改變網頁的佈局和內容，如圖6-12。

除了響應式的特徵，單頁面化的設計也是網頁設計的趨勢和熱點之一。無論是客戶、設計師還是瀏覽者，都一度不接受單個長頁面的設計。曾經還有專家建議：通常的頁面設計不要超過一點五個螢幕的長度。但現在單個長頁面的網頁在網路中隨處可見，彷彿已經成為一種流行趨勢。比較合理的解釋是，使用者早已習慣於使用滑鼠滾輪瀏覽網頁，與在多個頁面間來回點擊滑鼠查看相比，用滾輪瀏覽更為方便，比如很多搜尋引擎在搜尋圖片後都預設單頁顯示，當然使用者也可以自定義為分頁顯示。包括百度、蘋果、淘寶在內都使用了相當長的頁面來展示介面，並獲得了良好的效果。長頁面的介面設計為網站 UI 設計師提供了更大的設計創意空間，如圖 6-13。

198　第六章 非行動裝置 UI 設計的應用

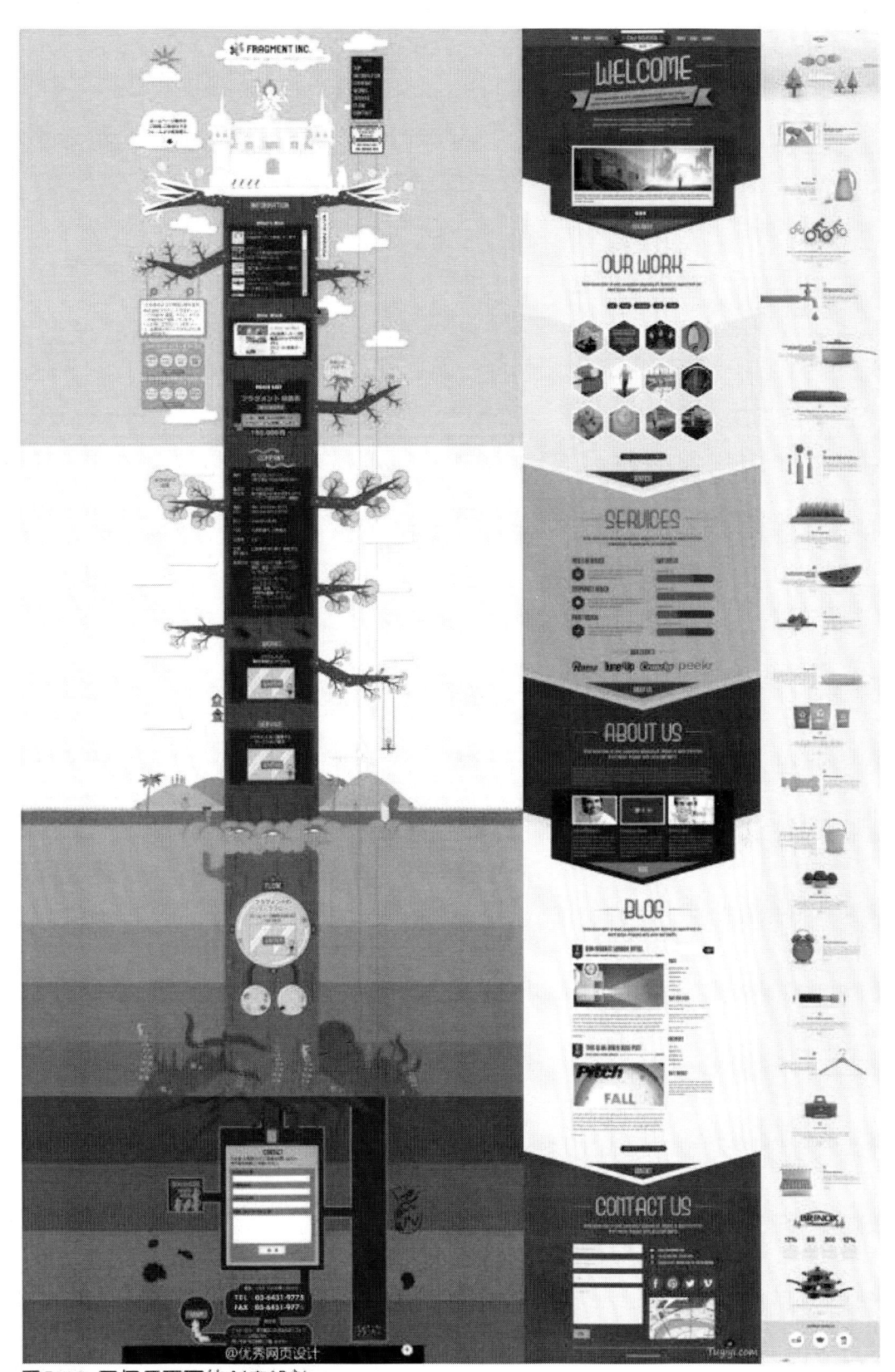

圖6-13 三個長頁面的創意設計

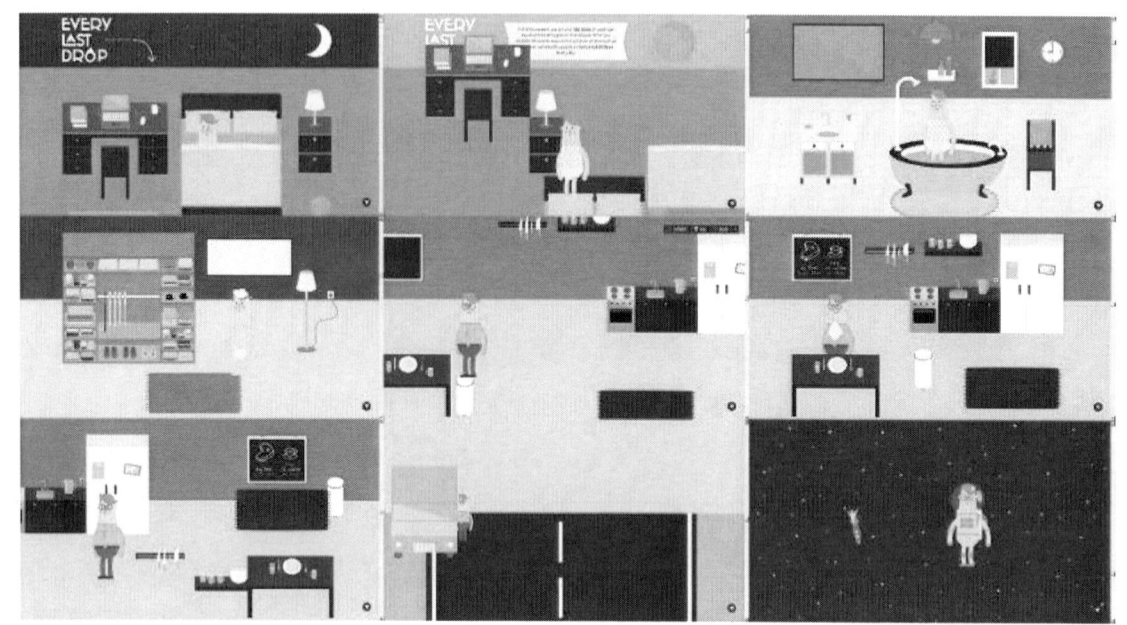

圖6-14 基於HTML5、CSS3設計的視差滾動特效網站

在單頁面上基於 HTML5 直觀的設計、快速的響應速度，網頁設計師們富有想像力地創作出了視差滾動特效的網站，這種網頁特效正被越來越多的網站所應用，成為設計的熱點。在一個很長的頁面中利用一些令人驚嘆的插圖和圖像，使用視差滾動（Parallax Scrolling）效果，讓多層背景以不同的速度行動，形成立體的動畫效果，帶來非常出色的視覺體驗，讓使用者猶如置身其中。許多遊戲中都使用視差效果來增加場景的立體感，一些品牌網站也用視差滾動效果以不同的空間角度來展示產品，在使用者經驗方面造成了非常不錯的效果。圖 6-14 中基於 HTML5、CSS3 設計的視差滾動網站，結合扁平化的向量圖形風格表現了角色一天中狀態和場景的豐富變化。

6.1.3 網站 UI 的視覺構成要素

在網路上瀏覽網頁頁面時，類型繁多並且風格各異的網站給使用者帶來的感受是不同的。無論是設計得含蓄沉穩、簡潔明快、柔和雅緻、活力動感、富麗堂皇，還是由於粗製濫造導致的雜亂無章，任何類型和風格的網站 UI，從頁面的內容來說都包含共同的構成要素。作為新興的第四媒體，網路是對傳統媒體的整合。構成要素包含報紙、雜誌等傳統媒體中的文字與圖像，在網站 UI 的版式、色彩、圖像設計上，很多網站都借鑑了報紙和雜誌的設計方法，因為它們在設計理論和普遍規律上是相通的。此外，網站 UI 的構成要素還包括廣播電視媒體中的聲音、影片、動畫等多媒體元素，以及具有特殊效果和互動功能的可操作工具等。由於它具有對傳統媒體元素的整合性以及新特性，所以在進行網站 UI 設計時需要考慮更多的因素。

關於網站 UI 的視覺構成要素，見「4.3 UI 設計中的視覺要素」。圖 6-15 是包含文字、圖像、動畫和影片等傳統媒體和多媒體元素的網站 UI。

6.1.4 網站 UI 中文字的設計

文字對象（Logo 文字、標題、正文、名稱、描述、標籤）

文字是網站 UI 的主要組成部分，是用以傳達資訊的主要元素。雖然網路多媒體影音同樣可以達到資訊傳達的目的，但是由於文字具有獨特的優勢，很難被取代。首先，文字資訊相較於其他的視覺元素更為簡潔高效，也符合人們的認知習慣；其次，文字所占據的儲存空間極小（一個漢字占用兩個字節），利於瀏覽及下載，在行動網路中比圖像、影

图6-15 网站UI

图6-16 标题文字的图形化

音更節省流量。因此，許多網站都提供純文本形式，其中以論壇最為典型，讓使用者在使用行動裝置瀏覽網頁時大多可選擇性地打開圖像、影音元素，以節省時間。

(1) 網站 UI 中的文本對象

① Logo 文字和標題

一個網站的首頁、板塊、欄目或文章，都會有一個醒目的 Logo 文字和標題，以吸引並告訴使用者其主題資訊。標題通常放置在頁面中顯要的位置，使用較大的字號，在版面中做面或者線的編排。為了增強視覺效果，大部分 Logo 文字和標題都要在圖像軟體中進行專屬的設計，再在頁面中將其設置為圖像格式（實際上已經是圖像化了的文字），多出現在網頁首圖（首圖包括背景、圖像元素、文字）中，如圖 6-16。

Logo 文字和標題的文字設計需要根據主題選擇合適的字體，不同字體、字形所帶來的視覺效果和心理感受是截然不同的，如莊嚴肅穆、典雅、現代、傳統、個性、可愛等。在特定的主題下，手寫字體、手繪的圖像化文字甚至動態的圖像化文字會給網站 UI 增添更多的視覺感染力和創意，如圖 6-16。

一般在設計中標題文字採用基本字體，並儘量使用統一的風格和字體，或略加組合變化。在形式上要有一定的象徵意義，這部分可以參考文字設計相關的書籍和教程，或借鑑優秀的設計，但不宜過度變形和裝飾，以免影響識別度。

② 正文

正文是標題內容的展開，是資訊傳達的主體部分。網站的核心是內容，使用者訪問網站最重要的目的就是看網站的正文，所以，網頁的正文排版非常重要，其資訊的主體作用是動畫、圖像、影音等元素所不能取代的。介面中正文的設計涉及文字的字形、字號、顏色和版式，但始終以識別性為設計的第一原則，以達到較好的瀏覽效果為目標。

6.1 網站 UI 設計　201

UI 設計

圖6-17 網頁標籤雲

③名稱、描述、標籤

名稱、描述、標籤等文本資訊是網站 UI 中資訊分類和導航的視覺要素。如圖 6-17，部落格中的標籤（tag）使用了類似「網路星雲圖」的方式。

維基百科這樣描述標籤雲（文字雲）：它是關鍵字的視覺化描述，用於彙總使用者生成的標籤或一個網站的文字內容。標籤一般是獨立的詞彙，常常按字母順序排列，其重要程度能夠透過改變字體大小或顏色來表現，因此標籤雲可以靈活地依照字序或熱門程度來檢索一個標籤。大多數標籤本身就是超連結，直接指向與標籤相關聯的一系列條目。

（2）網站 UI 中文本對象的主要屬性

在網站 UI 設計中，文字的字體、規格及其編排形式，是文字的輔助資訊傳達手段。（圖 6-18）

①字號

字號可以用不同的方式來計算，例如磅（Point）或像素（Pixel）。對於單位「px」，一般都是使用 12px、14px、16px、18px 等偶數值來設定文字大小，因為早期的顯示器往往不能很好地處理文字的鋸齒問題，而使用奇數值極有可能造成鋸齒，所以通常預設使用偶數值。適用於網頁正文顯示的字號為 14px 或 16px。較大的字號可用於標題或其他需要強調的地方，小一些的字號可以用於頁腳和輔助資訊。需要注意的是，小字號容易產生整體感和精緻感，但可讀性較差。

文字實際表現出來的大小並非是一個簡單的數值。除了數值之外，還跟顯示設備的解析度及螢幕大小有關，如一塊非常大、解析度非常低的 LED 螢幕，即使像素很小，也會展示出很大的字。所以在選擇 UI 中文字大小的時候，還需要考慮使用者的使用習慣。同一個網頁，在筆記型電腦、電腦或在不同的行動裝置上使用，顯示的文字大小也不相同。

②字體

網站 UI 設計師可以用字體表現設計中要傳達的情感。選擇字體是一種感性、直觀的行為。但是，無論選擇什麼字體，都要符合網站 UI 的總體設計理念和滿足使用者的需求。

在同一頁面中，字體種類少，則版面雅緻、有穩定感；字體種類多，則版面活躍、豐富多彩。要學會如何根據頁面內容來掌握這個比例關係。

正文字體作為基礎性用字，從底層支撐文字設計及語義傳達。方正字庫首席字體設計師朱志偉在他「字體的力量」演講中提到新老宋體細節設計的不同，對資訊的識別和認知的影響。在過去，人們普遍認為有筆觸裝飾的襯線字體，可提高辨識度和閱讀效率，更適合作為閱讀的字體，多用於報紙、書籍等印刷品的正文；無襯線字體飽滿醒目，常用

圖6-18 網站介面

作標題或者用於較短的段落。然而，其實網頁的正文內容最好採用系統預設的無襯線字體，因為瀏覽器是調用本地機器的字庫來顯示頁面內容。無襯線字體是指沒有邊角的修飾，筆畫整齊光滑的字體，適用於網頁正文，讓使用者在獲取大量文字資訊時不感到疲勞。襯線字體會在筆畫邊角進行修飾，讓人可以清楚分辨文字以及筆畫起點和終點。但是，這種字體如果設置得太小或者距離文字較遠，則會受到襯線的影響，分辨不清晰。圖 6-19 所示為襯線字體和無襯線字體。

圖6-19 襯線字體和無襯線字體

　　Windows 系統下，中文宋體小字具有點陣的特性，12px、14px 的字號顯示清晰美觀，便於閱讀。而如今隨著顯示器越來越大，解析度越來越高，設計師開始在正文中大量使用 14px 甚至 18px 以上的字號。對英文字體來講，大字號的運用使襯線字體具有高辨識度和流暢閱讀的優勢。而中文宋體在顯示 14px 以上的字體時，單線條大字看上去有些單薄，特別是這款點陣字，在強制平滑顯示狀態下尤其顯得模糊不清。微軟公司開發的微軟雅黑字體解決了這一顯示問題。在介面中具體位置及何種解析度使用什麼樣的字體字號，有經驗的設計師一般會在遵循普遍規律的基礎上得出一套自己的設計習慣和方法。

③文字的顏色

　　在網頁設計中，設計者可以為文字、文字連結、已訪問連結和當前活動連結選用各種顏色。例如預設的設置是這樣的：正常字體顏色為黑色，而連結顏色為藍色，滑鼠點擊之後又變為紫紅色。

　　色彩的運用除了能強調整體文字中特殊部分的作用，對於整個文案的情感表達也會產生影響。文字顏色要與背景有一定的對比度，低對比度容易導致字體不清楚。使用較高對比度的顏色，不但會增強文字的可讀性，更重要的是透過對顏色的運用實現情感和資訊的傳達。

④行寬和行距

　　雜誌或報紙每行的文字，一般情況下都不會超過 40 個漢字，這點同樣適用於網頁上的文章閱讀。文本寬度控制在 450px~700px 為宜，此範圍內參照字號大小，英文每行 80~100 個字母（一個空格相當於一個字母）為宜，中文每行 30~40 個漢字為宜。由於顯示器是橫向的，更要注意劃分閱讀區域。

　　行距的變化也會對文本的可讀性造成很大影響。一般情況下，接近字體尺寸的行距設置比較適合正文。行距的常規比例為 10：12，即用字號 10px，則行距 12px。這主要是出於以下考慮：適當的行距會形成一條明顯的水平空白帶，引導使用者的目光，而行距過寬會使文字失去延續性。

　　除了對可讀性產生影響外，行距本身也是具有很強表現力的設計語言，為了加強版式的裝飾效果，可以有意識地加寬或縮窄行距，體現獨特的審美意趣。例如，加寬行距可以體現輕鬆、舒展的情緒，適用於娛樂性、抒情性的內容。另外，透過精心安排，使寬窄行距並存，可增強版面的空間層次與彈性。

⑤文本區域背景

　　白色是最高亮度的全反射光，可以給人的眼睛帶來最大化的刺激，所以很多印刷品都選用乳白色或者淡黃色的紙張。由於顯示器本身就發光，儘管同是純白色背景，在電腦上閱讀會比在紙上更容易造成眼睛疲勞。另有研究表明：在電腦上閱讀只有在紙上閱讀速度的 78%，閱讀效率大大減低。因此，為了提高頁面瀏覽的舒適度和效率，越來越多的頁面採用淺灰色和淡黃色作為背景。

　　謹慎使用紋理作背景。帶有紙張紋理的印刷品可以使閱讀舒適度提高，但在顯示器狀態下，不宜使用飽和度、對比度過高，紋理過於清晰的背景圖，此外還需要考慮到輸出螢幕的解析度。

(3) 個體文字的設計

①瞭解文字的本質，重視整體和識別，結合字體內容進行創作。

瞭解漢字和拉丁字母的結構特點。

比較同一個字母或漢字使用不同字體的特徵與感受。

將單個字母與其背景分離，仔細觀察該字母的形態特徵，對其視覺識別特徵進行全面的瞭解。

遮擋部分文字結構，觀察其對文字識別性的影響。

②文字大小

比較大小寫字母的大小和視覺差異。

比較同一字母不同字號的形態差異。

收集以字母大小為設計手段的作品進行分析，瞭解其與設計效果之間的內在聯繫。

③文字的粗細

將不同粗細的文字組合編排，分別進行形式法則和感覺表現的訓練。

④文字變形

增加文字的個性特點。放大、縮小、壓縮或拉伸，傾斜、旋轉、重疊、鏡像、扭曲、製造邊緣效果，將文字嵌入框體中做正負形的變化實驗。

⑤文字的色調

將統一文字用不同的色彩表現。

將不同色彩的不同文字放置在平面中，瞭解它們的空間層次。

(4) 群體文字的設計

頁面是由許多單個文字組成的群體，要充分發揮這個群體形狀在版面佈局中的作用。從藝術的角度可以將字體本身看成是一種藝術形式，它在個性和情感方面對人們有著很大的影響。在網頁設計中，字體的處理和網頁顏色、版式、圖像等設計元素的處理一樣，非常關鍵。從某種意義上來講，所有的設計元素都可以理解為圖像。（圖 6-20）

①文字的圖像化

字體具有兩方面的作用：一是實現字意與語義的功能；二是美學效應。所謂文字的圖像化，即強調它的美學效應，把記號性的文字作為圖像元素來表現，同時又強化了原有的功能。作為網頁設計者，既可以按照常規的方式來設置字體，也可以對字體進行藝術化的設計。無論怎樣，一切設計都是為了更出色地實現自己的設計目標。

將文字圖像化、意象化，以更富創意的形式表達出深層次的設計思想，能夠克服網頁的單調與平淡，從而打動人心。

重視文字的意義與形式的內在聯繫。圖像化字體的形式感和它所表達的內容是緊密結合的，繪製時要結合文字字體特徵進行藝術加工，使內容與形式完美結合，生動、概括，突出表現文字內容的精神含義，增強視覺感染力，強化圖像化文字的情感力量。如圖 6-21，Google 網站為了紀念歷史事件或人物而將 Logo 文字進行圖像化的設計，生動形象地將背景人物和故事關聯起來。

②文字的疊置

文字與圖像之間或文字與文字之間在經過疊置後，能夠產生空間感、跳躍感、透明感、雜音感和敘事感，從而成為頁面中活躍的、令人注目的元素。雖然疊置手法影響了文字的可讀性，但是能給頁面帶來獨特的視覺效果。這種不追求易讀，而刻意追求「雜音」的表現手法，不僅大量運用於傳統的版式設計，也被廣泛用於網頁設計中，如圖 6-22。

③形態化的文本

將文本的編排與某種形態關聯起來。如將文本內容填充到某一形態中採用或者包圍在形態之外，限定空間。（圖 6-23）

圖6-20 網站介面

圖6-21 Google的圖形化

圖6-22 文字的疊置

圖6-23 形態化的文本

圖6-24 文字的組合

圖6-25 個別文字的強調

圖6-26 文本的編排

6.1 網站 UI 設計　205

UI 設計

④文字的組合

不要不加思索地把一行文字硬生生放置到介面中,會顯得呆板木訥。比如標題不一定要千篇一律地置於段首之上,可作居中、橫向、豎向或邊置等編排處理,甚至可以直接插入字群中,以新穎的版式來打破舊規律。如前面所講,文字組合時可以進行大小和顏色的變化、不同的排列組合、不同字體的組合、不同語種文字的組合。(圖 6-24)

⑤個別文字的強調

如果將個別文字作為頁面的訴求重點,則可以透過加粗、加框、加下劃線、加指示性符號、傾斜字體等手段有意識地強化文字的視覺效果,使其在整體頁面中顯得出眾而奪目。另外,改變某些文字的顏色,也可以使這部分文字得到強調。這些方法實際上都是運用了對比的法則,如圖 6-25。

(5) 文字編排的基本形式 (圖 6-26)

①兩端均齊

文字從左端到右端的長度均齊,字群形成方方正正的面,顯得端正、嚴謹、美觀。

②居中排列

在字距相等的情況下,以頁面中心為軸線排列,這種編排方式使文字更加突出,產生對稱的形式美感。

③左對齊或右對齊

左對齊或右對齊使行首或行尾自然形成一條清晰的垂直線,容易與圖像配合。這種編排方式有鬆有緊、有虛有實,跳動而飄逸,可以產生節奏與韻律的形式美感。左對齊符合人們的閱讀習慣,顯得自然;右對齊因不太符合閱讀習慣而較少採用,但顯得新穎。

④繞圖排列

將文字繞圖像邊緣排列。如果將底圖插入文字中,會令人感到融洽、自然。

6.1.5 網站 UI 中的圖像設計

圖像是網頁介面中重要的視覺元素,可分為功能性圖像、內容圖像、輔助圖三種類型。功能性圖像包括導航圖標、介面框體、指針、按鈕等;內容圖像包括大標題、標誌、資訊圖像、廣告、產品形象、新聞照片、影片動畫等;輔助圖指的是為了達到版面的藝術效果而設計的圖像,它不直接傳達內容,而用來烘托主題、渲染氣氛,如介面背景。

在一些強調視覺表現和使用者經驗的網站 UI 設計中,圖像甚至占據了整個頁面,體現強烈的藝術效果和獨特風格,尤其適用於公司形象和藝術設計類網站。圖像必須完全符合網站的主題,表達其精神內涵,並具有獨創、精巧的構思和鮮明的個性,使主題設定和表現的視覺風格得到較好的統一,以

圖6-27

圖6-28

利於資訊的傳達。如圖 6-27 中的網站介面，將透明背景的角色、場景分層圖像進行組合，透過富有創意的互動手法，營造具有歷史、奇幻、恐怖感的空間氛圍，內容和形式自然統一。透過對圖像合理的設計並應用，生動、形象、直觀地表現了網站的主題，增強了介面的視覺感染力，吸引了使用者的注意力。

圖像在網站 UI 中的作用和特性

（1）資訊傳達

網站 UI 中圖像最基本的功能和目的是傳達資訊，形式和風格必須以主題和內容為原點。網站 UI 為網站和使用者構建了資訊輸入和輸出的橋樑，圖像與文字、聲音、影片等一起，構成了網站 UI 特有的多媒體資訊傳達系統。它所具有的直觀性、準確性可以讓使用者更快、更準確地理解資訊。

圖像對資訊的傳達相較文字的直接，是含蓄的。所謂「意料之外、情理之中」，就是使巧妙的、具有創意的圖像能夠在傳達概念和資訊之外，還能為使用者帶來情感的共鳴和認同。圖像也可以透過形態和構圖傳達出遠超越占有同樣空間的文字所承載的資訊量，一幅圖勝過千言萬語。

（2）審美

圖像的藝術性強調滿足使用者對 UI 的審美需求並以此提升資訊傳達的效率，正所謂「好看的介面更好用」。圖像最終是以表現形態來傳達資訊和概念的，而人們對於形態有審美需求，並會因此來進行選擇。圖像形態本身的審美因素會直接影響視覺的傳達效果。具有形式美感的圖像更容易引起使用者心理上的共鳴，為使用者營造輕鬆和諧的互動環境並使其樂於接受所傳達的資訊。因此，圖像設計追求美的形式感，激發人們的審美情感，對 UI 的傳達效果有著極為重要的輔助作用。（圖 6-28）

（3）個性化表達和創新

UI 中圖像獨特的視覺審美體驗是透過個性化的表達來實現的，特別是設計思維多元化、個性化發展的今天，圖像設計可以增加網站 UI 的視覺衝擊力，有助於體現網站整體的設計創意，更能夠使網站顯現出區別於其他同類型站點的視覺特徵，在浩瀚的「網路星雲」中，這是至關重要的。網站 UI 的整體風格由圖像主導，並結合文字、色彩、版式、動畫的整體表現來形成。在圖像設計的過程中要勇於獨樹一幟、別出心裁，在借鑑和學習的基礎上多思考和嘗試，多和不同類型的設計師、藝術家交流，不同設計思維和不同類型的設計方法在與形式語言碰撞後，能夠產生更多的設計靈感，設計的跨界能夠催生具有獨創性和個性化的作品。此外，沒有必要苛求達到前無古人後無來者的獨創，所謂創新，往往是將早已存在的東西加以變化。創新不一定是顛覆性的、驚世駭俗的，它是對於生活和知識的理解與再創造。如圖 6-29，美國插畫師 Jason Freeny 一半賣萌、一半驚悚的解剖玩偶作品，就是對眾多經典卡通形象的再創造。

如圖 6-30，設計師對網站介面中的導航進行了個性化的設計和創新，將導航圖標和介面主題圖像融合，構思巧妙。

（4）主題和趣味

在內容充實的網站中，圖像的趣味表達和解讀，可以避免單純的文字平實枯燥。而在資訊量較小的網站設計中（以純 Flash 網站居多），更以主題化和趣味化的表達方式為主，它往往拋棄了以往以表格的骨骼化、秩序化為主的編排方式，以一種更為自由的方式對各種介面視覺元素和形態進行設計編排，營造各種獨特的介面風格。通常，根據網站的內容，為之設計一個主題化的方案（可以理解為給這個網站架構一個世界觀），在這個主題之下透過圖像的設計構建其特有的形式上的情節和趣味，為使用者營造一個可以探索的虛擬空間。如圖 6-31 名為 Into the sky 的互動網站，介面中島嶼的全景表現，模擬飛機在空中鳥瞰的視角，可以自定義天氣、時間、航線、高度等，給使用者帶來身臨其境的視覺感受。

6.1 網站 UI 設計

圖6-29 美國插畫師Jason Freeny的解剖玩具作品

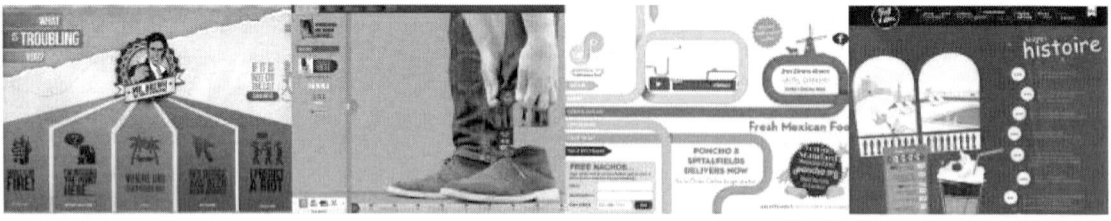

圖6-30 網站導航的個性化設計和創新

圖6-31 Into the sky互動網站

(5) 通識的語言

圖像作為一種視覺語言，能夠消除不同地域和文化民族間的語言障礙和思想隔閡，它所代表的是一種全球性語彙，它用自己特殊的方式傳達資訊、溝通情感。這一點對網站 UI 設計尤為重要，網站作為跨國度的媒介，當使用者無法在介面中找到自己熟悉的語言時，透過圖像能大致理解自己需要的資訊，從而消除恐懼和陌生感。比如上海機場停車場以動物形態作為導視系統的一部分，讓兒童能描述出所在樓層。

6.1.6 網站 UI 的圖文版式設計

網站介面的版式設計首先還是以使用者為導向，瞭解目標使用者及其對介面互動的偏好和期望，表 6-1 簡單列舉了使用者對不同 UI 類型的喜惡。

表6-1 使用者對不同UI類型的喜惡

使用者喜歡的UI類型	使用者厭惡的UI類型
優雅大方、精感細膩、注重細節、結構清晰、辨讀容易、整體和諧、空間質感表現得當、交互流暢……	結構複雜、資訊冗餘、雜亂無章、不尊重使用習慣、材質表現過度、難以識別和認知、邏輯混亂……

版式設計，是對介面中平面構成元素即點線面的構成關係的設計（見 4.1）。在設計版式時，可以將頁面中的文字、圖像理解為簡單的幾何形態，類似於將這些構成版式的點線面看作是積木來進行佈局和組合，設計過程是由整體到局部逐步深入的。（圖 6-32）

網站版式佈局的類型

(1) 柵格佈局

規範、理性的風格方法。以規則的網格矩陣來指導和規範網頁中的版面佈局以及資訊分佈，是借

圖6-32 網站介面版式設計

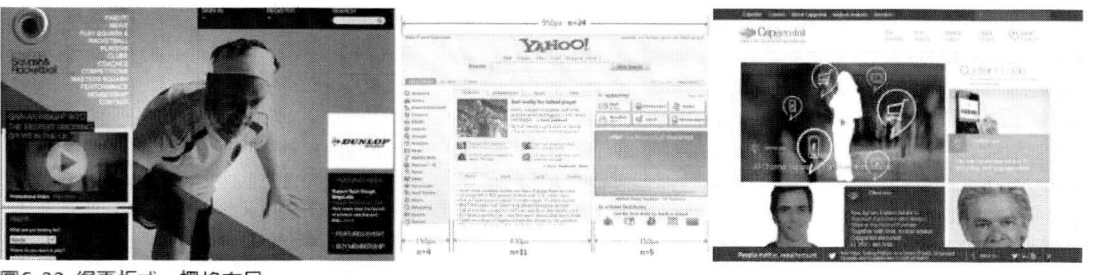

圖6-33 網頁板式：柵格布局

鑑了平面設計中的柵格化設計。對網站介面而言，柵格化的設計不僅讓網頁的資訊更具有秩序美感和可用性，而且對於前端、後臺的開發銜接更為便捷。在圖片和文字的編排上，按照柵格比例進行佈局，給人以嚴謹、和諧、有序的感覺。柵格經過相互混合後的版式，既有理性，又靈活而具有彈性，如圖6-33。

（2）滿版構圖

介面以圖像充滿整版。以圖像為主，視覺效果強烈而直觀，導航和文字佈局在介面的上下、左右或中部，給人以大方、舒展的感覺，如圖6-34。

（3）上下、左右分割

整個介面分割成上下或左右兩個部分，在一邊放置單幅或多幅圖像，另一邊配置導航和文字。（圖6-35）

（4）中軸構圖和對稱構圖（圖6-36）

中軸構圖：將介面圖像進行水平或垂直方向上的構圖，導航和文字佈局在上下或左右。水平構圖，有穩定、安靜、平和的感覺，垂直佈局動感強烈。

對稱構圖：將介面進行上下或左右的等量分割，分為絕對對稱和相對對稱（平衡），一般採用相對對稱的方式，以免過於嚴謹，通常以左右對稱居多。對稱的構圖，給人以穩定和理性感。

（5）曲線構圖和傾斜構圖（圖6-37）

曲線構圖：介面中的圖像和文字排列成曲線，富有韻律和節奏感。

傾斜構圖：介面主體形象或多幅圖像做傾斜的佈局，造成強烈動感和不穩定性，引人注目。

（6）重心構圖和四角構圖（圖6-38）

重心：在介面中透過圖像文字的佈局產生明確的視覺焦點，使其更加突出。可以直接將獨立而輪廓分明的形象置於介面中心，或基於介面中心點產生向心或離心的構圖。

四角構圖：在介面四角以及連接四角的對角線結構上編排圖像和文字，給人嚴謹規範的感覺。

（7）三角構圖

由介面視覺元素構成的正三角形構圖最具有穩定的感覺，是常用的介面版式之一。（圖6-39）

6.1 網站 UI 設計　209

圖6-34 網頁版式：滿版構圖

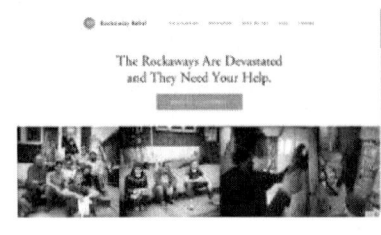

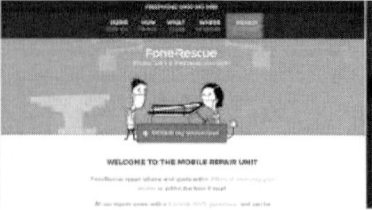

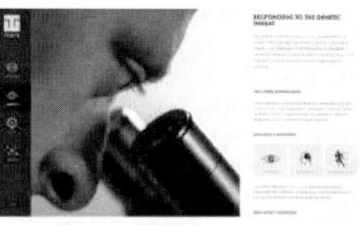

圖6-35 網頁版式：上下、左右分割

圖6-36 網頁版式：中軸構圖和對稱構圖

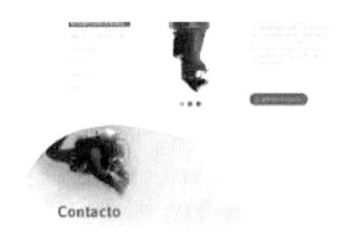

圖6-37 網頁版式：曲線構圖和傾斜構圖

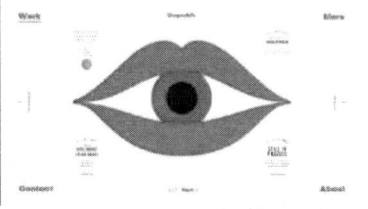

圖6-38 網頁版式：重心構圖和四角構圖

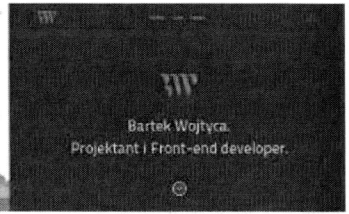

圖6-39 網頁版式：三角構圖

圖6-40 網頁版式：並置

圖6-41 網頁版式：自由布局

圖6-42 網站介面設計簡要流程

（8）並置

在介面中將相同或不同的圖像做大小相同而位置不同的重複排列。並置構成的版式有比較、解說的意味，可以給原本複雜喧鬧的介面以秩序、調和和節奏感。（圖 6-40）

（9）自由佈局

自由佈局是在介面中看似無規律的、隨意的佈局視覺元素的版式，這樣的表現方式最適合用 Flash 來實現，如情景化的網站。（圖 6-41）

6.1.7 網站 UI 設計流程和規範

關於網站介面設計流程見「2.2UI 設計流程」。

製作網站 UI 設計規範文檔，通常網站會有多個層級，包括專題頁在內有數十個頁面。因此，在網站主要介面設計初步完成後，需要製作網站介面設計規範文檔，這是用於延續性的介面設計的指導手冊。在介面設計規範文檔中，要貫穿「以使用者為導向」的指導思想，根據網站產品特點制定一套規範，以達到提升使用者經驗、控制介面設計質量和一致性、提高設計效率的目的。（圖 6-42）

1. 制定 UI 設計規範的意義

（1）統一識別

規範能統一識別介面上相同屬性的單元，防止混亂或出現嚴重錯誤，更有利於使用者理解。

（2）提高效率

除了專題頁面以外，設計其他標準介面使用規範文檔中的標準能夠極大地減少設計時間。

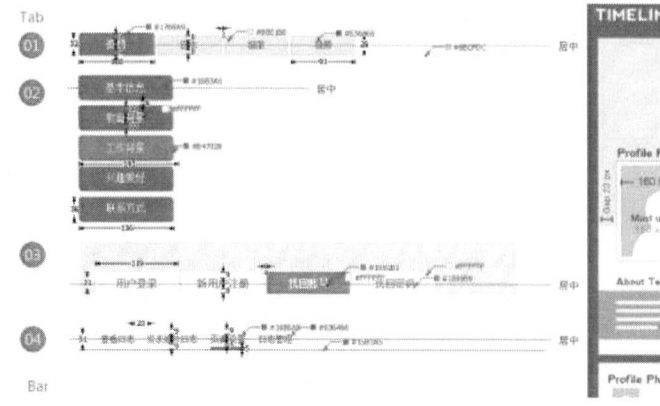

UI 設計

圖6-43 兩個網頁介面設計規範手冊（截圖）

表6-2 網站介面色彩標準文檔（部分）

（3）復用性高

新建相同屬性單元、頁面及視覺元素時，按照標準執行，很大程度上能夠重複使用介面元素，使設計師和使用者能夠保持認知慣性，減少資訊干擾。

（4）延續性好

設計師在非原介面進行介面修改或延續性設計時，透過查看標準能夠快速上手、減少出錯並完成設計。

2. 規範的制定（圖6-43、表6-2）

（1）透過通用並精確的數據來定義網站介面整體及其中各個視覺要素的高寬、間距、色彩，以便在所有視覺材料類型中使用這些屬性。

（2）各級標題和正文中文本對象的字體、字號、色彩、樣式。

（3）互動元素如按鈕、超連結的規格和各種互動狀態的色彩和效果。

（4）定義常規的頁面佈局以及頁面柵格、產品圖像柵格等。

（5）導航、標籤、表單、滾動條等中的各個視覺元素的尺寸規格和色彩。

（6）各級圖標設計標準。

（7）原始檔案及素材的管理標準：如圖片的資料夾分類及序列命名標準，PSD檔案圖層分組及命名標準，圖片輸出格式及設置的標準等。

6.1.8 網站 UI 設計（案例及作業）

1. 四川美術學院影視動畫學院網站 UI 設計案例

網站是學院的名片，各學院需要根據自身的專業特色設計本學院專屬形象的網站介面。網站同時也是師生展示風采風貌、建設校園文化的重要途徑。

（1）設計目標

學院網站建設的目的就是為教師、學生、家長、企業、社會提供簡便、快捷的網路化資訊服務。

①展示學院形象，介紹學院各專業發展狀況。

②發佈學術活動安排、政策等資訊。

③方便教師、學生及家長更好地瞭解學院的發展動態。

（2）網站規劃

①設計風格定義網站屬性：綜合性網站；風格：質感細緻的擬物化介面風格；形象：網站頂部要出現學校 Logo，教學區域形象（照片或圖像設計，體現專業特點及教學環境），整體構圖佈局合理、色調統一，具有歷史厚重感。

②網站欄目規劃

首頁（綜合型首頁）；

學校概況（學院簡介、學院領導）：文章式；

師資介紹（行政管理、動畫專業、攝影專業、戲劇影視美術專業、廣播電視編導專業）：文章式；

學科建設（動畫專業、攝影專業、戲劇影視美術專業、廣播電視編導專業）：文章式；

教學科學研究（精品課程、專案獲獎、教學情況、科學研究創作）：文章式；

人才培養（產學研互動、教學實踐、教學改革、創業創新）：新聞列表文章式；

黨建工作（黨總支簡介、工作動態、思想教育、理論學習）：文章式；

規章制度（教學管理、科學研究創作、學生管理）：新聞列表文章式；

校友錄（畢業留影、年級名錄）（02級、03級、04級 05級……）：圖片展示文章式；

下載區（主要下載 Word 文檔）：新聞列表文章式；

學院新聞（新聞列表）；學生工作（團總支、學生會、學生活動、就業資訊）：新聞列表文章式；

公告資訊（新聞列表）；

榮譽室（圖片展示）；

作品展示（動畫、影像、攝影）：圖片展示、影片播放；

專題頁面（銀杏獎、大學專業論壇等學院主辦的大賽或活動專題頁面）。

備註：文章式就是點擊進入後只有一篇文章，不能再進行其他點擊。

新聞列表文章式就是在一個頁面上有多條資訊可以點擊，然後進入文章式詳情頁。

圖片展示就是圖片橫向滾動並列展示，點擊後進入圖片詳細頁。

③網站功能

新聞發佈系統＋作品展示系統＋網頁生成系統＋網站智慧管理系統；

DIV+CSS 樣式設計製作；

網站欄目全部實現後臺管理功能，可由管理者自主修改或添加主欄目下面的子欄目。

（3）四川美術學院影視動畫學院網站介面設計回顧

關於介面設計流程見「2.2UI 設計流程」。

①簡要流程

根據學院網站的設計目標和網站欄目規劃繪製資訊架構草圖、介面草圖及線框原型，最後根據風格定義設計出介面效果圖（高保真原型），並模擬出簡單互動功能。（圖 6-44）

②設計疊代

在設計的過程中，當網站欄目模組和資訊架構、互動框架確定之後，在頁面佈局和介面設計表現上，要根據設計要求的變化和不同使用者測試回饋的意見進行多次反覆的修改，逐步改進介面的佈局和表現形式，最後達到一個良好的平衡效果。圖 6-45 和圖 6-46 呈現了主頁介面設計過程中對主頁頂部形象圖像和導航欄逐步改進的過程。

UI 設計

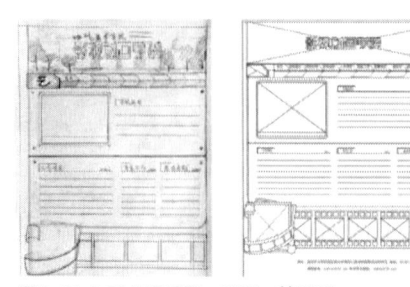

圖6-44 主頁介面草圖、原型、效果圖

圖6-45 主頁置頂形象圖形改進過程

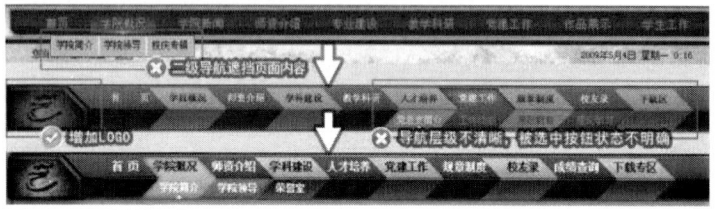

圖6-46 主頁導航欄改進過程

③完成上線

瀏覽整站介面，請輸入如下網址訪問該網站。

2. 作業與練習

個人網站及自定義網站的介面設計，強調整體性和主題性，風格自定義，要求用 Flash 或 Dreamweaver 實現主要的頁面功能和互動。

學生作業評論——網站 UI 設計作業 1

圖 6-47 是重慶大學化學化工學院網站，介面須表達該學科的理性和嚴謹。優點：經過反覆的修改和疊代設計，資訊結構及介面佈局合理、功能完善、風格統一，表現效果良好。不足：設計感及表現形式缺乏新意。

學生作業評論——網站 UI 設計作業 2

圖 6-48 為某生態技術公司網站。優點：總體風格簡潔、明快，凸顯了科學理性美和生態自然美。結構層次清晰，各層級頁面製作完整，風格統一。不足：科技感與綠色環保主題的表現還需加強，介面中圖像最好使用原創性的攝影作品或插圖。

學生作業評論——網站 UI 設計作業 3

圖 6-49 為個人品牌服飾網站，需要透過網站塑造綠色、天然、環保的品牌形象，並介紹設計師以及產品。優點：介面渲染了一種清新、恬靜、自由的感覺，既有設計感，又能將品牌的一系列資訊清晰地展示出來。不足：介面結構和資訊設計過於簡單。

學生作業評論——網站 UI 設計作業 4

圖 6-50 為使用 Flash 軟體製作的水彩插畫風格的互動動畫網站，主要功能是展示團隊及作品。優點：情景化的介面、場景，動畫設計豐富有趣。設計製作規範，互動設計及草圖清晰完整，介面中的互動元素諸如角色和道具都做了細膩的逐幀動畫表現。整個網站表現簡潔，充滿了想像力。不足：大量帶通道的點陣圖序列動畫，導致頁面動畫和互動不夠流暢。

學生作業評論——網站 UI 設計作業 5

圖 6-51 為使用 Flash 軟體繪製的向量圖形為基礎製作的互動動畫網站，以個人作品展示為主。將介面功能融入 Q 版風格的場景之中，場景中的道具充當導航按鈕的功能，透過動畫的場景轉換巧妙地展示了影片和靜態圖像的作品。構思巧妙，介面風格統一併富有表現力。

學生作業評論——網站 UI 設計作業 6

圖6-47 網站UI設計作業1——重慶大學化學化工學院網站介面設計（李斐）

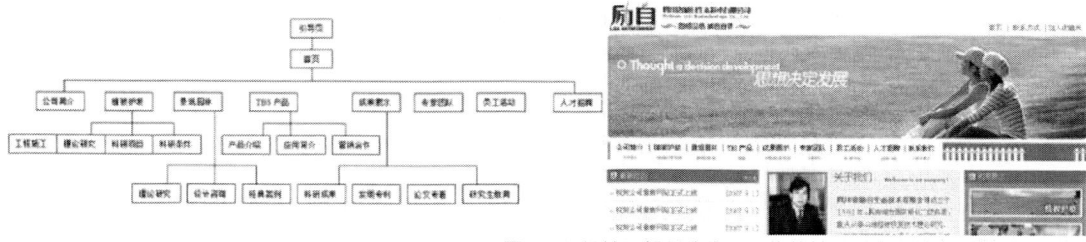

圖6-48 網站UI設計作業2——生態技術公司網站介面設計（吳剛）

6.1 網站 UI 設計　215

圖6-49 網站UI設計作業3——個人品牌服飾網站介面設計（蘭楠）

圖6-50 網站UI設計作業4——學生工作室網站介面設計（李忱）

圖6-51 網站UI設計作業5——個人作品網站介面設計（劉麗）

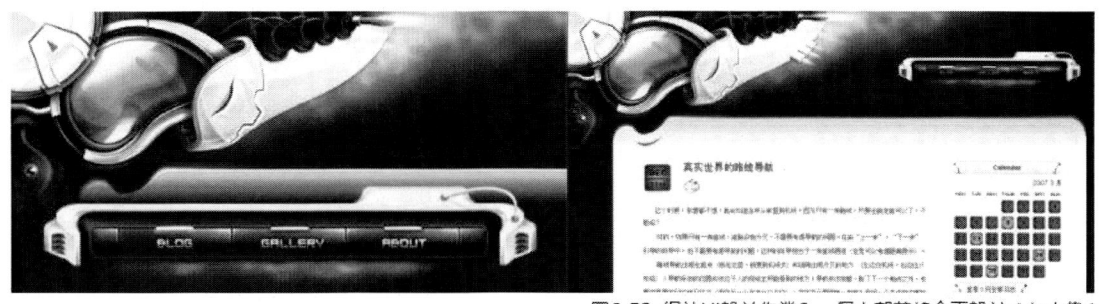

圖6-52 網站UI設計作業6──個人部落格介面設計（包中偉）

圖 6-52 是基於 WordPress 打造的個人部落格。WordPress 是一個免費的開源項管理系統，是一種使用 PHP 語言開發的部落格平臺，使用者可以在支持 PHP 和 MySQL 資料庫的伺服器上架設屬於自己的網站。

該介面為科幻主題的介面風格，在質感和光線特效的表現上非常用心，介面整體佈局合理且疏密有致，簡潔而不失精緻感。

6.2 應用軟體 UI 設計

6.2.1 網站介面與軟體介面的區別和聯繫

網站介面的顯示和互動功能必須依賴於瀏覽器，HTML 語言僅僅提供了一種多媒體元素的標記，最終的顯示過程仍由瀏覽器完成。如前文中講到的，不同的瀏覽器可能對同一個網頁有不同的顯示效果，而瀏覽器本身就是一個軟體。

軟體的特徵是運行在一定的操作系統平臺上，其介面的實現以操作系統為基礎。因此，大多數軟體的介面或多或少都會有操作系統介面特徵的烙印，操作系統的風格自然會影響其陣營中軟體的介面風格。典型的例子就是行動裝置中不同軟體的 iOS 版本、Android 版本和 Windows 版本，其介面風格和設計參數是不同的。

因此，在設計軟體介面時首先要確定基於什麼樣的操作系統，特別是行動裝置軟體設計所具有的複雜性。除了操作系統外還要考慮不同系統的不同版本，行動裝置系統的升級通常和顯示硬體的升級同步，這意味著它的升級會帶來設計參數的較大變化。同一時期不同系統的幾個版本的行動用戶端，通常會同時被使用者使用，因此還要考慮兼容不同的顯示設備。

此外，電腦系統平臺軟體和行動系統平臺軟體最大的不同就是輸入方式的迥異，一個是靠鍵盤和滑鼠，另一個是靠手勢和語音，這會讓介面的互動設計有很大的不同。

操作系統也屬於軟體的範疇，電腦由軟體和硬體組成，軟體包括系統軟體和應用軟體。準確地說，操作系統是控制其他程式運行、管理系統資源並為使用者提供操作介面的系統軟體的集合，它是管理電腦硬體與軟體資源的程式，同時也是電腦系統的內核與基石。

通常操作系統的介面標準是由系統開發商定義的。如今，行動裝置中有大量的線上主題允許使用者自定義系統介面風格，電腦平臺上也提供了一些個性化介面的設置，還有一些熱衷於改變操作系統介面和軟體介面的「換膚一族」（Skiner），他們會創造出風格迥異的主題化介面，如圖 6-53。

Web 軟體和網站的區別。兩者的運行環境和技術幾乎完全相同，但用途和特徵卻不盡相同。網站主要用於瀏覽資訊，面向大眾使用者，主頁面的內容隨時會更新，不存在統一的網站使用者介面格式。因此「個性化」和「不斷變化」是網站的使用者介面的特徵。

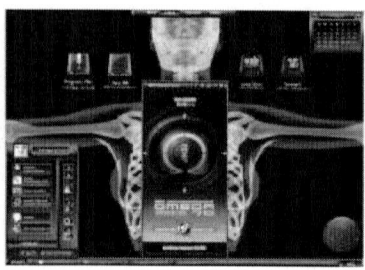

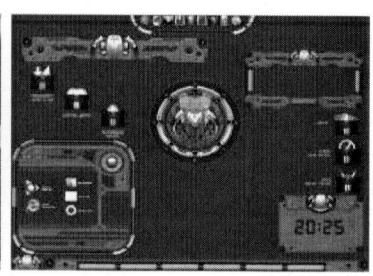

圖6-53 主題化的系統介面和播放軟體介面

Web 軟體的本質是軟體，它在瀏覽器的環境下運行，以頁面的方式展示功能。軟體用於處理有固定流程的任務，而不僅僅是讓使用者瀏覽資訊，所以軟體與網站的使用者介面特徵是有差異的，當然也有很多軟體給使用者提供了能夠個性訂製的介面風格（皮膚）。

基於 Flash Player 的網路用戶端應用程式屬於 Web 軟體的範疇，頁面中載入的播放器、聊天工具等也是，遊戲軟體也有基於瀏覽器的網頁遊戲類型。

6.2.2 教育軟體 UI 設計（案例及作業）

1. 系列課程教學軟體介面設計案例

以某綜合性大學的網路課程教育軟體為例，它涉及不同學院的不同專業及數百個下屬課程，數據及資訊量巨大，不可能一次性開發完成並發佈。比較可行的方式是分批次、分專業類型、分系列成套地開發並逐步完善。

（1）使用者及使用環境的定義

該系列軟體的服務對像是高中和專科起點的接受遠程教育的學生，因此要根據不同知識背景和結構的使用者開發具有兼容性或不同版本的教學軟體。考慮到局部偏遠地區的硬體及網路狀況，要設計線上和離線（光碟）兩個版本，並最大限度地兼容低端電腦硬體及顯示設備。儘量少調用系統外掛，教學影片要設置為通用的格式等。

（2）圖 6-54，是界麵線框原型設計（某一批次／部分）

（3）引導頁設計

點擊圖標，等待應用程式啟動。在此過程中，引導頁（啟動畫面）會呈現在我們眼前。有時候它讓我們眼前一亮，有時候它會讓我們感到困惑，有時候它會讓我們感到厭倦……當使用者啟動一個操作系統或者應用程式的時候，首先出現的介面會有產品標示及相關資訊的圖像。例如，3ds Max 軟體程式的啟動畫面，上面有產品的標識、發行公司以及一些可能的操作提示。

在進入教學軟體主介面之前，通常會設置靜態圖像或動畫的引導頁，在短短的 10 秒鐘左右表現課程的主題和關鍵資訊，讓使用者形成直觀簡要的印象和初步的瞭解。引導動畫除了能避免直接進入主介面造成突兀，還有聲明版權資訊（Logo 等）的作用。當然，考慮到每次載入都播放重複內容，會造成使用者的審美疲勞，所以可以在引導動畫的介面中設置「SKIP」按鈕，允許使用者跳過動畫，如圖 6-55。

（4）介面成品模板

成品模板是主介面模板以及各層級子介面模板、專題模板等多個介面模板的集合。在生成介面設計規範文檔的同時，用圖片的形式直觀呈現介面規範也是有必要的。如圖 6-56，對介面形態、介面視覺要素的互動狀態、介面內容（如各級標題字體、字號、色彩）等都透過直觀數據化的方式給出定義。圖 6-57 左圖，表現了原始檔案圖層的管理規範。

（5）強調同批次系列教學軟體介面的一致性

各個課程介面設計的形態、色彩、主題圖像等能夠體現出明顯的區別，有各自專屬的視覺樣式，

圖6-54 系列課程教學軟體介面線框原型（部分）

圖6-55 主介面引導動畫

但是整體風格要趨於一致（擬物、扁平、寫實，強調光線、質感的趨同等）。通常，在一個大的系統中，會使用一致的介面佈局、統一的圖標及互動狀態等。

（6）介面使用說明

為了讓新使用者和不熟悉電腦的使用者儘快上手並熟悉介面的功能，需要製作互動性的介面說明程式，一步一步地呈現介面功能並引導使用者操作。這一程式通常具有兩種模式：自動播放（可設置播放速率），逐步介紹介面元素及功能；自主操控，使用者自己選擇需要瞭解的介面功能資訊進行查看，如圖6-57右圖。

（7）教學軟體介面中動態互動元素的設計

在教學軟體介面的設計過程中，UI設計師通常也要設計並呈現教學內容中動態互動的教學素材，如圖6-58。

2. 作業與練習

教育軟體產品的介面設計，強調資訊的規範和層次的清晰，風格自定義，要求至少設計兩個層級的介面。

學生作業評論——網站UI設計作業（圖6-59）

優點：介面完整度較高，視覺元素表現充分，動態效果較好，色調統一。不足：飽和度過高，難以長時間注視，不適合課程內頁的表現；圖標設計較為精緻，但兩套圖標之間風格缺乏一致性；不同層級的介面佈局變化過多，容易引起使用者的錯誤操作。

6.2.3 家電產品UI設計

1. 家電產品的網路化

智慧化網路和現代家電產品的發展為IoT技術（Internet of Things）的興起奠定了基礎，現代化的家電產品通常習慣被稱作「智慧型家電」，其特徵體現在網路化、資訊化和智慧化三個方面。

（1）網路化

將IoT技術和網路技術應用到家電產品中實現家庭內產品的互連，同時又可以與外部網路相連接。比如外出時可以透過行動終端對家中的空調、洗衣機、冰箱、咖啡機等線上設備進行控制，還可以實現線上訂購與升級等服務。

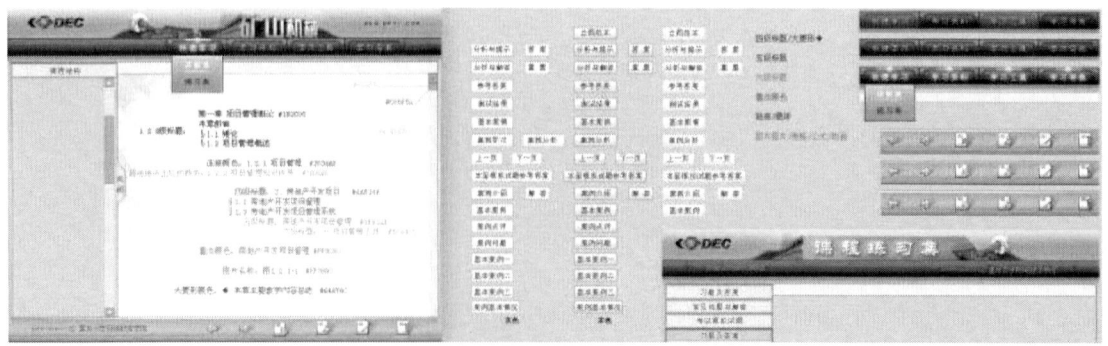

圖6-56 課程介面模板及規範

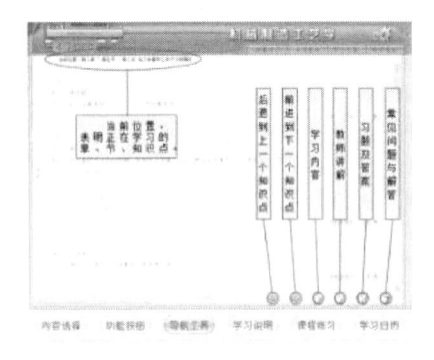

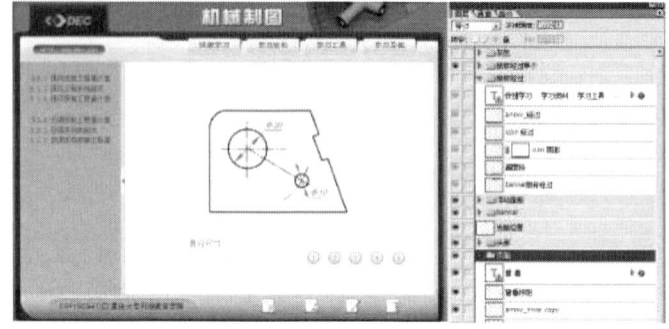

圖6-57

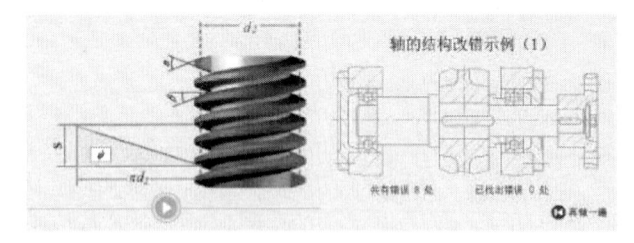

圖6-58 動態互動元素設計

圖6-59 網站UI設計作業、教育軟體設計作業

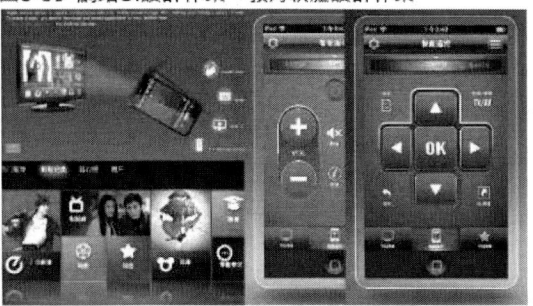

圖6-60 智慧型家電

如圖 6-60，左圖透過手機安裝的遙控器 APP 介面控制房間內智慧型電視；右圖三星手機透過 APP 介面遠程控制線上的洗衣機、冰箱。

（2）智慧化

將具有智慧特徵的能力搭載在某種硬體設備上，部分或者全部代替人類完成某些任務，此類設備的核心通常採用學習型微處理器。基於大數據和雲端運算，線上的智慧型家電具有靈敏的感知能力、正確的思維能力、準確的判斷能力、有效的執行能力，能幫助人們去完成部分工作，如智慧型空調、冰箱可以根據不同的季節氣候區域自動調整其工作狀態以達到最佳的效果，掃地機器人能夠清掃地面並自行充電等。

（3）資訊化

資訊化是從現有的行動通訊設備及個人電腦中剝離出一些常用功能，使之與數位技術和網路技術緊密結合，將資訊化介面和家電完美地融為一體，為使用者提供更加人性化的服務，提高工作效率以及創造舒適的生活空間。

2. 智慧型電視網路播放平臺 UI 設計

家電產品的 UI 設計，要根據使用者特點（不止一類或一個使用者的話要考慮其兼容性）、功能特徵與使用情景，做具體的調查研究、競品分析，逐步展開設計。（註：這裡選擇智慧型電視的網路播放平臺進行講解，不是單指電視本身的操作介面）

透過對電視的產品特徵及同類型網路播放平臺 UI 的分析，不難發現其需要具備的特點：

（1）介面上要體現網路化、智慧化電視平臺內容的豐富性，選擇正確的色彩方案和合理的資訊佈局，並使其結構層次清晰。

同一介面上通常不超過三個選單層級，儘量保持在兩個層級以下，並使用清晰簡單的導航標註讓使用者知道節目所處的位置，為使用者提供幫助和提示。

主介面展示清晰簡潔的節目列表，既可以為使用者提供豐富的頻道資訊，又可以提供一定的查找和搜尋功能，如圖 6-61。

（2）主介面滿足使用者同時瞭解不同訊號源和不同分類資訊的需求，將電腦預設或選中的板塊內容選擇部分進行並列的呈現。要針對不同年齡段和不同偏好的使用者進行區域性板塊的引導，並為其設置可訂製的觀看板塊，提供個性化的介面設置和內容服務。（圖 6-62）

（3）在使用者沒有進行操作的情況下，在主體靜止介面的基礎上，透過局部的動態畫面和聲音，向使用者推送其喜好的節目類型（基於大數據），以此向使用者傳遞更多的資訊。

（4）介面通常以直觀的圖像為引導，並能夠對內容進行儘可能的概括和清晰指示，而不採用類似電腦或行動裝置中的圖標（電腦 Windows 介面是一個為滿足工作需要而設計的介面，不適用於家庭環境），讓使用者能直接獲取資訊，並引起使用者的好奇心和探索欲，如圖 6-61。

（5）介面風格一致，各模組操作方式一致，回饋資訊與行為的對應方式一致。確保硬體介面與軟體介面有一致的對應關係，比如介面標誌的形狀和遙控器按鍵標註的形狀、顏色保持一致，讓使用者一眼就能理解並接受。在使用者訪問節目資訊時，使用固定的控制方式，比如遙控器按鍵上的「確定」始終代表「選擇」功能，「Home」鍵代表「返回到主介面」等，如圖 6-63 右圖。

（6）提供必要的節目資訊評價機制，讓使用者可以將資訊回饋到線上系統平臺上。

圖6-61 網路播放平台UI設計（周楓）

圖6-62 網路播放平台UI設計2（周楓）

圖6-63 網路播放平台UI設計3（周楓）

教學導引

小結：

本章主要講解了網站介面設計及其架構技術的發展脈絡、網站介面的設計流程和規範，以及視覺要素的設計方法和技巧。以實例的方式展示了兩種類型的應用軟體介面設計。

課後練習：

1. 電子產品網站的主介面設計，強調科技感、未來感，注重介面的一致性；需提交網站資訊構架的層級導圖，以及主界麵線框圖、視覺完成稿和設計說明。

2. 選擇一門課程為其設計教育軟體的主介面，強調主題性與整體感，需提交軟體資訊架構的層級導圖，以及主界麵線框圖、視覺完成稿和設計說明。

第七章 行動裝置 UI 設計的應用

UI 設計

> **重點：**
> 1. 熟悉手機介面主題化設計的構成要素，掌握其設計原則、流程和方法。
> 2. 瞭解手機遊戲的特點，掌握手機遊戲介面的設計原則、流程和方法。
> 3. 瞭解行動 APP 的類型及其設計流程，熟悉手機上常見的手勢應用，理解行動 APP 介面中常見的導航互動模式。
> 4. 瞭解車上型介面資訊組織和視覺設計的特徵和原則，嘗試車上型介面的設計及表現。
>
> **難點：**
> 掌握手機介面主題化設計和手機遊戲介面設計的設計原則、流程、方法和技巧；能夠熟悉手機上常見的手勢應用，理解行動 APP 介面中常見的導航互動模式。

7.1 手機 UI 主題化設計（案例及作業）

手機主題是一種智慧型手機的應用程式，現在主流的手機產品，都會線上提供大量的手機主題，供使用者選擇，使用者可以透過下載安裝實現手機 UI 的個性化設置。通常也稱其為「皮膚」，但稱為「主題」更為貼切，更能表達其作為一系列整體、系統化的視覺表現，同時也更能表現其視覺風格中概念和內容上的主題性（背景故事、世界觀等）。

主題設計是對手機的操作邏輯與 UI 的整體風格化設計。前面提到的電腦平臺上熱衷於改變操作系統及軟體 UI 的「換膚一族」是 UI 主題化設計的先行者。

從使用者角度來看，UI 是一種讓手機產品易用、愉悅、有效傳達資訊的媒介。UI 的主題化設計，源自使用者對個人行動裝置 UI 個性化、唯一性和愉悅感的內在需求。不同主題的選擇能夠標榜使用者的審美趣味（品位），避免長期面對單一介面的審美疲勞，更符合不同時間的情景和心境，具有非常強烈的情感作用。

UI 主題資源的設計和豐富，也是某一手機系統平臺為吸引和增加使用者黏度的增值服務之一，體現了「以使用者為導向、以人為本」的設計理念。因此，手機和系統平臺開發運營商都非常重視主題介面的設計開發，華為、小米、OPPO 等都推出了一年一度的手機主題設計徵集大賽，為年輕的設計師提供專業化和廣闊的展示平臺。（圖 7-1）

手機 UI 的主題化設計按照智慧型手機的桌面形式，可分為傳統桌面主題設計與自由桌面主題設計（小米 MIUI 對自由桌面的定義：自由桌面 = 傳統桌面 + 場景桌面）。按照手機主題設計風格，從宏觀上可劃分為扁平化與擬物化兩種類型；若按微觀風格則可以分為清新、懷舊、時尚、古典華麗、簡約、Q 版、科幻、重金屬、蒸汽龐克、中國風等，不勝枚舉。（圖 7-2）

7.1.1 手機主題設計的構成要素

手機主題設計主要由螢幕鎖定 UI、圖標、桌面 Widget、壁紙、系統 UI 等組成，這些要素根據設計師特定的主題風格進行設計。

1. 螢幕鎖定 UI

螢幕鎖定 UI 包括鎖定螢幕桌布、螢幕鎖定樣式及解鎖方式的設計，不同品牌的手機和系統有不同的尺寸規格。鎖定螢幕桌布是螢幕鎖定 UI 的背景圖像，主題化的鎖定螢幕桌布可以與解鎖方式高度融合。目前，最普遍的解鎖方式是滑動解鎖，但位置與操作略有不同。例如，iPhone 的螢幕鎖定 UI 固定在螢幕底部，向右滑動滑塊；小米 V5 系統的螢幕鎖定介面透過上下左右四個方向滑動整合瞭解鎖、照相、撥號、簡訊四個功能；三星 Note3 可以在鎖定螢幕桌布的任何部位滑動，以圖像液化流動的效

圖7-1 小米手機主題

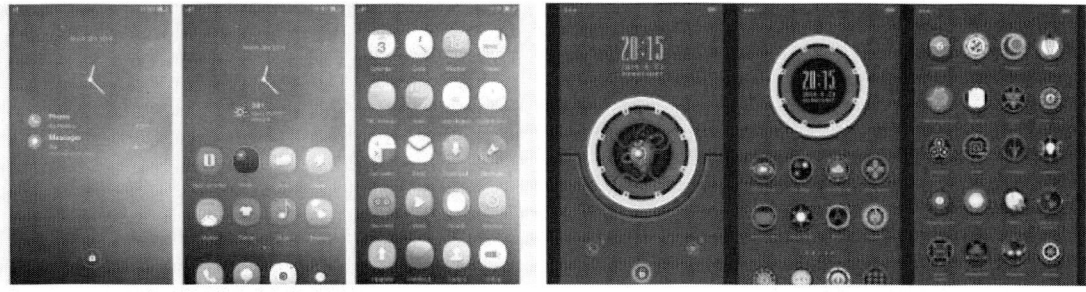

圖7-2 OPPO手機主題設計大賽獲獎作品

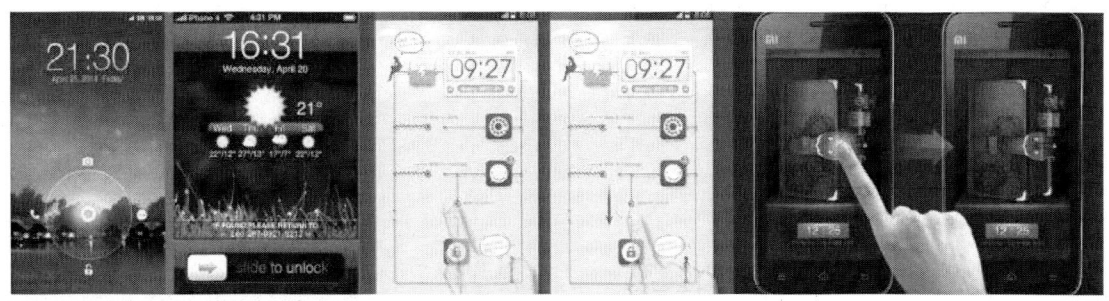

圖7-3 標準和主題化的螢幕鎖定畫面

圖 7-4 通用圖

果解鎖。小米科技在徵集中提出了這樣的口號：「小米支持千變萬化的螢幕鎖定樣式，你不用擔心自己的想法太出格，沒什麼能夠限制住你的想像力。」（圖 7-3）

2. 圖標

圖標包括介面常用系統圖標、資料夾圖標和第三方圖標樣式模板（使用遮罩或底部模板）。（圖 7-4）

以小米 V5 系統為例：

（1）28 個小米 MIUI 常用系統圖標包括：撥號、聯繫、瀏覽器、簡訊、相機、相簿、音樂、主題風格、設定、應用程式商店、時鐘、錄音機、收音機、手電筒、計算機、語音助手、指南針、日曆、便條、天氣、電子郵件、遊戲中心、檔案管理、備份、下載管理、系統更新、密碼保護、安全中心。

（2）2 個通用圖標：資料夾圖標和第三方圖標樣式模板。

（3）尺寸：136px（寬高）；格式：PNG。各品牌的手機和系統有不同的圖標規格。

7.1 手機 UI 主題化設計（案例及作業） 225

圖7-5 小米手機系統工具

3. 桌面工具

手機主題設計中桌面工具主要包括天氣工具、音樂工具與時鐘工具。不同品牌的手機和系統工具中所體現的元素、呈現方式、視覺風格也各不相同。（圖 7-5）

4. 系統介面

系統介面包括數十個系統自帶的不同功能及狀態的介面，通常在徵集中會指定幾個功能介面，要求設計多種狀態的表現。

系統介面設計中還包括桌面壁紙，它有靜態和動態兩種類型，通常寬度大於螢幕寬度。在主介面橫向切換時，由於前景圖標和壁紙的運動速率不同，能夠產生縱深的空間感。手機介面的主題化設計中，既要考慮到鎖定螢幕桌布和桌面壁紙的一致性，同時也要進行延伸設計。比如運用電影手法的分鏡，從螢幕鎖定的特寫到桌面的全景，既有細節表現又有空間感，也可以營造同一故事背景下的不同情景。

7.1.2 手機主題的設計原則

1. 主題創意

主題的挖掘、提煉和設定最好能夠植根於傳統經典、主流或時尚文化，如以影視文學作品或地域、民族中典型的視覺元素來表現介面主題和世界觀，這樣更能夠引起目標使用者的共鳴，當然也可以進行天馬行空的想像和表現。除了巧妙的主題創意外，獨特鮮明的風格、強烈的視覺效果，也是吸引目標使用者的關鍵要素。如圖 7-6，右圖是華為手機主題大賽的獲獎作品《時光倒溯》，設計師將記憶中的

老物件以水彩畫形式進行具象表現，有很好的識別度，風格一致，懷舊的主題能得到一代人的認同。

2. 風格一致

視覺風格的統一和互動方式的一致對主題化 UI 設計非常重要。特別要強調圖標設計風格的整體和統一，並兼顧識別性。同一個主題中採用多種視覺語言來表現，會造成雜亂無章的視覺效果，無法形成統一的風格，並造成使用者認知的障礙。

3. 互動功能優先

主題設計的目標始終要承載互動功能並為使用者使用，要準確無誤地傳遞主題化設計之下的介面功能資訊，要符合互動邏輯，符合常用的手勢和使用習慣。主題和風格化的表現不能凌駕於功能和訊息之上，如果本末倒置，必然會被使用者拋棄。

4. 清晰、簡潔、有序

主題介面要結構清晰、簡潔並具有秩序感。不使用模糊狀態的輪廓和文字，清晰的輪廓和文字更能塑造精緻和有品質的介面，並有利於使用者認知和互動。要主動割捨掉介面和圖標中冗餘的視覺元素，不要因為保留精心繪製的冗餘介面元素而造成整體功能的障礙。強調整體設計的秩序感，能夠使某些複雜的視覺表現呈現出理性和邏輯性。

5. 通用的規範

進行主題設計時，要遵守通用的設計規範，尊重使用者的認知習慣和慣常的邏輯關係，比如播放介面，控製播放、暫停、快進、快退等按鍵的分佈有一定的規律，使用習慣和設計標準、接聽電話和拒接電話的圖像符號及使用的綠色和紅色標誌已經

深入人心，不要輕易地改變類似這樣的通用性的設計規範。

6. 情感共鳴

無論是簡潔之美還是華麗奢侈之美，無論是懷舊的情緒還是科幻的遐想，介面主題要給使用者傳遞視覺的美感和內心的觸動，才能實現主題化設計的目的和意義。

7.1.3 手機主題的設計流程（以學生作業為案例）

1. 準備階段

（1）瞭解主題設計的手機顯示設備參數及其搭載系統的相關設計標準。至少要準備一臺顯示設備解析度和載入系統相同的行動裝置。

（2）收集和分析該手機及系統平臺以往的介面主題設計。

（3）設定本套主題的大致方向和目標使用族群，並進行使用者研究。

2. 主題及風格的確定

根據使用者研究和主題方向，收集相關背景資料及視覺素材。確定所表現主題的世界觀並挖掘其包含的視覺元素，設定介面主題的色彩和表現形式。

這一階段要提交總體設計方案PPT，如圖7-7，向詩瑤同學將總體風格設定為「蒸汽龐克」。

蒸汽龐克是一種流行於1980年代至90年代初的科幻題材，用於表現那些工業革命的早期科技，以維多利亞時代為背景，虛構出一個超現實的蒸汽力量至上的時代。其作品往往依靠某種假設的新技術，如透過新能源、新機械、新材料、新交通工具等方式，展現一個平行於19世紀西方世界的架空世界觀，努力營造它的虛構和懷舊等特點。

蒸汽龐克作品詮釋了「拼湊出的美學」，未來與過去、現實和想像、魔幻和科學的元素相互交融。簡單地說，蒸汽龐克的世界觀是落後與先進共存、魔法與科學共存，精神上追求的是烏托邦的理想。

3. 草圖

根據風格的定義，進行草圖的設計和推敲，重點是表現螢幕鎖定介面和主介面圖標工具的視覺元素構成和風格。如圖7-8，展示設計過程中的眼力激盪，提取各種與欲表達概念相關的圖像，並根據理解繪製多個造型的草圖，再進行逐步優化。

4. 表現

按照手機和系統的標準尺寸和規格進行介面元素的數位成品設計和視覺表現，便捷的方法是：使用該手機的標準介面截圖，並將其導入設計軟體中，以提供直觀的尺寸參照。使用2D、3D的圖像軟體或使用CG手繪、手辦模型等方式製作，將草圖的創意實現，並逐步深入完善設計方案，如圖7-9。具體製作步驟見5.1圖標設計。

收音機圖標繪製過程解析，如圖7-10。

第一步：選擇一些老式的收音機圖片作為草圖的參考，配合蒸汽龐克主題的造型。

第二步：草圖繪製時，選取老式收音機中比較有特色的部分，即擴音器和調節頻道的按鈕部分作為圖標的主要內容，融入蒸汽龐克的一些元素，如齒輪、金屬細管、螺絲釘等。

第三步：進行精細線稿的繪製。將比例和形態準確的鉛筆線稿導入Photoshop中，並將其透明度降低，新增圖層，運用Photoshop中的鋼筆工具、形狀工具、畫筆工具繪製圖標線稿。

第四步：逐步上色，深入刻畫，添加細節。

一是運用畫筆工具結合選區給圖標的線稿鋪上大的固有色調，中間擴音器的部分留白，再用貼圖進行填充。

二是設置光源，給圖標加上明暗的變化，表現出體積感。

三是使用鐵網材質的圖片作為擴音器內部的貼圖，去色後使用正片疊底圖層屬性為其疊加一個固有色，並使用圖層蒙版隱藏不需要的部分。

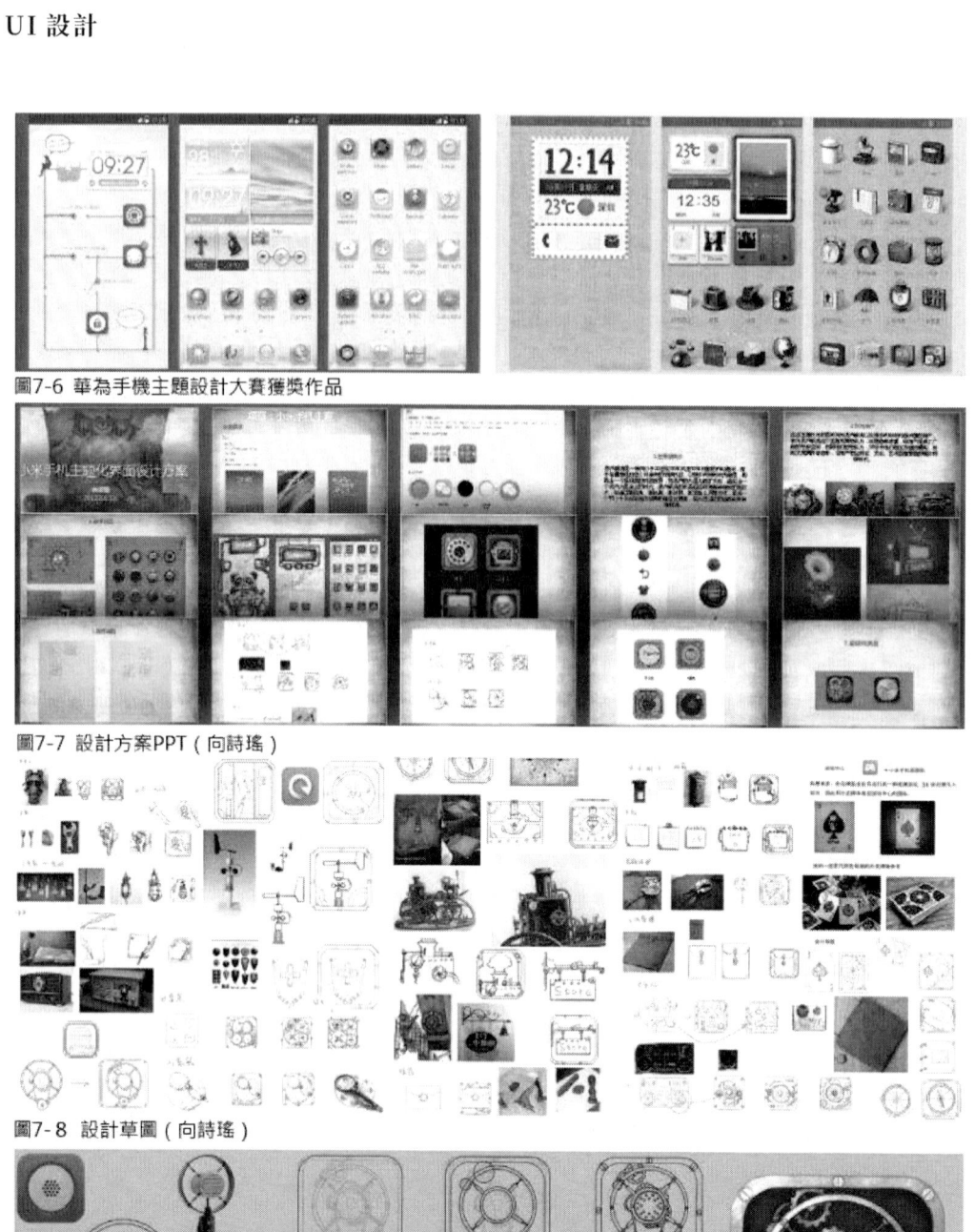

圖7-6 華為手機主題設計大賽獲獎作品

圖7-7 設計方案PPT（向詩瑤）

圖7-8 設計草圖（向詩瑤）

圖7-9 設計表現（向詩瑤）

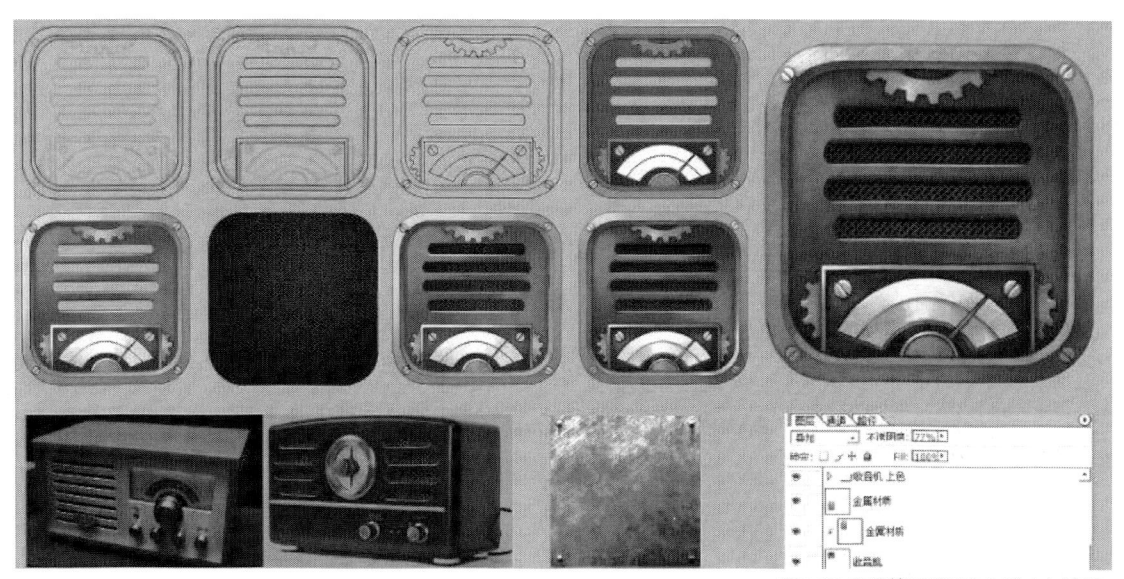

圖7-10 收音機圖標製作步驟（向詩瑤）

④使用金屬劃痕的材質為金屬面板疊加貼圖，調整細節，完成製作。

5. 測試

將按照截圖尺寸設計的圖片檔案導入手機，在手機的圖片庫中全螢幕瀏覽，就可以基於手機的顯示來檢驗介面元素的顯示效果（電腦的顯示和手機螢幕顯示是大不相同的）。完成了視覺效果的測試與疊代設計，最終完成介面主題後，可生成可安裝的介面主題程式，並安裝到手機上進行應用測試，著重於互動和功能的測試。（圖 7-11）

7.1.4 作業與練習

手機 UI 主題化設計，強調整體性和主題性，風格自定義。2D 或 3D 軟體製作、CG 手繪、手工製作均可，要求儘量呈現設計草圖、製作步驟、展示圖層或 3D 模型。

學生作業評論——手機 UI 主題化設計作業 1

圖 7-12 為兩套完全以手工製作布偶完成的主題。上圖作品名為《兩小無猜》，以「梁祝」為主題的創作背景。優點：使用了完全擬人化的手法，從概念到草圖繪製及手工製作，再到後期的拍攝合成，需要付出較大的努力和耐心；整套主題設計完整、識別度良好。不足：拍攝效果沒能將布偶的細節完全表現出來，後期效果還有待提升。

學生作業評論——手機 UI 主題化設計作業 2

圖 7-13 是中國風元素的介面主題。優點：表現詩意、清新、淡雅和古樸的意境，一些概念元素的選擇十分巧妙，如用螢火蟲來表現照明圖標，色彩調和、製作細緻完整。不足：螢幕鎖定介面圖像稍顯突兀，可考慮降低明度的對比；個別圖標識別度不高。

學生作業評論——手機 UI 主題化設計作業 3

圖 7-14 為懷舊感的介面主題。優點：光效、質感等細節刻畫深入細緻，整體色調和諧，識別度較好，完整度高。不足：個別圖標原創度不高。

圖7-11 完成效果測試（向詩瑤）

圖7-12 手機UI主題化設計作業1（上圖喻嫣、下圖李曉杰）

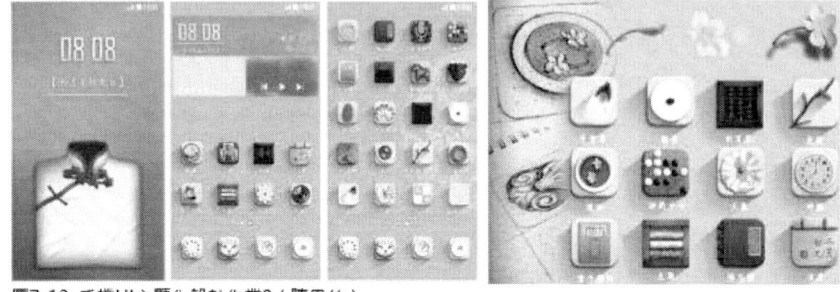

圖7-13 手機UI主題化設計作業2（陳思竹）

圖7-14 手機UI主題化設計作業3（屈靜雯）

7.2 手機遊戲 UI 設計（案例及作業）

7.2.1 手機遊戲的特點

隨著行動網路的崛起和手機軟硬體水準的快速提升，手機遊戲的市場不斷增長，玩家數量已經遠遠超越現有的任何遊戲平臺。與傳統的電腦、掌上遊戲機相比，手機遊戲有其不可替代的優點和特性。在手機遊戲 UI 設計的過程中，設計師要關注並考慮這些行動裝置的特性，進行合理的設計。

1. 便攜性

早在街機流行的時代，任天堂的掌機和索尼 PSP 等遊戲機就備受玩家追捧，原因之一就是其具有便攜性，玩家可以隨時隨地沉浸在自己喜歡的遊戲中。而現在的手機無論是從便攜性、硬體顯示和運算速度方面，還是從對遊戲的支持、音畫質量、互動方式、遊戲種類和數量方面，都超越了傳統的遊戲平臺。

2. 參與性

基於行動網路，玩家可以便捷下載、分享最新的手機遊戲，並隨時隨地在遊戲中與其他線上遊戲玩家進行交流互動，在遊戲中能快速獲取和傳播文字、語音、圖像資訊，這是傳統遊戲平臺所不能比擬的。此外，在行動裝置的社交網路上經常會有人分享具有挑戰性的闖關或計時類小遊戲，玩家可以展示自己的成績並允許好友評論。某種意義上，這些參與度高的小遊戲已經成為人與人之間交流互動的有趣載體。

3. 開放性

手機遊戲不同於傳統遊戲平臺，傳統遊戲平臺由平臺運營商開發遊戲，而手機遊戲如 Android 和 iOS 兩大系統都擁有不計其數的開發團隊。特別是 Android 系統原始碼有其自身的開放性，任何遊戲玩家、愛好者都能基於該平臺開發並發佈自己的遊戲。正因為如此，手機遊戲顯得十分的多元化，富有創造力和活力。（圖 7-15）

4. 多樣性

手機遊戲除了娛樂類型之外，還包括許多自我修養、社交、理財等遊戲類型，比如玩家透過教育類型的遊戲提升某項知識和專業技能、透過社交類型的遊戲參與線上線下的活動等。

5. 創新性

基於行動網路和大數據，手機遊戲無論是互動方式還是遊戲概念，都在不斷創新並突破傳統平臺的遊戲模式。如圖 7-16，Google 基於位置和擴增實境開發的遊戲 Ingress，將遊戲和現實生活場景結合，正帶給玩家前所未有的娛樂探索體驗。

6. 零碎時間的再利用

前面章節講到過行動裝置的「碎片化」特點，使用者在乘車、等待、休憩等零散的時間裡，可以

圖7-15 App Store裡的部分免費遊戲

圖7-16 Google基於位置和擴增實境開發的遊戲Ingress

透過一些小的手機遊戲來打發無聊的時間，安撫情緒。

7. 使用族群體巨大

手機遊戲擁有巨大數量的使用者及潛在使用族群，除了資深遊戲玩家以外，只要有手機的使用者都能夠參與，它涵蓋了不同的年齡層次，如兒童喜歡的語言類和簡單互動類的遊戲，老年人喜歡的棋牌類遊戲等。手機遊戲的使用族群和市場潛力巨大。

7.2.2 手機遊戲 UI 設計原則

1. 沉浸感

實踐證明，行動裝置的小尺寸顯示設備同樣能保持遊戲的帶入感。在進行介面設計的時候，要注意維持玩家的帶入感，這是手機遊戲 UI 設計最主要的原則，其他的原則都圍繞帶入感而展開。

2. 一致性

介面視覺元素風格一致，光源、材質一致。制定「UI 視覺規範文檔」來定義和規範設計。

3. 降低介面的視覺衝擊力

這點和前面講到的網站介面、主題化介面不同，要降低介面的視覺衝擊力，甚至讓玩家感覺不到介面的存在。比如讓介面視覺元素融入遊戲的世界觀和介面場景中，甚至增強介面的裝飾性和美感，但不宜過度裝飾。控制介面顏色的數量，介面色相、純度、明度、質感關係不要與場景過度對比過度，不使用突兀或者標準系統介面的視覺元素等。

4. 功能優先

（1）遊戲功能的實現會決定 UI 的佈局、設計形式、形狀和顏色，UI 設計師要將視覺美感融入功能優先的 UI 中，保證 UI 的可用性。

（2）簡化操作步驟，避免主介面有太多的功能特性。工具的數量、操作的步驟增多，會帶給使用者更多的困惑。

（3）對功能介面（如裝備、背包、設置等）的功能進行組織，將功能模組化，分而治之。

（4）重視顏色的使用，但過多的顏色會讓介面主題分散，華而不實。此外，要考慮顏色的可讀性及介面主體色彩在各種顏色環境下的通用性，因為遊戲介面下場景的色彩、色相、明度是不斷變化的。

（5）可讀性，保持文字內容清晰，這包含了兩層含意：文字表述的概念清楚、簡短；文字的顯示狀態清晰。

（6）提供聲音的回饋，在遊戲介面設計中有針對性地對工具進行聲音回饋設定，給玩家更好的基礎體驗，但要避免過度使用和單獨使用。

5. 合理地運用視覺等級

遊戲介面中有很多資訊，每個時間段使用者關注資訊的重點可能是不同的。設計時需要考慮這些階段，儘量避免視覺噪聲和雜亂，引導使用者將注意力集中在重要的地方。在一致性原則下，讓每一個按鈕、圖標、框體、顏色、字體、位置都為理解介面提供有效幫助。清晰的層級關係可以幫助使用者理解遊戲的內容、降低陌生感。

6. 遵從習慣

遵從玩家的操控習慣，不要輕易改變同類遊戲中共通的介面佈局和視覺元素，如圖 7-17。

7. 視覺完美

手機遊戲 UI 的設計要整體化並具有秩序感，佈局要平衡，不能過於集中或過於空曠，在視覺效

圖7-17

果上要便於理解和使用。注重可視性，給玩家最大的操作空間、提供正確的操作線索，並設置幫助和引導。視覺上的完美不是片面追求華麗的效果，應該透過動態的觀點來設計手機遊戲介面。

7.2.3 手機遊戲 UI 設計流程

這部分並不是遊戲介面開發的標準流程，而是針對教學而設置的作業設計流程，當然這樣的流程也適合學生進行獨立的遊戲開發。

1. 確定遊戲類型及需求

如前文所講，今天手機的硬體水準已經強大到足以支持大多數類型的手機遊戲，但並沒有統一區分遊戲的的方法。現在，人們習慣將遊戲分為動作、冒險、模擬、角色扮演、休閒等類型，它們各有幾十種分支，形成了龐大的「遊戲類型樹」。

確定遊戲類型的有效方式是透過遊戲的玩法、內容來共同定義，然後再逐步細化。如橫版動作類遊戲又可分為橫版跑酷、格鬥、射擊、角色扮演、競速等遊戲類型，橫版競速下又可細分為飛行、越野等，對其進行分類的同時不妨多借鑑與參考同類型遊戲產品，甚至可以將不同類型遊戲的玩法融合到同一款遊戲中。

遊戲類型的確立有以下三點作用。

（1）決定遊戲技術上的特徵和侷限。

（2）劃分玩家群體，鎖定特定的玩家群體和需求。

（3）為使同類型玩家易於掌握新的遊戲，必須瞭解此類遊戲介面設計的普遍規律和原則。

對玩家、遊戲環境、遊戲方式的需求進行分析，即什麼人（玩家的年齡、性別、教育程度、收入、生活形態、審美取向、色彩喜好等），在什麼地點（家中、辦公室、公共場所等），如何遊戲（點擊、手勢、行動等），以此確立所要設計的遊戲類型及需求。

2. 設定遊戲世界觀

遊戲 UI 承載的不僅僅是單純的內容（介面框體、圖標、遊戲地圖、背包、任務），還需要傳遞遊戲的基因、世界觀。判定一款遊戲 UI 的優劣首先要看介面視覺元素與遊戲世界觀是否契合。

世界觀在遊戲中是普遍存在的。沒有不存在世界觀的遊戲，只有和遊戲世界觀不匹配的元素。在一個遊戲中，所有元素都應該是世界觀的組成部分。在遊戲設計之初，設計師會為遊戲搭建一些規則、添加一些元素。比如遊戲時代的設定，是古代、近代還是現代；遊戲畫面風格的確定，是寫實、唯美還是哥德式；遊戲中背景資料的設定，包括遊戲世界的政治、經濟、文化、宗教，還有人物造型設計甚至是遊戲中的色彩、音樂等，這一切構成了遊戲的世界觀。（這裡僅做簡略介紹，詳細內容請參考遊戲設計專業的相關教材）

構成一個完整的世界觀的要素包括以下幾個方面

（1）世界的規則，這是支撐整個世界觀的骨架

以 2014 年最令人驚喜的手機遊戲《紀念碑谷》來說，它借用艾雪的矛盾空間元素，使用沒有消失點的透視方式，將三次元的空間二次元化，只要看上去能連起來的路就能行走，儘管這條路不可能存在於現實世界（利用視錯覺形成三次元不可實現的構造）。《紀念碑谷》和曾經的 PSP 遊戲《無限迴廊》的世界觀類似，都是利用視角的轉換來構造三次元世界不可能存在的通道進行遊戲。

（2）世界背景

世界背景包括世界元素和背景故事。世界元素的設定，就是對創造的世界自然與人文的設定。自然即客觀的存在，包括天文、地理、生物等物質層面的構成；人文即文化性的存在，比如民俗、語言、建築、服飾，甚至性格、行為動作，等等。這些元素既是世界的直觀表現，也是世界背景最大的作用。如人們經常說到某遊戲的世界觀是西方魔幻或是東

方玄幻，這就是透過遊戲中元素的視覺設計對其世界觀做出的判斷。

（3）世界意識

世界意識是指這個世界的思想狀態，如《英雄無敵》遊戲中龐大的世界，每一個地域、城邦和族群都有它獨立的思維方式、崇尚的人生觀和價值觀。這可以讓一個角色、一個族群更生動、更有存在感。

3. 定義遊戲及其介面美術風格

遊戲及其介面的美術風格由玩家的特徵、遊戲類型和遊戲世界觀共同決定。通常 UI 設計師根據原先創作的原畫設計介面。不同類型的遊戲玩家、遊戲類型和世界觀造成多變的遊戲美術風格，這就要求 UI 設計師要有紮實的造型設計能力和應變能力。

遊戲類型決定了手機遊戲的互動方式，如點擊、手勢、語音、重力等。不同類型的遊戲由於互動方式的不同，介面的佈局和功能特徵也不同。遊戲世界觀則決定了遊戲及其介面視覺表現的文化、審美和情感特徵。

因此，在確定了遊戲類型之後，UI 設計師要研究所設計的遊戲類型及其介面的功能和特點，確定介面佈局，並透過對遊戲世界觀的理解，根據遊戲原畫挖掘其典型的視覺符號元素。在此基礎上，確定遊戲介面的風格，針對性地展開設計。

4. 確定規格參數

確定遊戲的開發程式或引擎，以及遊戲發佈的手機系統平臺，確定其相關的尺寸及參數，收集並分析同類遊戲的 UI 設計。

5. 遊戲介面概念設計及草圖繪製

根據風格的定義和功能佈局，進行介面草圖的設計和推敲。繪製出介面的基本雛形結構、造型特點等，再進一步確認介面的基本表現元素和質感特點。除了視覺表現以外，還要考慮介面視覺元素的互動性和功能，以及介面之間的互動流程。

6. UI 線框原型繪製

將確定的介面草圖轉化為 UI 線框原型，也可簡單表現視覺元素的體積感及主要的空間層次關係。

7. 視覺表現

將線框原型上色並加入材質細節等，使其產品化，實現最初的設計目標及創意，並逐步深入完善設計方案。

上色時要保證介面主體色彩在各種顏色環境下的通用性，可以多收集原畫或參考同類型遊戲中各種場景的截圖。在此基礎上製作適合大多數場景表現需求的介面色調。

為了介面效果表現的完整，可以根據世界觀及遊戲風格，基於遊戲原畫及概念設定，模擬並繪製幾幅遊戲運行的畫面，包括場景、角色和特效等。

除了設計平面視覺和試玩版，遊戲 UI 設計師還要在產品的互動體驗、動態視覺表現上有更多發揮。

8. 建立介面視覺規範文檔

關於介面視覺規範，見 6.1.7。

9. 測試

將圖片檔案導入手機，在手機相簿中全螢幕瀏覽，檢驗介面元素的顯示效果，著重測試介面色彩的整體效果、造型中的細節、文字的清晰度，以及介面中的空間關係。

7.2.4 手機遊戲 UI 設計案例（學生作品）

這裡選擇四川美術學院互動媒體專業 2010 級學生的畢業作品為案例進行講解。

手機遊戲 UI 設計案例：《王者帝國》（由潘歷愷同學提供設計作品素材）

1. 遊戲類型及世界觀設定

遊戲名稱：《王者帝國》（King's Empire）

遊戲平臺：iOS 平臺手機遊戲遊戲類型：模擬經營和策略類遊戲

出品公司：成都尼畢魯

遊戲世界觀：以歐洲中世紀戰爭為藍本，結合魔幻元素。

遊戲故事背景：從聯盟戰勝罪民至今已經過去了整整 100 年。人類統治下的艾瑞斯大陸變得空前強大，但是人性的貪婪使得原來強大的聯盟土崩瓦解。無休止的戰亂讓大陸的人口銳減。此時，遠方又傳來罪民入侵的消息。而作為一方霸主，玩家必須帶領臣民重振帝國昔日的輝煌。

2. 遊戲 UI 風格定義及視覺元素借鑑

《王者帝國》是一款以中世紀戰爭為背景的模擬經營類遊戲，遊戲的整體畫面偏向於華麗精緻，體現富麗堂皇的歐式貴族氣質，UI 設計正是立足於此，其中視覺元素大量借鑑巴洛克風格的典型代表——聖保羅大教堂的建築特徵。

聖保羅大教堂作為巴洛克風格建築代表，兼具巴洛克藝術的種種特徵。不僅裝飾華麗，強調力度的變化和動感，更突出誇張、浪漫、激情的特點，打破均衡平面，強調層次和深度。追求結構複雜多變，並廣泛採用了曲線、弧線的設計。這些都為遊戲介面的設計提供了參考。（圖 7-18）

（1）圓形拱頂的設計

作為世界第二大圓頂教堂，聖保羅大教堂以重疊華麗的穹頂聞名，巨大的空間內近百根聳立的圓形石柱宏偉地支撐起許多半圓形拱門，讓觀者產生出敬畏感，這樣的橢圓形空間帶給人神祕的空間感，使整體氛圍肅穆而莊嚴。這種表現形式被設計師借鑑並應用於介面框體的設計中，用以塑造莊嚴和敬畏之感。

（2）富麗堂皇的金色裝飾

教堂中的圓形大石柱由光滑細膩的大理石構成，加上精心雕刻的巴洛克式花紋與華貴的金色柱頭裝飾，兩種不同材質的相互搭配使整體華貴而精緻，呈現大氣磅礴的氛圍。

（3）大型鑲嵌畫

教堂頂部的大型鑲嵌畫在太陽的直射下閃閃發光，顯得壯麗豪華，淺藍色的基調與周圍雪白的大理石輝映，顯得超凡脫俗。這為遊戲 UI 的動態光效設計提供了靈感。

3. 遊戲 UI 視覺表現

（1）UI 的造型與材質

圖 7-19 的介面造型借鑑聖保羅大教堂的拱頂設計元素，以一個對稱式拱形結構為主體，再加上裝飾性的弧形邊框貫穿整套介面。不僅提升畫面的穩

圖7-18 聖保羅大教堂建築外觀及內部

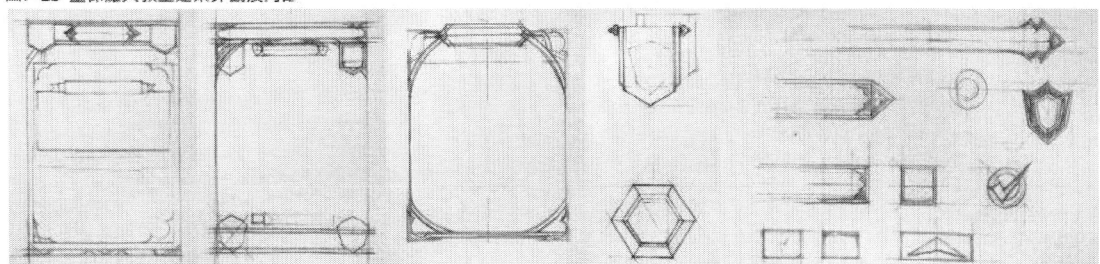

圖7-19 介面草圖

定性,同時也增加了畫面的莊重感,更契合遊戲以中世紀戰爭為題材的故事主題。

為了不失遊戲整體的趣味性,並豐富遊戲 UI 的視覺效果,設計師在 UI 中加入盾牌、武器、旗幟等框體和圖標背景的裝飾性元素,這些元素同樣也以對稱形式出現,使整體構圖更為飽滿,具有平衡的美感。

介面框體的材質借鑑教堂內金屬邊框鑲嵌石材的裝飾形式,在細膩平滑的大理石上搭配金屬邊框,在材質上形成了強烈的對比,提升介面的華麗感。(圖 7-20)

(2) UI 的色彩設計

選擇突出華麗感的配色,表現華貴的黃色系漸變、高純度的紅色、沉穩的深藍色構成各個 UI 的整體色彩基調。UI 中的黃色系在表現貴重的金屬質感時,明度過低容易變成黃銅色,會缺少華貴感;明度過高則會顯得俗氣。帶有橙紅色漸變的中黃色調,則能達到較為適當的表現效果。另外,有許多羊皮紙質感的功能介面,也是利用黃色系表現歷史的厚重感。(圖 7-21)

(3) UI 中的按鈕和圖標設計

按鈕和圖標是遊戲的重要互動元素。按鈕的設計也要符合遊戲的世界觀,風格要融入遊戲畫面,但同時要有醒目的、易於識別的色彩。一個精緻的按鈕在整體介面的設計中可以為遊戲增色,不但可以增強遊戲氛圍、提升遊戲的視覺品質,同時還可以滿足功能上的需求。

遊戲《王者帝國》介面中的按鈕造型是金屬邊框鑲嵌寶石,符合遊戲華麗精緻的風格,並運用一定的繁簡變化,從最簡單邊框到較為複雜邊框的組合模式,營造出介面豐富的層次。

在色相的選擇上,綠色象徵生命力、活力,所以遊戲中的綠色按鈕表示肯定;黃色按鈕表示有特殊功能,例如加速、許願等;紅色按鈕用來表示關閉、取消等。(圖 7-22)

圖標的設計運用寫實復古的表現形式,使用羊皮紙卷、火漆封印、騎士頭盔等元素,契合遊戲的世界觀和風格設定。(圖 7-23)

4. 啟動登錄介面設計

一款手機遊戲的介面至少由三個部分組成。

(1) 啟動登錄介面(初始),登錄介面是引導玩家進入遊戲的橋樑。

(2) 遊戲主介面(進行),遊戲主介面是遊戲運行的舞臺。

(3) 輔助介面(設置),包括窗體、選單、裝備、道具等,是遊戲可玩性的重要組成部分。

從玩家第一次啟動遊戲到登錄介面,再到遊戲介面,短短數分鐘內很難對遊戲本身的優劣做出評定,但足以給玩家留下第一印象。這個第一印象很大程度上會影響玩家對遊戲的評定。如圖 7-24,左圖表示啟動用戶端後,玩家等待切換到登錄介面的短暫時間內可能出現的幾種不同感受。在此過程中,啟動的延遲是必然且合理的,如果啟動時間較長,則必須要確定顯示進度。延遲狀態下玩家可能看到的畫面有以下幾種。

一是與遊戲無關的廣告。廣告超過 15 秒就會讓玩家產生焦躁情緒,超過 1 分鐘則可能使玩家對遊戲失去興趣。

二是靜態的遊戲插畫展示,長時間不變的畫面同樣會使玩家滋生厭煩的情緒。

三是遊戲插畫的幻燈片或動態畫面展示,包括隨機對與遊戲相關的場景、角色進行展示和介紹,能夠幫助玩家瞭解遊戲的世界觀和美術風格。

四是與遊戲相關的資訊及技巧提示,能夠給玩家提供有價值的資訊和幫助。

圖 7-24,右圖表現玩家從登錄介面進入遊戲主介面的不同體驗。登錄介面中會涉及玩家的帳號資訊輸入、伺服器的選擇等功能。在登錄介面的體驗中,玩家看重的是如何能夠方便快速地進入遊戲,這是影響玩家評定登錄介面優劣的標準。

圖7-20 《王者帝國》遊戲UI——造型與材質

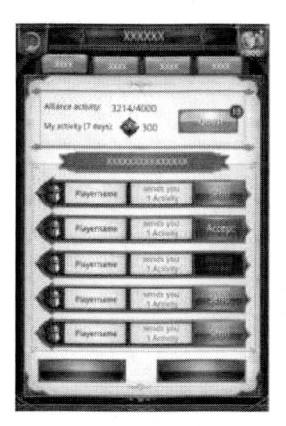

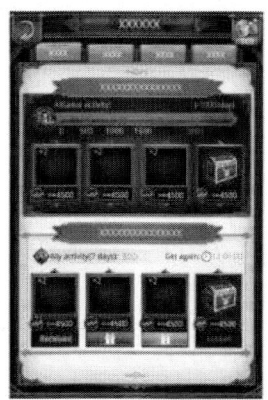

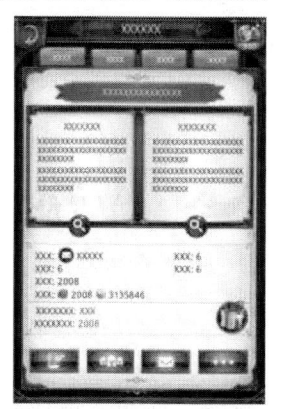

圖7-21 《王者帝國》遊戲UI——色彩設計

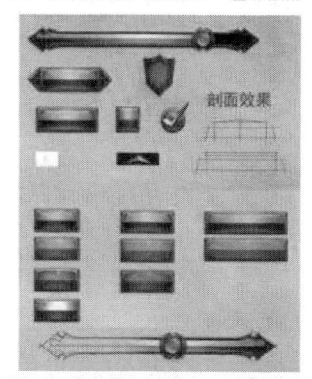

圖7-22 《王者帝國》遊戲UI——按鈕設計

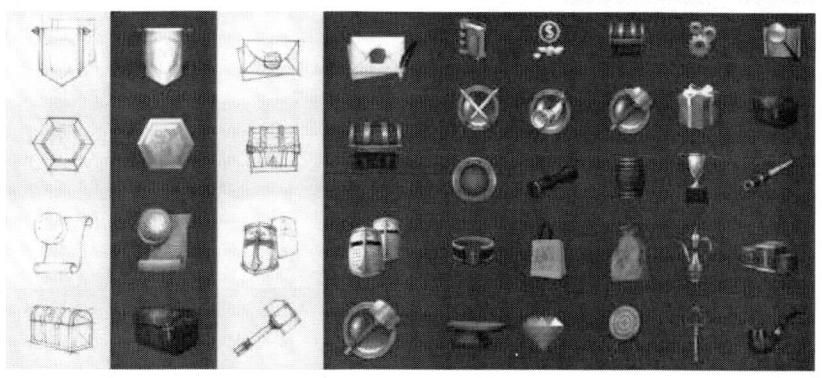

圖7-23 《王者帝國》遊戲UI——圖標設計

7.2 手機遊戲 UI 設計（案例及作業）　237

UI 設計

登錄介面要承載識別玩家身份資訊的功能。但在很多登錄介面上，玩家做了過多不必要的操作。通常有以下幾種情況。

一是輸入身份（帳號、ID 或者使用者名稱，如果沒有，需要去申請註冊）。

二是輸入密碼（再次確定身份，防止其他使用者盜用）。

三是輸入驗證碼（再一次確定使用者身份）。

四是選擇伺服器。

五是選擇角色。

在這一過程中，玩家重複驗證了 3 次身份。所以在設計遊戲的啟動登錄介面時，要在兼顧登錄介面資訊的前提下，使玩家愉悅、方便快捷地進入遊戲。簡單地說，就是要提供有價值的資訊，佈局要合理、賞心悅目，操作要簡便。

圖 7-25 是《王者帝國》啟動登錄介面設計，該遊戲運行於 iOS 平臺，啟動時間較短，因此啟動畫面以靜態的角色插畫作為背景。

①啟動畫面中，下半部是隨機顯示的遊戲資訊及技巧提示，底部為載入的進度顯示條。

②啟動載入完成後，遊戲介面提供兩種登錄方式：一種是綠色按鈕，此登錄介面有多個被記錄的註冊帳號資訊（同一臺電腦可能會有多個玩家，而手機遊戲由於屬於私人行動端，通常會為玩家保存帳號和密碼；同一玩家常常會註冊多個帳號以不同的等級體驗遊戲），在此可以選擇帳號直接登錄遊戲或刪除帳號，同時還可以直接進入註冊帳號頁面。橙色按鈕即提示使用者註冊新的帳號，由此進入註冊介面，為簡化流程註冊介面只有使用者名稱、密碼和密碼確認這些簡單的程式。

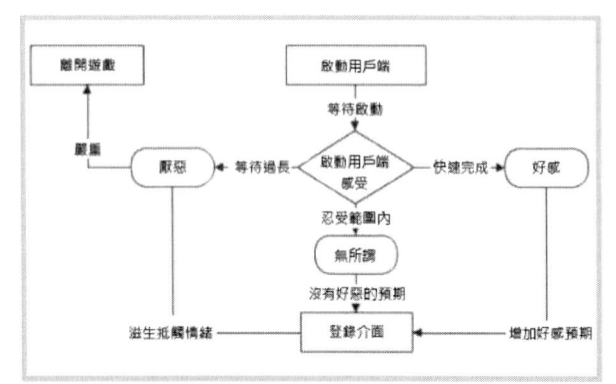

圖7-24 啟動登錄介面的使用者經驗

圖7-25 《王者帝國》啟動登錄介面設計

238　第七章 行動裝置 UI 設計的應用

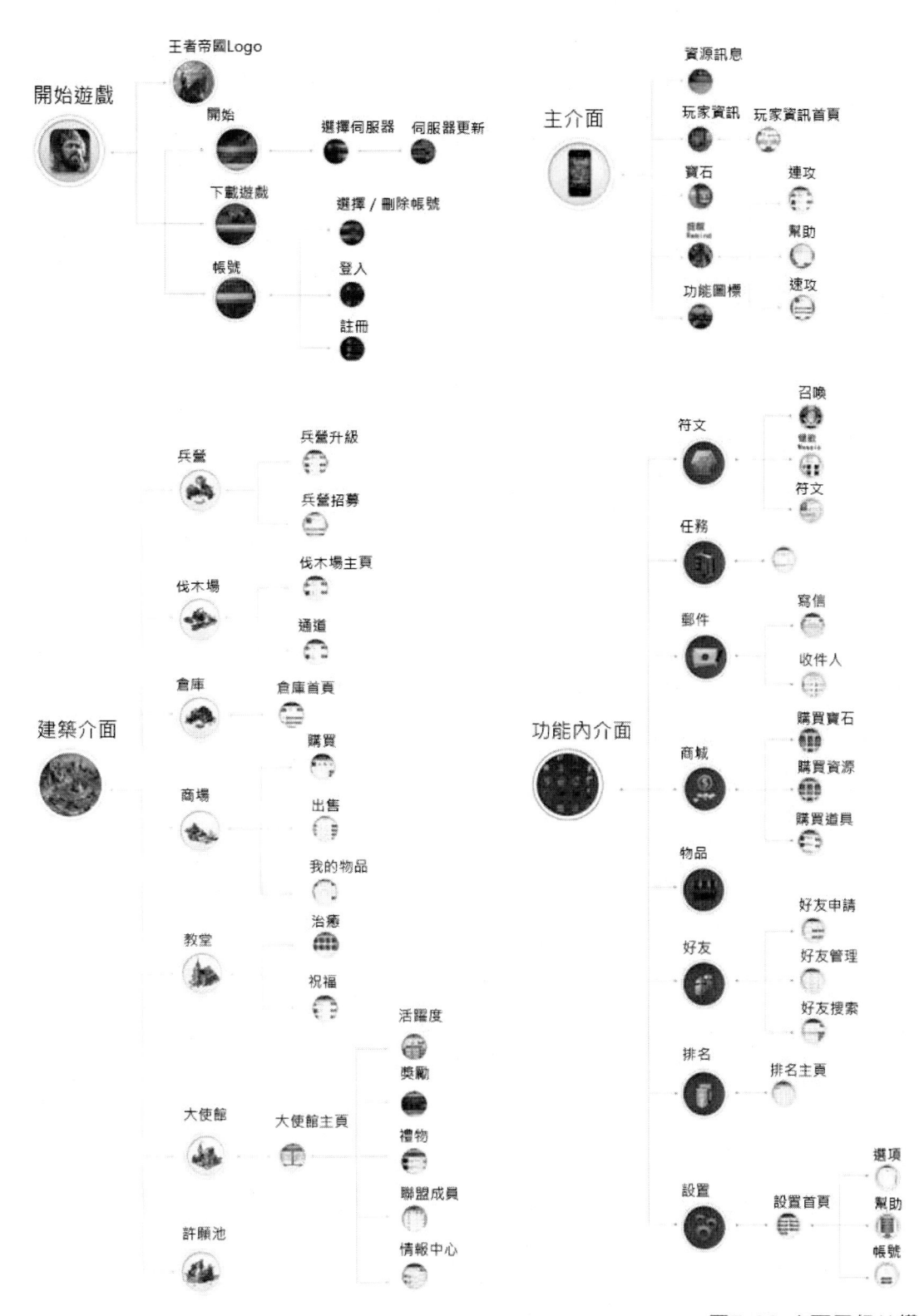

圖7-26 介面層級結構

7.2 手機遊戲 UI 設計（案例及作業） 239

圖7-27 彈出訊息及對話框體的設計

5. 介面的層級結構（圖 7-26）

關於彈出訊息及對話框體的設計：當有訊息或對話框彈出時，底部介面未被遮擋的部分會降低明度，以強調彈出的框體內容，並提示其為當前操作。在視覺表現上，不同功能的框體採用不同的造型，但整體風格趨於一致。（圖 7-27）

6.《王者帝國》道具圖標製作實例解析（圖 7-28）

相關內容見 5.1.7。

7.《王者帝國》登錄介面製作實例解析

（1）該遊戲作為 iOS 平臺上的手機遊戲，考慮到向下的兼容性，介面規格選擇解析度為 900dpi×600dpi 的 iPhone4S 手機為設計及顯示尺寸模板，準備 iPhone4S、iPhone5S 手機各一臺，以備測試。

（2）在 Photoshop 中導入草圖，用鋼筆工具繪製線框原型，框體的繪製線條要簡潔流暢，節點數量不要過多。

用圖層分開介面的不同部分，以利於後期的上色和材質紋理填充。比如，可以分別在兩個圖層上繪製金屬和石材鑲嵌的結構，框體所設定的色彩是黃色系到橙紅色系的漸變，這兩個顏色屬於色環上的鄰近色。為介面邊框添加陰影和細節，要善於運用各種圖層樣式和疊加效果，此處用到描邊（深色，

使邊界清晰）、內陰影（用 1px 的濾色模式塑造邊框厚度，增強體積感）、漸變疊加（比直接為框體上色更方便調整）、圖案疊加（紋理）、外發光（製造柔光效果）、投影（增強體積感並拉開與背景的空間層次）等，圖層樣式及疊加效果運用要靈活，重要的是能達到想要的畫面效果。（圖 7-29）

（3）添加框體背景色和紋理，使用半透明的黑色併疊加大理石紋理，以此減弱背景圖像的對比度和視覺衝擊力，襯托出前景的按鈕。

（4）添加介面邊框的花邊紋樣和寶石元素，增加畫面的細節。框體花邊以浮雕式的手法鑲嵌在邊框上（主要是透過圖層樣式中的內陰影和陰影來實現），這樣的處理手法不但不突兀，還能使其更好地融入畫面中。（圖 7-30）

（5）最後根據實際需要添加功能性的輸入框與按鈕，以及遊戲 Logo。

7.2.5 作業與練習

手機遊戲 UI 系統化設計強調與遊戲世界觀的一致和完整性，自定義遊戲類型、遊戲世界觀、遊戲風格。要求展現完整的世界觀設定、遊戲構架、設計草圖、製作步驟，並提交成品檔案及原檔案。

在此課程中，作業分以下三個階段。

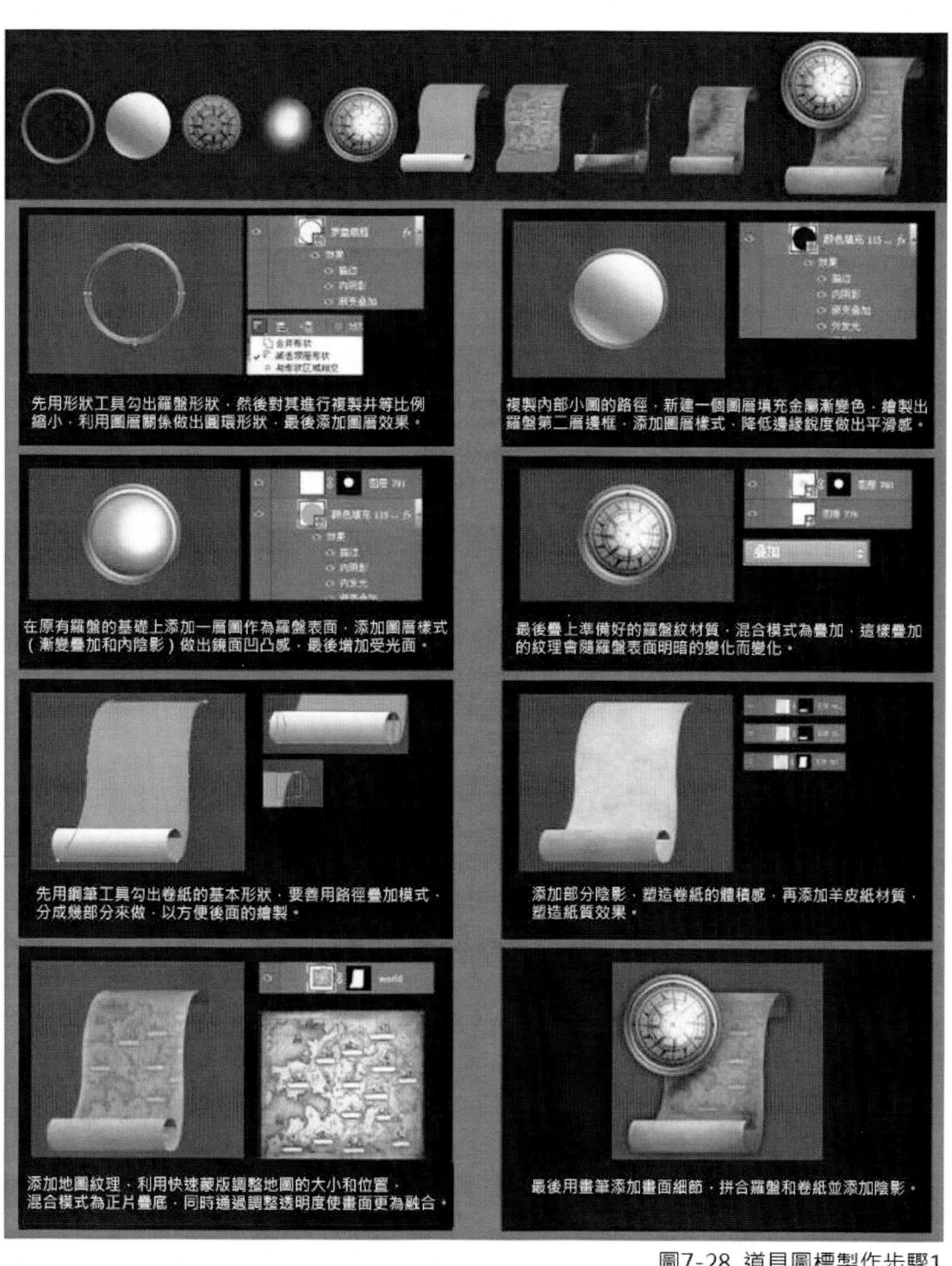

先用形狀工具勾出羅盤形狀，然後對其進行複製並等比例縮小，利用圖層關係做出圓環形狀，最後添加圖層效果。

複製內部小圓的路徑，新建一個圖層填充金屬漸變色，繪製出羅盤第二層邊框，添加圖層樣式，降低邊緣銳度做出平滑感。

在原有羅盤的基礎上添加一層圖作為羅盤表面，添加圖層樣式（漸變疊加和內陰影）做出鏡面凹凸感，最後增加受光面。

最後疊上準備好的羅盤紋材質，混合模式為疊加，這樣疊加的紋理會隨羅盤表面明暗的變化而變化。

先用鋼筆工具勾出卷紙的基本形狀，要善用路徑疊加模式，分成幾部分來做，以方便後面的繪製。

添加部分陰影，塑造卷紙的體積感，再添加羊皮紙材質，塑造紙質效果。

添加地圖紋理，利用快速蒙版調整地圖的大小和位置，混合模式為正片疊底，同時通過調整透明度使畫面更為融合。

最後用畫筆添加畫面細節，拼合羅盤和卷紙並添加陰影。

圖7-28 道具圖標製作步驟1

7.2 手機遊戲 UI 設計（案例及作業） 241

UI 設計

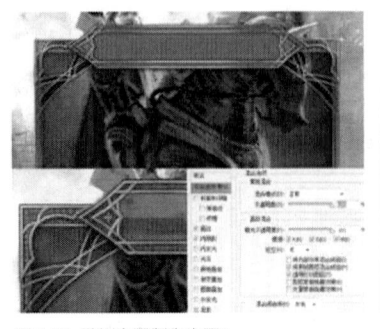

圖7-30 登錄介面製作步驟2

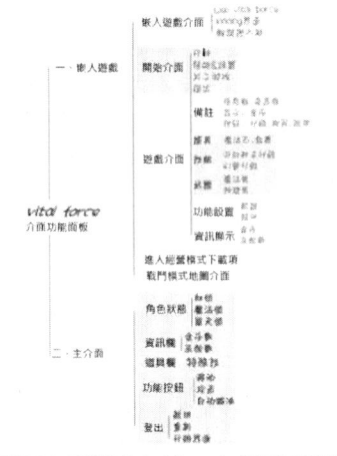

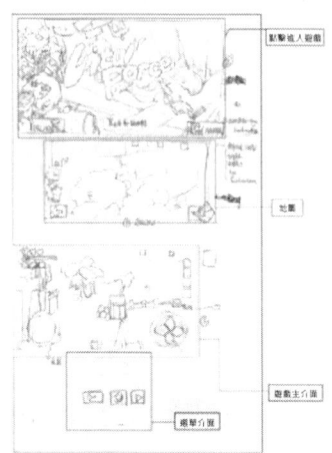

圖7-31 手機遊戲vital force UI架構及互動流程草圖（羅敏娜）

第一階段：設定遊戲的類型及遊戲世界觀，可參考類似的遊戲並收集相關資料。繪製出遊戲的構架和互動流程的草圖，如圖 7-31。提交 PPT 或序列圖片檔案。

第二階段：設定 UI 視覺表現風格，收集與之相關的圖像素材以做參考，繪製 UI 視覺元素及功能模組的草圖及線框原型，並逐步進行細緻的表現，如圖 7-32。此階段提交的 PPT 或序列圖片檔案包括：完整的設計草圖及線框原型；各個 UI 功能模組的視覺表現效果。要求標示參考素材的造型、色彩、材質，並呈現設計過程。

第三階段：深入設計。這一階段需要占用較長的時間，包括介面中的所有互動元素、框體、圖標等，甚至包括部分遊戲場景、角色和地圖的繪製，這是一個逐步細化的過程。此階段完成後，提交完整的遊戲 UI 檔案，如圖 7-33。

有一套完整的系統化設計後，可以在後續的課程中藉助編程將遊戲產品化。

學生作業評論——手機遊戲 UI 系統化設計作業 1（圖 7-34）

《茶馬古鎮》以茶馬古道為背景，汲取經典模擬養成類遊戲的模式，將玩家帶入滇藏地區茶馬互市的故事中（圖 7-30 登錄介面製作步驟 2）。優點：遊戲介面同樣也借鑑此類遊戲的佈局和構架，設計思路清晰，整套介面系統完整，對傳統文化的熱愛和挖掘值得肯定。不足：局部的介面元素和部分圖標設計過於現代化和標準化，脫離了故事背景；部分介面文字過小，難以識別。

學生作業評論——手機遊戲 UI 系統化設計作業 2（圖 7-35）

在此作業練習中，可以鼓勵學生以個人愛好為出發，這樣更能激發學生的創作熱情。遊戲《嘿喂GO》就是一個典型的例子，在創作這個遊戲之前，

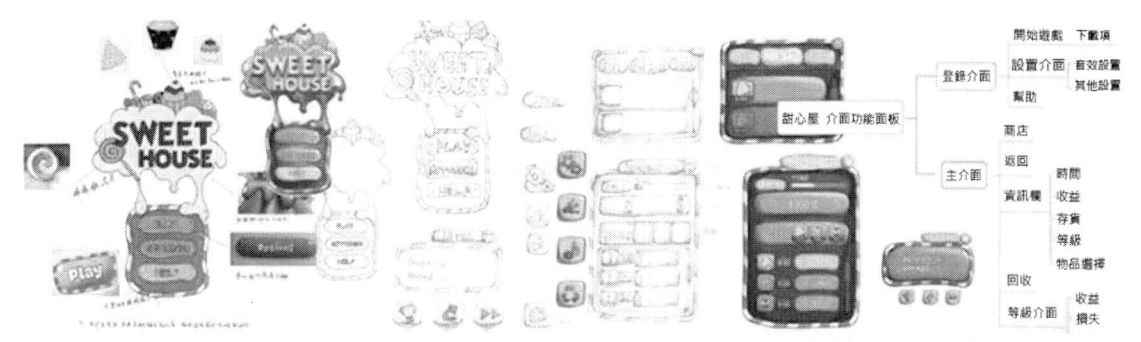

圖7-32 手機遊戲《甜心屋》UI視覺表現（朱元元）

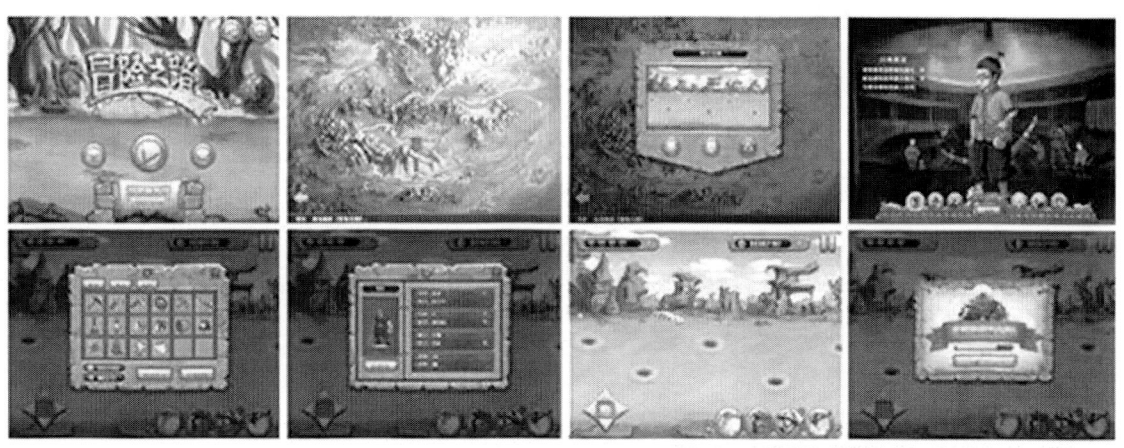

圖7-33 手機遊戲《冒險之路》UI系統化設計（黃日生）

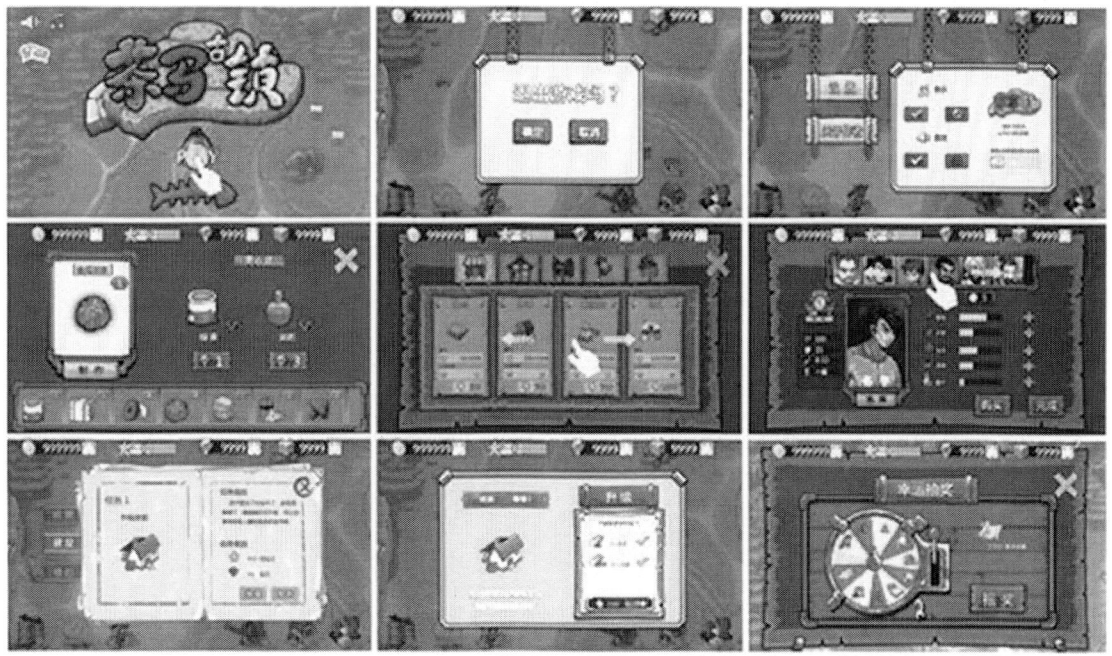

圖7-34 手機遊戲UI系統化設計作業1——《查馬古鎮》UI系統化設計（周強）

7.2 手機遊戲 UI 設計（案例及作業） 243

圖7-35 手機遊戲UI系統化設計作業2——《嘿嘿GO》UI系統化設計（秦欣、黃慈）

兩位喜歡玩摩托車的同學，利用暑假騎行經過了北京、西藏、廣西和海南等地，遊戲的創意正是來源於此，借由橫版跑酷類的遊戲方式，展現各個城市的人文風光。優點：遊戲介面整體風格統一、佈局合理、簡潔清晰、色彩運用得當。不足：介面不夠凸顯，可適當拉開空間關係。

7.3 行動 APP UI 設計

APP 是英文 Application（應用程式）的縮寫，通常指手機或平板電腦等行動端的第三方應用程式。在 iPhone 出現以前，行動終端上提供娛樂、服務和消費的應用程式寥寥無幾。如今，APP 市場已是各大網路公司、遊戲及軟體開發公司的主要競爭平臺。2013 年 Gartner Group 發佈市場調查報告，當年蘋果行動應用程式商店 App Store 下載量突破 1020 億次，日均下載量達到 710 萬次，總營收超過 260 億美元。

在 App Store 和 Google Play 中，每天都有無數新的 APP 上線，如何在眾多功能和內容同質化的產品中脫穎而出，並受到使用者的關注和青睞，是產品運營者和設計師共同關注的問題。（圖 7-36）首先要做的就是良好的介面視覺設計，這是因為使用者在下載安裝 APP 之前，只能見到代表 APP 的圖標和僅有的幾個截圖預覽。對於一款新的 APP，具有視覺吸引力的圖標才能夠引起使用者的關注，

透過介面截圖，使用者通常願意選擇熟悉的、具有親切感的介面，同時又不願意看到完全雷同的形式。看似十分矛盾，實則在告訴 UI 設計師要遵循 APP 介面設計中資訊架構、互動方式、佈局等普遍規律，同時又要敢於在表現形式上有所創新，並能夠簡潔、直觀地引導使用者。（圖 7-37）

7.3.1 行動 APP 的分類

與「7.2 手機遊戲 UI 設計」一樣，行動 APP 也沒有一種統一而簡單有效的分類方法。在設計開發 APP 時，針對不同的平臺，確定細分的類型是必要的。比如，蘋果公司為了讓使用者能夠快速瀏覽並找到自己想要的APP，將 APP 分成了 21 類，其中，遊戲類軟體又分成了 19 個子類。所有軟體提交的時候都要選擇歸屬的主類別和第二類別，方便使用者在 App Store 中找到需要的程式。

目前，行動裝置的 APP 大致可分為以下類型：社交網路和即時通訊、地圖導航、生活輔助、媒體資訊、休閒娛樂、教育學習、工具支持、行業應用。

圖7-37 APP圖標展示（秦欣、潘歷愷）

1. 社交網路和即時通訊

社交網路和即時通訊（Instant Messenger）本屬於 APP 中的兩大類型，但如今跨平臺的即時通訊與社交網路已經高度融合，能夠充分滿足使用者隨機和即時性的社交通訊需求，同時也具有成本更低、安全性更高、私密性更好等優勢。在中國，這類 APP 的代表有米聊、微信等。使用者可以在這類 APP 中發送群組訊息，發送和分享照片、聲音、影片、連結等內容，能夠更便捷地聯繫朋友。而且，它們還進一步整合了行動定位服務（LBS）、查詢服務和線上支付等功能。

2. 地圖導航

地圖導航類 APP 一直具有巨大的下載量和使用族群，並與連網汽車高度融合，其主要功能包括：路線導航、個人資訊、POI 資訊服務（POI 是「Point of Interest」的縮寫，中文可以翻譯為「興趣點」，使用者透過使用該服務可以在陌生的城市中輕鬆找到目的地，POI 數量及資訊的準確程度和更新速度，都會影響 APP 的使用和體驗），其設計目標是對以上功能進行協調，並在此基礎上探索可能的特色功能，為使用者提供新穎的體驗。

中國主要的的地圖導航類 APP 有百度地圖、高德地圖、老虎地圖等。其功能各具特色，如高德地圖提供實時路況及預測、違章查詢等；老虎地圖提供熱門餐廳、娛樂、酒店、展覽演出、公共設施的詳細介紹與評價等。

3. 生活輔助

生活輔助類 APP 主要為使用者的日常生活提供幫助和便利，包括兩個方面：一是生活資訊的查詢、處理，為使用者提供衣食住行等方面的資訊，讓使用者的生活更加便利；二是生活智慧助理，為使用者提供時間管理、理財、行動定位、網購及行動支付等服務。如大眾點評、攜程、淘寶、支付寶、墨跡天氣、快拍二次元碼、航旅縱橫、滴滴打車、SKY 遙控器等。

4. 媒體資訊

媒體資訊類 APP 是傳統媒體集團、網路入口網站爭奪的第一焦點，主要包括整合入口網站新聞資源並向使用者推送資訊的新聞類 APP 和行業諮詢類 APP。熱門的應用程式包括網易新聞、南方週末、汽車之家、中關村線上等。

5. 休閒娛樂

休閒娛樂類 APP 為使用者提供休閒和精神娛樂享受，主要以遊戲類 APP 為主。此外還包括圖書閱讀，如開卷有益、掌閱、QQ 閱讀等；行動影音，如搜狗音樂、百度音樂、優酷、搜狐影片、愛奇藝、愛奇藝 PPS 等；網路電臺、網路影片；拍攝美化，如美圖秀秀、美拍等。

6. 教育學習

目前，在蘋果 App Store 中，教育學習類 APP 成為僅次於遊戲類 APP 的第二大類受歡迎的應用程式，越來越多人除了在教室、圖書館，或透過專門的學校及教育培訓機構學習外，還會利用零碎時間、閒暇時刻，利用網路、行動終端去學習。網上出現大量的公開課影片，突破了傳統教育模式和網路學習的侷限，比起需要大量時間的公開課教程，對零碎時間的充分利用，是教育學習類 APP 的最大優勢。此外，相對傳統的學習方式，利用 APP 學習更具有主動性，使用者可以根據自身的需求進行選擇性的學習，同時 APP 能對使用者個性化的學習定製進行時間和效率管理，更具有趣味性和互動性。熱門的教育學習類 APP 有網易公開課、慕課、掌上新東方、百詞斬等。

7. 工具支持

工具支持類 APP 包括兩個方面：一是為使用者提供行動裝置軟硬體功能的增強、管理、檢測、安全等服務，它們可以根據使用者的需求優化行動裝置硬體性能，同時能夠對所安裝的 APP 進行管理，對病毒進行掃描和移除，但由於需要獲得 Root 管理權限，所以通常在 iOS 平臺中此類 APP 並不多見，其主要運行於 Android 平臺，如優化大師、電池醫

生等；二是為使用者提供行動裝置中網路瀏覽及各類檔案的支持、管理、備份及傳輸，如 UC 瀏覽器、360 雲盤等。

8. 行業應用

行業應用類 APP 能夠支持使用者進行指定行業工作，包括一般應用和專業應用，一般應用主要是負責制定工作計劃、進行專案管理的 Office 類 APP，專業應用則由使用者所處的行業決定，行業不同，專業應用也各不相同。

7.3.2 行動 APP 的設計流程

1. 設計流程模型

目前，行動 APP 設計大多源自傳統軟體開發所採用的流程模型，主要包括瀑布型、疊代型、螺旋型和敏捷型，這裡僅介紹兩種適用於不同級別 APP 的設計開發模型。

（1）瀑布型

瀑布型是最早出現的軟體設計模型，其概念源於各設計開發環節依次遞進的關係，核心思想是將複雜的設計開發流程按工序簡化，形成流水線作業，以細分各設計種類之間的協作。

瀑布型開發嚴格遵循預先設定的需求分析、設計、實現、測試、維護的步驟，以每一個步驟的階段性成果作為衡量進度的方法，使每個階段都有指定的起點和終點，過程最終可以被客戶和開發者識別。設計開發前充分強調需求和設計，能夠確保專案精確度並實現預期需求。因為每個階段都生成了規範的設計說明文檔，可以實現有效的知識傳遞，減少各團隊之間不必要的交流，提高工作效率。專案管理者只需關注目前正在實施的階段，簡化了專案管理。

純粹的瀑布型開發更用於大型企業級的產品開發，將其用於普通的輕量級 APP 的開發中，則存在一些弊端，最主要的問題是嚴格的分級導致自由度降低、缺乏靈活性，專案早期做出的承諾導致後期需求的變化難以調整，代價高昂。需求不明並且進行過程中可能變化的專案基本上是不可行的。

（2）敏捷型

敏捷型設計模型是一種疊代、循序漸進的開發方式，推崇「以使用者為導向」的設計原則。在敏捷型開發專科案被分割為多個子專案，各個子專案的成果都具備集成和可運行的特徵。換言之，就是把一個專案分為多個相互聯繫、可獨立運行的小專案，並分別完成，在此過程中軟體一直處於可使用狀態。

敏捷型流程更適用於小團隊的 APP 專案開發，不用精確定義團隊成員之間所扮演的角色、密切合作的工作方式，減少了各環節之間對文檔的大量需求。

敏捷型和疊代型都強調在較短的開發週期內提交產品，但敏捷型的開發週期可能更短，並且更加強調團隊的互動交流和高度協作，其主要目的是降低需求變化的成本。

2. 行動 APP 介面設計流程

（1）使用者研究：確定使用者需求及目標使用者。

（2）APP 功能定位：競品分析並儘可能進行差異化的特色設計。

（3）介面資訊構架、佈局及互動流程設計草圖。

①應儘量減少文字的輸入。由於手機在文字輸入上有低效性，在設計的過程中應儘量減少使用者的輸入，如果有可能可以設置預設值，或者讓使用者選擇目標值。

②在資訊結構及互動流程上儘量使螢幕與螢幕之間的邏輯關係清晰。由於手機螢幕相對較小，只能展示較少的資訊，這就更需要有清晰的資訊架構，讓使用者一目瞭然，並清楚地知道 APP 的各個模組及切換方式。

③注重功能佈局的主次和引導性，將相對重要或使用頻率較高的功能或資訊放在首頁或顯眼的位置。

④互動操作儘量基於手勢，主要功能可以用單手操作完成。

⑤考慮介面的簡潔性，使操作簡單化，減少操作步驟。層級結構不宜太深，一般不超過三級。

⑥在響應和回饋上可利用多種提示方式，除了視覺狀態的變化之外，還可考慮使用動態效果、聲音、振動等方式。

⑦應注意 APP UI 的主要操作方式與相應的手機操作系統保持一致。在 APP UI 的設計過程中，更好地理解當前的手機系統，才能與其邏輯保持一致。

（4）介面風格定位，線框原型繪製。

（5）介面視覺元素的設計：介面功能圖標、介面框體等。

（6）介面視覺效果的整體優化：互動、轉場及動態效果等。

（7）APP 圖標設計。之所以將應用圖標放到最後設計，是因為一開始可能無法預知整套 UI 的效果，如果提前設計，最後很有可能要根據介面的整體效果進行修改和調整。在設計 APP 圖標時，也要儘量考慮不同尺寸的轉換和輸出。

7.3.3 行動 APP 介面常見導航互動模式（圖 7-38）

1. 標籤式

標籤式也稱為選項卡式，是主導航的最常見模式。它能直接展現最重要入口的內容資訊，指明當前所在位置，輕鬆在各個入口間頻繁跳轉且不會迷失方向，但當功能入口過多時，該模式就顯得擁擠不堪。標籤式大多應用於主流 APP 的主導航中，如微信、大眾點評等，如圖 7-39 左組圖。

2. 選單式

行動 APP 中的選單式導航與網站所用的選單導航類似，它在一個較大的覆蓋面板上，分組顯示已定義好格式的選單選項。較為典型的有 WebOS 系統下的 Facebook 和 Android 系統下的 Walmart，如圖 7-39 右組圖。

3. 陳列式

陳列式透過在介面上直接陳列顯示各個內容項來實現導航，其類似展架的擬物化展示方式，使展現的內容直觀明了，方便瀏覽經常更新的內容，常用於書籍、報刊、文章、菜譜、相冊、產品等。但

圖7-38 行動APP介面常見導航互動模式

圖7-39 標籤式和選單式

圖7-40 陳列式和大圖標式

圖7-41 頁面輪盤式和圖片輪盤式

它不適用於主導航，會因介面內容過多而顯得雜亂。陳列式常見於次級導航中，如網易公開課、掌閱等，如圖 7-40 左組圖。

4. 大圖標式

大圖標式也稱跳板式，登錄介面中的圖標選項就是進入各個入口的起點，常用於入口數量較固定的次級導航。其優點是圖標的識別性強，能清楚展現各個入口，大圖標易於點觸，錯誤操作規避性強。但不太適合顯示數量較多的次級入口，容易形成更深的操作路徑。此外，這一類型中最為常見的是以「井」字形進行介面分割而形成的「九宮格」圖標佈局方式，如星巴克、餘額寶等，如圖 7-40 右組圖。

5. 頁面輪盤式

頁面輪盤式又稱為旋轉木馬式，主要應用於 APP 引導頁等主體展示內容較多的頁面，以及頁面數量較少的次級頁面的導航。它利用直觀的指示器（底部頁碼或圓點）標示出總螢幕數量和使用者當前所處的位置。頁面輪盤式導航通常用「滑動」手勢進行操作。優點是單頁面內容整體性強，版式設計靈活，容易突出重點。但不適合展示過多頁面，線性的跳轉順序比較單一，如圖 7-41 左組圖。

6. 圖片輪盤式

圖片輪盤式導航常用於平級功能內部介面切換，以及如藝術品、產品和照片等圖片的展示。它利用箭頭、部分顯示的圖片或頁面指示器（底部縮略圖或圖標），提供視覺化的功能可見性，以此告知使用者有更多的內容可以訪問，如圖 7-41 右組圖。某些介面可以透過大圖的滑動和底部縮略圖的點觸實現頁面的轉換，展示方式全面，操作性強。

7. 點聚式

點聚式常用於主導航的隱藏選單，其展示方式有趣、靈活，擴展性強。但由於隱藏了導航的其他入口，對入口互動的功能可見性要求較高，如圖 7-42。

8. 列表式

列表式導航與大圖標式導航的共同點在於，每個圖標或表格選單項都是進入應用各項功能的入口。這種導航有很多種變化形式，包括個性化列表、分組列表和增強列表等，如圖 7-43 左組圖。其優點是

圖7-42 點聚式

層次展示清晰，可展示內容較長的標題及次級內容。缺點是排版靈活性不是很高，使用者瀏覽時容易產生視覺疲勞，可以透過排列順序、顏色來區分各入口的重要程度。

9. 瀑布式

瀑布式就是俗稱的長頁面模式，優點是頁面內容錯落有致，寬度確定但高度不定，瀏覽使用時可產生流暢的互動體驗，頁面底端自動載入而無須翻頁，讓使用者不斷地發現新的內容。缺點是缺乏對整體內容體積的感知，容易發生空間位置迷失，長時間瀏覽容易產生視覺疲勞，如圖 7-43 右組圖。

10. 下拉式和上拉式

這兩種方式常見於系統設置介面切換。其操作性強、擴展空間利用率高，但容易打斷使用者的帶入感。下拉式除了能擴展介面，也常用於頁面內容的刷新，如圖 7-44。

11. 抽屜式

抽屜式常見於擴展隱藏選單欄，和上拉式與下拉式一樣，其側滑的方式同樣利用有限螢幕空間「圖層」的概念，擴展性好，空間利用率高。缺點是對入口互動的可見性要求較高。（圖 7-45）

7.3.4 行動的手勢應用

手勢是指人類透過手掌和手指的位置造型，構建的一套特定語言系統。

多點觸控的應用為行動 APP 創造了多樣化的手勢互動。行動裝置中的手勢，即透過多點觸控作用於介面中的可操作對象而觸發事件，並以此實現與系統的互動。使用者可以透過單擊、拖動、長短按、上下拉、雙擊、滑動、旋轉、收縮、擴散、搖動等數十種手勢對系統和 APP 進行操作，實現其互動任務和功能。

1. 手勢互動的優勢

（1）直覺化觸控手勢具有直接接觸的特徵，相對透過鍵盤、滑鼠與介面的間接互動，使用者與介面和資訊接觸更為直接，互動方式更為自然。

（2）流暢性手勢互動相對鍵盤和滑鼠互動，簡化操作的媒介和步驟，能更快捷高效地完成任務，帶來流暢的互動體驗。

（3）易認知手勢設計更多的源自使用者的生活經驗和使用者自然的交流方式，易於理解，學習成本低。

（4）提供了真實的互動方式，介面中元素的行動、滑行和旋轉等動態效果若符合物體的物理特徵，更容易讓使用者融入介面，提升互動體驗。

圖7-43 列表式和瀑布式

圖7-44 下拉式和上拉式

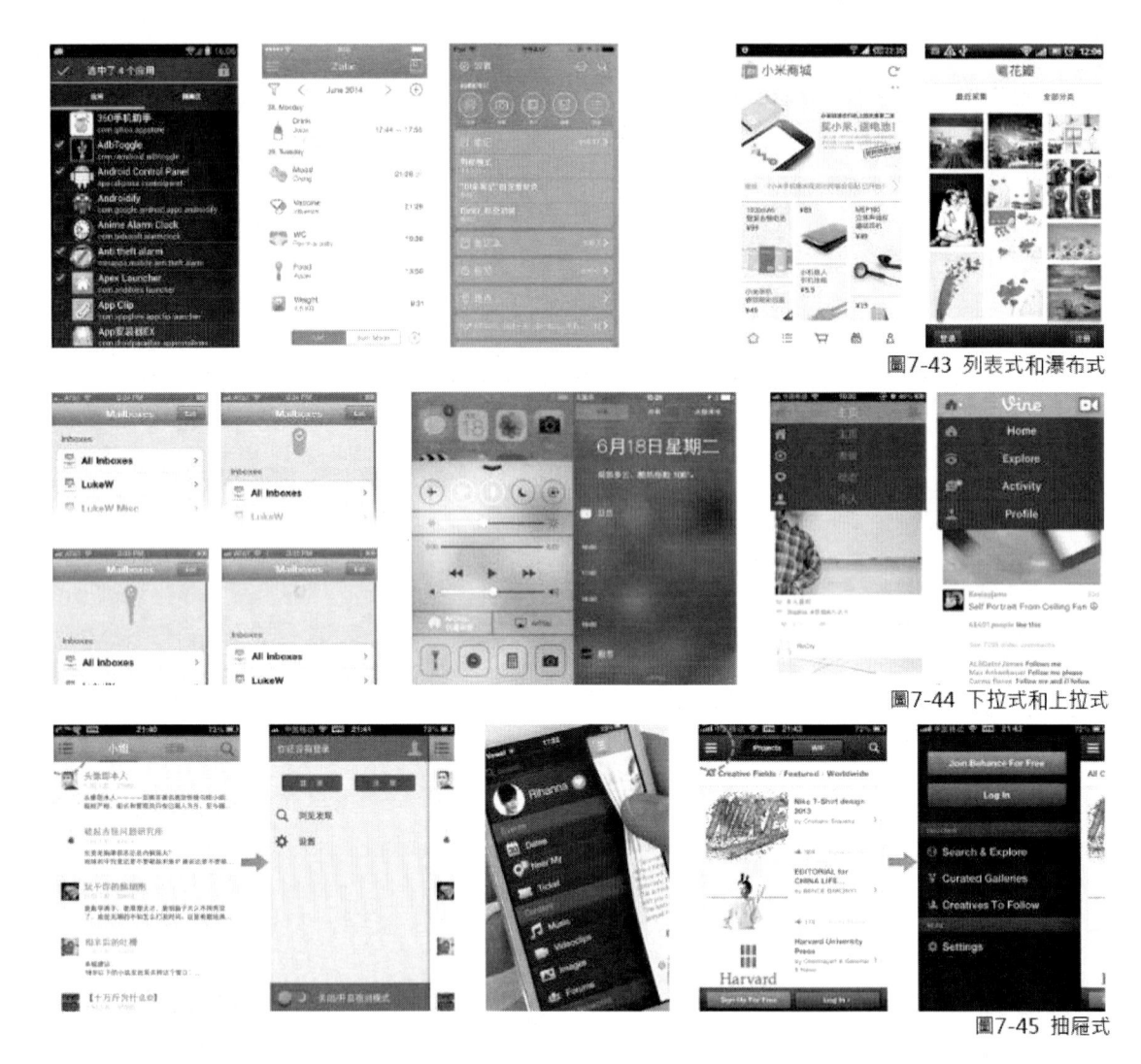

圖7-45 抽屜式

2. 手勢互動的問題

（1）精確性降低以 iOS 系統為例，手勢的精確性比游標 1px 的精度要低得多。在較小的文本框內修改文本時，很難在文字和字母之間插入游標。適合手指點擊的區域通常需要做到 44×44px（iPhone4 以下設備），配合手勢的輕重有 0～20px 的偏差，所以觸控螢幕介面需要使用更大尺寸的工具觸控感應區域。

（2）缺乏功能可見性同游標的互動相比，由於互動工具（如按鈕中的游標）經過狀態樣式在手勢互動中的缺失，很多功能可見性要求往往較高，它不能透過自身狀態來進行自我說明，難以讓使用者直觀理解，如 iOS 系統向左側滑動時手機螢幕出現「刪除」按鈕，再比如 Android 系統的長按操作也是如此。

（3）缺乏回饋表現在不知道是否在進行手勢，不知道是否操作已到位，不知道操作是否完成三個方面。在靜音和取消震動的狀態下，手勢操作沒有鍵盤和滑鼠的物理回饋，如輸入密碼時容易出現漏輸或多輸。此外，對於輕觸和長按的操作界限，不同 APP 的狀態不一致，使用者個體感受的差異，也容易導致錯誤操作。

（4）一致性的問題多是由平臺和設備差異所導致，各平臺有自身的手勢規範，且平臺間存在衝突。此外，普通手機通常適用於單指操作，而 6 吋以上螢幕的手機和 Pad 則需要多指複雜手勢；小螢

幕的單手手持手勢操作對於大螢幕設備未必適用；按鈕及工具大小也需要考慮不同解析度的轉換。

3.APP中手勢設計的原則

（1）以互動為目的手勢設計要簡化操作，方便快速處理任務，並非為了設計個性化的或更多、更複雜的操作方式。

（2）提供有效的回饋讓使用者知道是否在進行手勢操作，操作是否已經到位，操作是否已經完成。除了提供有效的視覺回饋，也可以輔以聲音或者震動。

（3）不增加認知負擔和選擇成本，為使用者提供一個較好的方案即可，避免讓使用者從類似的操作中做選擇。因為多個選擇會給使用者帶來認知負擔，即使選擇的過程很短暫。如果APP發佈平臺包含返回功能，則無須在介面上增加此按鈕。

（4）操作引導透過詳細的幫助介面，或者是隱喻化的圖像（符合使用者心理模型的隱喻）來進行操作引導，例如頁面輪盤式分頁的圓點標識，或者切換頁面露出一部分內容、可長按的系統Icon、翻起的頁腳、動畫等。提示和引導程度要適度，儘量做到清晰可見。

4.APP中常見的手勢互動

設計師在手勢設計的過程中要改變固有的思維方式，在關注介面美感的同時，還要關注介面的互動、認知、體驗和更多的設計細節，要關注手勢的互動操作而非關注手勢的形式本身。

手勢按形式可以分為：簡單手勢、複雜手勢、核心手勢、通用手勢等；按互動操作可分為：基於導航的手勢、基於對象的手勢、繪製類手勢等。對於手勢互動形式的理解和歸納，也可以按照「手勢＋作用對象＝事件」的方式來進行梳理和總結。

這裡簡要描述APP中常用的手勢互動，此部分可以與7.3.3的內容聯繫起來講解。

（1）橫向和豎向滑動是手機設備上最易察覺的操作，將這兩個手勢結合常見的功能邏輯，將會給使用者帶來最大的便利。（圖7-46）

（2）豎向滑動比橫向更明顯，手機豎向的瀏覽習慣讓使用者進入APP時習慣上下撥動。（圖7-47）

（3）其他常用手勢，如長按、轉動、晃動等。（圖7-48、圖7-49）

7.3.5 作業與練習

1.APP介面資訊構架、佈局及互動流程的分析

此作業的主要目的是為了全面瞭解一個完整APP的整體構架及互動流程。

（1）選擇某一類型的主流APP，對其進行簡要的分析說明，如使用者分析、功能特色、互動方式、介面風格等。

（2）繪製其介面流程圖，主介面及次級介面原型線框圖。作業整體以PPT形式提交。

介面流程圖、原型線框圖，如圖7-50、圖7-51。

2.APP介面系統化設計

選擇某一類型，虛擬一套APP主題設計介面，強調介面表現及互動性，風格自定義，軟體製作、CG手繪、手工製作均可，要求儘量呈現設計草圖、製作步驟。（圖7-52）

學生作業評論：

圖7-53以介紹重慶特色文化、飲食、旅遊景點為選題。優點：完整度高，並透過Flash模擬介面的互動。該APP的介面以手繪插圖的形式來表現，風格統一、有趣味性。不足：介面互動以點擊形式為主，手勢操作較少，缺乏行動APP的設計思維。

該APP的介面以手繪插圖的形式來表現，風格統一、有趣味性。不足：介面互動以點擊形式為主，手勢操作較少，缺乏行動APP的設計思維。

手勢	作用物件	介面元素類型	事件	應用程式類型
左右橫撥	頁面級	首頁	左右切換螢幕或圖片	daum\cyworld\nate
		流覽器	前進 / 後退	UC流覽器
		閱讀類	前後翻頁	閱讀類APP
		列表	呼出分類導航	騰訊愛看
	內容塊	列表中的單項	調出系統刪除	通用
			進行收藏或查看等操作	reeder\float
		導航條	撥動顯示更多導航內容	週末畫報\me2day
		導航下的內容	撥動內容以切換導航	Google+\nate
		地圖類	行動地圖	地圖類APP
	工具	滑塊	啟動頁面	iPhone解鎖
			在設置中對功能進行開啟或關閉	通用
			對價格、距離、音量、進度等進行範圍篩選	Sudoku

圖7-46 橫向滑動手勢

手勢	作用物件	介面元素類型	事件	應用程式類型
上下豎撥	頁面級	通用	豎向滾動	通用
		列表	載入更多項	通用
		詳情	上下篇的跳轉	周末畫報
			返回上一級	mobilerss
		閱讀類	呼出鎖定方向	忘記了是哪個APP了
		通用	向上呼出操作功能表	air ball APP
		通用	下拉更新	微博
		通用	隱藏 / 拉出功能（如搜索框）	QQ空間/naver
		通用	隱藏 / 拉出樣式（如圖示 / Logo）	g-whizz/piictu
	內容塊	地圖類	行動地圖	地圖類APP
	工具	滑塊	對價格、距離、音量、進度等進行範圍篩選	mealsnap/tathm

圖7-47 豎向滑動手勢

手勢	作用物件	介面元素類型	事件	應用程式類型
長按	內容塊	地圖類	放置大頭針	通用
		文字	選中	通用
	工具	按鈕	錄音	微信
		圖標	選中並跟隨	QQ
		功能入口圖示	可操作狀態	daum

手勢	作用物件	介面元素類型	事件	應用程式類型
轉動	工具	轉盤	切換分類	MoneyTron
				iSO500
				AGFG
				paris

手勢	作用物件	介面元素類型	事件	應用程式類型
晃動	手機	90°	切換成圖標模式	MoneyTron
		多種角度	切換圖片布局	instashow
		搖晃	切換背景，找好友等	比較多

圖7-48 其他手勢

圖7-49 APP常用手勢

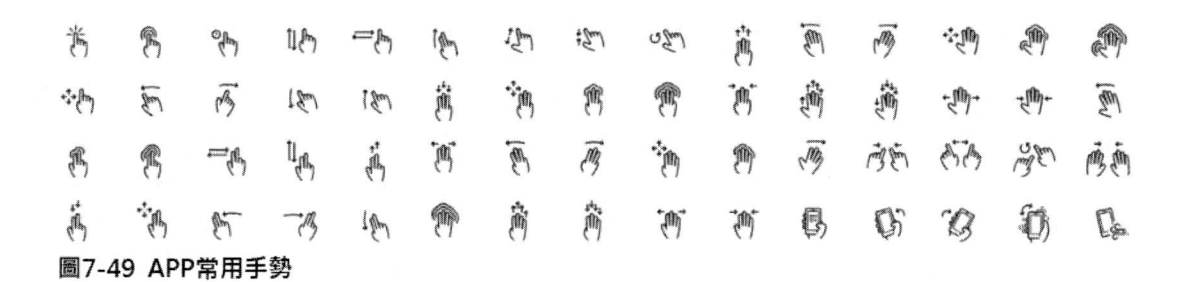

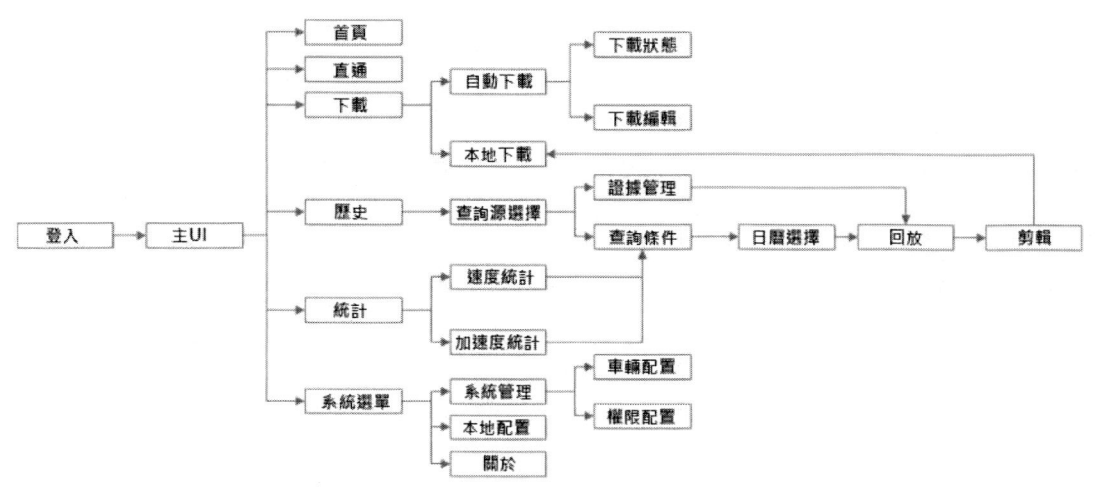

圖7-50 公車車上型監控APP介面流程圖

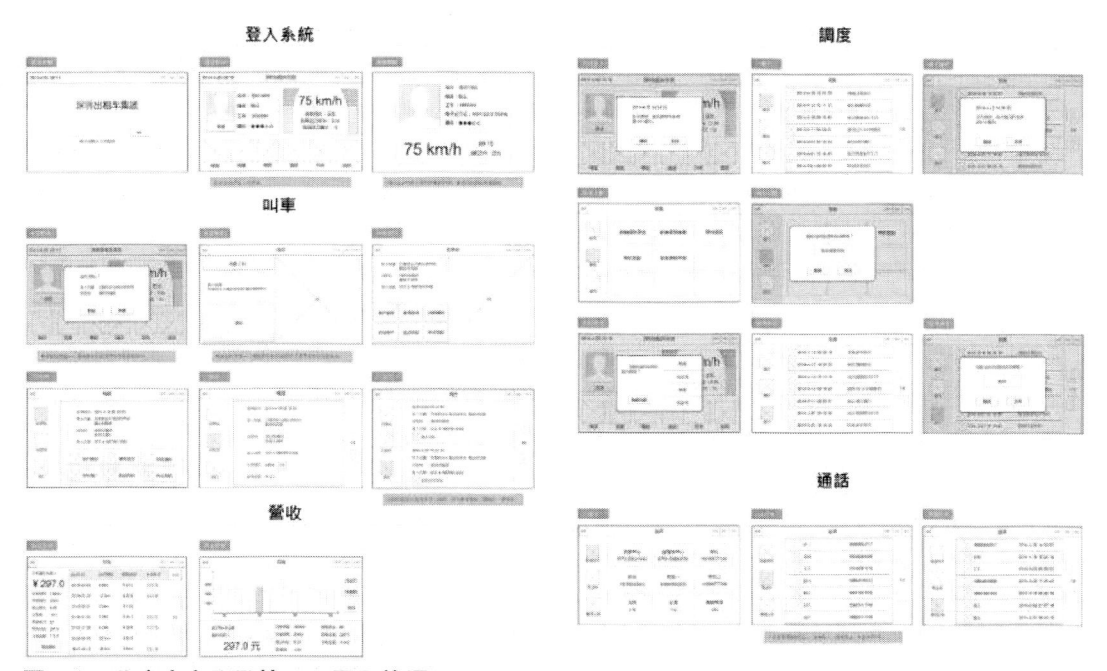

圖7-51 公車車上型監控APP原型線框

7.3 行動 APP UI 設計　253

圖7-52 影片播放APP互動流程圖（何英瑋）

圖7-53 重慶樂遊APP介面設計（梁迪、諸思維）

7.4 車上型 UI 設計

7.4.1 概述

1. 連網汽車的概念

資訊科技革命正在推動汽車設計的發展，連網汽車是汽車工業與資訊產業，尤其是行動網路深度融合的產物，也是 IoT 技術的一個重要分支。它是未來智慧交通領域的重要發展方向，實現人與車、車與車、車與路的互通，解決交通和社會環境之間的問題，以及人與車相關的生活問題，以使用者為導向，為使用者提供安全、便捷、高效的服務。

連網汽車之下的車上型互動系統是一個立體的產品系統，能夠以不同的產品滿足使用者不同階段和方面的需求，如 BMW iDrive、Onstar、Gbook、Sync 等配備的汽車智慧化系統，基本都包括了導航、車輛實時動態資訊、危險報警等服務，

而汽車出廠後，則可以配合使用安裝或非安裝式的便攜產品。（圖 7-54）

AT&T 新興設備業務總裁格倫·盧里爾（Glenn Lurie）曾經預言：汽車最終會成為「有輪子的智慧型手機」。對於未來連網汽車的互動系統，使用者需要更多的選擇和更好的體驗，互動介面的載體和介面的設計需求、設計內容、設計方式等方面都迎來了新的變化，互動介面設計師在這場變革中將面臨更多的機遇與挑戰。

2. 介面的載體與形式的變化

從汽車的發展史來看，早期車內的資訊顯示主要透過機械儀表板和硬體介面來呈現，真空螢光顯示器被應用到汽車介面後，車內資訊以硬體介面和字符介面為主體，這兩個階段的共同特點是介面功能簡單、顯示精確度低、資訊量小。隨著液晶顯示器的普及，數點陣圖像介面逐步取代了機械儀表板和硬體化的介面，成為現代汽車的主流。當前，數

图7-54 BMW车上型UI

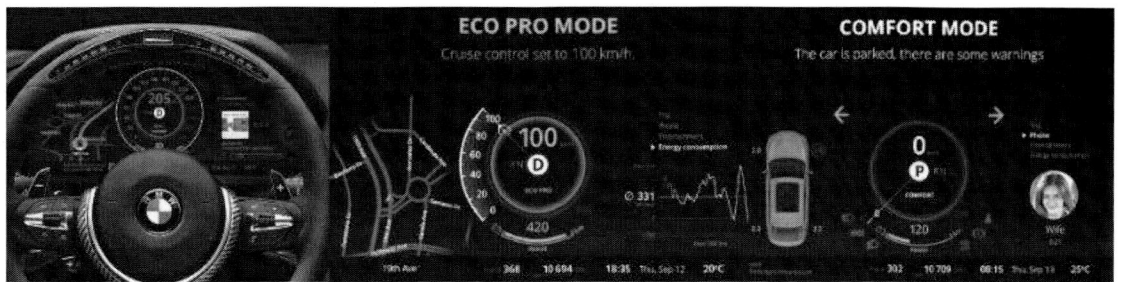

位介面的視覺設計主要集中在儀表板和中控的液晶顯示螢幕部分，最新的車上型互動介面被稱為「平視顯示介面」，而下一步應該是資訊和實景高度融合與互動的擴增實境介面，這種介面有賴於連網汽車和大數據，透明顯示器也將取代投影成像的方式。由此可以簡單總結一下汽車互動介面的發展歷程：從機械儀表板與硬體介面到可觸控液晶顯示器的數位介面，再到透明顯示器的擴增實境介面。現在，汽車上這些互動介面是互補和並存的，未來應該是向著多通道介面的方向發展，如更多、更精準的語音互動將代替手的操作。

3. 介面功能分區與擴展

車上型資訊互動介面是由單一的資訊模型向複雜的資訊體系發展，一方面受電腦軟硬體和網路技術發展的推動，另一方面源自於駕乘者的體驗與需要。車上型資訊互動介面大概可以劃分為：輔助駕駛介面（功能型）、娛樂介面（體驗型）、車內外資訊互動介面（功能型和體驗型）。

輔助駕駛介面主要集中在儀表板和HUD顯示區域（駕駛者處於正常駕駛的位置，其眼睛和頭部在正常活動範圍內時車內的視野範圍），該區域的介面資訊在駕駛過程中發揮重要作用。當前最普及的是在機械儀表上增加數位顯示區塊（行車電腦），主要功能是顯示各種參數指標，適時將車況回饋給駕駛者。同時，數點陣圖像儀表介面也應用在大量車型上，該介面能有空間顯示更多的行車狀態和環境資訊，並透過連網汽車成為集環境感知、規劃決策、多等級輔助駕駛等功能於一體的綜合系統資訊介面。

目前，車上型娛樂介面是中控區域的一個可觸液晶螢幕顯示區，通常規格為6~10英吋，大多結合實體按鍵進行控制，特斯拉（Tesla）的量產車則直接將這一區域變為17英吋的觸控螢幕，數點陣圖像介面完全取代實體按鍵。2014年3月，蘋果正式推出了車上型iOS系統CarPlay，在駕駛不受干擾的情況下，配合語音助手Siri，車主可以使用地圖導航、播放音樂、收發資訊、撥打電話等，沃爾沃已率先搭載該系統。

車內外資訊互動介面在儀表及HUD區域和中控等顯示區域介面的子層級中，根據使用者的需要調出，或依據車輛狀態適時自動顯示。

此外，基於網路可以將車輛資訊實時發送到手機，並可透過手機及時讀取並設置車輛狀態，如透過應用程式顯示停車位置、遠程應急開啟和控制等。如圖7-55右組圖，是專為Tesla開發的解鎖汽車和查看相關車輛資訊的手機APP，如電量等。

7.4.2 車上型UI資訊組織和視覺設計

1. 輔助駕駛介面

駕駛任務十分複雜，需要同步處理與行車相關的大量資訊，儀表和HUD區域的輔助駕駛介面設計就顯得尤為重要。數點陣圖像介面大大增加了這一區域介面的資訊量，一方面使駕駛者能根據需要獲取相應狀態的數據和行車資訊，以提高行車安全；另一方面大量的資訊湧入駕駛空間必然加重駕駛者的認知負荷，干擾駕駛者的注意力，從而造成安全隱憂。這部分的介面設計面向複雜的人機交互作用情境，應主要承載與駕駛過程密切相關的資訊，資

UI 設計

圖7-55 Tesla車上型UI和手機APP UI

訊必須直觀精確、層次清晰，以輔助駕駛、確保行車安全和減輕駕駛者負擔為目標。

　　輔助駕駛介面資訊的組織要按照資訊的重要性進行層級結構設計，將不同功能的資訊分割到不同深度的層級關係中，將次要的資訊放置在較深的層級中，以強化主要資訊並減輕駕駛者的認知負荷。某些介面局部可以根據使用者的使用頻率和關注度，自定義設置相關資訊的顯示內容與方式。比如有人關注暫態油耗，有人關注續航里程，偏好數據以圖像化還是以數位字符的方式顯示。在最終顯示的主介面中，要對顯示的資訊總量進行控制，毗鄰陳列的介面資訊除了要以類型分組，還要透過視覺設計對不同的資訊進行強調和削弱，在同一層級中一般透過色彩、亮度、距離視覺焦點位置來區分主次。

　　輔助駕駛介面的視覺設計，需要考慮的問題除了強化重要資訊以外，也要重視資訊互動效率，如保證圖像、字符資訊傳遞的識別性、準確性和一致性。輔助駕駛介面中最主要的是儀表板顯示的轉速、車速、水溫、油量等，雖然有量產車已經透過圖像介面顛覆原有的形態，用數字和線條來表示速度，但傳統的圓形刻度盤仍是主流。研究表明，圓形刻度盤的優勢在於更容易感知顯示數據和整體的關係，駕駛者可以將視覺注意力集中在較小的視野中，高效獲取資訊。從介面設計的細節上講：刻度盤的位置、造型、大小、顏色、空間環境，指針的顏色、形狀（決定是否指示精確），以及各儀表板的組合佈局方式都是介面設計需要關注的問題。在提高認知效率的同時降低色彩的刺激性、疲勞感，透過材質、光線、色彩的設計營造出科技感，給駕駛者帶來更好的視覺體驗。

如圖7-56，雪佛蘭科爾維特 C7 Stingray 新儀表板，涵蓋了69種輔助駕駛資訊。

2. 娛樂介面和車內外資訊互動介面

　　娛樂介面和車內外資訊互動介面的資訊量非常大，涉及多個方面，其中大部分介面位於中控區域，也有少部分行車狀態的資訊位於儀表板介面的子層級，如儀表板局部介面會根據路況或環境變化，自動調換顯示內容。車輛爬坡導致車身傾斜後介面會自動調出車體與道路之間相對關係的顯示介面（這個設計一般採用直觀形象的客觀視角，使駕駛者更能瞭解車與環境的全局資訊）；或者車輛出現局部故障，如某個輪胎胎壓、溫度過高後，介面上相應的圖像會閃爍並結合對應的警報聲來引起駕駛者關注。此外，這部分介面資訊應採用扁平化的簡潔圖像符號、識別度高的字體，以簡練的文字呈現核心資訊。

　　中控區域介面通常是主介面導航下的多層級結構，結構複雜、功能豐富。這部分介面最好不直接占用駕駛過程中的視覺資訊資源，或者在大面積的介面空間內表現精煉的資訊。透過語音互動是很好的方式，如 CarPlay 的語音助手 Siri，但目前語音識別的精確度還有待提高。一些簡單的介面互動可以在塞車或低速行駛的時候進行，如一些與車體本身的互動，特斯拉的中控虛擬介面完全取代了實體按鍵對天窗、車燈、空調、座椅、底盤模式等的控制。這部分的視覺設計可以使用高清圖像的擬物化元素來表現，將車體的立體虛擬形態置於介面之中，透過控制介面上的車身部件實現與真實車體的互動，這樣的設計更為直觀形象，能提升使用者的互動體

圖7-56 雪佛蘭科爾維特C7輔助駕駛介面

驗。倒車影像和停車輔助介面一般也在這個區域內，需要考慮介面圖像、字符與實景之間的關係。娛樂介面和連網汽車服務類的介面是中控區域甚至是全車資訊量最大的互動介面，除了語音控制外，一般只能在熄火和長時間塞車的狀態下進行互動，或由乘客進行操作。這與行動APP的介面設計有很多相似之處，可以借鑑其介面進行設計，但要在此基礎上關注和研究車的情境特徵，並與主介面和車內風格保持一致。（圖7-57）

3. 介面視覺體驗

介面視覺體驗關注駕乘者的情感需求，介面的科技感、易用性、高效率的互動能夠增強使用者的安全感，這是車上型資訊互動介面必須滿足的。人性化的介面設計能夠讓使用者感到人文關懷和提升產品的品質感。介面的形象和風格塑造，能傳達產品的品牌理念和提高品牌的識別度、認同感。此外，不同的車型需要不同的介面設計以適合不同的目標使用者，除了研究車也要研究不同群體的駕駛特點，使他們可以擴展訂製專屬的介面。

7.4.3 車上型HUD介面

根據日本富士Chimera研究機構針對車上型互動系統所進行的調查，HUD的發展前景最被看好。這項技術早在1970年便被研發出來，最初僅應用在軍事領域，並成為現代戰機的標準配備。1988年福特率先將HUD應用到汽車，現在很多品牌量產車型都開始跟進，並有進一步流行的趨勢。

HUD車上型互動介面也稱為「平視顯示器」（Head Up Display）介面，它在駕駛者前方風擋玻璃上顯示相關圖像和文字資訊，將行車資訊以平視視角呈現，使駕駛者在不轉移目光的情況下瞬間獲取資訊，以此提高行車安全，如圖7-58。早期HUD僅僅是單一的車速顯示，介面功能簡單、顯示精度低、資訊量小。現在，除了顯示行車資訊，衛星導航、通訊等也都可與之結合，顯示顏色也從單一顏色發展到了全彩色。HUD現有的技術是投影成像技術，隨著資訊科技和硬體顯示技術的發展，投影成像技術終將被透明顯示技術取代。可以預見，未來HUD將顯示得更清晰，能承載更多資訊，結合連網汽車將使其功能更為強大。以此為前提，HUD介面設計的內容也會變得更為豐富，將融合資訊與實景，以及出現可互動的擴增實境介面。

1. HUD介面所能承載的功能和資訊

HUD介面設計的目的在於保證駕駛者更高效地獲取資訊，提高行車安全，透過藝術與科學的融合使介面視覺效果提升，並與環境資訊互動，提供更好的駕駛體驗。HUD介面更多的是對儀表板和中控區域資訊的同步和增強，而不是完全取代傳統的顯示區域。它能夠以直觀的圖像顯示更多的行車狀態和環境資訊，透過大數據和連網汽車融環境感知、規劃決策、多等級輔助駕駛等功能於一體。

HUD介面能夠承載的功能和資訊包含車況資訊和外界資訊，如圖7-59。

（1）反映車輛各系統工作狀況的資訊，將車況資訊適時回饋給駕駛者。

①同步傳統指針式儀表板的資訊，這部分是核心的行車資訊，如時速、發動機轉速等。

②同步儀表板數位化顯示的資訊，這部分主要是行車中出現的提示資訊，如車外溫度、暫態油耗、檔位、轉向指示等，還包括一系列警示指示資訊：安全帶、燃油不足、發動機狀態等。不同車型的增

7.4 車上型UI設計 257

UI 設計

圖7-58 Pioneer HUD介面

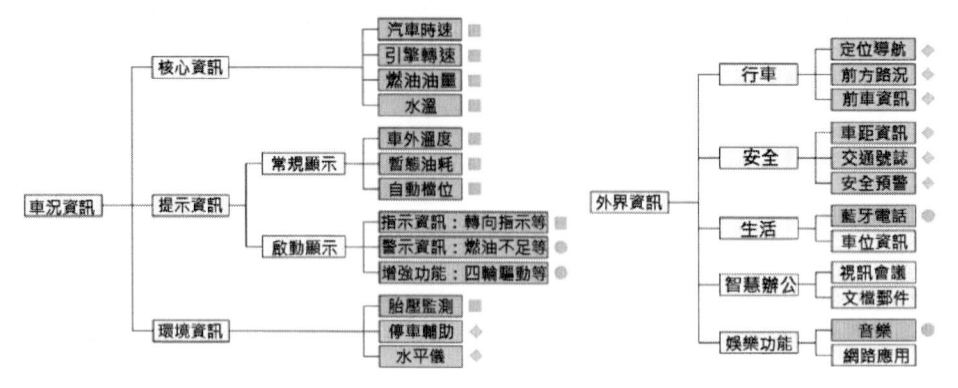

圖7-59 HUD介面所能承載的功能和資訊

強功能資訊：四驅模式、車內溫度的控制、底盤模式等。

③反映行車環境的資訊，將行車資訊適時回饋給駕駛者。與環境互動的適時車輛系統工作狀況資訊大致包括：胎壓和溫度的顯示、車體與道路之間的關係（水平、坡度等）、輔助停車或自動停車等圖像資訊。

（2）基於連網汽車 HUD 介面能夠獲取和顯示更多的外界資訊，如適時路況導航、主動安全預警等。未來 HUD 將會涉及的車外資訊互動大概包括五大模組功能和資訊。

①出行：定位、導航、適時回饋前方道路與車輛資訊、智慧型路況規劃等。

②安全：車速報警、車距資訊回饋、交通訊號資訊回饋、道路安全預警等。

③生活：違章資訊回饋、加油站位置和排隊時間資訊、停車場車位資訊等。

④智慧辦公：語音或影片會議、文檔處理、郵件等。

⑤部分娛樂功能的移植：音樂播放控制、音量控制、影音媒體播放及控制等。

2.HUD 介面的視覺設計

HUD 介面視覺設計需要關注以下七個方面。

（1）介面視覺資訊內容的數量控制

行駛中駕駛者約 70% 的注意力會關注車輛操控、道路資訊和應對突發事件。因此，對於同一時間介面中顯示的資訊數量必須進行有效的控制，去掉冗餘的資訊和描述性的資訊，強調主體資訊。

（2）視覺資訊的秩序感、層次感

在資訊組織和佈局完成後，需要透過視覺設計來塑造資訊間的秩序感和層次感。視覺元素的恰當組織所營造的秩序感，能夠簡化資訊並使駕駛者迅速找到資訊所在位置。首先，需要強調介面中視覺元素的一致性，要控制色彩數量，過多的色彩會使介面陷入混亂，少量的色彩則可以強調主要資訊。其次，可以利用格式塔理論中空間的接近性、形態的相似性等方式，營造視覺元素的秩序感及層次感，能夠確定每一個介面區域資訊的主次關係，進行視覺引導。可以透過尺寸大小、色彩、亮度的變化、

空間透視，以及位置、方向上的組織自然表現視覺元素間的關係，塑造不同介面元素的視覺重量，來構建清晰的視覺層次。

(3) 視覺資訊的清晰和識別性

資訊的識別速度和準確度排序依次是圖像、數位、字母、文字，因此，圖像是首選的介面視覺元素。資訊的識別還與資訊自身的尺寸、色彩有關，尺寸越大越易辨識，但占用較多的空間；色彩越鮮明，與背景對比越強就越易辨識。車上型 HUD 視覺設計需要應對複雜的互動情境。首先，不同於其他行動網路終端的單一介面，車上型 HUD 將是由多個顯示區域組合呈現的綜合介面。其次，車輛行駛過程中充滿複雜的變化，如光線、天氣、路況、環境的變化，都會對介面資訊的識別造成影響。因此，要針對不同的區域和不同使用環境進行設計，使介面能夠根據不同的變化進行色彩、亮度等顯示方式的調節或自我適應。

(4) 文字及圖像資訊的直觀準確呈現

由於資訊認知情景、注意力、資訊量的變化和複雜，容易使 HUD 介面上的資訊產生混淆。因此，首先要使介面視覺資訊容易理解和認知。文字資訊應該採用識別度高的字體，以簡練文字呈現核心資訊。設計介面圖像時，儘量沿用汽車行業和交通指示系統的標準圖標和視覺風格。對新功能的圖像設計，要符合駕駛者的心理認知模型，合理使用隱喻，將功能資訊的語義準確無誤地表達。

(5) 介面圖像允許使用者自定義

介面需要迎合不同使用者的思維邏輯和認知方式。因此，介面應該可以允許使用者進行圖像顯示的設置。比如燃油油量的顯示，以圖像顯示較直觀，但數位顯示精確度更高。對於車速、轉速等資訊，也可以設計圓盤或數位等多種顯示方式，讓使用者自己選擇。

(6) 提示、警示資訊的視覺設計

通常這樣的資訊在介面中處於低亮度的顯示狀態，甚至不予顯示以降低視覺干擾，在需要時進行強調，可以用視覺引導讓駕駛者去注意所出現的重要資訊，使用的方法有改變顏色、提高亮度、閃爍或動畫等，還可以配合音效來增強吸引力。在色彩上，可以按照資訊類型和等級對其進行設計，如轉向燈一般是閃爍的綠色箭頭，剎車系統警示則是紅色的。

(7) 視覺設計的風格

總的來說，HUD 介面大部分視覺設計，都適合採用扁平化、理性化的設計風格。

扁平化的設計風格強調以資訊為主體的設計理念，把精力集中到最核心的內容上，同時能夠降低駕駛者的視覺疲勞。扁平化和理性化並非忽視視覺美感，介面的使用者是人，人使用介面的行為必聯繫心理狀態，富有美感的、能激發人們正面情緒的介面視覺設計使人放鬆，且能更有效地互動。

7.4.4 車上型 UI 設計作業與練習

1. 車上型數位儀表板介面的設計表現

(1) 作業要求

①收集不同品牌汽車數位儀表板介面照片若干，並按照其佈局模式進行分類。

②分析主流的上型數位儀表板的資訊組織、佈局及視覺表現形式。

③臨摹一款具有高科技感車型的數位儀表板介面。

④根據理解與分析，設計一款車上型數位儀表板介面，要求介面佈局合理、層次清晰，注重視覺表現，並可以模擬互動或做動態表現。

⑤展示設計草圖、流程及最終效果。

(2) 簡要設計流程及作業展示

①根據設計思路手繪草圖，嘗試設計多種介面佈局。（圖 7-60）

②選擇一個介面草圖深入繪製效果圖，使用 Flash 軟體繪製向量圖形，多以幾何圖像結合鋼筆

UI 設計

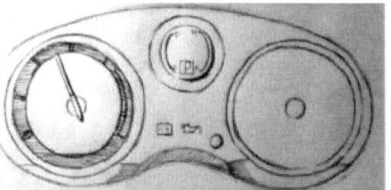

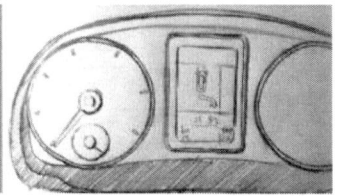

圖7-60 車上型儀表板設計草圖（李斐）

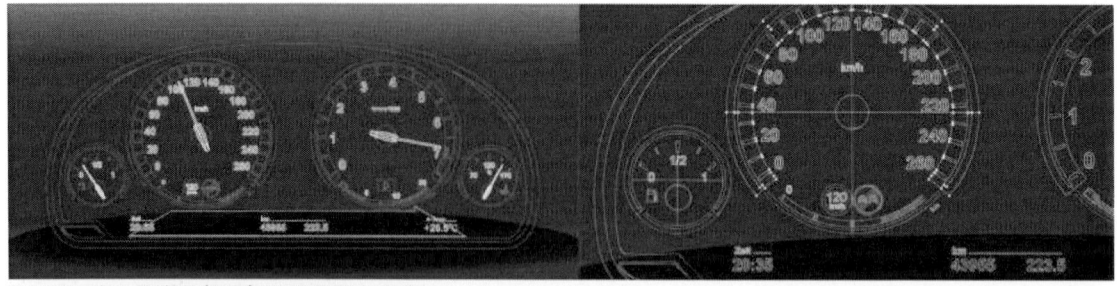

圖7-61 車上型儀表板設計線框原型（李斐）

圖7-62 車上型儀表板設計效果（李斐）

工具進行繪製，以保證圖像的嚴謹性，注重元素的分組和分圖層，以方便做動態和互動的表現。（圖 7-61）

③注重以色彩區分資訊的分類和層次。（圖 7-62）

2. 車上型 UI 的資訊組織分析及設計

（1）作業要求

①可選擇區域的分類方法，如透過儀表板、中控螢幕顯示區域或 HUD 顯示區域進行分析，也可選擇以類型的分類方法，如輔助駕駛、車內外資訊或娛樂進行分析。

②確定所選介面區域或類型的資訊內容及功能訴求。可進行不同的試驗，分析適合的介面資訊組織模式。

③製作介面資訊佈局的意向圖。

（2）範例：分析和設計 HUD 介面的資訊組織方式，是根據使用者完成某個任務或行為時的實際需求來決定。如遊戲是為了滿足使用者的情感體驗，所以要採取帶有障礙和難度的架構方式，使遊戲具有挑戰性和樂趣。要對車上型 HUD 進行合理的分類、佈局，以便在複雜的駕駛情景中篩選並呈現有效資訊，確保不干擾正常的駕駛行為，使駕駛者始終專注於道路情況，提高行車安全。

①介面資訊的組織模式。

在 Edward Tufte 提出的兩種介面資訊陳列模式中：同一空間毗鄰陳列（Adjacent in Space）將資訊同螢幕並列地顯示出來，可以透過重要的資訊呈現，讓使用者能直接獲取相關資訊。毗鄰陳列提供更直觀更多的資訊，減少了互動操作。這種模式在車上型 HUD 上需要區別介面的使用情景，在非行駛狀態下完全可以按照這種模式呈現更多資訊，如娛樂和網路功能介面的全螢幕顯示。而行駛狀態中

大量資訊的並列必然會幹擾駕駛者的意識焦點，增加認知負擔。圖 7-63 為幻想的未來車上型 HUD 介面，圖中像電腦螢幕一樣的滿版資訊顯示，完全不符合複雜駕駛情景的資訊需求。

另一種方式是沿時間線陳列（Stacked in Time），這種方法把功能、資訊分割進不同深度的層級關係中，可以在不同層級強化主要資訊。沿時間線陳列資訊組織方式大致又可以分為淺而廣、淺而窄、深而廣、深而窄四種類型。淺層次的結構類型，可以透過少量的互動操作較直接地獲取資訊，如某一區域介面中資訊模組的切換。在車上型 HUD 介面中，深層次的結構類型，適合於手動操作，可以進行精確的語音控制，或根據行車中的實時狀態和情景自動顯現資訊。當前，HUD 介面資訊主要還是深而窄的組織結構，這樣可以減少介面總體的顯示數量，強調主體資訊，如圖 7-64 BMW 汽車 HUD 介面。

② HUD 介面資訊的分類和佈局。

根據 HUD 介面承載的功能和資訊，其輔助駕駛的介面資訊可以按重要程度分為三種顯示方式：

A. 核心和重要功能區域：持續顯示或隨行車狀況的變化自動同步啟動顯示。

B. 次要輔助功能區域：層級交替共享顯示。

C. 隨機區域：基於連網汽車和大數據實時擴增實境的資訊，根據實時的道路和車輛的回饋資訊進行顯示。

HUD 介面輔助駕駛資訊在螢幕上（擋風玻璃）佈局時可以按照這三種類別進行區域的分割，它們之間在整個介面中是同一空間毗鄰陳列的模式。在核心和重要功能區域，可以採用毗鄰和時間線兩種模式分別設計結構，由駕駛者選擇在什麼樣的狀況下使用什麼樣的顯示模式。如圖 7-65，可以按這兩種結構模式將其分為完整併列顯示和簡潔重點顯示。而在次要輔助功能區域，應採用沿時間線陳列模式中淺而廣的資訊結構。

此外，大部分生活、辦公、娛樂功能資訊不屬於輔助駕駛介面的顯示內容，將強制在限定的極低車速或者車輛停止狀態下才被允許顯示在 HUD 介面上，而此時它們可以占據核心功能顯示的區域。這類介面可以採用行動網路終端資訊扁平化的模式來構建，以確保其操作的便捷性，但相對輔助駕駛類 APP 介面，它能夠容納更廣和更深的資訊層級。

圖7-63 《連線》雜誌中未來HUD介面

圖7-64 BMW汽車HUD介面

UI 設計

隨機顯示區域：根據實景適時變換
完整並列顯示
簡潔重點顯示
2km/h
核心和重要功能區域：持續顯示
次要輔助資訊區域：導航、水平儀、停車輔助等，層級交替顯示

教學導引

小結：

　　本章主要講解手機介面主題化設計的構成要素及其設計原則、流程和方法，手機遊戲的特點及其介面的設計原則、流程和方法；歸納了行動 APP 的分類，手機上常見的手勢應用，行動 APP 介面中常見導航的互動模式；介紹車上型介面資訊組織和視覺設計的特徵和原則。

課後練習：

　　1·手機介面主題化設計，強調整體性和主題性，風格自定義，2D 或 3D 軟體製作、CG 手繪、手工製作均可，要求儘量呈現設計草圖、製作步驟、展示圖層或 3D 模型。

　　2·手機遊戲 UI 系統化設計，強調與遊戲世界觀的一致性和完整性，自定義遊戲類型、遊戲世界觀、遊戲風格。要求提交並展示完整的遊戲世界觀設定、遊戲構架、設計草圖、製作步驟、並提交成品檔案及原始檔案。

第八章 科幻主題 UI 設計賞析

UI 設計

> **重點：**
> 1. FUI 的設計思路和原則。
> 2. 介面互動的技術發展與視覺表現的未來發展趨勢。
>
> **難點：**
>
> 對新的互動技術的理解和運用想像力將視覺設計與互動技術完美結合。
>
> 設計師、電影製作人 Timo Arnall 寫道「介面是我們這個時代占統治地位的文化形式」。他認為，我們所體驗的現代流行文化有很多都是發生在 UI 或相關的場景中。科幻電影中角色與介面存在大量的互動。很多互動方式和介面在實現之前，都可以在科幻電影裡面找到它們的影子。探討電影中的互動介面設計，不僅僅是討論電影最後所呈現給觀眾的畫面，更應該去瞭解電影背後的設計實現，因為製作電影本身就涉及許多介面和互動設計的知識。

8.1 FUI 設計師及作品介紹

科幻電影中獨具創意、天馬行空的介面被稱為 FUI（Fantasy User Interfaces）──幻想使用者介面，它通常具有很強的未來感和扁平化的設計風格。在 FUI 設計師中，比較有影響力的有 Mark Coleran、John Likens、Ben Proctor 等。

8.1.1 Mark Coleran

Mark Coleran 的 FUI 作品出現在《絕地再生》《不可能的任務》《神鬼認證》《史密斯任務》《人類之子》等經典影片中，在他的個人作品網站 http：//coleran.com/ 中，他將在影片中設計的 FUI 和動態圖像特效做了全面的展示，呈現出非凡的想像力與表現力。圖 8-1 是 Mark Coleran 為影片《克隆島》設計的 FUI，類似於微軟 Surface（也稱 PixelSense）的多點觸控桌面，比 2007 年 Surface 概念產品的出現早了兩年。圖 8-2 為影片《史密斯任務》中的作戰全局監控系統 FUI。

8.1.2 John Likens

John Likens 參與了《鋼鐵人》《機器戰警》《復仇者聯盟》《星艦迷航記》等大片的製作，以及 2015 年 4 月 26 日上市的遊戲《星際公民》的 FUI 及動態特效設計。在《鋼鐵人 3》的後期製作中，他主要負責所有 3D 頭戴顯示設備的虛擬介面設計，也就是鋼鐵人在他的頭盔內所看到的如身體、武器狀況、導航數據等。他的個人網站是 http：//johnlikens.com/。（圖 8-3、圖 8-4）

影片《鋼鐵人》中的 FUI 設計具有里程碑式的意義，使觀眾眼前一亮並印象深刻，這一傑作無疑匯聚了編劇、導演、電腦專家、人體工學專家、互動設計師和 UI 設計師等不同領域的科學家、藝術家極具才華的創意與智慧。它從行動裝置到巨型電腦，包括手勢、語音、眼動、3D 立體投影、擴增實境等，幾乎都是 FUI 介面，將介面和互動的各種可能性為觀眾做了全景式的呈現。

圖 8-5，展示了《鋼鐵人》中的 FUI 設計的簡要流程。

1. 紙上概念草圖

這一階段是腦力激盪和眼力激盪，做天馬行空的想像和各種可能性的嘗試，不求細節的表達。（圖 8-6）

2. 原型及資訊設計

這一階段是資訊的組織及其在 FUI 中的呈現，要考慮合理性和一定的可用性。

3. 平面向量高保真原型

這一步是將介面設計方案完整地呈現，並製作可供後期建模、合成的向量圖形及動態圖像。

圖8-1 電影《絕地再生》中的FUI和微軟的Surface

圖8-2 電影《史密斯任務》中的作戰全局監控系統FUI

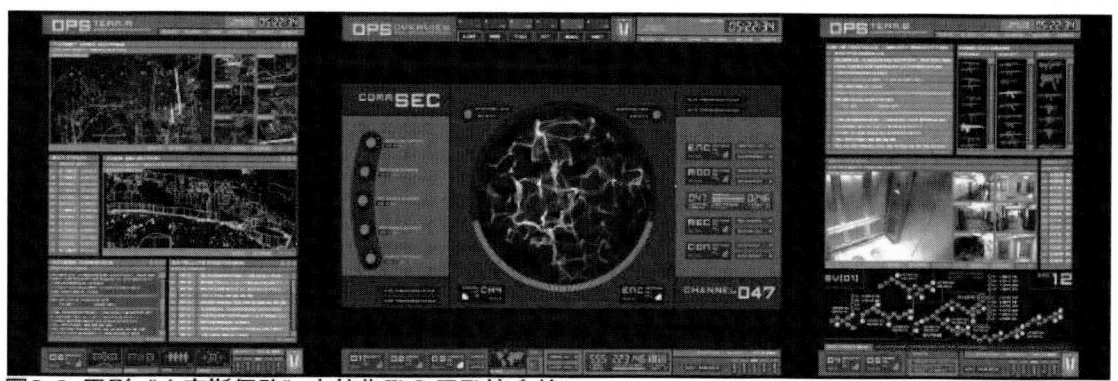

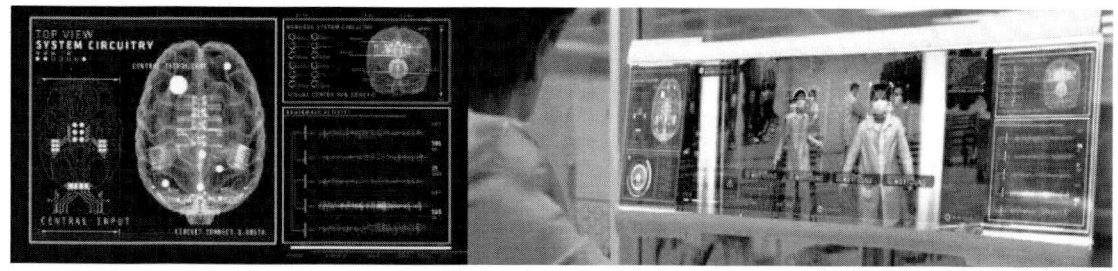

圖8-3 電影《機器戰警》中的FUI設計

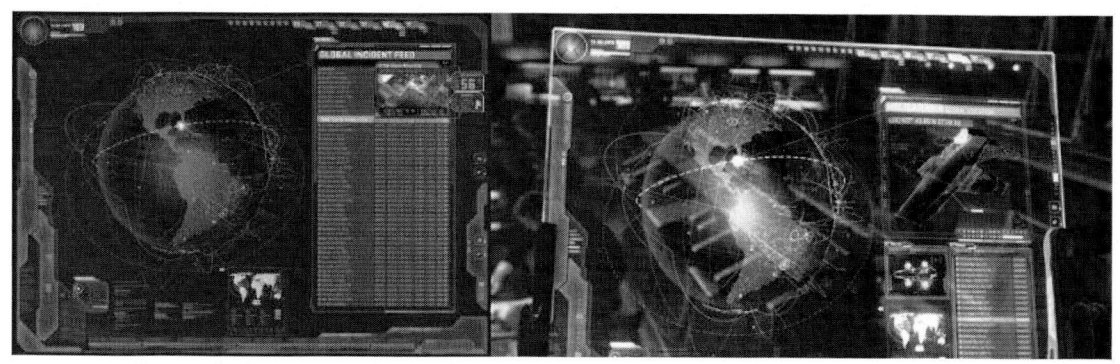

圖8-4 電影《復仇者聯盟》中的FUI設計

UI 設計

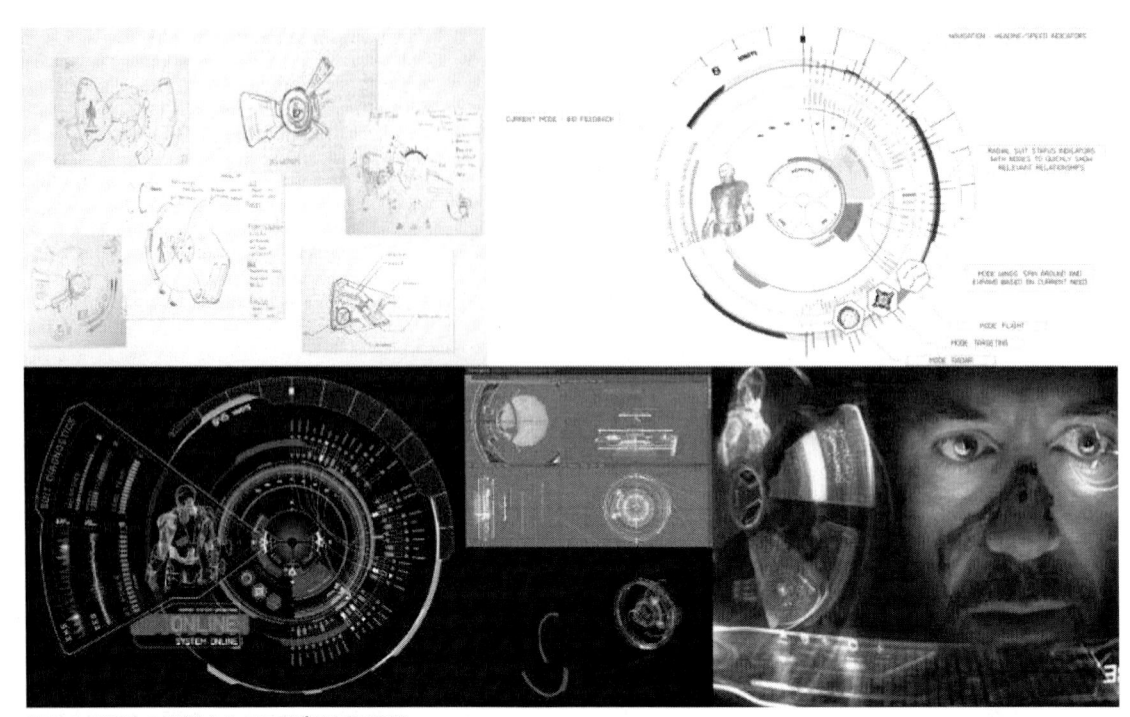

圖8-5 電影《鋼鐵人》FUI設計流程概要

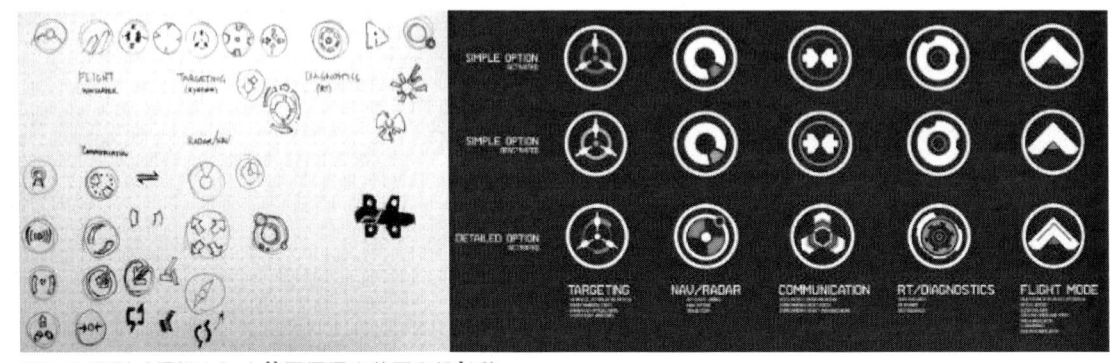

圖8-6 電影《鋼鐵人》中的圖標概念草圖和設計稿

4. 三次元模型及動畫

根據影片的需要來製作 FUI 的三次元模型及動畫，表現縱深空間中的 FUI 層次，增強 FUI 的視覺衝擊力和未來感。（圖 8-7）

5. 影視後期合成及特效

與實拍的影像進行合成，其中包括校色、光效、空間扭曲、追蹤等，讓 FUI 及其動態圖像能與影像高度融合。（圖 8-8）

266　第八章 科幻主題 UI 設計賞析

Ben Proctor 為《普羅米修斯》《阿凡達》《創：光速戰記》等影片設計了 FUI。（圖 8-9）

8.2 FUI 的設計思路和原則

科幻和動作電影一直是廣受大眾喜愛的電影類型，要在這類影片中詮釋未來的高科技，唯一也是最有效的方式就是設計一個有說服力而且炫酷的 FUI。

電影中的 FUI 設計，追求觀影和娛樂的快感，注重視覺效果，多超越了現實。在 FUI 的設計中，大致有以下規律和共通之處。

8.2.1 直觀易懂

在影片中一閃即逝的畫面裡，如果需要對照使用手冊才能瞭解介面大致的功能，必然會對劇情造成嚴重的破壞。因此，設計 FUI 時不論有多少圖像和細節，都要從總體上保證它所代表的主要功能一目瞭然，抓住表現主題的主要視覺元素，使其符合

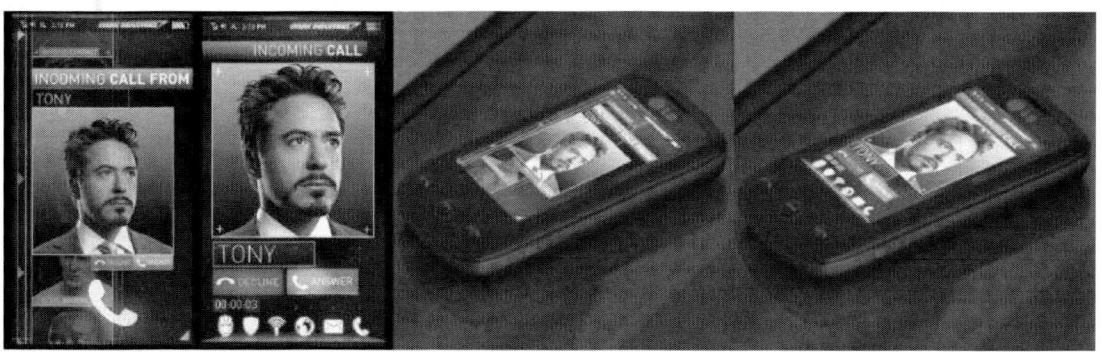

圖8-7 電影《鋼鐵人》中的行動FUI設計

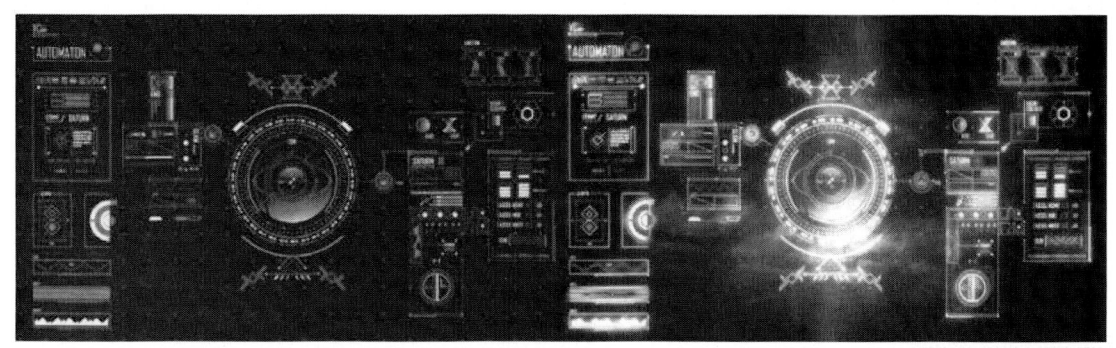

圖8-8 FUI光效添加

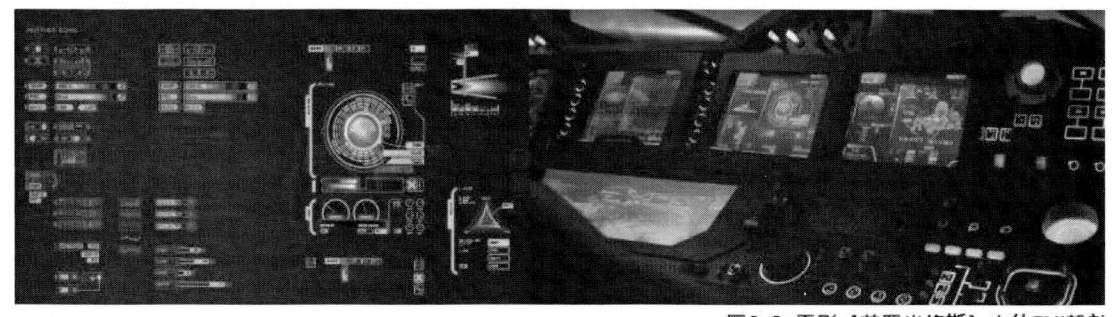

圖8-8 電影《普羅米修斯》中的FUI設計

影片情節的轉換。舉一個反面的例子，某軍旅題材的影片中，一次夜晚演習時畫面突然轉換為底片（負片）效果，原來導演是想表現透過夜視鏡觀察的畫面，通常夜視系統的介面都會有紅外感應、綠色介面、熱成像等典型元素，而這樣拙劣的介面設計和特效表現會極大地降低影片的整體質量。

圖 8-10，左圖的 FUI 主題是 GPS 定位、搜尋並鎖定目標人物，右圖是外科手術設備中監測患者身體狀況並顯示相關參數和 3D 立體投影圖像的軟體介面。圖 8-11 的 FUI 表現了對車輛引擎的遙感監測，透過儀表板、數據、虛擬模型全方位地呈現資訊，Mark Coleran 在以上的設計中利用符合主題的典型視覺元素，很好地詮釋了相關的概念，使介面主題清晰直觀，並足以讓人信服。

8.2.2 帶入感

介面視覺表現及風格要符合影片的主題、情景、世界觀及概念設計，並具有強烈的視覺衝擊力，如果觀眾看到未來世界裡的角色衝鋒陷陣時還在用 Windows 系統，會帶來很差的觀影感受，因此要儘量避免使用標準化和常見的介面。舉一個反面的例子，在某刑偵題材的影片中，當透過特徵建模、高科技分析併合成嫌疑人形象時，卻使用了標準化的 Photoshop 軟體介面，會讓影片的代入感大打折扣。

圖 8-12 中 FUI 表現的是未來的虛擬演播系統。整體運行構架以當前的虛擬演播系統為基礎，適時同步的影片資訊合成平臺介面，控制臺上的 VJ 透過手勢及觸控操作，將主持人、虛擬環境、外景等和各種音像進行剪輯融合，並生成完整影像和可視化資訊，這樣流暢的操作和適時渲染生成的影像也正是後期特效師和剪輯師夢寐以求的效果和工作方式。

8.2.3 可用性和心理真實

這些炫酷的介面雖然現在並未實現，也並不客觀真實，但是透過設計所要達到的是一種心理真實，在影片中 FUI 是能夠使用且具有相應功能的，讓觀眾認為這樣的 FUI 在影片中存在是合情合理、令人信服的。因此，FUI 在設計上都是基於現實，超越現實，並且有實現的可能性，設計師除了研究視覺的表現之外，還需要不斷學習、瞭解和研究新的互動理念、技術及發展的趨勢。

圖 8-13，《阿凡達》中 FUI 表現了男主角和他的化身建立關聯的系統介面，這一概念來自於近年來取得突破性研究的腦波介面，透過模擬兩者頭部 X 光透視成像的 3D 立體投影圖像以及類似神經系統的數據線連接，設計師巧妙地將這一關聯的概念表達了出來，介面左下角所顯示的人體檢查裝置

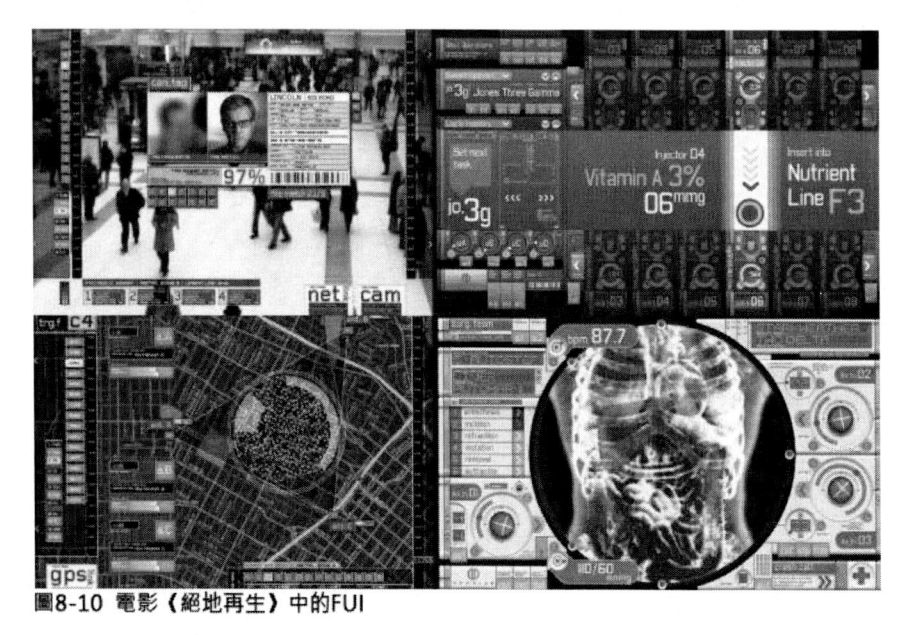

圖8-10 電影《絕地再生》中的FUI

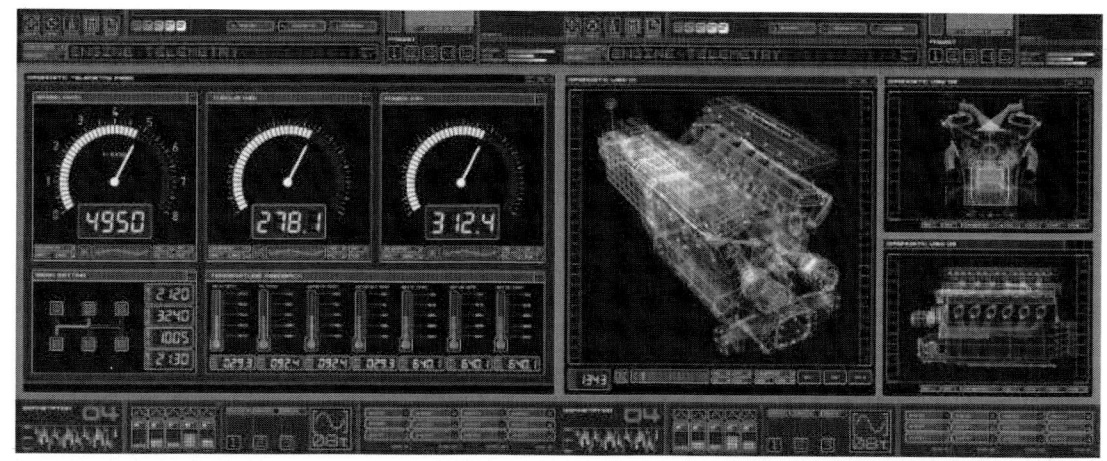

圖8-11 電影《限制級戰警》中的FUI

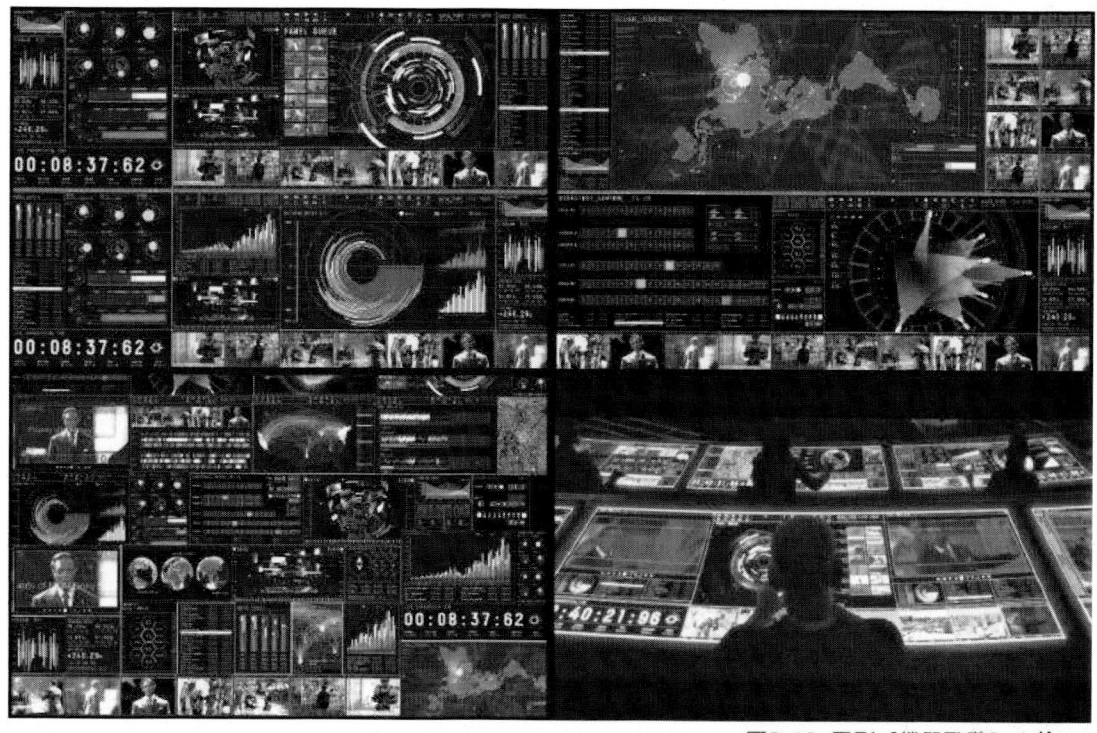

圖8-12 電影《機器戰警》中的FUI

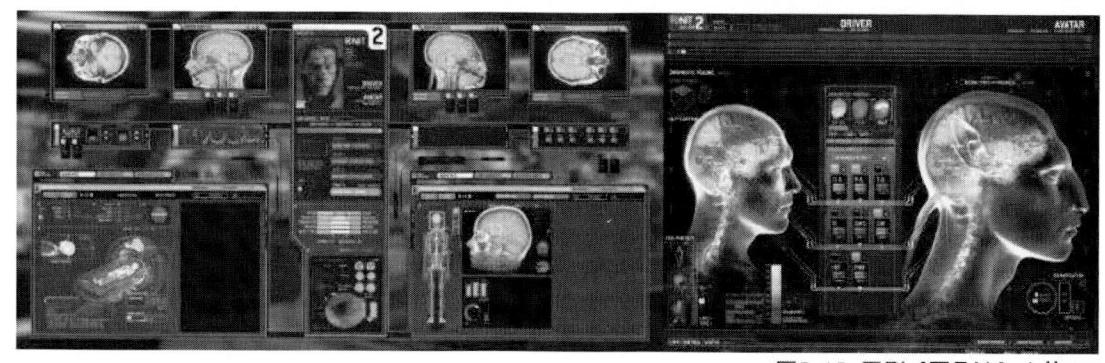

圖8-13 電影《阿凡達》中的FUI

8.2 FUI 的設計思路和原則　269

UI 設計

類似於核磁共振或 Pet CT 裝置，這些都符合觀影者的認知經驗，營造了心理的真實感。

8.2.4 大數據與資訊可視化

FUI 展現了介面強大的資料搜尋、處理功能，以及極具創意和藝術美感的資訊可視化。

圖 8-14，左圖和右圖都是聲音監測分析系統介面，這兩個 FUI 的概念都是在海量數據提取分析的基礎上進行篩選、辨別和鎖定目標。在聲音監測分析系統的可視化部分，它們沒有用常見的平面聲音頻譜或波形，而是採用了不同形式的立體空間的聲音波形對比，這一創意大大增強了影片的未來感和視覺效果。

圖 8-15，表現了未來車上型 HUD 介面的強大資訊容量，以及各種車況與乘客資訊的可視化顯示。

8.2.5 動態圖像

動態圖像包括了五個方面的資訊動態可視化
(1) FUI 中經常佈滿了快速變化的數據或文字資訊，這是建立在看似真實，實則荒謬的文本和隨機參數基礎上的。其終極目的是服務於視覺效果，是為了電影中敘事的需要，而不是追求實際的用途。因此，只是在關鍵的數據上會做醒目的顯示和考量，以增強其合理性。

(2) 進度的動態顯示。這會經常出現在影片的 FUI 中，早期是類似於網站載入的進度條，現在其形式變得愈加豐富，如立體空間中的螺旋狀顯示、粒子脈衝等，通常表現數據的入侵或獲取。

(3) 動態圖標和圖表。通常用幾何化的平面圖像來表現，非常嚴謹，具有高科技質感，多出現在主觀鏡頭、HUD 或透明的螢幕介質上。

(4) 互動的動態回饋。基於手勢、語音等互動方式的視覺回饋，用富有想像力的動態形式表現介面之間的轉換。

(5) 具象動態圖像。通常是基於實拍或三次元模擬的人物、生物、武器等形象，或是對於生物、物體、道具裝備等進行三次元的顯示和全方位的呈現，是 FUI 中的主體資訊部分。

8.2.6 視覺風格

大多數影片 FUI 的視覺風格具有一定的共性特徵：介面框體和數據顯示的扁平化，影像資訊則多用三次元和粒子來表現，如圖 8-16。視覺風格當然還要與影片的世界觀一致。

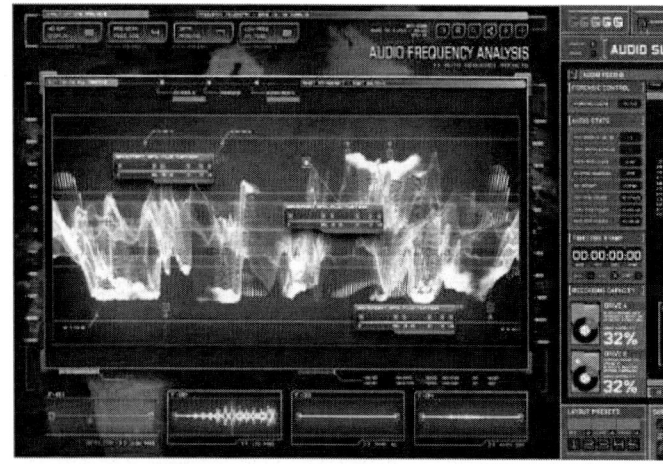

圖8-14 電影《變形金剛》和《神鬼認證》中的FUI

270　第八章 科幻主題 UI 設計賞析

8.3 科幻電影中的互動介面和未來的發展趨勢

探討科幻電影中的互動方式和介面，這本身就是一個比較有趣的話題，科幻電影可以說是最直觀、最具有衝擊力的科普方式。新穎的人機交互作用方式、炫酷的介面設計，一直是科幻電影最引人注目的亮點之一，同時 FUI 也表達了人們對未來介面的設想和願景。

從科幻電影的發展史中，我們也可以看到互動和介面設計的發展歷程。從最初簡單的機械運動到現在富有高科技感的操作方式，我們體驗了科技的進步、設計的發展，人與機器的互動越來越智慧化，無論在可用性、易用性方面，還是在使用者情感方面都有著極大的提升，也帶給人們更加愉悅的觀影體驗。

我們能從科幻電影所呈現影像的側面瞭解互動介面未來的發展趨勢，當然這一趨勢有各種發展的可能性，能夠瞭解和接觸到的都只是冰山一角，希望同學們能夠更關注這一獨特的 UI 設計領域，將想像力極大地發揮到作品的創作設計中。

在早期的一些電影中，還沒有 UI 和 HCI 的概念，甚至連電腦都沒有。早期最著名的科幻電影《大都會》（1927 年）中，高度工業化的大都會裡存在兩個階級：思考者與工人。在圖 8-17 左圖中我們可以看到，影片中地表工人發出的命令透過機器上的視覺訊號傳遞給地下的工人。在這個階段，對於工業的理解，仍然是人為機械工作，還沒有意識到機器是為人類服務的。

1978 年的《星際大爭霸》中的操控方式更加貼近當時的科技水準，比如電影中的控制臺，其硬體和軟體介面十分接近美國太空總署的控制中心。如圖 8-18 中呈現的顯示器、鍵盤、電話，已經很自然地融入機艙之中。

1980 年代的系列電影《回到未來》中的時光機介面，其中靜態文本是印刷在硬體框體上的文字資訊，而動態文本是對應的框體中液晶顯示變化的數字，類似於當時機械設備上的儀表板。（圖 8-19）

圖8-15 電影《美國隊長2》中的FUI

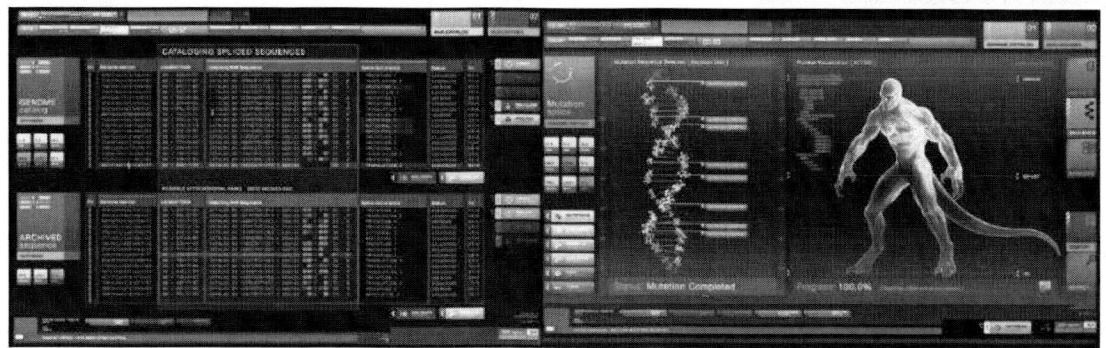

圖8-16 電影《蜘蛛人：驚奇再起》中的FUI

UI 設計

圖8-17 電影《大都會》

圖8-18 電視劇《星際大爭霸》中的FUI

影片《魔鬼終結者2》中表現T-800視角的紅外線主觀鏡頭，表現了機器人大腦的電腦資訊處理介面，算得上是經典的FUI設計，如圖8-20。在此之前，電影中還沒有出現過電腦運算的畫面，它首次將機器人的主觀鏡頭設計為電腦程式介面，實拍的場景鏡頭與電腦介面的鏡頭交叉剪輯，觀眾隨著T-800視角的紅外線鏡頭所顯示數據的變化，來感受機器人搜尋目標的過程，更加清晰地瞭解了機器人的工作方式，直觀地看到了機器人世界和人類世界的差異。

而此後的科幻電影中，介面設計逐漸向數位化的非物質介面發展，一些經典的設計對其後的介面設計有著深遠影響，預言並引領了現實互動和介面設計的潮流。比如湯姆·克魯斯主演的《關鍵報告》，主創團隊邀請HCI科學家參與電影製作，電影的視覺設計師特意走訪MIT（麻省理工學院）多媒體實驗室，瞭解各種姿態識別的高端技術，並邀請John Underkoffler（著名的手勢識別專家）加入創作團隊。透過這些努力，影片為大眾展現了各種新奇的人機交互作用方式和介面，所以研究這些電影中的人機交互作用是非常有價值的。在科幻電影中出現的先進互動方式數不勝數，有很多已經開始在現實生活中普及。這裡簡單歸納了一下影片中出現的互動方式，包括語音控制、指紋識別、身份識別、虛擬實境、擴增實境、自然互動介面、手勢操作、眼部追蹤、3D立體投影、動作捕捉等。

8.3.1 語音識別和語音控制

早期的科幻電影中，語音控制是出現最多的互動方式，其原因很簡單，語音介面最直觀。但更重要的是，表現語音的互動成本最低，不需要任何特效就能塑造未來世界的高科技感。最近的影片《鋼鐵擂臺》《生化危機》《鋼鐵人》等也都沿用了語音控制的互動方式，足見語音這一自然互動方式的魅力。在《鋼鐵人》中東尼對電腦說：「賈維斯，你可以幫我建一個數位線框嗎？我需要可以操作的投影。」收到命令的Jarvis立刻開始工作。語音互動在處理抽象命令時很有效，相較於其他互動方式，人類更善於應用語言。GUI、手勢、眼動等介面，都無法取代語言在處理抽象資訊方面的優勢。

現在，這項技術在現實生活中已經有了廣泛的應用，蘋果使用者早已經體驗到了語音互動的魅力，iPhone手機的語音助手Siri將語音互動真正普及起來。在美劇《宅男行不行》裡孤獨的單身漢Rajesh

圖8-19 電影《回到未來》中的FUI

圖8-20 電影《魔鬼終結者2》中的FUI

圖8-21 電影中的語音識別和語音控制

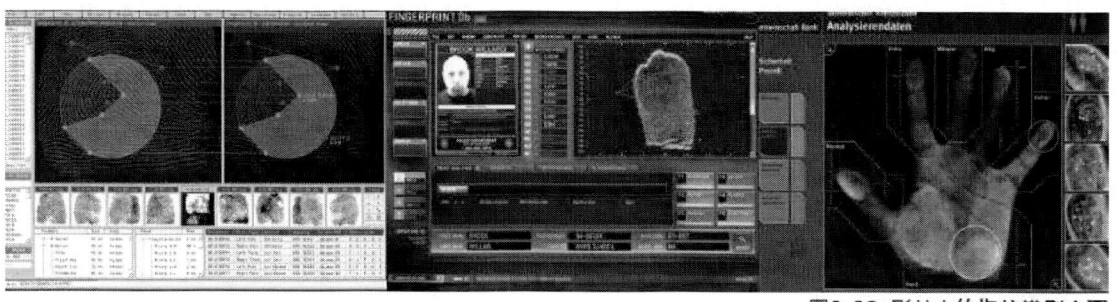

圖8-22 影片中的指紋識別介面

8.3 科幻電影中的互動介面和未來的發展趨勢 273

UI 設計

圖8-23 影片中的身分識別介面

圖8-24 影片中的手勢操作介面

被 Siri 性感的女聲所吸引，甚至認為自己愛上了這個虛擬的角色。

如圖 8-21，通常語音識別介面會以聲音波形或其他類似的可視化聲音訊息呈現，創作這樣的介面可以參考語音播放器和後期合成軟體中聲音的各種可視化。而基於聲音的互動，如《鋼鐵擂臺》中透過語音對機器人的控制則不需要藉助介面的視覺表現來實現。

8.3.2 指紋識別

指紋識別在1990年代前還是比較新鮮的概念，如今已經高度商業化，不少筆記型電腦都配備了指紋識別功能，iPhone5S 則將這項技術推廣到行動網路平臺。影片中的指紋識別介面通常具有指紋資料庫快速動態檢索、特徵點提取、對比識別等表現形式，如圖 8-22。

8.3.3 身分識別

圖 8-23 左圖表現了影片《關鍵報告》中身份識別被用於個人訂製的廣告和服務，當湯姆‧克魯斯走出地鐵站時，他的身份透過地鐵站的視網膜識別，各種廣告呼喚著他的名字、吸引他的注意力，當他步入服裝店時，他的身份同樣被識別，虛擬銷售員向他詢問對之前的產品是否滿意。

8.3.4 手勢和體感

體感是一種透過肢體動作變化來進行操作的介面，而在很多人看來，《關鍵報告》的介面就是手勢介面的代名詞，影片中湯姆‧克魯斯揮動雙臂接打電話和操作影片，令人目不暇接。在《鋼鐵人》《阿凡達》《星艦迷航記》等電影中也都出現了同類型的介面，現在這種互動介面已經被廣泛應用於遊戲平臺（如任天堂的 Wii、微軟的 Kinect 等透過攝影

274　第八章 科幻主題 UI 設計賞析

機鏡頭來捕捉動作以達到遙感手勢感應）、觸控螢幕設備（如 iPhone 和 iPad）、智慧型電視（如三星的手勢控制智慧型電視）等，手勢操作介面在商業上已經取得了巨大的成功。（圖 8-24）

手勢控制適合於簡單、自然的任務，並需要在設計實踐中完善手勢操作體系，使之更為精確有效。

8.3.5 眼動追蹤

在《鋼鐵人》電影中，操作介面會自動追蹤眼睛的視線，查看局部介面資訊的時候，相對應的資訊會自動聚焦放大。在現實生活中，人們也會利用眼動儀進行使用者研究，從中觀察使用者的注視軌跡、注視熱點和興趣點，如圖 8-25。

8.3.6 透明顯示

科幻影片中出現了各種透明的顯示介面，這樣能呈現更多的環境和畫面。現在，透明介面已經不僅僅存在於科幻影片中。2012 年微軟公司申請了透明顯示設備相關的專利，包括透明 3D 顯示技術、如何使用 3D 手勢和頭部追蹤在檔案與應用程式之間實現導航，三星公司也在 2012 年夏天發佈了一款透明螢幕。（圖 8-26）

8.3.7 3D 立體投影影像

3D 立體投影是利用干涉和衍射原理記錄並再現物體真實立體圖像的技術。

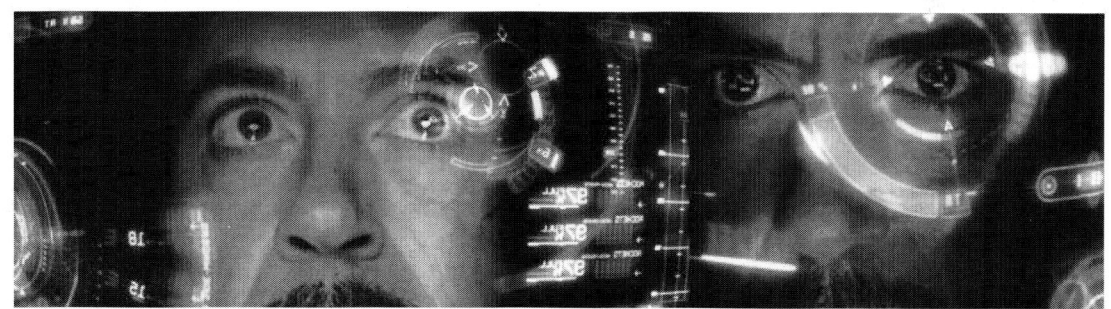

圖8-25 電影中的眼動追蹤介面

圖8-26 透明顯示介面

圖8-27 電影中的3D投影介面

UI 設計

我們經常可以在科幻電影中見到一種三次元的 3D 立體投影通訊技術，可以把遠處的人或物以立體的形式投影在空氣中，就像電影《星際大戰》中星際會議召開時不在現場的角色以虛擬的 3D 立體投影影像現身，《阿凡達》中作戰室虛擬沙盤裡的哈利路亞山也是以 3D 立體投影投影的方式顯現，如圖 8-27。

8.3.8 虛擬實境

1980 年代，Jaron Lanier 提出「虛擬實境」（Virtual Reality，簡稱 VR）的觀點，目的在於建立一種新的使用者介面，讓使用者可以置身於電腦所表示的立體空間資料庫環境中，並可以透過眼、手、耳或特殊的空間三次元裝置在這個環境中「環遊」，創造出一種「身臨其境」的感覺。它利用電腦生成逼真的立體視覺、聽覺、嗅覺等，使人作為參與者透過適當裝置，自然地與虛擬世界進行互動，是多通道並行的介面。圖 8-28，左圖為 Oculus Rift 虛擬實境眼鏡，可以透過 DVI、HDMI、Micro USB 插頭連接電腦或遊戲機；右圖是電影《普羅米修斯》中的虛擬實境頭盔。

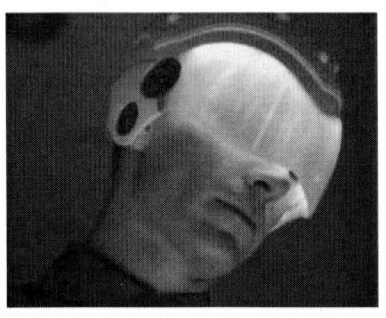

圖8-28 虛擬實境介面

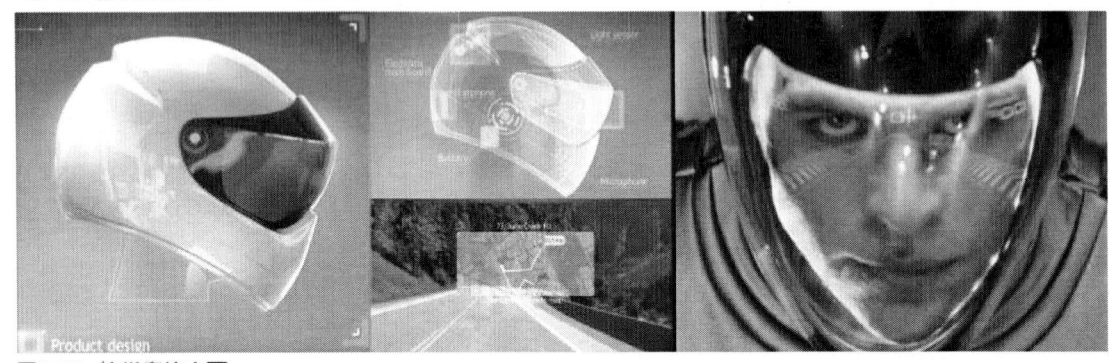

圖8-29 擴增實境介面

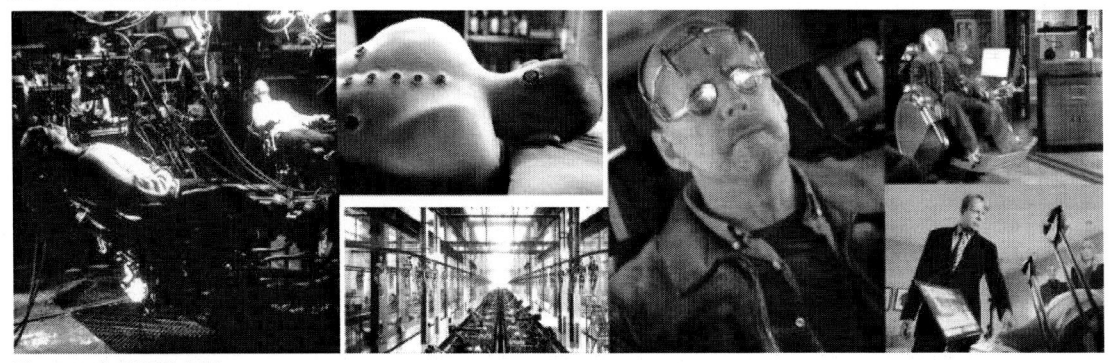

圖8-30 自然互動介面

8.3.9 擴增實境

與虛擬實境不同的是，擴增實境是在現實中引入虛擬的介面，比如在頭盔護目鏡上投射出一些文字和圖表，以增強實景的資訊。如今這一研究領域已經有很大的發展，印度科學家明泊霖的第六感裝置（Sixth Sense）、Google 眼鏡以及車上型的 HUD 介面，都是典型的代表，而顛覆 Google 眼鏡想像力的是 Google 智慧隱形眼鏡，人們可以像戴隱形眼鏡一樣使用類似 Google 眼鏡的功能。圖 8-29，左邊組圖是 LiveMap 的一款類似機車頭盔的智慧穿戴式設備，內部融合了綜合導航功能；右圖是影片《創：光速戰紀》中的擴增實境頭盔，能夠在實景上顯示道路速度等數據資訊。

8.3.10 自然互動介面

人與電腦實現自然的互動，使人機融為一體，密不可分。在電影《駭客任務》裡，人類的大腦直接和電腦相連，接入一個完全虛擬的 20 世紀世界（母體），人類靠意識幻想生活，機器靠人體供電，如圖 8-30 左組圖。

在現實中，關於自然互動研究的初始目的主要是幫助殘疾人。腦機介面雖然聽起來很遙遠，但實際上已經有了巨大的進步，如柏林腦機介面（Berlin Brain Computer Interface）專案，已經可以利用腦電波進行打磚塊遊戲或者打字，最近還出現了可以透過腦波介面控制的遙控直升機，這一技術將使人機交互作用具有更大的想像空間。

而人們潛意識中對互動介面的期望：現實世界，物理原則。美國電腦科學家珍妮特·莫瑞認為數位媒體有三個基本的特徵：沉浸、狂喜、行為代理。沉浸將人類的情感從物理現實轉移到另一種現實中。狂喜表示我們在虛擬世界中遇到迷人的景象。行為代理指處理我們在介面和互動空間直接的衝突和欣喜。

科幻電影用更有想像力的方式詮釋了「現實世界，物理原則」的概念，比如大家都熟悉的《阿凡達》；又比如布魯斯威利主演的電影《獵殺代理人》，描繪了在人類工業文明高度發達的時代，一種名為「代理人」的仿生機器人迅速流行，它具有完美的容貌與身體，各項物理功能超群。人們透過特定的裝置可以將自己的意識上傳到「代理人」身上，並透過它進行工作、學習和社交，圖 8-30 右組圖。

8.4 小結

電影中令人眼花繚亂的互動場景、酷炫的操作介面，展現互動設計的發展方向。賈伯斯說：「它是科技與藝術的完美結合。」蘋果公司也從影片《星艦迷航記》中汲取靈感，推出了 iPad，甚至連名字都很相似。圖 8-31 為《星艦迷航記》裡類似 iPad 的掌上電腦 PADD，從左到右分別出現在不同的劇集中，年代分別是 2151 年、2373 年、2375 年。左圖為《星艦迷航記：銀河飛龍》中早期的 PADD，具有自動選字功能，平面化、沒有實體按鍵和旋鈕，這在影片拍攝的年代屬於首創。右圖為《星艦迷航記：銀河前哨》中的 PADD，已經可以使用它來處理圖片了。

圖 8-32，這幅關係圖展示了科幻電影裡各種幻想和它們對應的實現。左圖是影片按照時間順序排列的各種科幻設備，右圖則是其對應的現實產品。透過不同顏色的線一一連在一起。在影片裡面有一些設備使我們印象深刻：比如 1976 年《銀河便車指南》裡出現的聲控電腦，終於在 35 年後透過 iPhone4S 的語音助手 Siri 真正變得普及。1984 年的《星艦迷航記：石破天驚》裡面就出現了手持通訊設備。

現在，在行動網路這個變速齒輪的推動下，關於互動和介面、幻想和實現方面的技術發展得越來越快。

2002 年上映的影片《關鍵報告》中的多點觸控、透明螢幕、3D 立體投影影像、遙感等技術，都已一一實現。廣泛應用的觸控技術就是智慧型手機等行動裝置的介面。

當然，隨著幻想的實現，科幻電影裡面的互動方式和介面設計，未來又會邁向新的層次。

UI 設計

圖8-31 電影《星艦迷航記》中的平板電腦

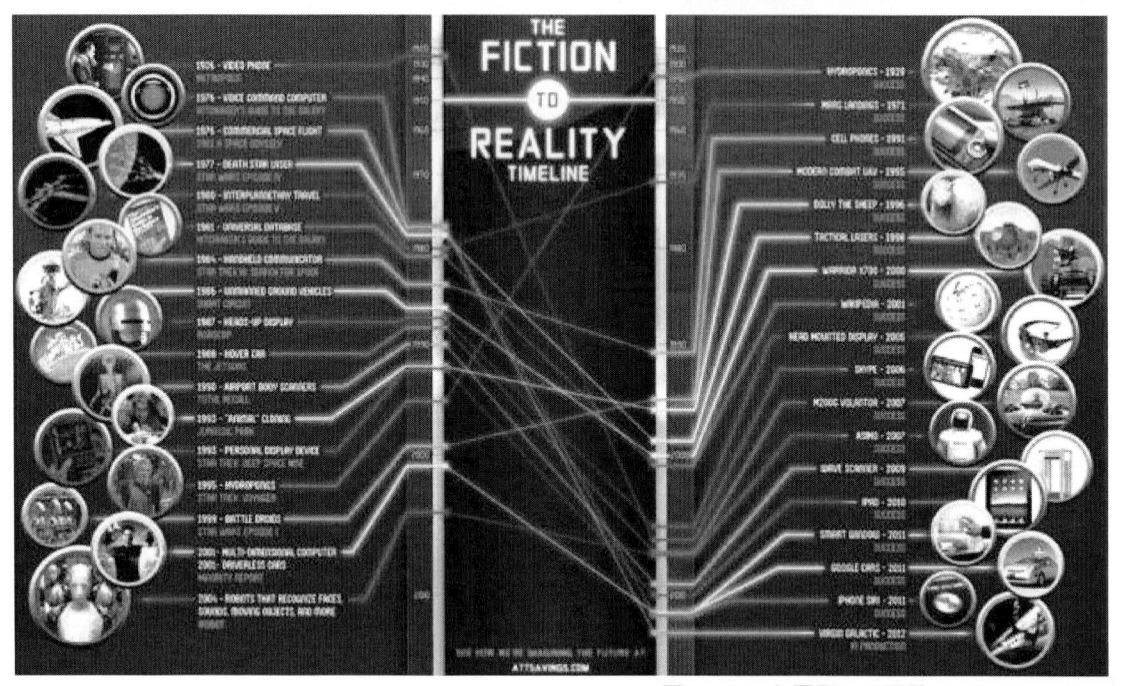

圖8-32 科幻電影中的互動方式和介面的實現

教學導引

小結：

　　本章主要介紹了在電影中科學幻想介面這一領域內的一些經典作品，講解了 FUI 的設計思路和原則，透過科幻電影中互動介面的發展探討介面和互動未來的發展趨勢。

課後練習：

　　設計一組 IoT 技術概念下的 3D 立體投影介面，並與實拍影像合成。提交合成的靜態效果圖或動態影片，以及介面設計草圖和說明文檔。

278　第八章 科幻主題 UI 設計賞析

國家圖書館出版品預行編目（CIP）資料

UI 設計 / 張劍 , 李曼丹 編著 . -- 第一版 .
-- 臺北市：崧博出版：崧燁文化發行 , 2019.10
　　面；　公分
POD 版

ISBN 978-957-735-755-7(平裝)

1. 人機界面 2. 電腦界面

312.014　　　　　　　　　　　　　108005061

書　　名：UI 設計
作　　者：張劍 , 李曼丹 編著
發 行 人：黃振庭
出 版 者：崧博出版事業有限公司
發 行 者：崧燁文化事業有限公司
E - m a i l：sonbookservice@gmail.com
粉 絲 頁：　　　　　網　址：
地　　址：台北市中正區重慶南路一段六十一號八樓 815 室
8F.-815, No.61, Sec. 1, Chongqing S. Rd., Zhongzheng
Dist., Taipei City 100, Taiwan (R.O.C.)
電　　話：(02)2370-3310　傳　真：(02) 2388-1990
總 經 銷：紅螞蟻圖書有限公司
地　　址：台北市內湖區舊宗路二段 121 巷 19 號
電　　話:02-2795-3656 傳真:02-2795-4100　網址：
印　　刷：京峯彩色印刷有限公司（京峰數位）

本書版權為西南師範大學出版社所有授權崧博出版事業股份有限公司獨家發行
電子書及繁體書繁體字版。若有其他相關權利及授權需求請與本公司聯繫。

定　　價：550 元
發行日期：2019 年 10 月第一版
◎ 本書以 POD 印製發行